自然界

包含着变幻无穷的魅力，

人们就生活在自然界里，

却对魅力视而不见。

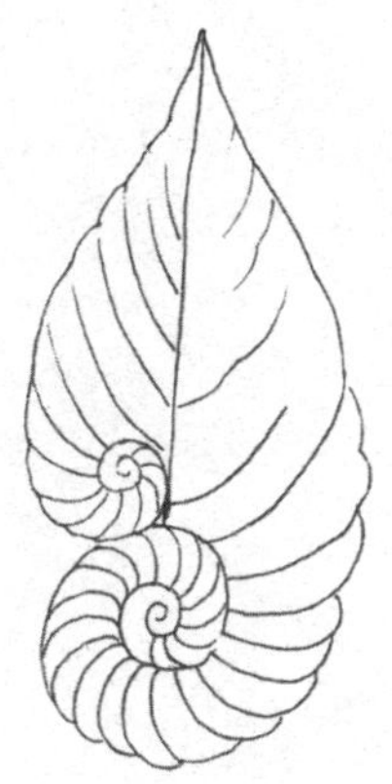

刘兵 主编

The Curves of Life

生命的曲线

[英] 特奥多·安德列·库克 著
周秋麟 林苏欣 译著

By

Theodore Andrea Cook

中国大百科全书出版社

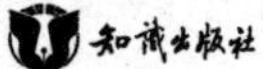

图书在版编目（CIP）数据

生命的曲线 /（英）特奥多·安德列·库克著；周秋麟，林苏欣译 . -- 北京：中国大百科全书出版社，2021. 1

（艺术与科学译丛 / 刘兵主编）

ISBN 978-7-5202-0862-8

Ⅰ. ①生… Ⅱ. ①特… ②周… ③林… Ⅲ. ①科学美学 Ⅳ. ① G301

中国版本图书馆 CIP 数据核字（2020）第 231059 号

出 版 人 刘国辉
丛书策划 李默耘
责任编辑 李默耘
责任印制 陈 凡
出版发行 中国大百科全书出版社
地　　址 北京阜成门北大街 17 号
邮　　编 100037
网　　址 http://www.ecph.com.cn
电　　话 010-68341984
印　　刷 保定市铭泰达印刷有限公司
开　　本 660 毫米 ×930 毫米 1/16
字　　数 300 千字
印　　张 35.25
版　　次 2021 年 1 月第 1 版
印　　次 2021 年 1 月第 1 次印刷
定　　价 78.00 元

构建艺术与科学的坚实基础

——总序

科学与艺术成为跨越科学与人文领域的热点问题已经有许多年了。我们不时地看到一些相关的活动、项目、展览等举办，其中一些还有非常高端的人士参与。在基础教育、大学通识教育的改革中，对科学教育和艺术教育来说，科学与艺术之关联和素养也成为被关注的焦点之一。然而，如果仔细观察，就会发现，在这个议题成为热点的同时，其成果在表现形式和质量水准上，还存在诸多的问题和不足。例如，除了少数意识到其重要性的真正热心者之外，许多高端人士的参与，往往只是被临时拉进来，发表一些朴素的感想，或是做些基于其本职工作的联想和发挥，但这些参与、观点和言论，却并未基于扎实的学理性研究。许多相关的作品的完成，经常也只是在科学与艺术之间建构了比较表面化的关联，甚至只有相对牵强的对接。这些不足的存在，使得科学与艺术这一领域的发展并不理想。造成这种局面的重要原因之一，则是在此领域中深入、扎实、系统的学理性研究的缺乏。或者说，虽然已经经历了许多年的发展，但现在科学与艺术在国内在很大程度上依然还只是一个被提出的问题，或者被关注的主题，还没有形成一个成熟的研究领域。

将近20年前，本人曾主编了一套名为“大美译丛”的翻译丛书，在那套译丛的总序中，我曾写道：“广义的科学美学的内容，也即对于自然之美与科学之美的认识和审美提升，应属于科学文化的一部分，而且是其非常重要的一部分。鉴于国内对此领域的深入研究之缺乏，我们选择了引进翻译国外有关重要论著的方式。不过，即使在国外，这些研究也是非常分散的，也还没有像其他一些相关领域——如一般美学和科学哲学等——的研究那样形成规模。因此，我们在策划此套丛书和确定选题时，对原著的选择余地会受到很大的限制，要从文献海洋的边边角角中将科学美学的重要代表作筛选出来，难免会有明显的遗漏，再加上获取版权的困难，又不得不再次对一些初选的佳作割爱，这使得本丛书涉及的范围和规模受到不少影响。尽管如此，在本丛书现有的选题中，还是涵盖了几个最重要的方面，如关于自然界和艺术之中美的典型体现之一——螺旋——的研究，关于美与科学革命之关系的科学哲学研究，关于人们对所认识的天体与音乐、数学与音乐共同之规律和美感的研究，关于艺术与物理学之关系的研究等等。”

这套译丛当时只出版了第一批5种，分别是《艺术与物理学——时空和光的艺术观与物理观》《生命的曲线》《美与科学革命》《心灵的标符——音乐与数学的内在生命》，以及《天体的音乐——音乐、科学和宇宙自然秩序》。虽然后来由于种种原因，这个译丛没有能继续延续出版下去，但已经出版的几种书还是产生了一定的影响。原本我们设想其主要读者应该是跨学科领域的科学人文研究者，后来却意外地发现在艺术领域中对此译丛关注的读者远远超出了我们原来的想象。这也说明，艺术与科学的问题，确实是一个会在更大范围内引起人们兴趣的话题。

将近20年后，艺术与科学仍然还是学界的一个热门话题，但如前所述，这些年来在此领域中更有影响的著作和研究工作依然还是为数不多。而另一方面，随着科学文化及与之相关的各领域的发展，例如像教育领域中“STEAM”（即科学、技术、工程、艺术与数学多学科融合的综合教育）的兴起，以及中国基础教育改革中对核心素养的强调、大学中通识教育的广泛开展等，更不用说在科学、艺术和科学人文教育中对跨学科研究的关注，无论在理论上还是在实践上，对艺术与科学这一主题（或者说研究领域）的需求却日益增长。而以前的“大美译丛”因系多年前出版，现在早已脱销。中国大百科全书出版社敏锐地意识到这类选题的价值，找到我，希望能重出“大美译丛”并继续增加新的品种。

正是在这样的情况下，才有了新的这套“艺术与科学译丛”。有些遗憾的是，原来“大美译丛”中几种非常优秀的作品（如《艺术与物理学——时空和光的艺术观与物理观》等），多年后已经联系不上版权。现在在这套新的“艺术与科学译丛”中，我们除了重版可以解决版权的几种著作之外，将陆续组织翻译更多的新作品，而选择的标准，则是在广义的艺术与科学这一领域中有特色、有新意、有重要学术价值的各类作品。我们将以开放的方式将这套丛书持续地做下去。

希望“艺术与科学译丛”能够为国内相关的理论研究和实践转化应用提供有益的借鉴！

刘　兵

2020年9月20日于清华园荷清苑

前　言

20多年前，当我第一次将注意力转向螺旋结构这一课题并着手进行研究时，与其说是为了生物学的探索，倒不如说是为了艺术的探讨。随之，无可回避的是，我发现必须要对自然界中生命的形式进行考察，并进而认识到这种美丽非凡的螺旋结构在自然生物体中无处不在，甚至在微小的有孔虫，以致更小的生物中也是如此。在贝壳、植物以及人体和动物体的结构中，螺旋结构肯定是异彩纷呈的表面现象的共同要素之一。随着研究的拓展，我不得不寻求各类研究领域中专家权威的帮助，对于他们，我无论怎样感谢也不足为过。我之所以提到这一点，是为了回答一种显而易见的批评，即在当今时代，怎么会有人竟有能力去把握那些我在探索中不得不把握的各不相关的知识分支呢？这个理由说明了为什么对我在第一章中描述的梗概感兴趣的读者，可以按他自己选择的途径直接去读全书总结的最后一章。他可以读第三章、第四章和第十章中关于贝壳的内容，可以读第五章到第九章以及第十一章中有关植物与花卉的内容，可以读第十二章中有关犄角的内容，可以读随后两章中有关解剖学和左撇子的内容，可以读第十五章中关于生长形态的内容，可以读第十六章和第十七章中关于建筑的内容，可以读第十八章中关于列奥纳多·达·芬奇对建筑之贡献的内容，也可以读第十九章中有关丢勒[①]的数学问题的内容。

哪怕仅仅是列出如此不同的必要论题的清单，也足以使我马上就能强调人类对其周围世界的好奇心的价值，强调人类对于合理地解释现象的渴望，对于这样的解释，孔德[②]曾如此高傲地予以藐视，而亚里士多德[③]和斯宾诺莎[④]却极其明确地加以推崇。在我看来，像马赫[⑤]和基尔霍夫[⑥]这样的作者，当他们把科学的用处局限于描述时，他们就已经退回到孔德最容易受到抨击的立场上去了。因为人们需要的并不仅仅是列出目录，如果世世代代的思想家都丧失了寻求解释的激情，那么，我们就永远也不会孕育出现代科学的复杂与美。只有通过这类关联性的发现，我们才有可能理性地对待生命现象和自然界所表现出来的“永恒的流动”（这一点正在越来越明确地为人们所承认）。人类有一种根深蒂固的本能，它把我们的心灵吸引到“令人震惊的思维业绩”上来，这些思维的业绩已经取得了人性的伟大胜利，依靠它们，人类肯定能够经受住生存的最终考验。

现代研究正日益摆脱偶尔的偏见和华而不实的标准。基于从来没有如此急迫、如此富于创造性或如此强有力的哲学建构，一种新的精神开始形成并产生影响。正是在这个时期，由于通讯方式的进步，知识在世界上传播变得极其便利，使得人们更易于获得新的知识。这意味着思想正在变得更加清晰，更加具有批判性，也意味着带来了视野的拓宽和想象力的解放，可以既迫使最懒惰者去观察周围的世界，也迫使最忙碌者慢慢地去探究。

---

① Albert Durer，1471—1528，德国画家。生于纽伦堡金匠家庭。初从其父学金工，后随沃格莫特学绘画与木刻，是德国宗教改革运动时期重要的版画家、雕塑家、建筑家。代表作品有木刻组画《启示录》、铜版画《骑士、死神、魔鬼》、《圣哲鲁姆在书斋中》、《苦闷》、油画《四圣图》等，著有《人体比例研究》。——译注

② Comte，1798—1857，法国实证主义哲学家。——译注

③ Aristotle，前384—前322，古希腊哲学家、科学家，柏拉图的学生。——译注

④ Spinoza，1632—1677，荷兰哲学家。——译注

⑤ Mach，1838—1916，奥地利物理学家，哲学家。——译注

⑥ Kirchhoff，1824—1887，德国物理学家。——译注

这一影响广泛的冲击波带来的某种涟漪导致了本书的问世，但前面描述的这个探索过程也带来了其自身的困难。由于近来劳动分工带来明显的进步，使专业化严格地成为必需，所以要把各种分门别类的研究结果综合起来，弄清其彼此间的真实联系，就越来越成为一项困难复杂的任务。因此，作者的首要目标是进行分析。直到最后两章，我才冒险地进行综合，以结束并证明我对细节进行编目的合理性。为此，我大胆地提出了一种权宜之计，在处理各种错综复杂的自然现象时，这种方法可能是非常有用的。

螺线结构普遍和生命及生长紧密联系，这个论断可以说举世皆然，概莫能外。螺线结构也存在于非生命世界中，其中的对数螺线[①]同样与本书描述的生命与生长的能量形式最密切相关，例如电的数学定义，或天文学的涡旋星云等。牛顿（Newton）通过提出完美运动[②]和通过对地球明显的弹性轨道[③]的计算，创立了太阳系天体运行的理论。为什么世人并没有以同样的形式提出生物的定型生长（perfect growth），而且不能计算并定义明显的生物非定型生长（erratic growth）和形式？无论如何，高等数学一直是哲学探索的最佳手段，因为数学的科学性，它本身没有什么用处，但一旦得到正确的运用，则变成确定事物相互关系的最全面、最合适的手段。智者在孜孜以求中可以用数学对事物进行归类。正是雷斯利爵士（John Leslie）率先注意到对数螺线的“生命内涵”。后来，莫斯利（Canon Moseley）把对数螺线的“生命内涵”应用于对某些螺旋状贝壳的研究。古德塞（Goodsir）教授从中探索某些生理学规律。就像万有引力在物理世界中无处不在一样，生理学一定主宰着生物的形态和生长。最近，牛津大学的丘奇先生（A. H. Church）据此建立了完整的现代叶序（modem phyllotaxis）理论。如果本书封面的图案在附录

① 也称等角螺线，1638年由笛卡尔首先研究，后贝努利发现了其许多性质。对数螺线的主要性质有两点：1. 螺线截半径所得的各线段长度，依次成等比数列，螺线按几何级数增大，其对数螺线的名称即由此而得；2. 在螺线与半径的交点处画切线，则切线与半径所形成的角全部相等。这就是对数螺线也称等角螺线的原因。对数螺线普遍存在于自然界、建筑设计和艺术创作中。对数螺线是本书探讨的数学依据。——译注

② perfect movement，指源于古希腊的观念，认为代表了一种和谐的完美的圆周运动。——译注

③ erratic orbit，所谓弹性轨道是指地球运转的轨道并非一成不变，而是有所改变的。因而导出下文的非定型生长，亦即生长并非总是遵循同一模式。——译注

中得到正确的诠释，那么早在12世纪，中国哲学家就已经认同对数螺线是生命的标志。[①]但是，实际上，最适合于基础概念的对数螺线的确切形态却从来没有找到令人满意的标本。本书提出的生长公式称为“Φ螺线”或“费氏螺线”。这是巴尔先生（Mark Barr）和斯库陵先生（William Schooling）根据古典原则研究出来的一种新的数学概念。读者可以在本书的第二十章，以及其后的附录中看到斯库陵先生关于该数学概念应用于解释生长方式的阐述。

生物螺旋形态的应用具有一种非常重要的特征：世间万物并不只具有数学特性；换一句话来说，生命形式中普遍存在着令数学困惑不解的因素。本书对此正在进行研究，我们可以称之为“生命螺线”。鹦鹉螺是世界上最近似于对数螺线的天然物体，不过也就是近似而已。鹦鹉螺是一种活体生物，因此不可能用简单的数学概念来准确描述。也许，我们在将来能够用某种对数螺线来定义鹦鹉螺形态的种种差异。正是这样的差异才构成了生命的特征。对此，人们可以从另一个角度认识，但查理·达尔文早就阐述过，他指出，物种起源以及适者生存在很大程度上取决于物种形态的变异、取决于物种对环境的渐次适应，变异与适应使得生物自我改善，诞生出适应环境的后代。

生命和生长的理论与美学（或许读者认为是艺术）理论之间存在很多联系，其中之一，就存在于所观察到的细微差异和微妙变化之中。如果仅仅在数学上是正确的，任何概念都不能表明生物的特征或美的吸引力。正是由于这种观察说明了个体本身特征的微妙变化，使艺术家赋予自己的作品以魅力。但是，艺术创作和生物的生命一样，对简单的数学公式都具有反叛性。正是出于这个原因，我把螺线形成，尤其是Φ螺线或费氏数列作为一把钥匙，不仅用以解决自然现象，而且也用以解决艺术和建筑学的问题。因此，我认为有必要在本书的自然生长的标本以外，再加上一些艺术学和建筑学的实例。

---

① 这里指阴阳太极图。——译注

有人可能认为，努力用科学的分析方法来总结美的规律是过分遵循事物的客观性。当康德说美作为事物本身是没有质量的，它只存在于迷恋美的人的头脑中时，某些艺术家可能认为康德是他们的思想的支持者；他们也可以从贝尔福先生[①]那里得到支援。贝尔福先生在分析我们称为“壮丽”“美丽”“哀怜”“幽默”“悦耳”等的质量并认定它们的存在无不与感情相关时，曾经说过：“除了按其产生的激情来衡量外，美还有别的衡量标准吗？除了这样的感情被非法地‘现实化’以外，难道还有其他吗？除了用美的感觉来描述美丽物体的高尚美学价值外，并没有别的方法来描述，而若以美的感觉为标准（ex vi termini），这样的描述是主观的。”在无处不在的造物主及其行为（对此，我们称之为客观）面前，我们无所逃避，一定要触及思维活动。在头脑中发生的思维过程（虽然往往人们把主观这个词拉扯进来）与山脉的形成以及钢铁的生锈等自然界的不可改变的性质有些相似。两者都受控于法则，即受事件的顺序的控制，虽然我们不可能轻而易举地发现，甚至永远不可能发现这种法则。

从最客观的角度来说，美是一种“自我适应”。如果一种连续不断的感觉，以压倒一切的证据证明它与任何东西搭配都让人适应，感觉到舒适（对于某些人来说，这种感觉在生活中的权威性要比任何一种宗教教义都大），那么，这种感觉就暗示了各种事物之间的“超自然”的适应。如果我喜欢一只景德镇的花瓶，那么我的某些品质和景德镇花瓶的某些品质则组成某种超自然等式。如果我不喜欢这只花瓶，其结果也是一样。一位科学工作者在看到一种现象的时候，无论是万有引力的吸引、玫瑰花的盛开、金属的融化或者甚至是感情的激化，都希望能做出解释。这并不是浪费精力，在这样的过程中，他会越来越知其然，而不是越来越不知其所以然。

巴尔先生对本书的撰写提出过许多精辟的建议，笔者对他感激不尽。他

---

① Arthur Balfour，1848—1930。1902—1905年任英国首相，1916—1919年任外交大臣。保守党首领之一。1902年《英日同盟条约》和1904年的《英法协约》的策划者。1917年发表《贝尔福宣言》。——译注

想象说，世界上第一个发现回声并非精灵[①]的科学家。这位科学家要求得到更多的回声，而不是要求得到较少的回声。而当他发现了比另一位造物主多得多的声音时，他发现了更多迷人的奇迹（如果这正是他所要求的）。科学的目的并非排斥奇迹，因此，奇迹在日益增多。

在连续的证据和有序的偶然性的冲击下，科学工作者有时受到结构思想的困扰，十分正常地对偏见做出反应。但如果具有艺术气质的人对他们称之为“机械论”的内容反抗过分激烈，事情则走向另一个极端。受美学感染至深的人对科学所宣称的内容表现出过分的不可容忍，而这样的不可容忍是相当不理智的。因为，艺术创作，不管是多么富有真情，都可以使思维的惰性得到激活。由于对事物的分析在其创作中起到必要的作用较少，艺术家对分析是没有耐心的。但还存在另外一种事实，即对艺术的欣赏在很大程度上取决于天赋，而天赋是世人都具有的，只是多少而已。因此，瞬时艺术创作会对大多数人产生吸引力，音乐甚至可以使粗暴的野蛮人得到安慰。于是，艺术工作者都生活在现成的受人仰慕的世界里，自然而然地反对任何创造性气氛的干扰。通过青年诗人爱伦·坡（Allan Poe）的口，艺术家对科学呼喊出：

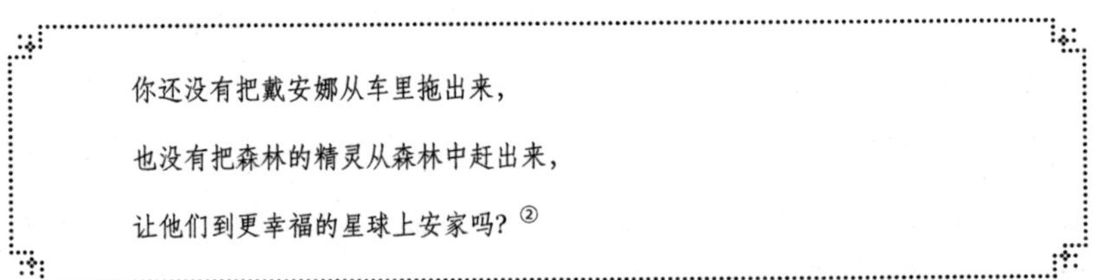
你还没有把戴安娜从车里拖出来，

也没有把森林的精灵从森林中赶出来，

让他们到更幸福的星球上安家吗？[②]

不，巴尔先生一定会回答说，这既不是科学分析的目的，也不是科学分析的结果。但是多年以来，事实却的确如此。美的形成一直在许多冲动的头脑之间较量，其主要原因在于使用的词语千差万别。即使较量的一方同意某

---

① 西方人认为，回声是山林中的精灵回应造成的，并认为该精灵名叫Echo，即回声。——译注

② 原文为：“Hast thou not dragged Diana from her car，And driven the Hamadryad from the wood，To seek a shelter in some happier star？”——译注

些词语的含义，不耐烦和偏见则往往掩盖着问题的本质。在本书中，笔者极其大胆地假设双方总有意愿达成共识。如果事实果真如此，那么，科学工作者就会不那么勇猛地推动一般原则，而具有美学气质的人们就会缓慢地逐步接受科学的论据。对此，具有先见的人们早就盼着两者的结合。

笔者以为，立场代表一切，也坚信能够在某些指导性原则上达成共识。达成共识的愿望远远超出了科学分析的限制。但丁、丢勒和歌德是这条漫漫长路上求索的先驱者。这种自然界的科学研究和艺术原则的结合正是达·芬奇手稿的精粹所在。从他的手稿中，我们可以看到达·芬奇的广见博识。本书大量地插入了达·芬奇的绘画作品，因为它们可以说明主题，而且可以为我在第二十章提出的理论提供无数的证据。这样的理论，我敢于相信一定会引起专业艺术家和普通公众的兴趣，而且说明应该把Φ螺线（其本质是自然生长公式）应用于研究绘画精品的比例，或者读者愿意的话，也可以应用于研究构成艺术大师的“高层次艺术修养”的原则。在其著作《批判与美学》（1910年版）中，贝尔福先生论述了情感的两大分支，他指出：“现代分野的最高价值在于美的感情，而现行分野的最高价值在于爱的感情……爱情并不受任何主观原则的控制，不遵循宇宙法则，也没有客观标准。爱情顽冥不化地与逻辑相对抗。我们既不能描述出普遍认可的美的特征，也不能描述出普遍认可的爱的特征，那为什么我们要对此极不耐烦呢？……然而对于我们来说，此时此地，事实已足以使我们明确地认识到，批判理论在确立美的‘客观’真实性方面已经失败。这样的失败也同样出现在其他的感觉领域中。不过，不管是否具有理论支持，欣赏和爱恋都是人类有能力拥有的最美好和最伟大的感情。”

上一段落中的“此时此地”指的是1909年贝尔福先生在牛津大学所做的“罗马风格”讲座，但即使为了这个“失去渊源的家庭”①，在认识到一个方向失败时，就要寻求对另一方向的安慰，未免太令人压抑。贝尔福先生对艺

① 系指罗马艺术风格找不到发源之地。——译注

术批评的基础进行了无情的逻辑分析，结论使他完全相信，“要想找到一种可以代表人类的经历，即使是稍微能代表的美学概念的尺度，也是绝对做不到的”。现在，我当然也不可能冒失地说这么棘手的问题已经解决。我只是想宣布，这个问题已经不那么棘手了，因为就我们所知，有一个公式的确不仅代表人类，而且代表所有生物的经历。这种称为“Φ级数”的新概念，不仅可以解释活体生物生长的现象，而且可以诠释美的艺术及人类欣赏美的原则。这个Φ级数当然不是一纸丹符。有了这张丹符，任何一位现代数学家，就可以制造出足以与希腊雕塑或者特纳①或波提切利②的绘画分庭抗礼的作品来。因为Φ级数不是通向美学的皇家康庄大道，也无论如何不可能消除艺术作品的魅力和神韵。但是，Φ级数的确说明，如果我们认识到在美和生活中可以观察到变异和差异，我们则会发现它们都可以用同样的基本原则来说明。艺术对自然做出诠释，艺术本身也是自然的组成部分。因此，从逻辑上说，艺术诠释的符号也应该在它们所代表的语言中得到共鸣。

读者只要继续阅读，就一定会发现，笔者大胆提出的过程可以应用于人类知识的哲学，也可以应用于生命和艺术的理论，这正是本书探讨的主题。因为人类认为的科学“定理”或自然“法则”，不过是人类以其现有知识，对所观察到的若干现象做出的解释。因为法则不能解释一切，便对法则吹毛求疵，这是世界观和认识论的重大误区。要知道，法则并没有解释，法则只是描述发生的事物，法则所描述的内容一定有所裨益、有所创建。法则是科学研究的手段，而非科学研究的目的。真正重要的并不是定理或法则本身，因为它们只是以往研究的记录。例外才是真正重要的，因为例外使人们遽然注意到尚不为人所知的事实及其与人类的关系，引导人们去发现未来，使人类跨越认识，去探究更高阶段的生命与思维。

---

① Turner，1775—1851，英国著名水彩风景画家，主要作品有《英格兰港口》《尤利西斯嘲弄波吕斐摩斯》和《威尼斯之路》等。——译注

② Botticelli，1445—1510，意大利文艺复兴时期画家。运用新绘画方法发展世纪的装饰风格，创造了富于线条节奏、精致明静的独特风格。所作宗教画和寓意画富有诗意和世俗气息。代表作有《春》《维纳斯的诞生》及但丁《神曲》的插图等。——译注

毫无疑问，这正是拉普拉斯[①]著名的观察误差理论及其发展，它使得庞加莱[②]指出这只能是较一般假设的特殊个例。虽然目前所有的天文学论据都建立在这样一种事实的基础上，即人类所观察到的恒星运动，其中包括用望远镜和摄像机观察到的星辰，实际上只是一部分，但即便如此，人类也发现了它们运动的某些差异，并把这样的差异与星龄联系起来。特纳（H. H. Turner）教授建立的新型"宇宙起源论"［见1914年《基岩》（*Bedrock*）一月号］，并不仅仅对目前刚刚发现的风马牛不相及的事物进行了解释，而且指出新型的星云假设在将来一定会得到更翔实的论证，而正是观察到明显的"例外"促使他去探明究竟。

自然界并非由密不透风的部件组成，各种自然现象都在相互影响。人们对任何一种自然现象的研究都以人类的观察能力和知识水平为条件。遗憾的是，人们自作主张地摈弃了其他的条件。然而，自然界并没有摈弃它们。生活在太平洋中的任何一只鹦鹉螺，都受到宇宙中人类所看到的或没有看到的百万颗星辰的影响。但是，我们只能根据现有的知识研究鹦鹉螺。莱布尼茨和牛顿传授给人类许多前人只能加以想象的知识。然而，莱布尼茨和牛顿也不可能穷究天地万物。在本书中，我始终坚持用一句话来说明一种实际上极其漫长和复杂的过程。这句话是根据本人刚刚完成的研究提出的，对此，我必须马上予以解释和论证。简而言之，这句话就是"自然界憎恨数学"。这句话的真正含义是，人类迄今为止建立的简单数学，绝对不可能完整地、真实地解释复杂的自然现象。换句话说，人类必须用已经掌握的手段、简便的公式、适合人类思维的数学常识，以及牛顿、查理·达尔文等人建立的假设来解释自然。可是，正如法国人所说的，大自然无所不知，人类只是希望有所知。无论人类如何努力，人类绝对发现不了大自然的公式。不过，人类决心和大自然周旋到底，孜孜不懈，探索不止。唯有如此，人类才能对大自然

① Laplace，1749—1827，法国天文学家，经典天文力学代表，其巨著《天体力学》集中了牛顿以来天体力学的全部成果，第一次系统地提出天体力学的理论和方法，因而成为该领域的奠基著作。——译注

② Henri Poincare，1854—1912，法国数学家、物理学家、天文学家和哲学家。——译注

的认识日见精进。孜孜不懈地探幽索隐，这正是生命的价值，人类要“追求勇敢、追求理解”。

螺线性——假如允许使用这个词语的话——是一个对人类具有深远影响的词。对数螺线对生命做出了解释，像生命和美这样复杂的现象会遵循哪一条简单的法则令人难以想象，而正是基于它们与螺线性和Φ级数基本相似，或与其他适用原则的关系，我们才开始研究其中的差异，才开始使得“知识越积累越丰富”。这就是差异导致发现。

人类比低等生物复杂，现代英国人的生活比原始部落的生活复杂，有机物比无机物复杂，由此可知，最完善的思维和最伟大的艺术品要比原始时代的知识和早期的装饰品复杂。高级现象是高度复杂的动力造成的，因此也就较难解释。

高级现象与某一条简单法则之间的差异，无论是数量还是复杂程度，都要高于低级现象。上述的考虑至少说明了这类偏差存在的原因，而这样的偏差证实了我的论点，即大自然呈现的是多样性，而不是统一性；而且，生命以及艺术的最高级形式难以与大自然的某条或若干条简单法则相符。目前，这些简单法则尚可以用数学方法给予定义。但这样的偏差也证实我的观点，即偏差并不是美的原因或生命的某种显示方式，而正是对例外现象开展的研究才是通往进步大道的原因。

我必须感谢《田野》[①]的版权方，感谢他们允许我引用原先登载其中的许多文章。在保证全书的完整性，尤其是校读的正确以及附录的编排方面，我必须感谢我的朋友斯库先生（William School）。在本人患病期间，在本人无法完成这份不得不完成的艰巨任务时，他承担了这份繁杂的工作，并为本书的修订和完善付出了许多努力。

有关本书的系列文章原先登载在《田野》上，为此，无数的读者给《田野》寄去了许多的信件和插图。其中一大部分经过挑选，已经编进本书。这

① *Field*，英国的一家配有插图的周刊，专门刊登有关农村的报道和特写，尤以自然史、野外运动、园艺和农耕文章著称，创刊于1853年。——译注

些信件均收录在相关章节的末尾，从中可以看到来自世界各地的饶有趣味的插图和评述。

特奥多·安德列·库克

1914年3月28日

于切尔西

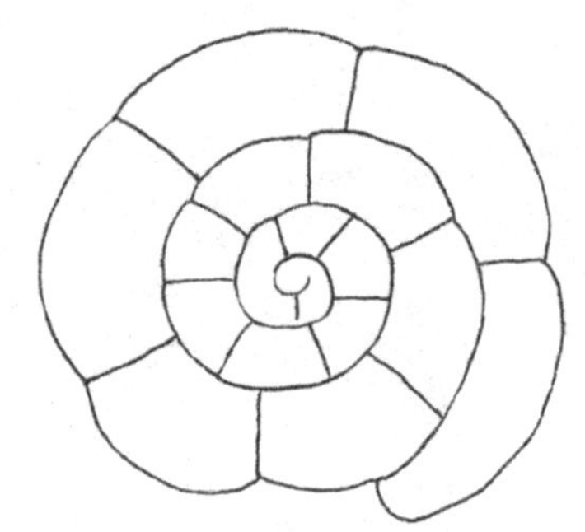

CONTENTS · 目　录

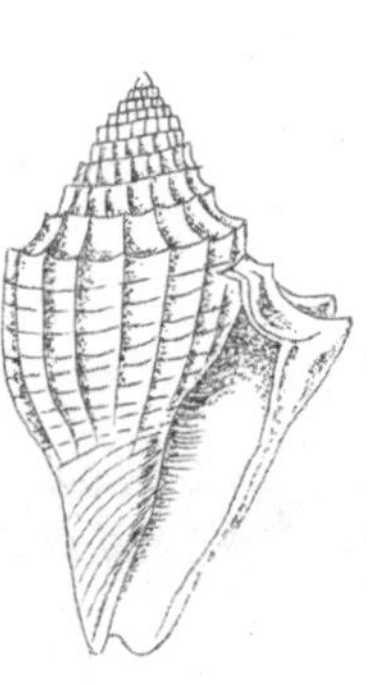

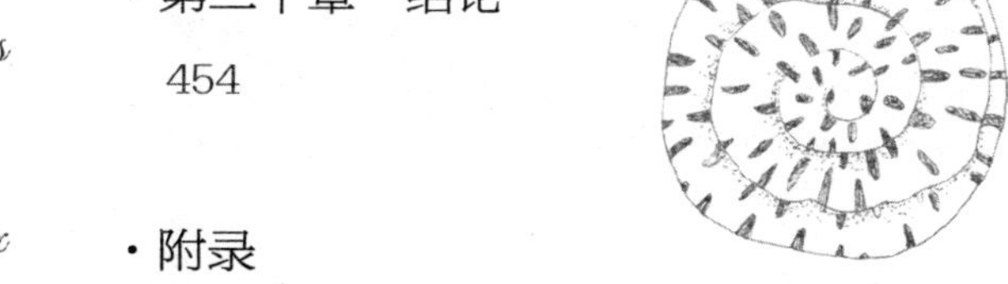

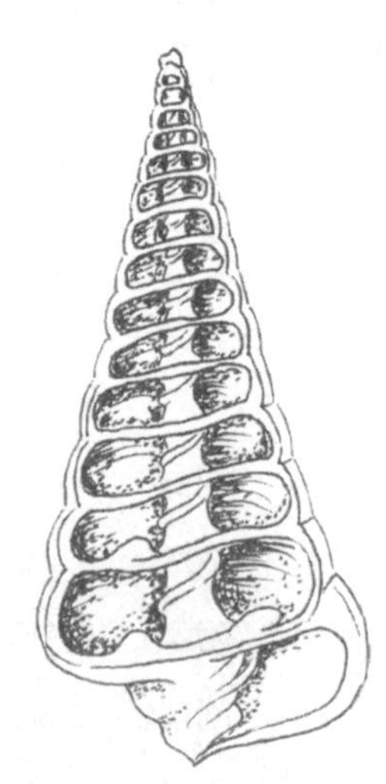

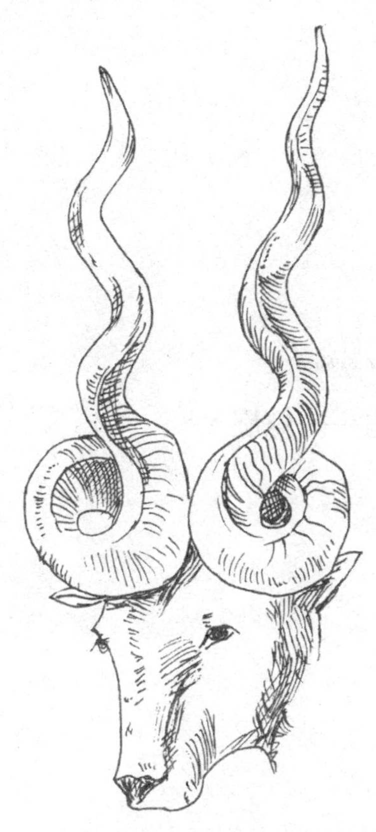

Chapter 1

Introductory-the spiral

·第一章　绪言——螺旋

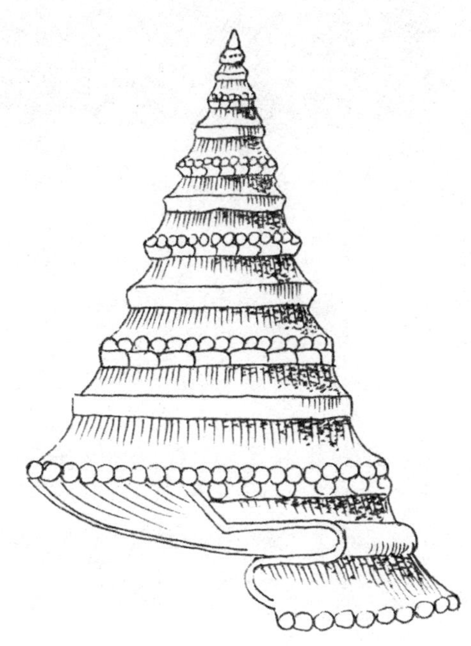

绘画本身包容大千世界的千姿百态……只有那些能够用艺术手法表达这千姿百态的通才，才堪称艺术大师……你是否知道人类的动作形态有多少种？你是否了解自然界有多少种动物、多少种树木、多少种花草，有多少泉水、河流、建筑物和城市，有多少种人类适用的工具，有多少种服装、饰物和工艺品？任何一位名副其实的绘画大师都应有能力熟练而优美地绘画出所有这一切。

——达·芬奇《自然书目手稿》

本书把探索生长和美的原理跟探究艺术作品或自然界中的螺旋结构联系起来，这样做的本意，读者只有在后文才会明白。联系两者进行阐述的念头，纯属偶然，即笔者有幸认识了一位看到楼梯支撑柱马上联想到贝类螺轴的富有想象力的生物学家。他的热情激励了我，鼓励我兴奋地去研究各种自然物体。这样的兴奋在过去的20年间有增无减。本书有关螺旋结构的章节，无须说明都是笔者对研究对象的兴趣和美的追求的结果，这样的研究迄今为止只在零零落落的小册子和互不关联的文献中有所提到。不过，丑话要说在前头：占本书大部分篇幅的博物学内容，都是由笔者，一位在植物学和动物学知识以及在数学计算技巧或艺术发展史知识方面原都一样浅薄的人撰写的。鉴于进行这样的研究，全面掌握至少四门或更多门学科的知识是必不可少的条件。因此，即使对其中两门学科具有渊博知识也是于事无补的。所以，笔者极其冒昧地认为，虽然本人对这些学科没有专门的研究，但对每门学科却有最强烈的感受，因此就和目前所能找到的其他合格人选一样有资格来做这件事，这种冒昧的想法也许没有人会相信。更使我感到慰藉的是，每位专家都乐于更正他们熟悉的领域出现的错误，同时对一些自己认为超出专业范围的问题，往往搁置一边，但是他也许会“仅仅由于所探讨的问题的相似性”，对这样的问题重新进行思考。因此，在后面一些篇幅里，我大胆地希望艺术家或建筑师以更加体谅的眼光看待生物学家，希望数学家和植物学家同舟共济，其原因就在于此。在南极点附近的越冬营房里，斯科特队长偶然听到考察队的一位生物学家主动送给一位地质学家一双袜子，希望能得到一些地质学科的指点，思维这么缜密的人是不会被困在南极的。

20年来，我把所有的业余时间都花在弄清许多细节问题上，并得到许多人最诚恳、最慷慨的帮助，在此我虽然无法一一列出他们的名字表示感谢，但他们一定会感受到我的由衷感激。不过，我必须说明，有两个人对我帮助最大，他们也同意我发表他们的一些观点。当然，由于他们太急切地对我所解决的技术难题表示欣赏，提出了一些建议，但他们可能都不希望对自己提出的建议负责任，即使这种责任非常轻微。得到我在写本书的消息时，兰克斯特爵士（Sir E. Ray Lankester）给我写了以下的信：

> 我一直在想，要是大众对自然界真正的美多了解一些，那么，去博物馆参观的人就会比现在多得多。不少博物馆都尽力把各种各样的标本摆在最醒目的位置，清楚地加以说明。然而，这样还不够，还需要增加内容。可是，对展品最了解的人并不一定有时间编写有关的书籍。再者，专家在写作中必定要用到专业术语，其含义往往只有少数人完全理解。不过，其他领域里的研究人员，

若有精力去思考一下可以从生物学或植物学中学到的知识的话，那么，一定会得到意想不到的收获……

……你经历了许多研究步骤才得出这些结论，其中有些步骤我知道。我认为，（例如）阁下对兽角生长的分析和对贝类螺轴褶皱生长的研究结果，除了大作中陈述的两者之间的相互联系外，对生物学家显然极其有用。

阁下希望数学家及时建立一套生物学家和艺术家兼用的形态学定义系统，并不一定是新建议。不过，要促使建议转化为可能，所列举的每个新例子都必须对科学和艺术的发展有所贡献。

收到这封信后不久的1912年1月，我又收到先哲华莱士（Alfred Russeu Wallace）[1]的来信。华莱士的来信使我倍受鼓舞，激励着我继续发表论文。华莱士的来信，经他本人同意，于同年（1912年）发表：

阁下对大自然中“螺旋结构”的研究，本人非常感兴趣。“螺旋结构”以其最精细的结构形象地说明了物质世界极其巨大的“多样性”，大到宇宙中众多的恒星和行星，小到地球表面的细微结构，再小到动物体和植物体的种种细微结构，其多样性无不登峰造极，足以与人体结构和心理特征的千差万别相媲美。正如本人在最近出版的拙作《生物的世界》里所说的那样，这种研究的最终成果就是全面认识大千世界，引导我们去认识事物无穷无尽的多样性，引导我们去认识千变万化的螺旋物体。这种多样性是我们称之为“自然法则”的力量作用于物体造成的。这种大自然的真正的“力”，本身是由力的精华聚集而成，以似乎固定不变的方式作用于，同时也反作用于物体。人类正在逐步明白，这些力本身从来不相等，也从来不以相同的方式起作用。人们曾经认为，原子是绝对相同的，绝对不能压缩的等等。现在，人们认识到每个原子都聚集着巨大的复杂的力量，也许每一个原子都不一样。因此，长期以来被认为一成不变，原子量不变、结合比例不变的化学原子，现在被认为是处于所有可能的千变万化之中，它们的原子量也是彼此不可通约的。

我认为，这种原子和亚原子（原子内的）的多样性是大自然千姿百态的原因或基本条件，因为这样的多样性从来不产生直线，只产生无穷无尽的曲线和螺线。原子和力的绝对不均衡最有可能导致了直线、圆或其他闭合式曲线的产生。差异导致了曲线的发生，而当生长不呈直线的时候，它一定导致最优美的曲线——螺线的形式。

你忠实的

艾尔弗雷德·拉塞尔·华莱士

这封信让我不禁想起《物种起源》的最后一句话。华莱士先生同时代的伟人[2]写道："造物主首先为生命注入一种或若干种形态，这种生命起源论为世界描绘了一幅壮丽的画面，还有许多的神祇。于是，在地球按照永恒的万有引力运行的过程中，生命形式就这么简单地从最美丽、最奇妙的曲线开始，进化到现在，而且继续进化下去。"

这段话为我们关于"无穷无尽、最漂亮的形式"的研究提供了指南。我之所以选择研究螺线，是因为螺线与许多形态显然有密切的关联。笔者并不要求读者相信，各种有机体和无机物所存在的相似曲线的结构好像是"一种有意识设计"的东西。本人只是想说明相似的曲线结构反映出宇宙法则作用过程的一致性。实际上，我所关注的不是事物的起源或缘由，而是它们之间的关系或相似性，其中更重要的一点是，不要把自然物体中的螺线结构仅仅看作是一种习惯思维的形态。数学已经被定义为"精确表达和智力思维的重要手段"。一旦数学与拥有非凡视觉想象力的伟人，如开尔文[3]、麦克斯韦[4]，瑞利[5]和汤姆森[6]相结合，我们就会看到数学给人类的智慧带来多么惊人的结果。但是，我们千万不要认为“自然”具有“数学般的精确”，或者自然物体都知道“螺线的含义是什么”。不过，要是普通生物学家忽视了数学，有时会令人难堪。在我想把赛马“珀西梦”（Persimmon）[7]的骨骼与它的直系祖先赛马“埃克力帕斯”（Eclipse）进行比较时，我才发现科学界还没有决定要用什么方法测量骨骼。只是到了1898年，威利（Wherry）博士才率先对动物的犄角进行了科学的描述。在探索中，为了证实一些主要的问题，我咨询过好几个研究部门，结果发现许多问题都还没有答案。

15世纪末，达·芬奇用一句话概括了当时的知识情况：“在这方面，眼睛胜过自然界，因为自然界的作品是有限的，而靠眼睛完成的手工作品却是无限的”。自从人们在他长期佚失的手稿中发现这句话以来，激烈的争论一直无休无止。我们可以用现代的语言来表述这个意思，例如，由于自然界是有限的，所以自然界永远不可能有对数螺线，对数螺线可以无限延续，而所有生物都不可能做到这一点。不过，我们有可能通过数学对两者进行精确比较。于是，生物体的日常生长稍有的变化，就足以说明它们之间出现新的差异。例如：为了使曲线极其相似于有限的生物体，任何无限的生长曲线就必须放慢速度，这样，我们就可以应用和牛顿运动第二定律类似的方法，使螺线迟滞。海亚特[8]和科普（Cope）两人发现了“纺锤螺”[9]（Fusus）等贝壳的生长迟滞规律，而后，科普宣布发现了（贝类生长）迟滞的互补规律。莫斯利对某些涡轮形贝壳进行了几何测量，发现其围绕中轴旋转的曲线为对数结构。根据这个发现，他设计出一系列公式，用以预测其他生物存在的对数螺线。生物越长越大，生长速度越来越慢，直至死亡。我们可以用同样的方法来调整减速的螺线形，使之适应不同的减速速度。反之，年轻生物加速生长的现象是比较明显的。但是，生物的生长速度绝不可能始终完全一致，实际上，其生长必定不是同心的，几乎无所例外是离心的。

正如牛顿先假设完美运动（圆运动），进而解释了太阳系的运行一样，我们通过对数螺线，就能够假设一种定型生长（即对数螺线生长），进而获得概括生物形态的定律，使之起到与物理学中的万有引力定律一样的作用。对数螺线是否反映生物生长过程的规律？如果是，那么问题就大了，因为牛顿在其巨著《自然哲学的数学原理》中指出，如果引力不是与距离的平方成反比，而是与距离的立方成反比，那么天体就不会以椭圆形式运行，只会沿对数螺线抛入太空。因此，古德塞教授提出这样一个问题：如果平方律是引力定律的话，那么，立方律是不是等于（也就是说，细胞的）生产定律？我们能否把这个跟歌德提出的在本质上直线为阳性、螺线为阴性的观点联系起来？正如威利博士所指出的那样，螺线生长的许多问题深奥难解，涉及调控大千世界的基本规律，并自然地指导人类艺术。

在开始探讨本书内容的时候，笔者从自然界的许多螺旋结构中挑选出一些典型例子，其中小到微型有孔虫（图4、图5），再小到杆菌（图6），大到弥漫太空的星云（图1）。气流的涡旋形式在北半球一般是从左向右旋转，而在南半球则从右向左旋转。这个事实已用来解释许多尚未充分研究的现象。不过，这个事实用来解释飓风、龙卷风和旋风等的起因，即由于逆向运动的强大气流突然相遇而引起的暴风，还是确切的。在风力的作用下，沙土往往产生沙尘暴中常见的螺旋现象，这种现象偶尔会小规模地出现在英国尘土飞扬的道路上。水龙卷同样是一个由风力造成的龙卷风，但其成因更加复

图1
猎犬星座梅西耶星云星团表M51的涡旋星云

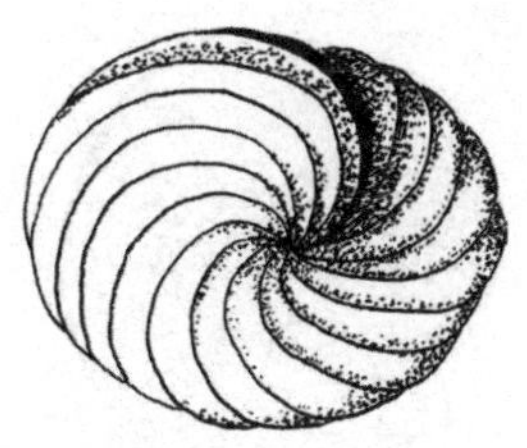

图2
orbiculina admea
圆盘虫属
（仿自《挑战者号海洋科学考察报告集》中布拉迪（Brady）撰写的关于有孔虫的章节。）

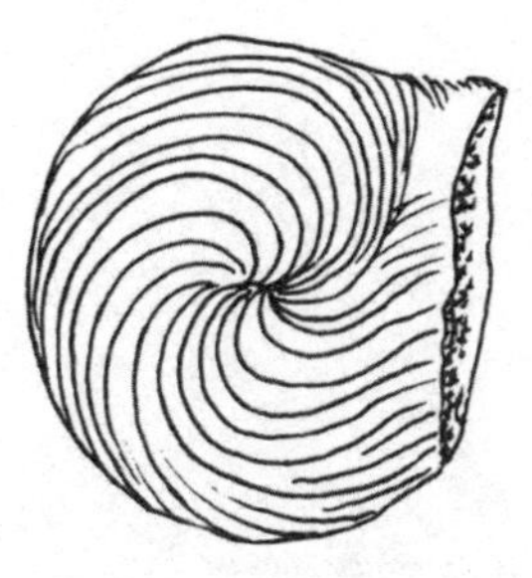

图3
绵羊心脏的左心室
（仿自佩蒂格鲁教授）[10]

图4
Nummulina nummularia
始新世第三纪有孔虫的剖面
（仿自尼古尔逊Nicholson）

图5
Polystomella crispa
多口虫
（尼古尔逊著作《古生物学》中一幅微型有孔虫的插图）

图6
Spirillium rubrum,
螺旋菌
［仿自科尔（Kolle）和魏瑟曼（Wassemann）合著的《致病菌手册》的图集］

杂。这是由于漏斗状云团在（水面）旋转过程中，由于风力的作用，与同样受风力作用的水体相互吸引，漏斗形的云和倒漏斗形的水迅速形成了旋转水柱。在本书的适当章节里，笔者也会举一些结晶体中的更微小的螺旋例子。重要的问题是，即使在我们研究的早期阶段，也要特别记住，无论是水平螺线，还是垂直螺线，未必就与生命力相关。然而，没有疑问的是，生物中的螺线结构本身可以说明，这是生物受到的压力或获得能量的结果，和星云、龙卷风或某些晶体结构等非生物体或无机体形成的结果是一样的。在这方面，我们还要注意到，由于电流的缘故，磁力方向与电流本身方向的关系也是右旋的。

本书探讨的主要是各种动植物的有机生命结构。我认为，一旦开始在大千世界里寻找各种螺线形东西，我们一定会惊讶地发现自然界竟然会有这么多的螺线结构。在植物中，从种子外壳、子房到茎、花和果都具有螺线结构。在动物和人类中，螺线结构始终伴随着生命的发展过程，从精子到心肌，从脐带或耳蜗到肢干骨架，无不具有螺线结构（图10和11）。值得一提的是：藏在耳朵内的耳蜗可以证明耳蜗骨是哺乳动物所特有的。有一次，冯·梅耶先生（Hermann von Meyer）偶然把一个先前被认为是蜥蜴的颅骨掉在地上。结果，破损的颅骨露出了耳蜗，证明这骨骼是哺乳动物的，该哺乳动物定名为械齿鲸[11]。

本书在图4、图5、图6中列举了三种具有螺线结构的显微生物。在斯坦因博士（F. V. Stein）插

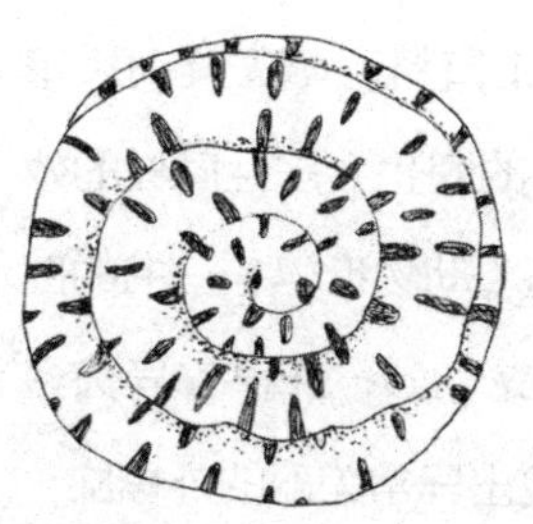

图7
Flustra cribriformis
螺旋状原虫
（采自澳大利亚的托雷斯海峡）

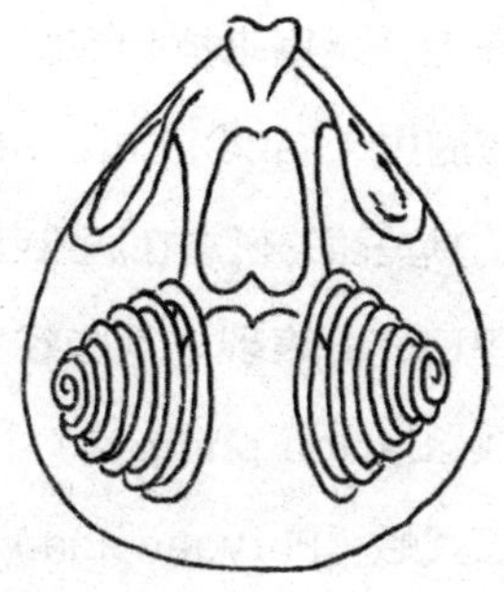

图8
Uncites gryphus
德文郡灯罩形贝类的
背面壳体和“臂”
（仿自戴维逊，Davison）

图9
Euplectella aspergillum
透明海绵
又称爱情女神维纳斯的花篮

图10
左旋形的人类脐带
（仿自佩蒂格鲁教授）

图11
肱骨的螺旋结构
（仿自佩蒂格鲁教授）

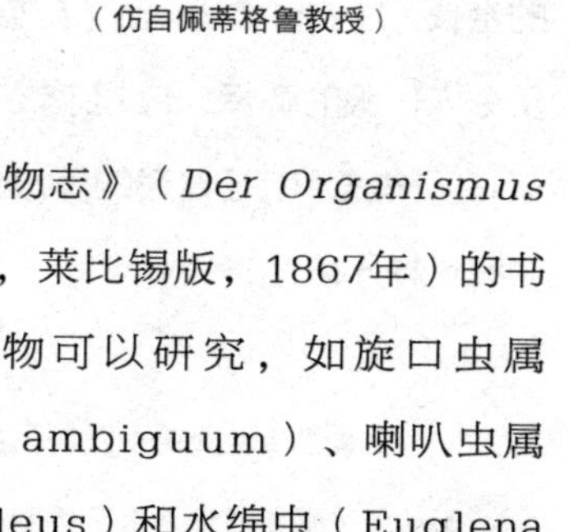

图精美的《纤毛虫纲动物志》（*Der Organismus der Infusionsthiere*，莱比锡版，1867年）的书中，还有其他许多生物可以研究，如旋口虫属动物（Spirostomum ambiguum）、喇叭虫属动物（Stentor caeruleus）和水绵虫（Euglena spirogyra）等。钟形虫属（Vorticella）顶部长着螺线

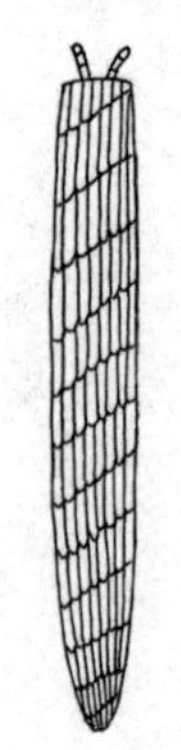

图12
Phryganeida
石蚕蛾的虫囊
（已放大）

图13
Polygonium baldschuanicum
左旋的蓼属
（际本采自南非博卡拉）

形纤毛，是用来搅起旋涡，带来饵料。毫无疑问，单旋缨鳃虫（Sabella unispira）的鳃也会产生同样的效果，其美丽的形态在居维叶[12]的《动物世界》一书的图集里已充分表现。某些鲨鱼卵壳［如：菲律宾异齿鲨（Cestracion philippi）］呈现出异常美丽的外螺旋，而石蚕蛾（Phryganeida）的虫囊是一根向上右旋的精美的带状物（图12）。

动物运动基本是螺线运动，这一点先哲佩蒂格鲁教授（Pettigrew）已经以其丰富的知识做了说明。他的遗著《大自然的设计》（*Designs of Nature*）为我们留下了一系列插图和观察结果，说明鸟类翅膀在结构上向身体缠绕，而在功能上则做螺线运动。他指出："轮船的螺旋桨所起的作用与鱼的鳍、鸟的翅膀或四足动物的四肢是一样的。在动物的所有运动中，所有功能都在飞行中得到最完美的体现。"根据他在著作中的建议，我从中选用了一些螺线形例子，并由专人专门绘制编入本书。

格鲁先生（Edwin Sharp Grew）在其著作《行星的生长》（*The Growth of Planet*）中，对涡旋星云作了令人信服的解释，读起来饶有趣味，不仅专业天文学家有所裨益，就是普通的外行人看了也会增进知识。书中有这样一段话：

> 涡旋星云最先是由罗斯先生[13]发现的。某些星云的形状似乎需要假设是由两颗恒星部分碰撞形成的。撞击过程产生的热量或力学上称之为"被捕获的动能"再加

上两颗恒星的相互引力，把最高级的涡旋运动传给这两个恒星系统。在某些情况下，可能导致两颗恒星聚合成一个巨大的星云。或者，要是其中一颗恒星的向前运动部分地受到阻止的话，那么，两颗恒星的某些部分可能从主螺线中逸出。在猎犬星座的星云里就可以见到这种灾难。

本章复制的正是这种星云图（图1），以此为例说明涡旋结构（请与第二十章比较）。

在这本富有启发意义的著作中，还有一个有价值的理论值得引述。这就是：

巴尔爵士（Robert Ball）的“变体螺线假设”。他认为，一个由移动粒子构成的球形物一般自行扩展为圆盘状。据此，他推断说：“在任何具有正在移动的力的系统里，各种力的相互作用结果的总量（或称作‘动量矩’）总是相同的。不过，随着粒子的每一次碰撞，系统里的‘能量’则消失。碰撞之后，这些粒子会向中心漂移，整个系统变成最小能量与保存下来的原有动能（也许可称之为‘生命力’）相结合的结构。这种结构可以用一个广泛伸展的扁平圆盘来表示[14]。”粒子在向圆盘中心移动时，其中心的旋转比外部更加迅速，速度的差异导致涡旋结构的形成。由于某些人类尚不了解的详细过程，许多结或核在涡旋的螺层上形成。这些结或核就是行星的胚胎。

1904年，谢伯利教授（J. M. Schaeberle）宣布，他发现了武仙座的大星簇的双涡旋结构，其中较明显的涡旋由逸出的物质组成，顺时针（或按作者的说法，左旋）旋转，而另一涡旋则是由返回的物质组成，逆时针旋转。毫无疑问，涡旋越来越广泛地被认为是一个重要的宇宙规律，甚至连太阳的反干扰都隐约暗示着这种结构。这就使人们不得不承认，无论是在天文学，还是在其他学科，一组事实与另一组事实之间关系密切，如果

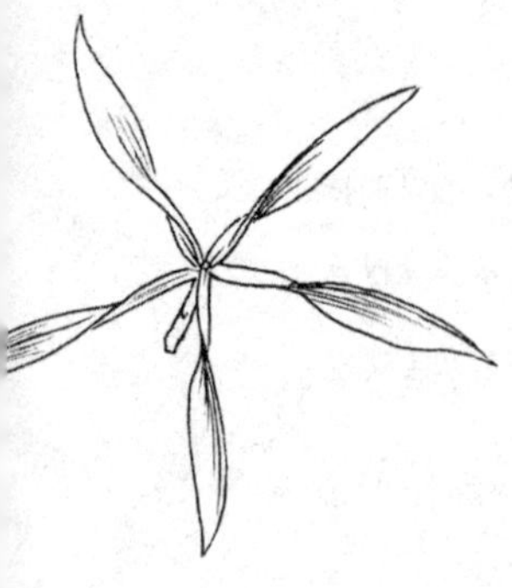

图14
Alstroemeria
六出花属
螺旋状叶子的旋涡辐射
（仿自佩蒂格鲁）

摈弃部分事实考虑问题，结果难免偏颇。正如克勒克小姐（Agnes Clerke）所描述的那样，传统的精确理论的门面依然煌煌屹立，但是由于在知识进步的过程中出现了越来越多的可能性，门面背后的大厦在迅速坍塌。在几乎所有看得见的星云中，显然都存在难以置信的不规则性，从中我们观察到一种螺线结构，暗示了破译恒星关系之谜的各种已知或可发现的法则。人们对天体的整个历史了解得越清楚，就越会觉得它肯定与种种螺线规律有关，从单个相对小的例子到围绕昴星团的巨大星云团，概莫能外。

本章前8幅插图均为水平螺旋或锥体螺旋的例子，其余的基本为圆柱体螺旋的例子。现在，我要先仔细观察图14中的叶子，这些叶子与螺旋桨或飞行中的鸟类翅膀的羽毛极其相像，然后再仔细观察图13和图15中的南非的博卡拉（Bokhara）和北美的攀缘植物。我之所以这样做，是因为这些攀缘植物可以让我再次说明近来的各种发明对我们的了解会有多么大的作用。如果说现代的高能望远镜揭示了涡旋星云，那么（借助或不借助显微镜的）电影摄像机显然提高了人们对微小生物体以及植物与花朵生长的观察水平。

图15
Apios tuberosa
右旋的土栾儿属
（采自北美洲）

自然界中的一些运动（例如攀缘植物的生长）相对来说速度极慢，人们就是不眨眼地盯着看，也看不清楚，因此斯科特女士（Dukinfield H. Scott）建议采用电影制片术的方法，加速放映这样的运动。这是一项非常有意义的技术，使人们能够看到自然界中稍纵即逝的过程，如奔驰的骏马。这种技术可以分解快速运动过程，因而如果有必要，可以逐帧仔细观察，从而看到意想不到的但确实出现的某种姿势。这种技术也可以用于教学，分解学习划船或拳击的种种姿势。斯科特女士早在1904年就发表了一篇分解摄影的文章。就笔者所知，时至今日[15]，这种技术才实际证实可行。因此，现在可以把花几个钟头拍摄的植物自然生长的影片用几分钟的时间速放，观众就可以看到植物的生长过程。斯科特女士在1904年研制出了一种既简单又便宜的摄像机，其带盘径宽12英寸，可以装拍摄350次的胶卷，因此，在她要拍摄生长速度缓慢的植物时，可以每隔15分钟曝光一次。她克服了均匀曝光和绝对稳定的技术难关，最终在夜间也可以采用人造灯光继续拍摄。

科学技术的最新进展解决了许多机械学的难题。利用摄影技术，科学研究者可以在自己的书房里拍摄下研究过程，把研究结果放映出来。在一般性的野外调查工作中，每秒钟可拍摄16张照片。法国的一种高速微型摄影机采用电火花闪光，每秒可以拍300张照片。拍摄速度越快，放映时反映出的速度就越慢。以每秒拍摄16张照片，也就是每分钟拍摄960张照片为标准，如果要快速地观察植物在3天中的实际自然生长过程，则必须把3天共4 320分钟的时间平均分配给960张照片，换句话说，必须在连续72小时里每四五分钟就自动拍摄一张。把这样拍摄下来的960张照片的电影胶卷以每秒16张的速度连续放映，则可以在1分钟时间里明显看到3天中植物的自然生长过程。整个过程无论是对研究植物学中的螺线生长，还是对其他学科从电影屏幕上观察微型细菌的学者来说，都很有价值。

从图16、图17、图18中，我们可以看到生物体中最优美、最容易观察到的螺线形结构的实例，读者从后文还会获悉更多更奇妙的内部结构。在1908年之前，凡是想观察贝壳螺轴结构的贝类学者，都得把宝贵而美丽的标本锯开或磨出断面。有的贝壳本身太脆弱，无论锯或磨都难以制作出满意的断面。在1908年，罗德曼先生（George H. Rodman）出版了一些软体动物贝壳的照片，由于这些照片采用了X射线摄影术，所以不用损坏标本，就显示出内部结构。这些照片十分有趣，富有价值，不过需要提醒没有得到说明的研究者，照片上的贝壳要反过来看。

在螺线形分类方面，我必须让位于专业知识比我多的人，这一点，我原来就认为必须这样做。显然，螺线形大致可以分为无机体螺线形和有机体螺线形两大类。可是，有机体螺线形再往下分类，困难就出来了。已故的欣顿先生（James Hinton）认为：“在阻力的抑制下生长是生物采取螺旋结构的主要原因。”不过，这样归纳涵盖不了许多最明显的例子。螺线形的存在可能仅

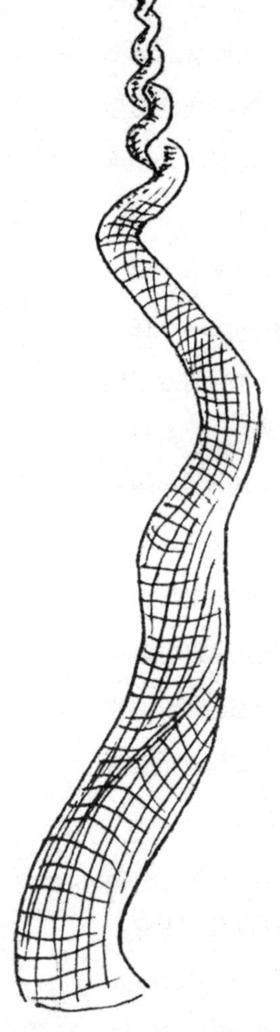

图16

Siliquaria striata

蚯蚓螺

（仿自布隆恩和西莫斯）

图17

Pleurotomaria conoidea

翁戎属贝类

（仿自布隆恩和西莫斯）

仅是为了节省空间，或是为了把某种长的器官限制在必须限制的位置。例如，青蛙的肠，在蝌蚪阶段就像一条绷紧的发条缠绕在腹腔内。在多数哺乳类动物中，相当长的一段肠道是呈螺旋状盘绕在体内的。在某些鱼类中，如鲨鱼和鳐鱼，消化道内部显然具有螺旋结构[16]，这样，只要体内有食物，就可以从食物中汲取养分。螺旋形对于某些鲨鱼另有用途，这就是其造型奇特的卵壳，螺旋形卵壳漂浮在水面，旋转漂移，因此可漂得更远。菲律宾异齿鲨（Cestuacion philippi）卵壳的形态几乎完全像抛在海底软泥或沙地上用以固定船位的锚（参见图271）。

图18
Pleurotoma
（*ancytrosyrinx*）*elegans*
（仿自布隆恩和西莫斯）

有一种最特殊的螺线形，也许我可以称之为“运动的螺线形”，发生在一种名叫鹤喙草（Erodium）的植物身上。它之所以称为鹤喙草，是因为果实成熟时，每朵花都会长出长长的“鸟喙”。这一点以后会有详尽的描述。但现在，我要说明的是，这种喙是由果实顶部露出的长尾巴或芒形成的，果实上也长着倒卷刺毛。在果实成熟时，芒就（带着种子）从喙中裂出。从此，芒显示出显著的吸湿特性。有了水分，芒伸直并呈稍为弯曲的细触角；一旦干燥，芒就会收缩成封闭的螺线形，就好像花籽上还带着一把开瓶塞一样。而且，芒的另一端有一种弯曲的臂状物，在芒旋转时起到很大的杠杆作用。由于卷曲和舒卷取决于空气中的湿度，因此，花籽就会沿着地面舒卷前进，最终，尖锐的一端插入软土并向下钻动生长，在这个过程中，那些倒卷刺则阻止其退出地面。俄国的鹭喙草（Feather grass）也存在极为相似的情况。鹭喙草的芒更长，带着一个长羽状尾巴，其果实刺入地面的方式与上述情况大致相同。无情的果实一旦粘在羊身上，就会螺旋运动，逐渐地向内旋进，有时会旋穿表皮。严重时，甚至导致羊的死亡。

其他一些种子呈现出更加精美的螺线形。例如，球状的苏铁雄性精子有一种振动微纤毛的螺线圈，像螺旋桨一样推动种子前进。松树等种子有翼瓣，结构几乎完全像图13的叶子，或是像鸟翅的羽毛，起到螺旋桨的功能，在植物死亡之前，随着风力作用，把生命延续到尽可能远的地方去。

在自然界中，具有螺旋推进力的螺旋形用途十分广泛。人体和多数其他哺乳动物的心脏就具有这种螺旋结构（参见图3）。胃部和膀胱的肌肉分布情况也极为相似，所排出的分泌物就像心脏在搏动中泵出血液一样。内耳蜗不仅节省占用的空间，而且具有保护性作用。这后一种作用可从山羊的双角得到启发。某些山羊在跌倒时，只要用盘旋的双角触地缓冲一下，就会得到保护而不受伤。本章给出了一些动物犄角的插图，但其详细说明有待于以后的章节。某些有弹性的柔软器官，在生长过程由于某些原因而不能继续直线生长时，就只好螺旋生长。这样的原因有二：一是在生命力的推动下往外爆发生长的时候受到轻微的阻碍；二是爆发生长后受到万有引力的作用。最新的研究结果也表明，只要顺着螺纹钢筋上的螺旋，就可以发现钢筋结构承受应力的过程。在本书论述植物的章节里，笔者将提供一些漂亮的螺线形实例。图19表明，对生长中的天香百合（Lilium auratum）进行竖式拍照，可以观察到叶子的螺线结构以及叶子之间的相互关系。这样的观察效果要比一般观察和绘图效果好得多。实际上，我们完全有可能把人类应用的各种螺线结构，如步枪、楼梯、隧道、开瓶塞等物体，列出清单，并可以一一与自然界中的相同结构对应比较。在某些情况下，一些过分热心的研究者醉心于螺线结构的普遍存在及其重要性，夸大螺线结构的神奇性或不可知性，这样就严重地削弱了他们对知识的贡献。为了对这类沉溺其中的所有的人提个醒，我在这里插入一幅图，即图23。面对这幅图，所有的人都会觉得是由同一点往外螺旋形成的，而实际上这只是一组同心圆，这是在杂色的背景上画上斑驳的条纹形成的。这幅图最初是詹姆斯·弗雷泽博士（James Fraser）画的，本书引用的目的只是想强调说明，螺线现象是一个很容易迷惑住业余研究者并使之迷恋于自己根本无法证明的东西的现象。其实大可不必如此。现有的证据已经绰绰有余，何必额外求索？不过，我必须承认，对于两种自然物体，只要它们都具有螺线结构，尽管它们在本质上风马牛不相及，我也毫不迟疑地会加以比较。我认为，在风马牛不相及的物体间能发现这样一种相似点，本身就意义非凡。世界万物，初看起来，没有什么比磁铁吸铁和光束在空气中传播这样两种现象更风马牛不相及的了。但是，在对这两种现象进行比较后，麦克斯韦先生（James Maxwell）指出：“光在

图19

Lilium auratum

百合属的年轻植株

（从上向下拍照，以显示植物的螺旋状生长和叶子的螺旋旋转）

图20

Ovis ammon poli

盘羊

图21

Taurotragus derbianus

塞内加尔野山羊

长度36 1/2英寸，叉宽27 1/2英寸

［摄影瓦德（Rowland Ward），版权所有］

图23

“方向组合”幻想图

本图由弗雷泽（James Fraser）博士发现，首先发表于《英国心理学杂志》（*British Journal of Psychology*）1908年1月号。图中，黑白两色条布组成的一系列完美的同心圆内插排列，衬托着棋盘状背景，看起来就像是螺旋。本图蒙《斯特兰德街杂志》（*Strand Magazine*）同意复制。

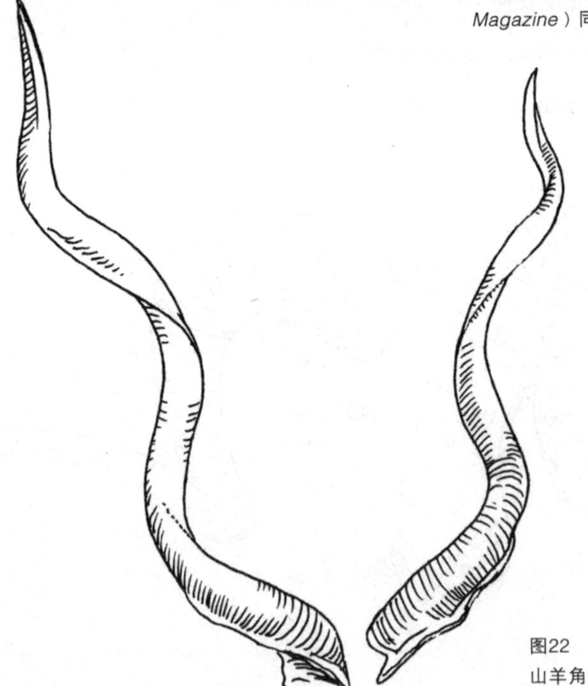

图22

山羊角

空气中的传播现象是在一种应力的作用下进行的韵律运动，而在磁铁吸铁的现象中可以观察到与之相同的应力作用。”我带着探究相似性的想法，大胆地对具有艺术传统和历史传统的螺线形进行了仔细研究，同时，也对螺线形的机械结构及人类的应用进行仔细研究。奇妙的是，两万多年前，在欧洲西南部的马格德林（Magdalenian）旧石器时代，原始人就用螺旋形贝壳作为装饰品；在地中海最古老的克诺索斯（Knossos）文明中也可找到螺旋形贝壳。就是我插入在这里的三幅插图（图24、图25、图26）中也都有螺旋形贝壳，其中图24是法国港口城市鲁昂（Rouen）的雕刻品，图25为林肯主教堂（Lincoln Cathedral）的雕刻品，图26为画家贝里尼[17]所作的讽喻画[18]。显然，螺旋形贝壳的重要作用似乎得到了人们的认可。在各种人造螺线形的几个章节中，我们会发现，这种奇妙结构的历史同样悠久，其实，在本书结束时，我们就会发现螺线结构的踪迹贯穿历史始终，从地球上最早的有机生命到现代工程师或建筑师设计的各种最新建筑，无不包含螺线结构。在古希腊爱奥尼亚的首都，凡是古希腊科林斯式的建筑物，其叶板的弯曲点主要以螺线形为装饰物，含义较多，既可表征波浪形希腊建筑的魅力，又可表征哥特式建筑工艺中罪不可赦的古老的蛇[19]。

图24
法国鲁昂市法院的15世纪雕塑

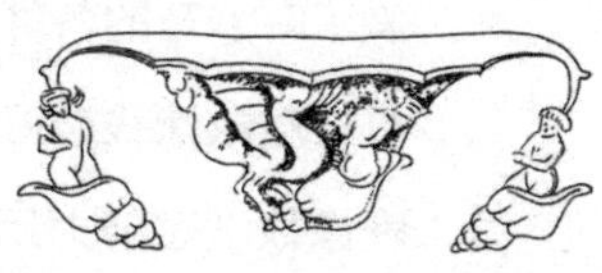

图25
林肯主教堂的翘板（1375）
［仿自菲普逊小姐（Emma Phipson）的图画］

图26
贝里尼的讽喻画

下面一章我觉得有必要下一些定义，并把一些基本的数学概念说清楚。然后，再探讨贝类中的垂直和水平螺线。接下来的几章我将对这个奇妙问题进行研究：为什么有些植物（其中包括攀缘植物）的螺线形顺时针旋转，而另一些的螺线形却逆时针旋转？随后，我对各种动物犄角的生长和其他各种不同的解剖实例进行探究。等到对所有这些问题都考虑清楚之后，我们才能探讨主题，也就是具有艺术性和哲理性的内容。无论如何，对涉及面这么广泛、内容这么有趣的课题进行全面研究之后，肯定会在艺术性和哲理性方面得出某种结论。

到底是什么样的结论，我目前还不想展开说明。不过，有一点我至少要说明一下，无论研究深度如何，时间多长，我们都得承认这样一个事实，在做出种种努力为某种自然物体下数学定义的过程中，一旦要我们精确了解涉及的各种因素时，我们就无法深入下去。我们唯一能说的话就是：对数螺线最近似于用数学语言对生物做出的精确定义。因此，结果就像数学家努力用尺寸来表达美一样蹩脚。换言之，艺术精品的迷人之处在于本身的美，自然物体的迷人之处则在于其生命本身。那么，美就像生命和生长一样，并不取决于精确的测量，也不取决于用数学方法的再现；它取决于宇宙法则的微妙变化。正如我们所知道的，这样的微妙变化都遵循着物种起源和适者生存等伟大的法则。如果我们这样说，对吗？

近来，乔治·查理·达尔文爵士[20]等科学家多次指出，不管收集到的事物本身有多大用途，如果心中没有确定的目标，如果没有牢记一些值得研究的理论，如果事物之间没有紧密的联系，那么，仅仅收集事实基本不可能发现科学规律。换言之，只费力收集详细资料，而不进行整理和研究，结果肯定徒劳无益；反之，只进行想象，无限地想象，结果既不能说服别人，也无法令自己满意。只有两者的结合，才能产生我们高兴地称之为“创造”的结果。

达·芬奇曾经说过：“自然界的作品是有限的。”获得创造性的结果肯定符合这句话的本意。自然界井然有序地运行，经历着广袤的时空变幻，而所有这一切，只要人们努力去收集其中的详情细节，都可以靠人的聪明才智去发现其中的规律，因为人的聪明才智是自然界的组成部分，这就意味着要去“认识”。不过，去“创造”就显得更伟大，因为创造需要再向前迈一步，而这一步永远都要以知识为基础，而且要超出知识范围，因为人的双眼、双手和大脑所能创造的作品是“无限的”。

要向自然界提出问题，只能遵循一种方式，即问题本身就隐含着答案。研究者只有在假设的引导下进行研究，观察结果才会有成效。在这本书中，引导我们的假设就是螺线形，激励笔者撰写这本书的就是达·芬奇遗留的手稿。

第一章注释：

1 Alfred Russell Wallace，1823—1913，英国博物学家。自然选择学说创立者之一。——译注

2 系指查理·达尔文。——译注

3 Kelvin，1824—1907，英国数学家及物理学家。——译注

4 Clark Maxwell，1831—1879，苏格兰物理学家。——译注

5 Rayleigh，1842—1919，英国物理学家，1904年获诺贝尔物理学奖。——译注

6 J. J. Thompson，1856—1940，英国物理学家，1906年获诺贝尔物理学奖。——译注

7 后文的Eclipse是一匹英国著名赛马的名称，Persimmon也是一匹赛马的名称。——译注

8 Hyatt，1838—1902，美国博物学家。——译注

9 Fusus是细带螺科（学名：Fasciolariidae）的一个属，我国没有译名，根据"Fusus is a genus of small to large sea snails, marine gastropod mollusks in the family Fasciolariidae, the spindle snails and tulip snails"中的"the spindle snails"翻译为纺锤螺。

10 图3：某些鳃足类具有非常漂亮的石灰质旋臂支柱，该支柱由带状石灰质构成，附着在壳瓣的背部。在轭螺化石Zigospira modesta（发现于哈得逊河地层组）中，锥形螺线向内生长；在石燕贝属化石Spirifer mucronatus （发现于泥盆纪）中，锥形螺线先向外再向后生长，并形成许多螺层；在准康尼克贝属化石Koninchina leonhardi（发现于三叠纪）中，双旋臂支柱没有在两侧形成锥形，却形成扁螺线形，各由两块薄片组成。

11 Zeuglodon，泛指以龙王鲸属为代表的具短而锋利牙齿的已灭绝的鲸类。该鲸类属于械齿鲸亚目，生活于始新世和中新世。——译注

12 G. Cuvier，1769—1832，法国博物学家。——译注

13 Rosse，1800—1867，罗斯于1845年观测猎犬星座M51时发

现了涡旋星云的涡旋形状。——译注

14 当然，这只有当粒子够大并在很大程度上受到光的压力而不是万有引力影响的时候才适用。——作者注

15 最迟至作者出版本书的1904年。——译注

16 该结构在生物学上称为螺旋瓣，作用是扩大消化吸收表面积。——译注

17 G. Bellini，约1430—1516，意大利文艺复兴时期威尼斯画派杰出的奠基人，善于用丰富色彩表现宁静的世俗人物，所画圣母像具有人文主义倾向。技法从胶水画过渡到油画。作品有《圣母与圣徒》《诸神之宴》等。——译注

18 allegory，也译为“寓义造型”，指用象征的手法来描述事件或意义的绘画或雕刻。——译注

19 系指伊甸乐园中引诱亚当和夏娃偷吃苹果的蛇。——译注

20 Sir George Darwin，1845—1912，英国天文学家、数学家，查理·达尔文之子，在天体力学和潮汐演化的研究上有一定成就。——译注

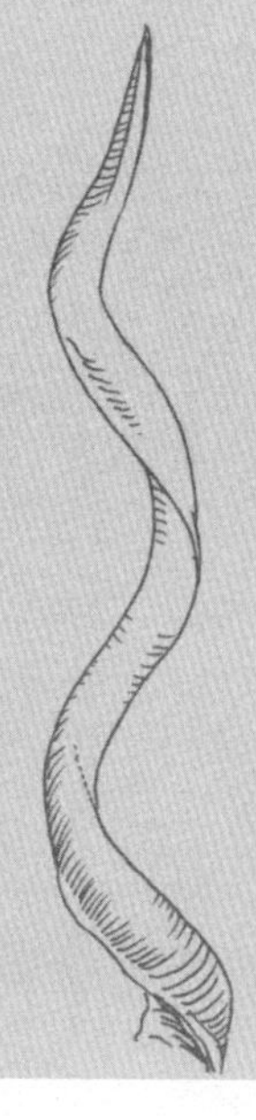

Chapter 2

Mathematical definitions

第二章　数学定义

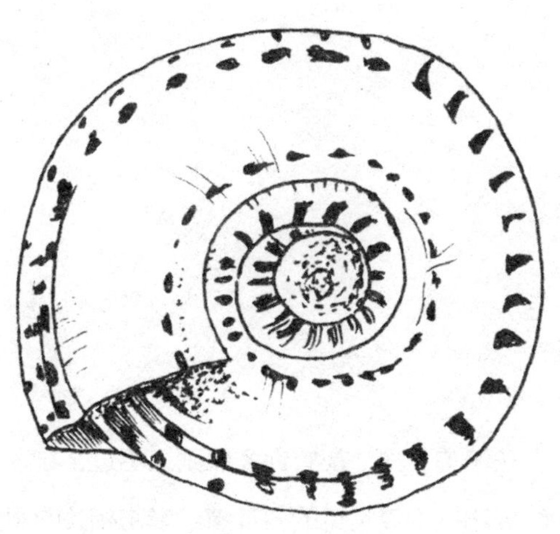

严格说来，只有经得起数学论证的研究，才能称得上是科学的研究。

——达·芬奇《法兰西学院手稿》

毫无疑问，生长和美一样，都有许多原则。不过，在本章中我希望仅仅探讨其中与动物界和植物界常见的各种螺线紧密相关的原则。首先，我想强调一下谨慎原则，该原则将贯穿探讨的全过程。强调这个原则的原因在于不能因为固定圆心，转动半径一圈可以画出一个圆，因此就认为自然界中的圆也是这样产生的。也不能因为能够画出一系列正在生长的组织的螺线，就认为植物或贝类希望生长出螺线，或者认为螺线肯定对生物有好处。正确的认识是把所有这些螺线现象视为主观现象，下列事实可以论证这个观点的正确性。螺线形一旦不利于植物生长时，就会间接地变形。这一奇妙的事实表明，植物并非不生长成螺线形就难以正常生长。这个结论同样适用于贝类及其他生物体，如动物的角。几何结构并不能提示其形成的原因，实际上，几何结构只是表述了人们看到的结构。人们主观地认为植物的叶与叶之间存在螺旋联结，绝对不能表明植物遗传了这样的螺旋结构。

丘奇先生（A. H. Church）完全意识到了这一点，因此，在撰写关于叶序的论文时，他特地明确说明，所有的推论均源于“单一的假设，即均匀生长假设。这个数学命题认为生物的生长和机械系统一样。在机械系统中，能量是按照一定的途径平均分配的，该途径可以用几何结构的方法进行研究”。我希望读者能够用完全同样的方法，对书中所介绍的各种自然现象进行研究，并认真考虑与其相关的螺线形。数学是一门抽象的学科，螺线是头脑中的一种抽象概念，我们可能把这种抽象概念画在纸上，目的是化抽象为具体，从而有助于对某种自然物体的理解，进而根据数学结论鉴定该自然物体的生活及其生长情况。只有采用这样的方法，人类才能明智地研究生物体中变幻无穷、令人困惑的种种现象，从而满足人类大脑对明确的概念和最终结果的渴望。定义和描述并非易事。形状各异的螺线形提供了描述某些自然物体的便利手段。但是，若要了解所观察到的结果的根本原因，我们就得去请教生物学家、形态学家或植物学家。到目前为止，这方面还有许多问题连专家们都还没找到答案，所以，我才着手进行这方面的研究。

图27
钟表发条的水平螺旋

一谈到螺线形，我就面临着一个根本性的难题，即必须让原来对螺线形毫无兴趣，而且从来就不喜欢考虑纯数学抽象概念问题的读者完全明白我的意思。因此，在行文中，只要力所能及，我都尽量少用数学语言。除非研究的内容既无法理解，又无法明确说明，既不能当面鉴定，又无法绘图说明时，我才会提出一些基本定

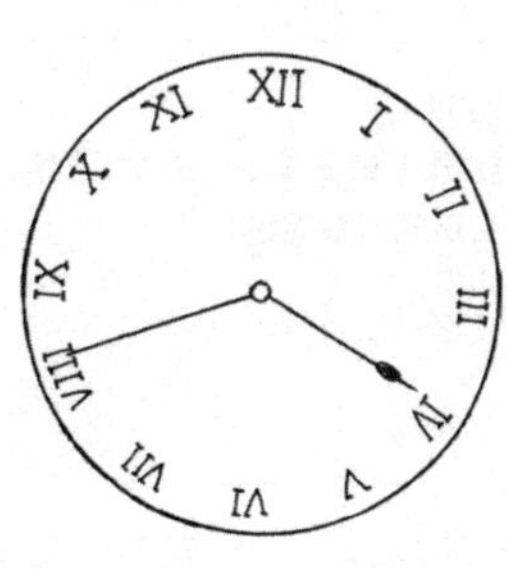

图28
手表的表面

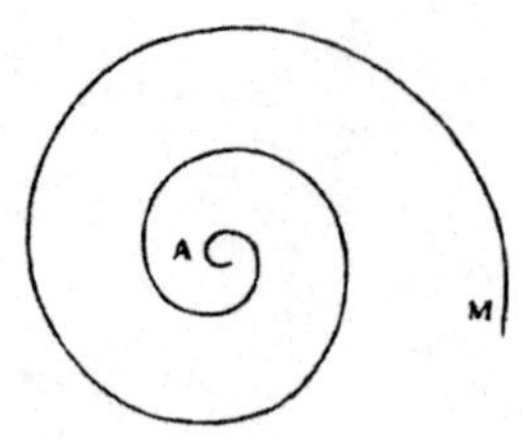

图29
右旋的水平螺线

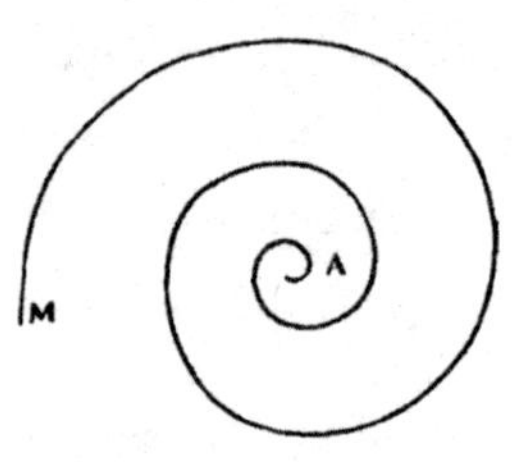

图30
左旋的水平螺线

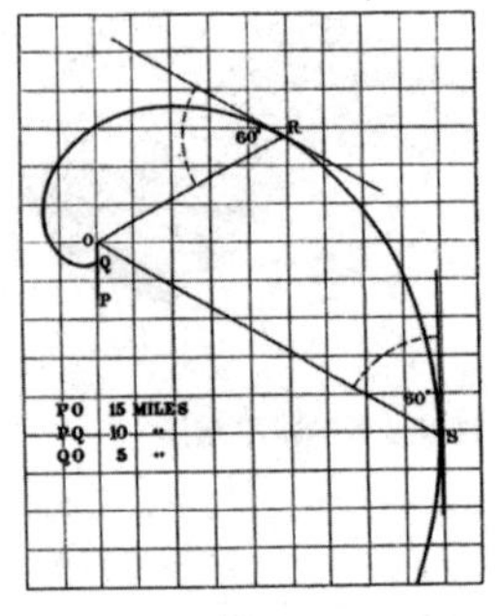

图31
仿自《田野》，1911年4月22日版的对数螺线。

义，目的只是为读者提供一些通俗易懂的公式，使他们更有兴致地从不同的角度来研究生长过程和自然物体。

数学家能够辨别出许多种螺线形，本文只探讨其中的几种螺线形，即水平螺线形、圆锥形螺线和圆柱形螺线。这三种螺线形我们必须牢牢记住。下面，我先从最简单的水平螺线形谈起。一般的水平螺线形，如手表发条，是一条围绕固定点或中心点不断向外卷绕的平面曲线，虽然曲线的各点都在同一个平面上，但离中心的距离却各不相同。有时，水平曲线的离心率决定了螺线形的性质，这一点我们可以用很简单的方法来验证。

把最普通的水平螺线形手表发条（图27）放在桌子上，旁边放一只手表，指针对准3点40分，这样，验证时就更方便（图28）。

在一张纸上画两条螺线形，其一为右旋螺线形（图29），另一为左旋螺线形（图30）。面对图30，读者就会看到，在分针指向3点40分时，左旋螺线形的开口处大约在分针的位置，在图形的左边，为左旋。而在图29，当时针靠近4点时，右旋螺线形的开口处在时针的位置，在图形的右边，为右旋。从数学角度来看，这是一种记住左、右旋水平螺线形的简易办法。在图29和图30中，如果从外向内看，或从M点向A点看，则左旋螺线形的走向与太阳的运行同向，即顺时针；而右旋螺线形的走向正好相反，为逆时针。

有趣的是，左旋螺线形，无论是水平的、圆锥形的还是圆柱形的，都可以通过水平螺线形图案来验证。假如一只昆虫从图30中的开口处M点向里爬行到A点，那

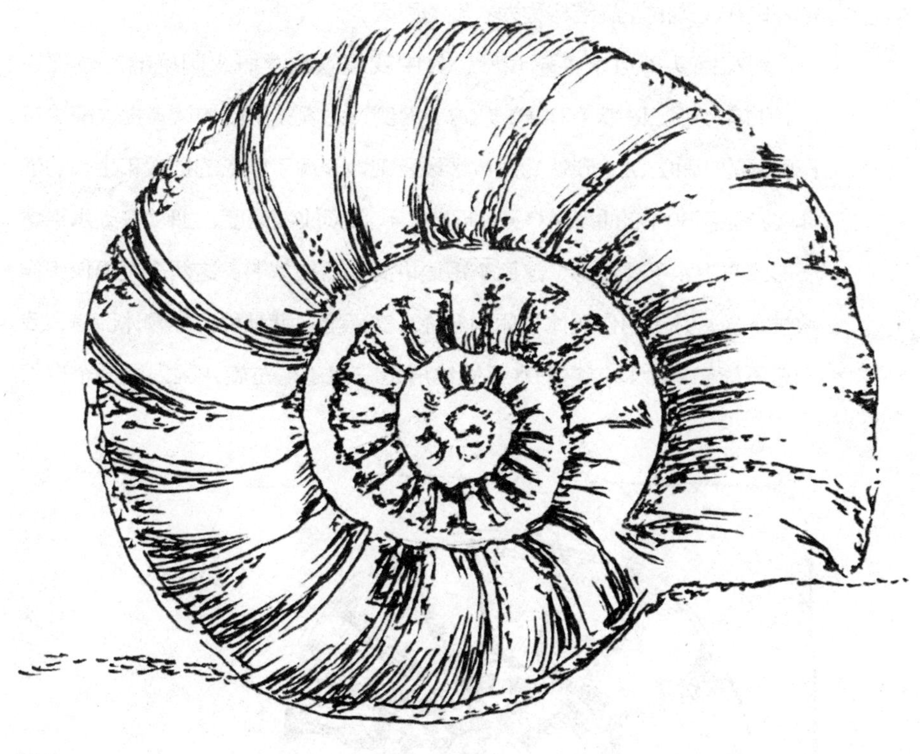

图32

Lyme Regis

采自英国莱姆里吉斯的菊石

么，这只昆虫在到达A点之前就必须不断向右转，在左旋螺线形中必须遵循这样的路线；如果这只昆虫从图29的开口处M点向里爬行到A点，就必须不断地向左转，在右旋螺线形中必须遵循这样的路线。这就是贝类学者为什么要把贝类中常见的竖式螺线形开口在右边的右旋结构称为左旋，而把开口在左边的左旋结构称为右旋的原因。

现在回头探讨水平螺线形，其中我想以数学概念明确的对数螺线（1911年4月22日版《田野》杂志）为例，为驾驶游艇的读者提供解决航行问题的一种方法。我认为对数螺线直观地表现了能量的扩散和生长的延伸（参见图50中的曲线AC）。现在，我必须放慢速度，把“右旋水平螺线形或左旋水平螺线形”这两个短语讲清楚。在本书，这两个短语仅用作数学定义，并不用作具体物体的名称。实际上，就某种自然物体而言，我们总不能简单地肯定它的水平螺线形是右旋还是左旋，因为同一个自然

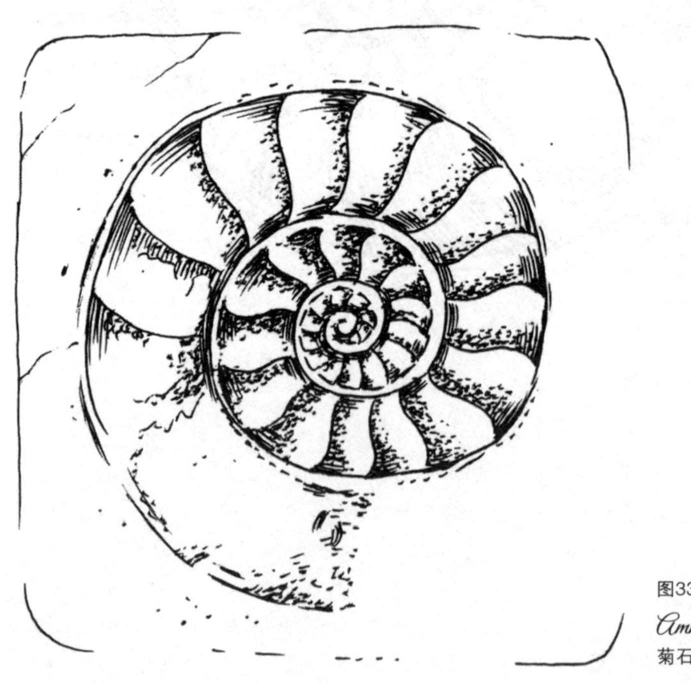

图33

Ammonite

菊石的剖面

物体的一面可能呈现左旋水平螺线形，而另一面则呈现右旋螺线形。当自然物体是对称水平螺旋贝类时（如菊石，参见图32和33）就会出现问题，因为两面都完全一样。在这个问题上，我们只能这样说：从观察者的位置观察菊石，它要么右旋，要么左旋，到底是左旋还是右旋则取决于观察者的具体位置。在图34、图35、图36的轮螺（Solariu）和螺类（Lamprostoma）中，也可以观察到同样的现象。其他一些有关水平螺线形的例子可以从各种植物（如图37所示的蕨类的叶片）和非生物物质（如图38所示的硫黄晶体）中找到。

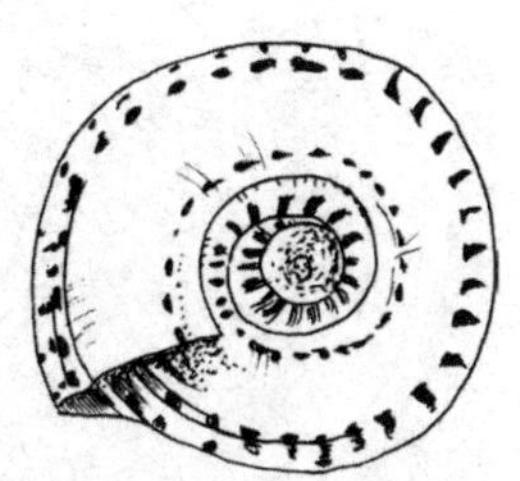

图34
Solariu perspectivum
轮螺
（顶上观和底下观）

当然，圆柱形螺线或锥形螺线就不存在这种问题，因为它们要么始终都是右旋，要么始终都是左旋，无论是正放，还是倒放，它们仍然保留这个特征。不过，关于水平螺线形，有一点要说明：在左旋水平螺线形中，如图30所示，固定M点于地面，把A点垂直上拉，图30的水平螺线则变形为左旋锥形螺线。图39中人的耳蜗看来似乎就是这么形成的，图38的硫磺晶体也会产生同感。同样，如果把图29中的M点固定在地面，A点上拉，则形成右旋锥形螺线。在这方面值得注意的是：某些贝类既呈水平螺线形，又呈竖式螺线形（参见图41和图42的贝类）。在这种情况下，若竖式螺线形右旋，则其水平螺线形也右旋，开口在右边，反之亦然。若贝类螺轴的褶皱呈右旋，其外部结构也呈右旋。据我所知，凡是呈现上述两种螺线形的贝类，都会出现这种情况。

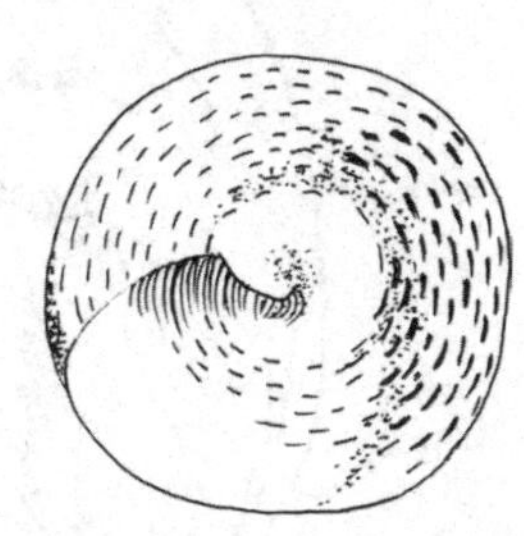

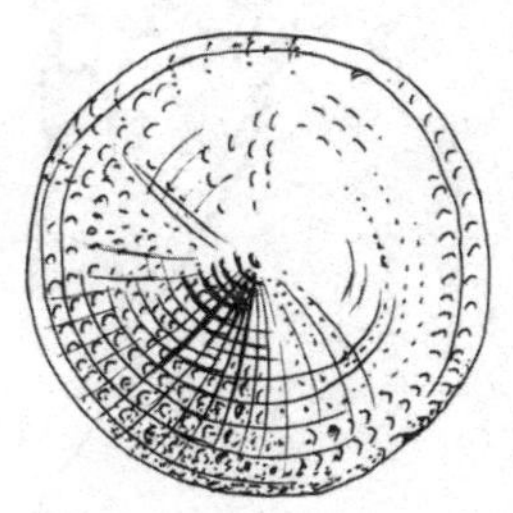

图35
Lamprostoma maculata
螺类
（顶上观和底下观）

有趣的是，无论是水平的、锥形的还是圆柱形的左旋螺线，假定有人或昆虫想在其间攀走，那么其运动方

图36

Solariu maximum

大轮螺

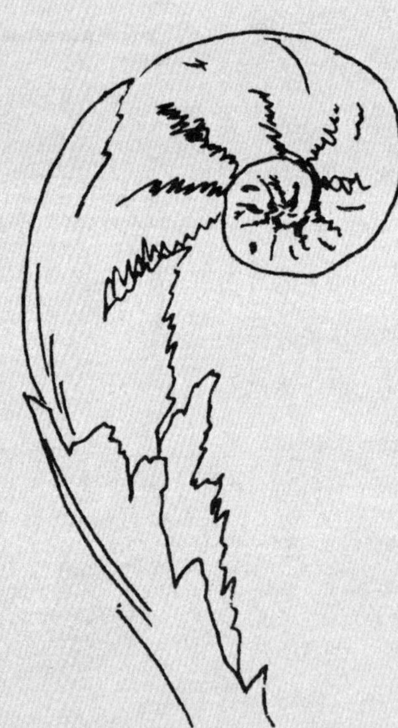

图37

正在生长的蕨类的叶片

（参见图61）

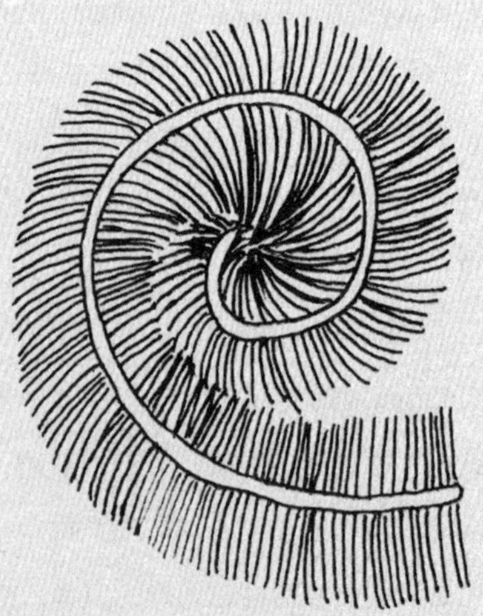

图38

硫磺晶体

（仿自佩蒂格鲁）

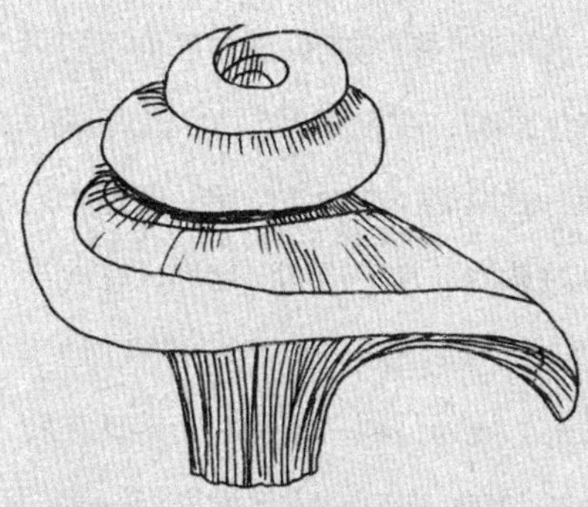

图39
耳蜗
（仿自鲁丁加，Rudinger）

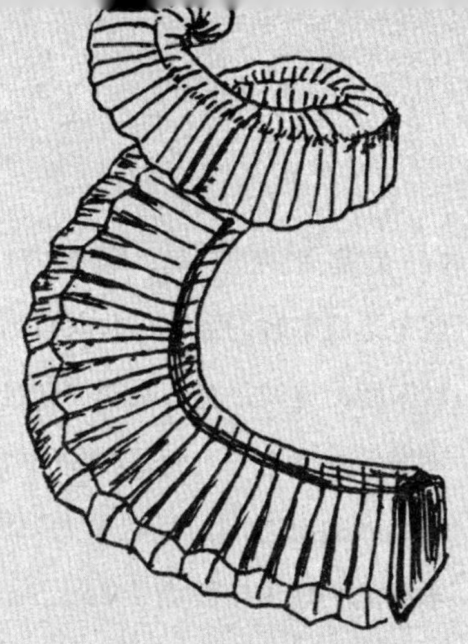

图40
铁绿泥石的螺旋状晶体结构
［仿自丹纳（D. T. Dana）的《矿物学》］

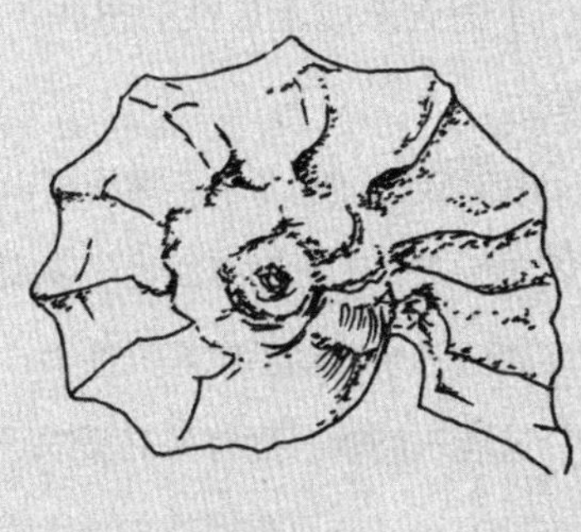

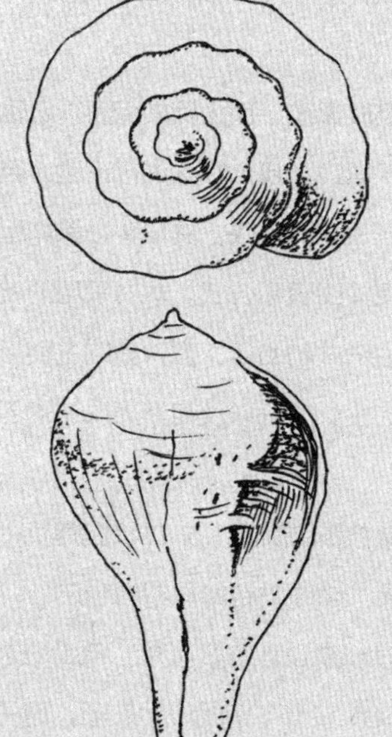

图41
Turbinella pyrum
蝶螺
（侧面观与顶上观）

图42
Harpa conoidalis
竖琴螺
（侧面观与顶上观）

向一定是上述的方向，即顺时针方向。这种顺时针方向似乎对各种不同习俗无论是宗教习俗还是非宗教习俗都产生影响。在宴席上，人们总是顺时针斟酒，这就是有人说的“穿过纽扣眼”式斟酒；在教堂门前，要是有人不按顺时针方向，而是沿西门绕行，则被认为非常不吉利。当然，在北半球，顺时针方向显然也是太阳移动的方向。有些论文作者如比利时地质学家范·登·布罗克（Van den Broeck）认为，树干的扭曲是地球自转引起的。这样说来，树干的螺旋扭曲应该和气旋风暴或水中旋涡一样，在北半球右旋，在南半球左旋。事实是否如此有待进一步考察。也有人说，由地球运动引起的风，其方向基本稳定，因此在树木的快速生长期，小树会形成永久性的扭曲，这样形成的扭曲，树木终其一生保持不变。

既然我已证明了水平螺线可以变形为锥形螺线，那么反其道而行之也就不足为奇，即锥形螺线也可以变形为水平螺线。我会对此进行论述，因为我深信，亲自动手做好一件事，看到自己做成的东西，其理解之深刻程度，远胜于阅读一批有关书籍或研究一批相关图表和公式。本书采用的就是这种方法，并不重视各种现代数学的表达形式与术语，因为我的主要目的不是探讨数学问题，而是论述自然物体的生长情况以及自然界或艺术界中生命力固有的美。

显然，螺线形已成为某些非常重要建筑物的装饰品，如古希腊建筑中爱奥尼亚式柱头的涡卷饰[1]。从数学角度看，这种涡卷饰是不恰当的。同样，希腊雅典的帕特农神庙外形也不是以直线来设计的。可是，希腊的这些建筑物很漂亮，因为它呈现出与数学精确性完全不同的一种外形，这种形状在贝类或其他自然生物身上也有体现。我想我能够用一种略为奇妙的方式来证明这一点。

图43中这棵树是温菲尔德先生（Ralph Wingfield）在什鲁斯伯里的昂斯洛公园（Onslow Park，Shrewsbury）专门为我拍照的。已故佩蒂

格鲁教授也描述过英国门蒂斯湖畔（Lake Menteith）因奇玛洪地区（Inchmahome）的一棵西班牙大栗树严重右旋旋转的树干。该树（已被砍掉）地上高度18英寸，主干围长15英尺。布朗博士（John Brown）在其《玛丽女王的儿童乐园》（*Queen Mary's Child Garden*）一书中，把这棵树生长的地方描写得很美。

图43
树干右旋的栗子树
（摄于什鲁斯泊里的昂斯洛公园）

当然，树干呈现这种螺线形（如图180和图181所示）的例子还有很多，我也在等待澳大利亚寄来的一些实例。

众所周知，要绘制“正确的”涡卷，可以借助于倒锥体，但其结果往往在数学上很精确，而在美学上却十分乏味。弗莱彻先生（Banister F. Fletcher）用事实表明借助贝壳可以达到同样的目的。按照他的说明（如图44所示），我取一条12英寸长的胶纸和一粒左旋螺壳，从壳顶（A点）开始，把胶纸顺着螺纹缠绕到螺口，预留一小段胶纸好固定位置。在壳顶的胶纸末端固定上一支铅笔。让螺壳垂直倒立，取壳顶为涡卷中心，固定之，随着胶纸的舒卷用铅笔画出曲线，

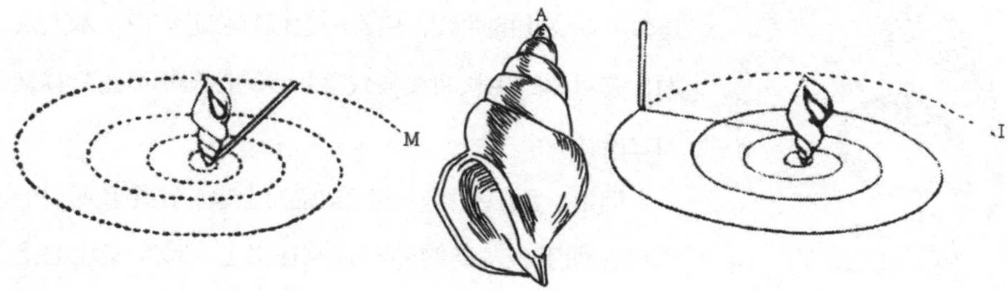

图44
[*Fusus* (*Chrysodosum*) *antiquus*]
借助左旋的化石纺锤螺以描述爱奥尼亚柱头的右旋涡卷饰

图45
Turbo marmoratus
夜光蝾螺
厣的内部结构

结果画出图44所示的涡卷。实验中所用的螺壳刚好可以放进长4.0625英寸、宽为2.25英寸的长方形盒子里，这样画出来的螺线从中心到M点的距离是10.625英寸。在本书，螺壳和涡卷均已缩小，但比例并无改变。值得一提的是，本书所使用的化石纺锤螺［Fusus（Chrysodomus）antiquus］尽管是一种左旋贝类的标本，但是，它已产生出爱奥尼亚式柱头右边的右旋涡卷饰效果。同样，我们也可以用一个常见的右旋螺壳在柱顶左边画出一个左旋涡卷形。这可能是以下这种事实的根本原因，即凡呈现右旋水平螺线形的厣，都属于左旋贝类，反之亦然（如图45、图46、图47所示）。爱奥尼亚式柱头涡卷饰布局（右边呈右旋螺线形，左边呈左旋螺线形）与美利奴公羊的双角和阿拉斯加山羊的两个大角（如图48所示）一样，即威利博士所谓的“同形异义”。

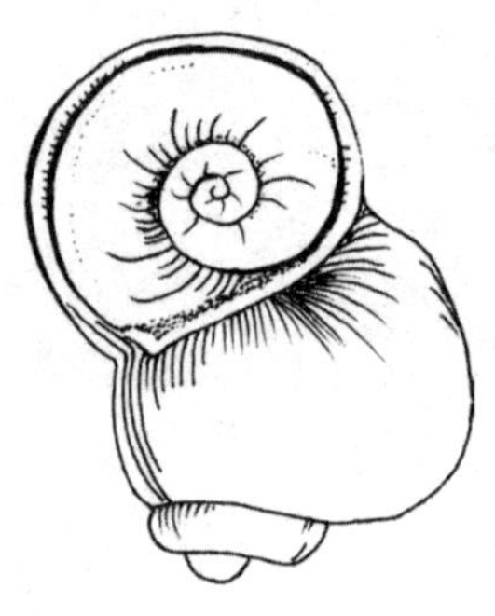
图46
Choristes elegans
显示出它的厣

上述这种方法，虽然其过程很机械，但实际上却按比例再现了爱奥尼亚式涡卷。古希腊人在建筑物设计时是否借助贝类并不重要，重要的是其工艺美却与有机体的生长曲线非常吻合。但是，有机体的生长曲线并不是数学意义上的曲线，只是与之极其相近而已。本人认为，有机体的生长曲线与数学曲线的似与不似正是其魅力之所在。

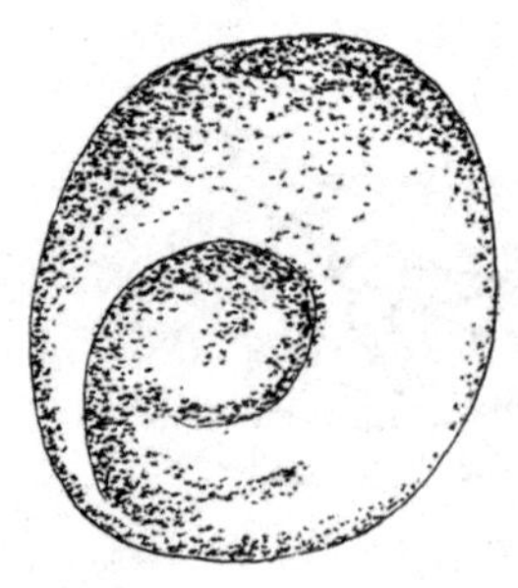
图47
Turbo cornutus
采自太平洋的蝾螺的厣

但是，我必须再一次回到定义上来。正像我所说的那样，把手表发条的外圈固定在桌上，取发条中心上拉，则形成锥形螺线。这个过程可以描述为：从锥顶（水平螺线形的中心）到锥底（水平螺线形的外延曲线）围绕锥体逐渐盘旋的螺线。

以其底边为轴线，旋转直角三角形可以得到一个锥体。可以看出，由此形成的锥体，锥体周长上的任意两点与轴线的距离均相等（参见图49）。

显然，用图50所述的方法也可以画出锥形螺线（图50由巴尔先生绘制）。以A点为圆心，以13.5英寸为半径，在纸上画一个圆圈，再画一条半径AQ，剪去AQ和AR之间的扇面，对折成以A点为锥顶的锥体。于是，原有的两条半径各自变成一条锥形螺线。把锥体越卷越紧，螺线的转圈也就越来越多。绘制这种螺线时，必须采用建筑师使用的透明亚麻纤维纸。

图48

Ovis canadensis dalli

阿拉斯加山羊

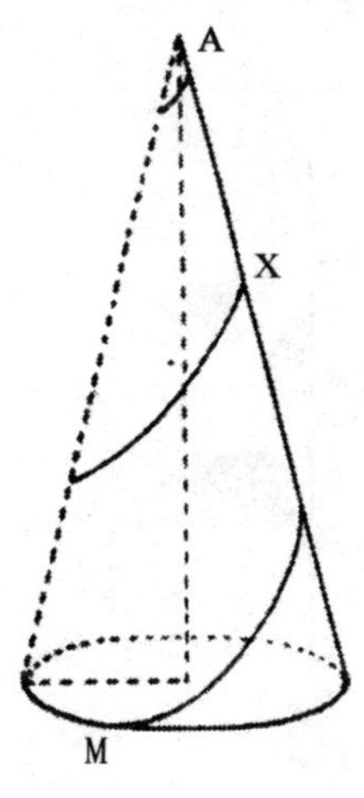

图49

圆锥形螺线

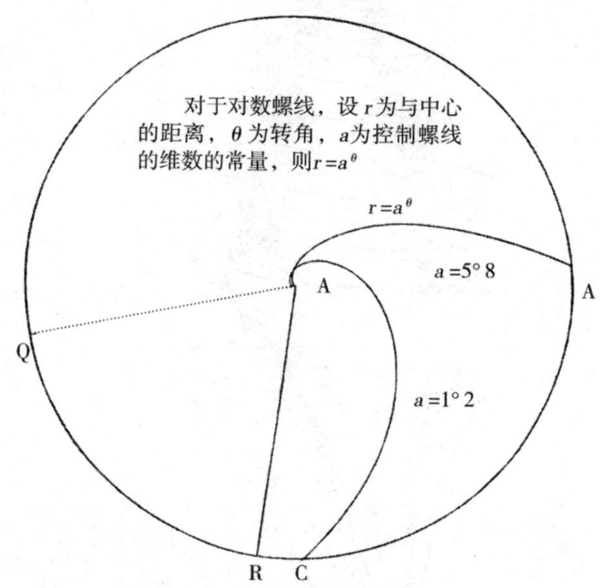

图50

切出AQ和AR之间的扇面

以A为圆心，取AR=13.5英寸，转动扇面为圆锥体

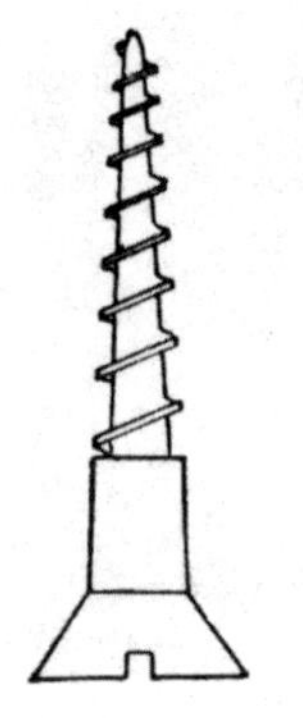

图51
普通螺丝钉

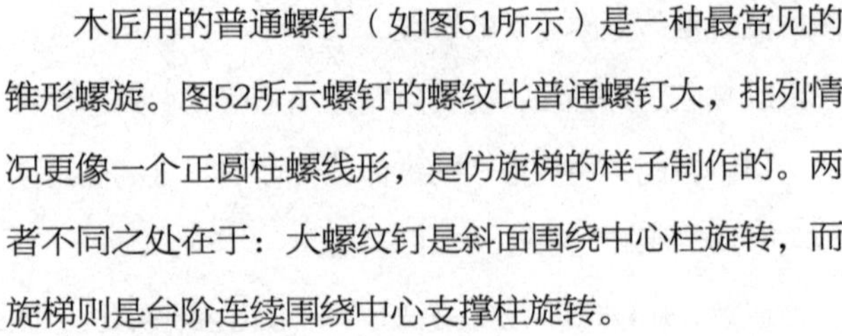

木匠用的普通螺钉（如图51所示）是一种最常见的锥形螺旋。图52所示螺钉的螺纹比普通螺钉大，排列情况更像一个正圆柱螺线形，是仿旋梯的样子制作的。两者不同之处在于：大螺纹钉是斜面围绕中心柱旋转，而旋梯则是台阶连续围绕中心支撑柱旋转。

严格地说，圆柱形螺旋应称为圆柱形螺线，定义为画有直线的平面围绕正圆柱上形成的曲线。我们可以自己动手来做一个实验，具体方法如下：

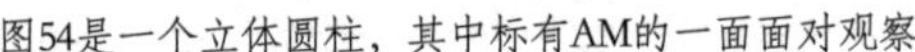

图54是一个立体圆柱，其中标有AM的一面面对观察

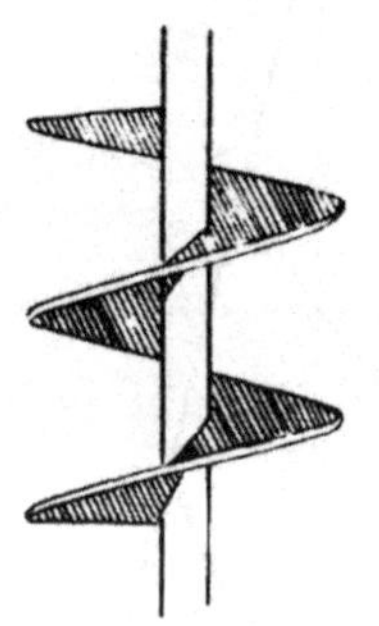

图52
粗纹螺丝钉

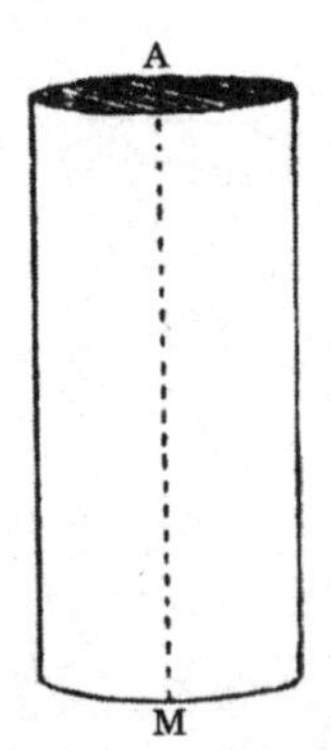

图54

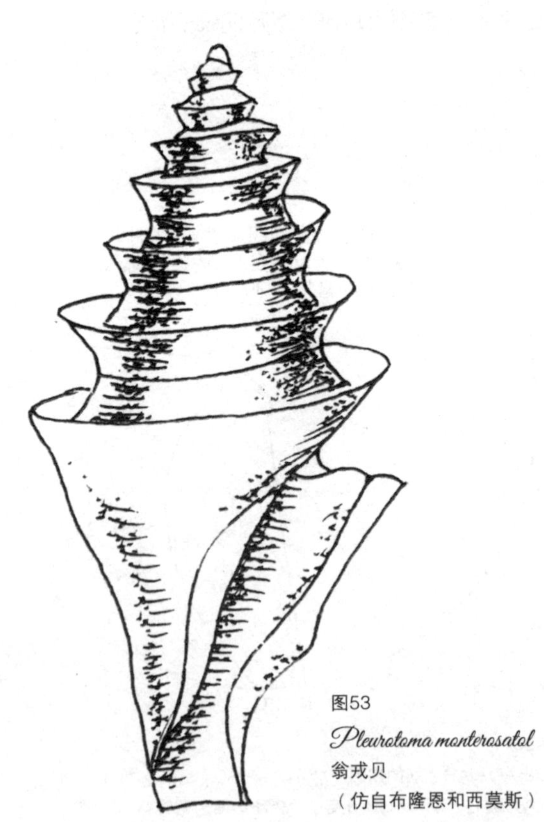

图53
Pleurotoma monterosatol
翁戎贝
（仿自布隆恩和西莫斯）

者。图55是一张纸，四角分别为M、E、A、F各点，连接MA和EF，形成两条直线。两条直线的交叉点X为该正方形纸张的中心点。把纸张围绕在一个圆柱上，使EM连线面对观察者，这样A点在顶部与E点连接，M点与底部的F点连接，于是得出图56的结果。

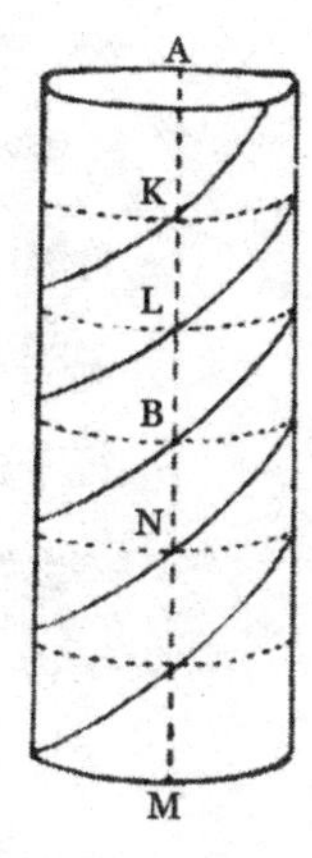

图57

在图56中，原来的直线MXA变成了螺线，分别表现于MC和DA两个部分。MXA是正方形左下角与右上角的连线，因此形成右旋螺线；而FE连线则形成左旋螺线。

在图56中，M点至A点的距离就是MCXDA连线在圆柱体上形成的螺线的螺距。当然，圆柱形螺线的螺圈线要比图56中的螺圈线多得多。例如，在图57这个圆柱形螺线中，从K到L，从L到B，或从B到N之间的距离，就是其螺距。要是把图53与之进行比较，才更有意义。

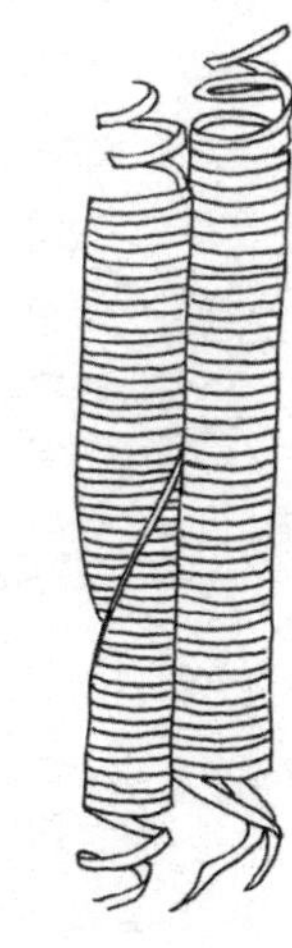
图58
瓜蔓的螺旋形导管
（仿自佩蒂格鲁）

自然界中基本呈圆柱形螺旋的物体可以以瓜蔓的螺线形导管（图58）为例。在攀缘植物中，有的朝左攀

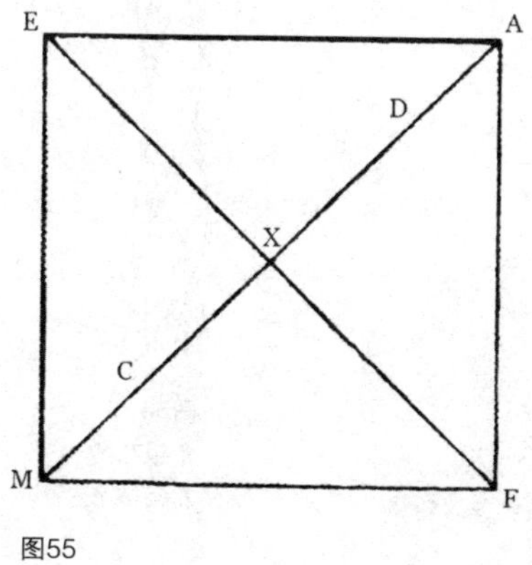

图55

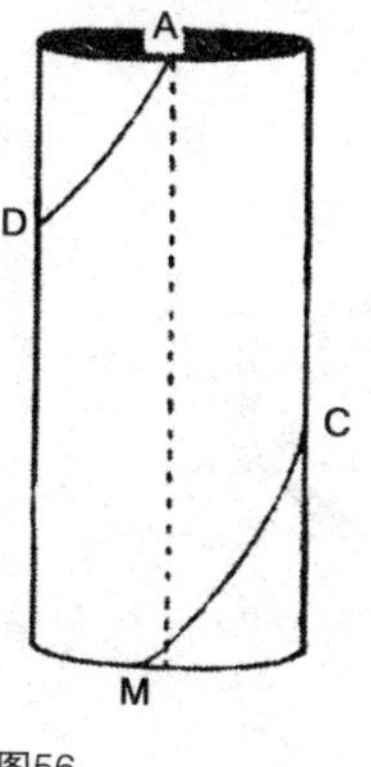

图56

缘，有的朝右攀缘。图59所示的是右旋的黄钟花，图60所示的是左旋的金银花。人的脐带（如图10所示）是一个左旋螺线的极好例子，人体许多骨骼能够承受压力就是得益于左旋螺线结构。毫无疑问，所有这些例子都说明力量、生长与螺线形密切相关。笔者对自然物体中的其他各种例子进行了思考，因此提议对螺线形进行探讨研究。所有愿意与我继续探索的读者会发现，本书开篇的内容，在自然螺线形的深入研究中，是很重要的参考资料。

在对螺线形进行的一般性思考中，必须补充说明一点：一张纸可以制作某种螺线形，但要把它按照上述类别去进行归类却很难。用纸张制作螺

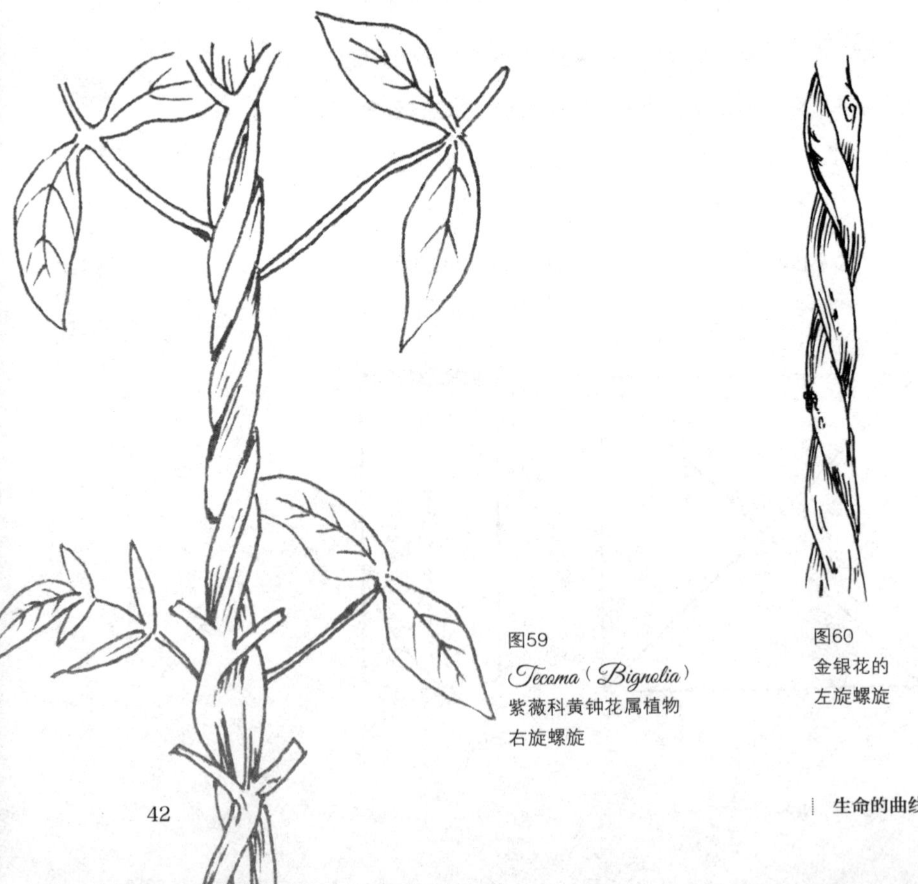

图59
Tecoma（*Bignolia*）
紫薇科黄钟花属植物
右旋螺旋

图60
金银花的
左旋螺旋

线形的方法如下：

> 取一张宽0.75英寸、长12英寸的纸条，用图钉固定其一端于桌边，让整张纸条伸出桌边，左手按住钉子，右手把纸条尽量朝外前方缠绕，具体做法与搓绳的手法相同。把纸条缠绕到一定的位置，就呈现出以双螺旋为基础的上行左旋螺线。

这正是古代艺人用柔软的金线加工金项链的方法。由于当时工艺品都是用右手制作的，所以几乎所有的古代金项链都是左旋螺线形。而且多数机器编织的绳子也像人工搓制的绳子一样，呈现左旋螺线形。如果上述的纸条重复实验，换用右手按住钉子，左手朝外缠绕纸条，纸条就会卷绕成右旋螺线形。这就是古代金项链很少呈现右旋螺线形的原因。在刚刚缠绕的纸条中，有两个边分别向左、右方向绕成一个双螺旋形。然而，古代艺人用同样的方法却能产生四螺旋形的绝妙效果。这时，他们用的不是水平的金线，而是一种截面呈正十字形的扁金条，这样就产生了四条边，于是，用同样的手法，他们制作出了四螺旋的金项链，而不仅是双螺旋的，如右旋螺线形或左旋螺线形金项链。

这使我联想起命名法中的一个问题，对于与本书相似的任何探讨，在开篇阶段考虑到这个问题都是合适的。在这方面，上述金项链制作过程正好可以做个引言。英国船舶上用的一般缆绳属于图60所示金银花的左旋螺线形，其制作方法与制作普通项链相似。缆绳打制成左旋螺线形，因为缆绳是由惯用右手的人打制成的。在大约2万年前的一匹史前骏马模型上，雕刻着右旋的马缰，其原因有两种说法：一种是因为这幅画是一个惯用右手的画家的作品；另一种则是因为这位艺术家复制了一条由惯用左手的人编织而成的缰绳。我更倾向后一种说法，因为我看到过北非的阿拉伯人编织的绳索，其螺旋和图59所示的黄钟花一样，为右旋螺线形。毫无疑问，这种绳索是左手编织而成的。显然，这两种螺线形可以用不同方式来描述，正如钟表上时针从6点走到中午12点那样，我们可以说左旋螺线形是顺时针方向的。如果我们用指南针上的基本方位来描述的话，那么，左旋螺线形的移动方向就是南—西—北—东，或者说是按照太阳运行的顺时针方向移动的。同样，我们也可以把右旋螺线形说成是按照太阳运行的逆时针方向移动的，即与钟表上的时针移动方向相反。不过，在这里我要对植物学家专用的某种术语提出强烈的异议。他们把绳索的左旋螺线形称为“右旋”的说法，是因为这种绳索是惯用右手的人编织而成的。那么，把图60所示金银花称为“右旋”，理由是什么呢？

贝类学家当然赞成把左向螺旋的贝类称为右旋贝类，而把右向螺旋的贝类称为左旋贝类。形态学家很明白，他们无须去改变人们习惯的遵循抽象数学的命名法，因为这样的命名法既与制造工艺无关，也与航海习俗无关。我们要在其他方面进行反复思考才能取消螺线形的起源与其名称之间

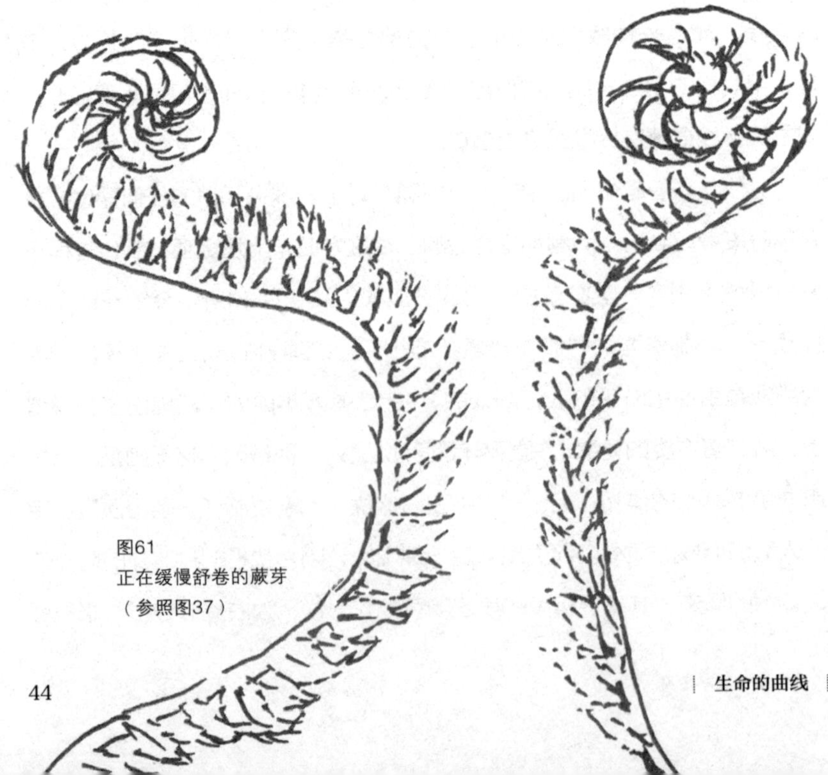

图61
正在缓慢舒卷的蕨芽
（参照图37）

的联系。例如，艺术评论家都知道，在达·芬奇的真迹中，颜色深浅层次渐变部分是用右斜手法绘制的。试验表明，惯用右手的人在处理颜色深浅渐变部分时最容易采用右斜手法。所以，达·芬奇惯用右手。他在画“大西庇阿”[2]的半身雕像和“丽达”[3]素描时，图上的螺旋贝壳自然而然地画成了右旋水平螺线形。著名的击剑手柯克霍弗（Kirchhoffer）和梅里戈纳克（Merignac）等左撇子剑客，在回护挡击时，剑锋呈右旋水平螺线形（参见图29），而惯用右手的剑客按顺时针方向以左旋螺线形出剑回挡最顺手（如图30所示）。通过试验大家会发现，绘制爱奥尼亚式柱顶涡卷饰（图29和图30的相关位置）的最容易的办法是：两手各拿一支铅笔，左手在图29的M点落笔，右手在图30中的M点落笔，两手同时画出螺线形。左手画的是图29的右旋螺线形，而右手画的则是图30的左旋螺线形。同样，多数滑冰者都觉得伸出右脚画左弧线滑冰更容易。若左脚滑冰，则伸出的左脚自然而然地画右弧线。实际上，介绍按照制作过程确定命名法会使人觉得非常混乱。因此，螺线形的制作方法并不重要，重要的是要把数学图形描述清楚。这样，就连人们长期以来所接受的数学概念也改变不了。当然，我更倾向用“按顺时针方向和逆时针方向”这种表达法。不过，为了简明起见，我在本书中总是用“左旋”和“右旋”这个短语来分别替代“顺时针方向”和“逆时针方向”。

第二章注释：

1 volute，在爱奥尼亚式的柱头中最常见的螺旋形的卷曲装饰。——译注

2 大西庇阿（Scipio），公元前235—前183，罗马将军。——译注

3 Leda，希腊神话人物。为斯巴达女王。——译注

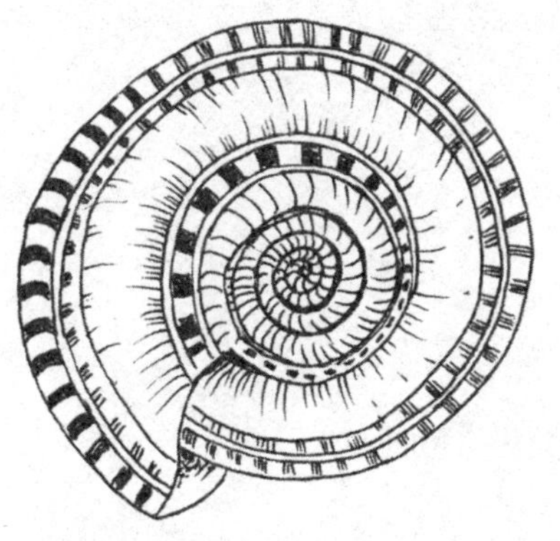

Chapter 3

Upright spirals in shellsl

· 第三章　贝类的竖旋

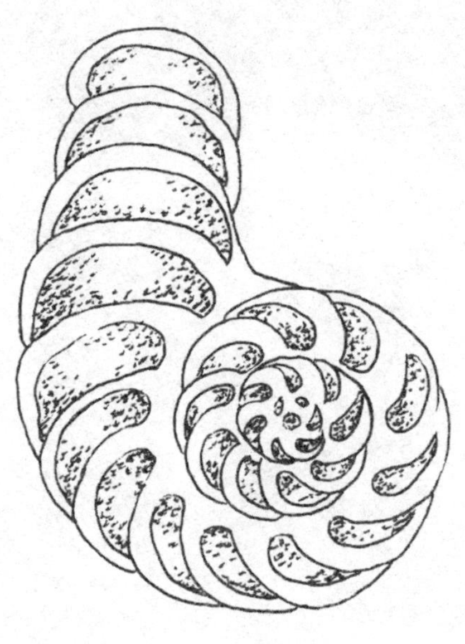

生育在海滨滩涂的牡蛎等贝类和其他类似的生物向我们证实了地球的沧桑变化……大江大河流动着浑浊的水，这是因为水流冲刷着河床、冲刷着两岸，这样的破坏过程使掩埋着一层层贝壳的山顶裸露。当这里还淹没在海水里时，这些贝类就已在滩涂上生育了……一层又一层的贝类在滩涂生息，后来随着海底抬升，变成了丘陵，甚至高山；再后来河流把高山的两侧冲刷走了，留下了裸露的贝壳地层。

——达·芬奇《法兰西学院手稿》

要是仅列出一份完整的动物界螺旋形态的清单，我想一定会使读者失去耐心，而且，也没有这么厚的书让我来写。因此，有必要把握自己，挑选一些典型的例子，一些常人在日常都易于找到，也都可以进行理智鉴定的例子。

“螺旋石”（screw stone）这个名称有时用来称呼“石莲”（encrinite）或者“海百合”（stone lily）的“茎节”。这是一种大量地发现于大理石中的古生界的海百合。海百合是一类终生或阶段性“定植”或固着的动物。出于同样的原因，“波特兰螺旋”（Portland screw）被用来称呼包裹波特兰蟹守螺（Cerithium portlandicum）

的外壳化石。同样的道理，琥珀贝壳被用来称呼半褶笋螺［Terebra（Bullina）semiplicata］，尤其是卦纹笋螺（T. maculata）长螺旋状腹足类（如图62所示）。

这些贝壳正是在自然界可以发现的、最容易鉴定的美丽螺线的例子。贝壳所形成的螺旋可能还需要给予全面的科学解释，但是，我们可以认为这是由下列原因造成的。当一个有弹性、可弯曲的“物品”生长在另一个物品上，再让它自由降落，那么，在某些场合，它一定呈水平状旋转降落。可是，软体动物在生长过程中，如果偏向一侧生长，那么一般情况是偏向左侧生长，是什么力量决定了贝类在初始阶段要沿着这个方向生长，我说不明白。但是，不管这个力量如何微弱，木匠刨出的刨花对于这类“人为”的螺旋，无疑是一种“极好的证据”。正如威利博士已经指出的，假如刨花呈右旋，肯定是右撇子木匠刨出来的，因为右撇子在刨制平板时，一定会偏左用力。不过，现在，我不能探讨螺旋为什么是（或者应该是）左旋或右旋这样极其复杂的问题。这个问题要留待后文探讨。我只想提及刨花这个例子，以说明生长在小贝类上面的有弹性的物质由于偏向左而一般呈右旋。读者一定会记住，我们已经注意到右旋的贝类称为“左旋”，而左旋（非常罕见）的贝类称为“右旋”。我们现在必须返回探讨贝类螺线成因的理论。

贝类等生物在继续生长的时候，假如新生长出来的部分是准确的长方形，也就是这样的形状：□。可以想象，其结果一定是生长成连续

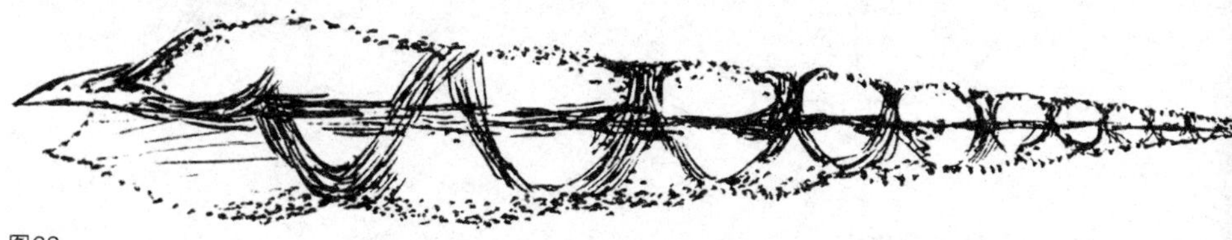

图62

Terebra

笋螺，经X射线摄影，显示出由外向内的螺线

的直线。但事实并非如此。因为贝类的背面薄而软，具有延伸性，其腹部较坚硬，其中含有肌肉，可以连续不断地运动，对组织产生一定的拉力。所以，新生长的一般呈下列形状：。于是，背部伸展起来比腹部容易，因此，随着生物继续生长，结果则形成这样的连续的螺旋。只要想象一下，生物在垂直方向生长的时候，其长度也在生长，螺旋形成的原因就弄明白了。这个时候，读者还可以再想到，在贝类的螺旋形成之前，生物的体积和重量都在增加，在这个过程中，许多力量都在起作用，它们同时都受到万有引力的作用。顺着这个思路，读者对螺旋的形成原因就多少有所明白。我们还可以用玩具“法老的毒蛇”——一种易于燃烧的蛋——来大致重现这个过程。把一个蛋放进一个左边有凹痕的管子中，再把蛋从管子中取出来，就在取出来的时刻，蛋呈现了右旋螺线。如果再把一个蛋放进右边有凹痕的管子，这个蛋的螺线就是左旋螺线形的。

也许，我们可以用一些《挑战者号海洋考察船调查报告集》中绘制的漂亮的有孔虫作例子，说明上述的过程。例如，在截螺（图63）中，从一开始，背部和腹部表面的长度在每一个新的生长期都表现出明显的差异。

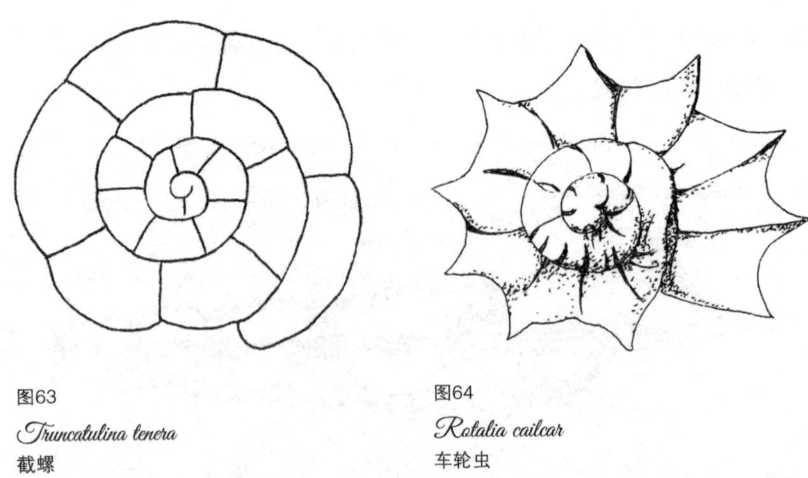

图63
Truncatulina tenera
截螺

图64
Rotalia cailcar
车轮虫

仿自《挑战者号海洋科学考察船调查报告集》布拉迪关于有孔虫的章节

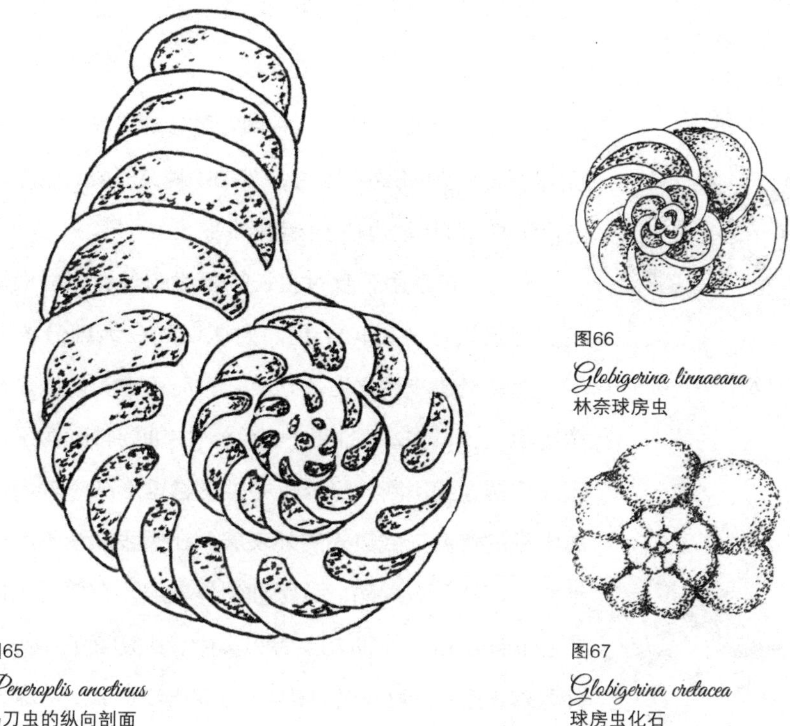

图65
Peneroplis ancetinus
马刀虫的纵向剖面

图66
Globigerina linnaeana
林奈球房虫

图67
Globigerina cretacea
球房虫化石

仿自《挑战者号海洋科学考察船调查报告集》中布拉迪撰写的关于有孔虫的章节

车轮虫（图64）和林奈球房虫（图66）中也可以看到同样的过程，只是它们的情况要复杂一些。一是存在棘突，二是新组织形成了玫瑰花柄一样漂亮的褶皱。图65是一条漂亮的马刀虫，在横向生长出不规则的结构，但没有在纵向生长出不规则结构（这和截螺一样）。这条小小的马刀虫具有两个延长的“螺室”，显然是在衰老后、死亡前形成的。我们鉴定过一个更令人惊奇的例子，这就是图68的不等边球房虫，其中左边延伸的一系列球状物非常明显地表现为螺线。在球房虫化石（图67）中，同一种球房虫的球状物已经连接成一体了。在泡虫（图69）中，整个贝壳，虽然可能表明是球状物形成的，但实际上是与马刀虫（图65）同样过程造成的。

我们现在从探讨微型的有孔虫转到探讨大型的活体贝类。在图70中，我们看到水字螺（Pteroceras oceani）的身体上伸展出触手状棘突，这只是一种发展的开始，最终它将到达贝类（Malaptera ponti，图71）这样

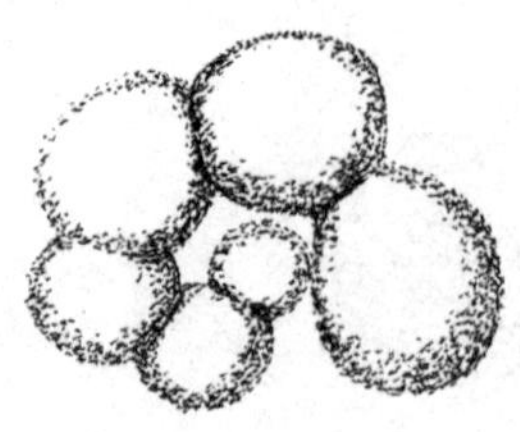

图68

Globigerina aequilateralis

不等边球房虫

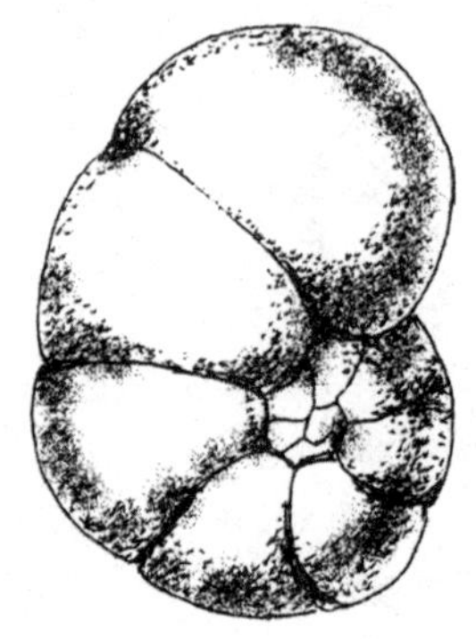

图69

Bulimina contraria

泡虫

仿自《挑战者号海洋科学考察船调查报告集》中布拉迪撰写的关于有孔虫的章节

较复杂的成长阶段。同时，在图72的珍珠贝身上也可以看到同样奇怪的形态。不过，图70中棘突形成的原因是自我保护，其用途也在于自我保护。

不过，正是由于我对生长的螺线的兴趣，再根据我们已经进行的讨论，我们会认识到在大部分情况下（尤其是在我称之为“竖旋”，而正确的说法是在螺线中），贝壳本质上是一个绕着中轴旋转的管子，因此旋转连绵不断。最靠近中轴的管壁形成螺轴而远离中轴的管壁形成贝壳的外表层。在螺线连续不断的地方，形成了双层隔，从螺轴到外表层。在望远镜螺（Telescopium，图73）等贝类中，纵切面的中间，外壁螺线上的任意一点与其中柱上的相关的点，如果知道这两点与贝壳壳顶连线形成的三角形的测量方法，则可以对其全面测量。我们可以进一步想象，它的两侧一直在生长，在三角形旋转过程中，一直与底座成比例生长，我们就能大致猜测出围绕着这个三角形的中柱旋转的整个生长过程。或者，我们可以想象，望远镜螺（图73）的右底座表现出来的“通道”本身已经逐渐围绕着螺轴摆动，随着越往下发展，长得也稍微大了一些。

我已经给出了成年贝类的若干个实例。现在，让我再加上两幅原壳的插图。这两幅插图仿自格拉宝（Grabau）的《纺锤螺生理学》（史密森氏学会，1904年版）[1]。图75所示的是发光纺锤螺的原壳，这是发光纺锤螺（Fulgurofusus quercollis）的幼年期阶段，出土自美国阿拉巴马州的下始新世地层。图76是螺旋棒状纺锤螺（Clavellofusus spiratus），其中原壳

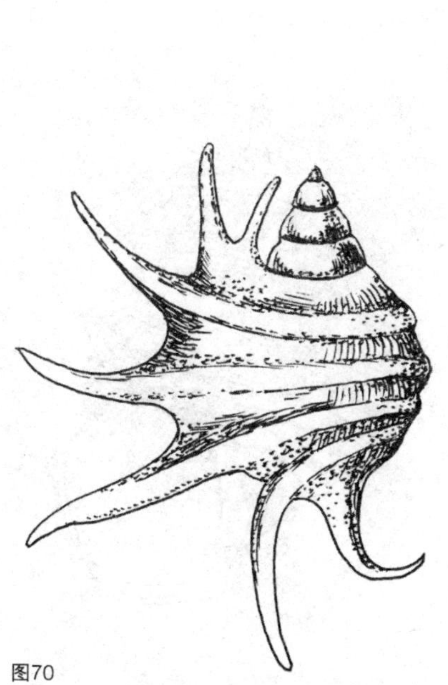

图70

Pteroceras（*Harpacodes*）*oceani*

水字螺

（仿自布隆恩和西莫斯）

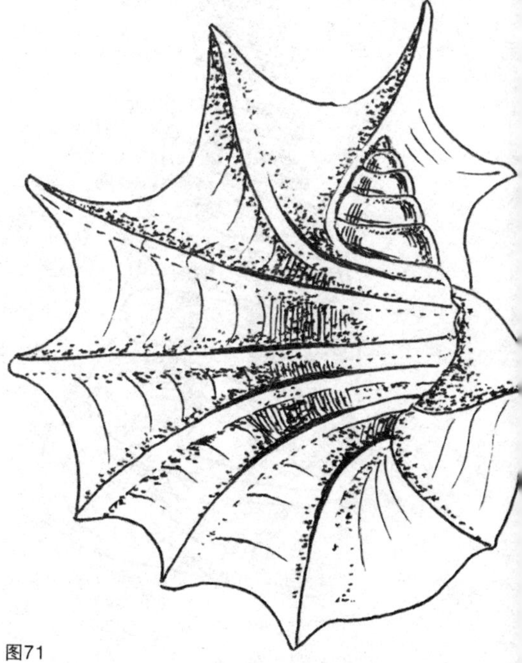

图71

Malaptera ponti

贝类

（仿自布隆恩和西莫斯）

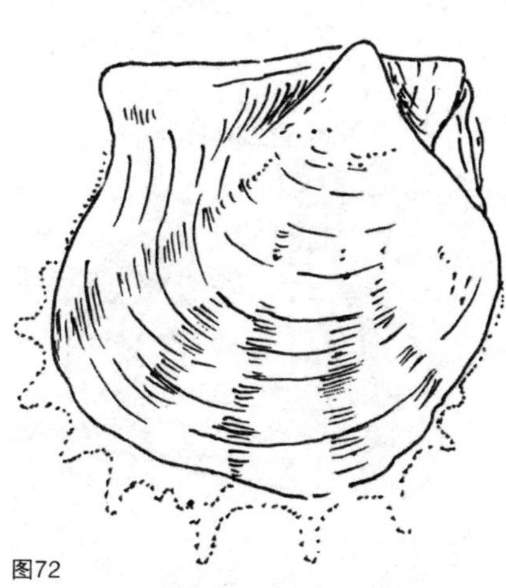

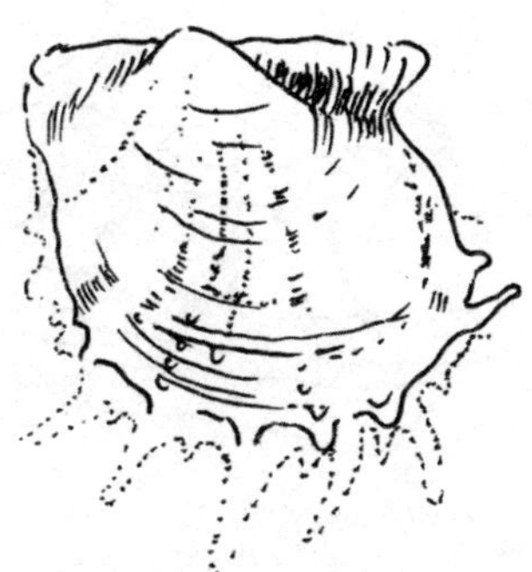

图72

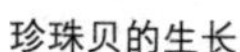

珍珠贝的生长

［仿自1904年赫德曼（Herdman）和荷恩内尔（Hornell）的《锡兰的珍珠养殖》］

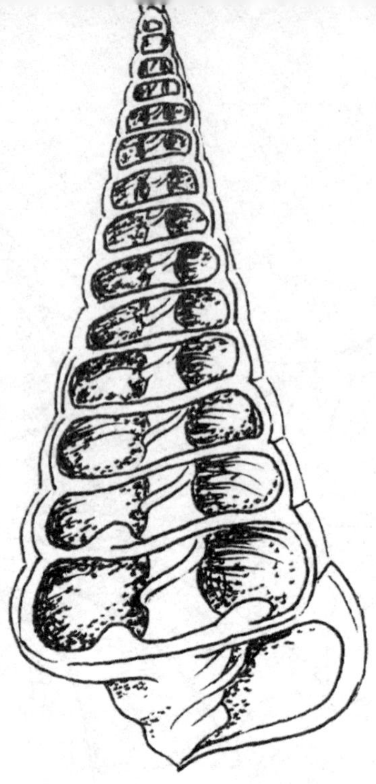

图73

Telescopium telescopium

望远镜螺

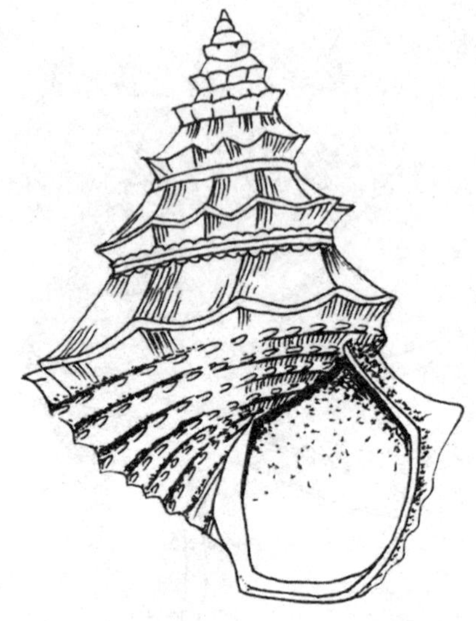

图74

Amberleya（Eccyclus）goniata

螺类

（仿自布隆恩和西莫斯）

图75

Fugurofusus quercollis

发光纺锤螺的原壳

图76

Clavellofusus spiratus

螺旋棒状纺锤螺的原壳

具有两个半而不是一个半旋卷。这个特征从来没有在纺锤螺身上发现过，而只是在纺锤螺原壳（Cyrtulus）身上发现过。这个标本来自巴黎盆地的下始新世地层。在这两粒原壳中，人们可以注意到本章前面叙述的“左偏”造成的右旋。纺锤螺的祖先生活在英国始新世的海洋中，从那里，在它们的幼体发育阶段，随波逐浪漂泊了差不多半个地球。

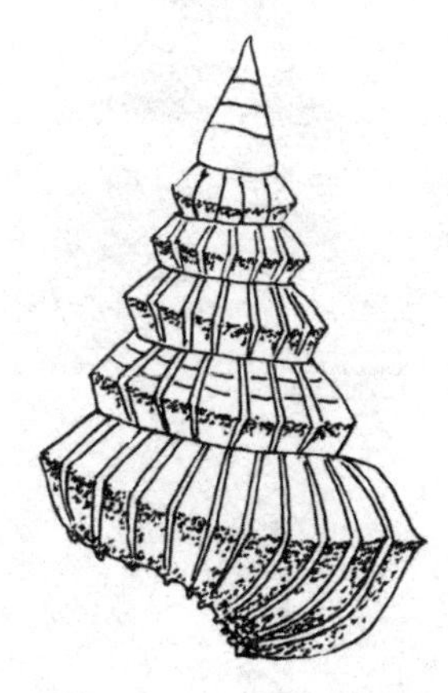

图77
Cirrus nodosus
（布隆恩和西莫斯）

腹足类的贝壳（完整标本）一般可以显示从原壳到成年的所有生活阶段，其中的变化主要显示在螺层的周边，即使生长出新的螺层，螺层的周边也总是暴露在外的。因此，只要研究一只完整的贝壳，就可以差不多弄清楚其生命史的各个阶段。在研究生物发育的方法中，没有一条定律像海亚特和科普所阐述的加速和滞迟定律这么有启发性，可以解释生物发育中许多最为重要的变化。研究贝类螺线形成这种细节，我们可以为这个法则增加一个最为有趣的证明。

《关于烟管螺的自然选择的首次研究》是威尔顿教授（W. F. R. Weldon）在1901年10月发表在《生物测量学》（*Biometrika*）上的一篇论文。在这篇论文中，他指出，某些欧洲的陆生软体动物的形态与自然选择理论密切相关，如螺旋部形态、螺层上脊和沟的数目、壳口的尺寸和形状等具体特征（尽管明显“没有用处”）经常可以通过“在个体之间进行数量比较”的方式给予说明。一个成年的烟管螺（Clausilia laminata）本质上是一根绕着螺轴旋转的旋管，旋管连绵不断，就像锥螺（Turritella lentiginosa）的情况一样。威尔

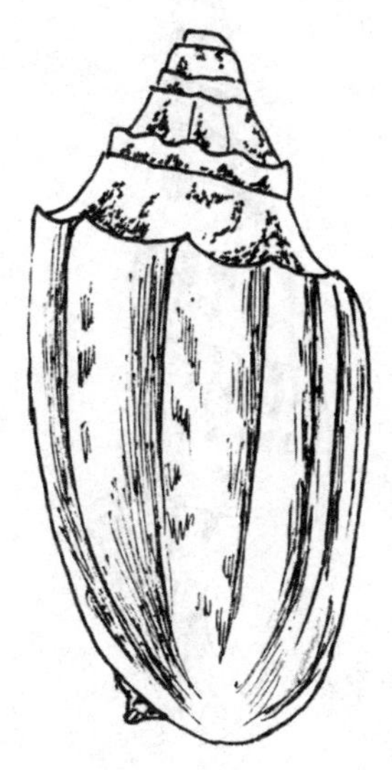

图78
Voluta vespertilio
稀有的（左旋）蝙蝠涡螺外形

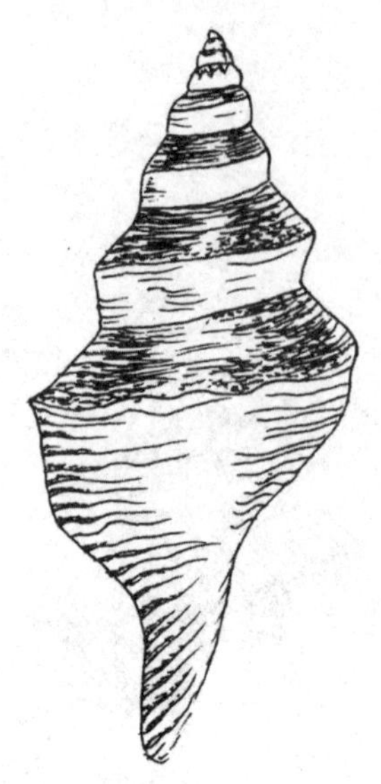

图79
Fasciolaria filamentaria
细带螺

顿教授从东荷尔斯泰因（Holstein）的格雷姆斯米伦（Gremsmuhlen）地区的山毛榉林采到若干样品，认真测定其螺距，同时测量其外围的螺线和螺轴，从中获得了若干结论。他发现，成年贝类的螺层反映出年轻时的条件，这个成年贝类就是在这个基础上通过基本一成不变的方式增加新的材料形成的。从栖息于冰期以前地区采到的某些标本可以看出，它们与周围环境形成了良好的平衡。因此，贝类螺旋的一般特征各世代都一样，而且不会因为年轻世代的自然选择而发生改变。个体的生和死各有其道理，但均取决于若干相关特征的重要性，其中，像螺线尺寸等这样轻微的结构差异，都和物种在特定地区的生存和灭绝有关。

在生物计算方面，我要顺便补充两个更容易鉴定的例子。在费利克斯托（Felixstowe）海滩，随便哪一个早晨，读者都可以拣到千百个活体纺锤螺，也一定会发现，在1000个螺中，有990个右旋。在几码远的地方，就在同一片海滩的峭崖上，读者可以从松软的泥土找到同一种类的化石纺锤螺（Fusus antiquus）。我发现每一只化石贝类都是左旋的。这是不是说明只有右旋的贝类在生存斗争中幸存下来呢？到我们探讨贝类的左旋和右旋的比例时，会对这样的贝类加以插图说明，但在这里，我们只需要认识到在一般的纺锤螺中，左旋对右旋的比例是千分之十几，而极少几种贝类［如印度陆生泡虫（Bulimus）属的贝类］，其比例高达50%。

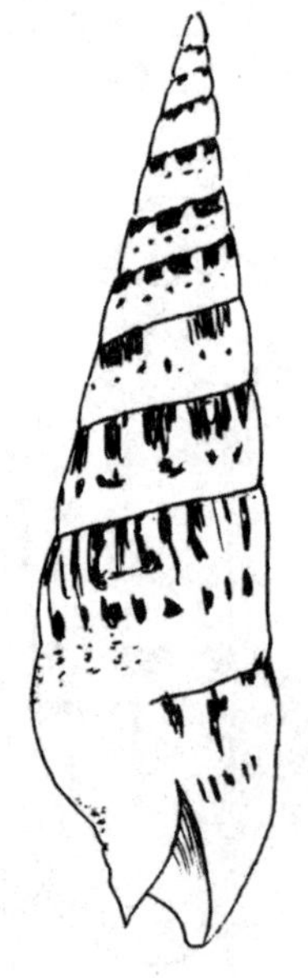

图80
Terebra maculata
卦纹笋螺

菊石（Ammonite）是一种非常独特的围绕中心形成致密水平螺旋的化石贝类（图98），人们对这种贝类的了解超过对其他所有贝类的了解。与它最容易进行比较的活体贝类是鹦鹉螺，其中一目了然的主要差别是它的水平螺旋松散得多，而且看起来为其扩展和生长留下了更大的空间。是不是正由于这个差别，鹦鹉螺存活下来了，而菊石却成了化石了呢？顿斯坦教授（W. R. Dunstan）有一次曾经非常友好地给了我一个采自汉普郡（Hampshire）沿岸始新世巴顿（Barton）地层的涡螺（Voluta），这里有大量这样的贝类，其保存程度极佳，看起来好像并没有成为化石。在过去无数世纪中，活体蝙蝠涡螺（Voluta vespertilio）已经在英国和法国沿海，也在所有水温低于意大利水域的海域消失了。生物学家在化石涡螺和图90的活体涡螺中发现了什么差异，其中有哪些发现可以说明意大利的涡螺能够存活到现在，而它们的英国姐妹们却早已香消玉殒了呢？

涡螺表面的螺线极其漂亮（图78），不过，如果小心地把它剖开，就可以看到内部更加漂亮的螺线（而且更难以解释）。内部的螺线围绕着螺轴或中柱旋转，围绕着中柱形成了外壳的主要构造。在进一步仔细地鉴定这个内部螺线之前，先让我强调一下卦纹笋螺（Terebra maculata，图80）的平滑螺线，或者笔螺（Mitra papalis，图81）的表面螺纹，或者更为复杂和漂亮的梯形涡螺（Voluta scalaris，图84）或梯螺（Scalaria scalaria，图85）的外部结构。这些都是我们挑选来作为竖旋（不论是圆锥形的还是圆柱形的）贝壳的例子，这些贝壳足以作为贝壳外部结构的样板。

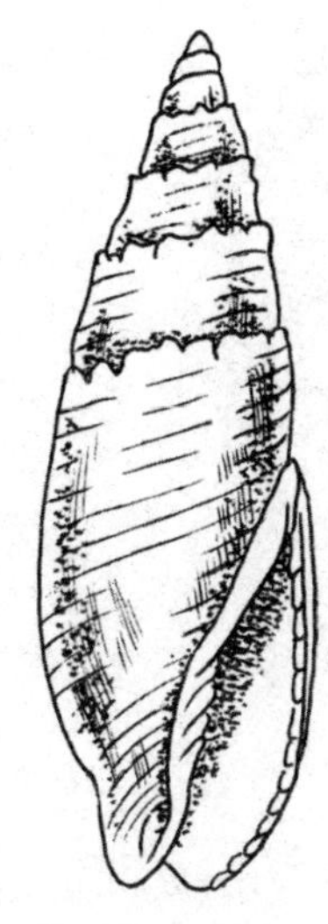
图81
Mitra papalis
笔螺的正常形态

图82
Mitra papalis
左旋的笔螺

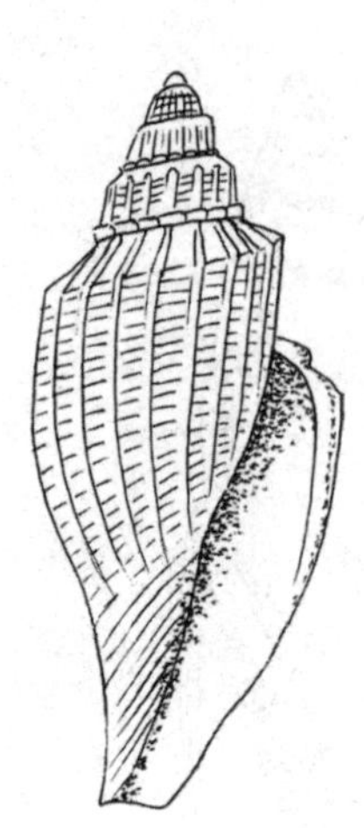

图83

Voluta（Volutilithes）bicorona

双冠涡螺

（仿自布隆恩和西莫斯）

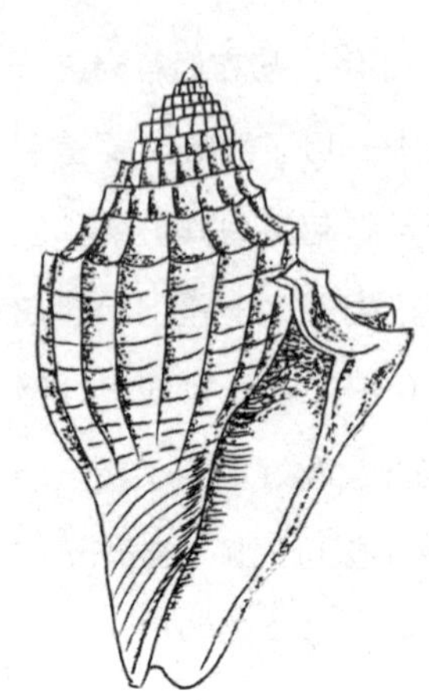

图84

Voluta scalaris

梯形涡螺

图85

Scalaria scalaria

梯螺

但是，有些贝壳的内部结构更惊奇。如图86所示，在锥螺（Turritella lentiginosa）各种各样的“螺室”（我必须这样称呼这个结构）中，读者可以看到笔者在前文无法归类的那种螺线。我曾经把这种螺线描述为一长条薄纸卷成的螺线。如图87所示，在耳螺（Auricula auris-midae）的内部，读者可以看到在同一个奇怪的水平螺线中有双螺线旋。但在望远镜螺（Telescopium telescopium，图73）的内部，螺轴的结构并不一样。在这里，一根细长的柱顺着贝壳的中心往上旋转，呈现出单个螺线的明显外形，就像是一条螺线从下往上爬升过一个又一个的“螺室”一样。在图88，读者可以看到图89中的双重螺线，但螺线是在内部，而不是在外部。在图90中，音乐涡螺（Voluta musica）呈现出一系列渐进的螺线，其中有四螺线，甚至八螺线。我还没有听说过有哪一项严肃的生物学研究，研究过某些贝类的螺轴上的“褶皱”的生长。因此，让我们考虑一下在这一方面是否值得建议，因为这里的贝类形状图都是第一次发表的。

如果有“必要”（我找不到其他可以替代的词）加强中央支撑柱或中

柱，同时又不会过分地扩大贝壳体积或增加贝壳重量，那么人们就再也想象不出比这个旋转的螺线更好的结构了，唯一近似于它的只有昆虫的气管和植物的水管。它们虽然是完全不同的器官，但是，昆虫的气管具有一个螺纹强化的内壁，螺纹强化了气管，使之开启，就像在花园橡胶水管加上的螺纹线圈一样。工程师和机械师当然知道用螺纹这种艺术的方法加固圆柱体。在这方面，围绕着中心管缠绕线圈来制造炮管就是一个实例。在格根宝（Gegenbaur）的《比较解剖学》（麦克米兰出版社，英文翻译版）中，有个昆虫气管结构的漂亮插图。我在英国不列颠自然历史博物馆用显微镜观察到一个好例子。气管有一层精巧的包裹，在昆虫死亡后，螺线（用以加固外包裹）可以拉出来进行鉴定。用基本相同的方法，螺线板可以从植物的水管中舒卷出来（也可以与图58所示的瓜蔓的螺旋形导管相比较）。萨奇斯（Julius Sachs）编写的《植物学教本》［1882年牛津，克拉壬顿（Clarendon）出版社，第二版］在第114页有一幅漂亮的插图，说明

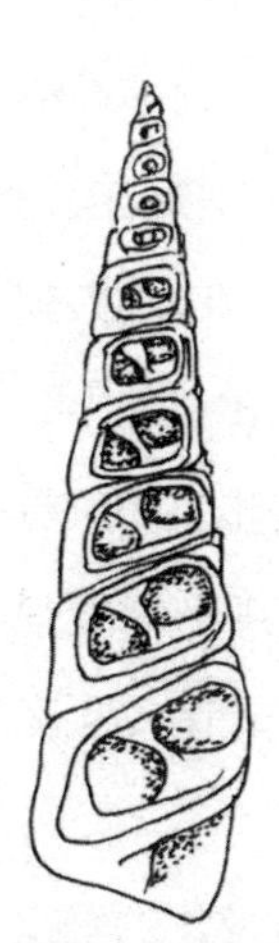

图86
Turritella lentiginosa
锥螺

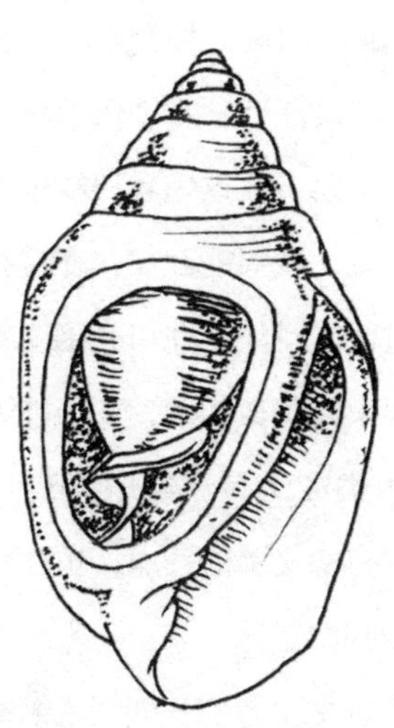

图87
Auricula aurismidae
耳螺

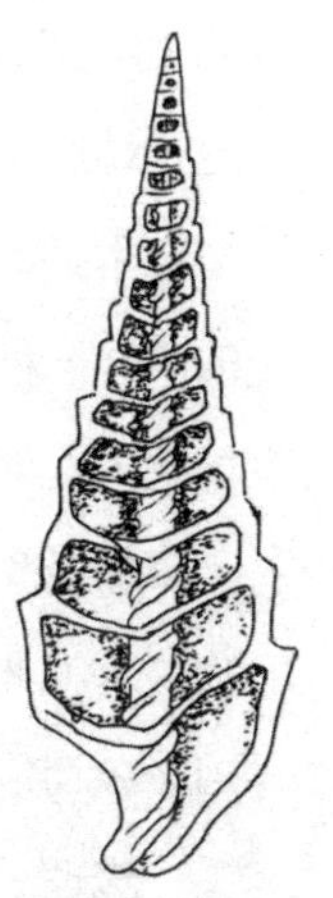

图88
Cerithium giganteum
巨型蟹守螺的剖面

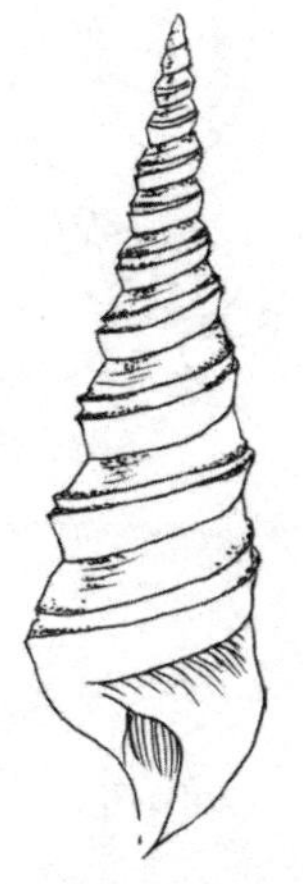

图89
Turritella duplicata
双褶锥螺

了苎麻的维管束纤维板的纵向剖面。

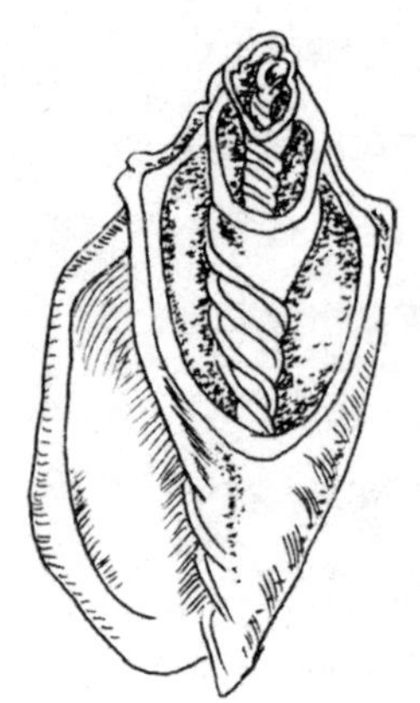

图90
Voluta musica
音乐涡螺

这些螺线丝有单线的，也有双重线的或三重线的。中国猪笼草（Nepenthes）的螺线导管有四重线，更特殊的是呈左旋，就像罕见的右旋涡螺（图90）。这些导管位于叶柄中，呈封闭状态，其中的液体只是从密闭膜渗透出来。密闭膜极其精细，因此，如果内表面的丝线舒卷开来，那么，除了在破管的锥端以外，其他地方就再也找不到薄膜的踪迹了。昆虫的气管呈分叉状和分枝状，组成一系列的管，形成一种结构，通过内部螺纹结构的弹性作用，阻挡住外来的压力。

植物有了绵长连续的管子，形成了液体流动的管道，通过破碎的螺线和环联合形成一种内部强化结构，就像是儒艮（dugong）的风管一样，我们发现了一个终端位于环内部的螺旋软骨。

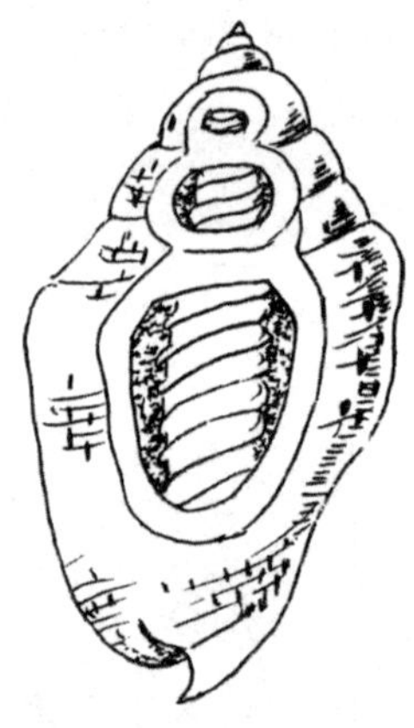

图91
Auricula aunsmidae
耳螺

乔斯特（Jost）的《生理学》、德巴里（De Bary）的《解剖学》以及任何一本现代教科书，都会详细介绍这些螺线管。但是，在这里我只能列举这些书籍。因为按照本书的篇幅，我只能建议，在这些螺线管中观察到的同样一种过程，可能会在贝壳围绕螺轴旋转过程中继续下去。如果事实果真如此，如果能够进一步表明只有一条螺线的贝类要比有八条螺线的贝类不那么需要强化，那就非常有意义。这一点，也许通过比较图73和图91，就可以看明白了。

查理·达尔文注意到一棵紧紧缠绕住支撑物的攀缘植物确实是由于植物本身螺线旋转结构使之得到强化（参见后文的啤酒花插图），而中柱上的褶皱很可能是同一种环境因素造成的。但是，褶皱的发生无论如何未得到满意的解释。非常可能，在某种情况下褶皱的作用在于适合肌肉的固着并使肉体紧紧地固着在贝壳上。但是，有许多大而厚重的贝类，螺轴极其光滑。就这样的大型贝类而言，不管是否在其他生物中也存在同样的情况，其附着方式肯定是不同的。我现在正在研究的螺线开始于壳顶，随着外部的继续生长到底部的螺室。因此，这个螺线可能与其所栖身的动物体有密切的关系。但是，出于卦纹笋螺（Terebra meculata）的原因（图80），对此我有怀疑，这种情况根本没有发生（虽然可能由于“强化”过程尚不可取），而如果我们以望远镜螺（Telescopium telescopium，图73）的一个螺线作为一系列的起点，我们一定会发现有双螺旋线的巨型蟹守螺（Cerithium giganteum，图88）或者涡螺（Voluta solabdri），有三螺旋线的梨形锥螺（Turbinella pyrum，图93），四螺旋线的蝙蝠涡螺（Voluta vesspertilio，图78），五螺旋线的太平洋涡螺（Voluta pacifica，图94），六螺旋线的锥螺（Turbinella fusus，图95）和多达八螺旋线的音乐涡螺（Voluta musica，图90），而在贝类Cymbiola tuberculata和Harpula fulminata中，这样的螺线还要更多。这些螺线在贝类的每一个螺室中形成，其真正原因不管是什么，我认为，和生物以之为家园的壳体结构的关系肯定要比与生物的解剖学密切得多。因为，虽然这些贝类的轴肌（columella-muscle）中的“缺刻”（notches）的数量可能真的与各自螺柱周围的螺线数

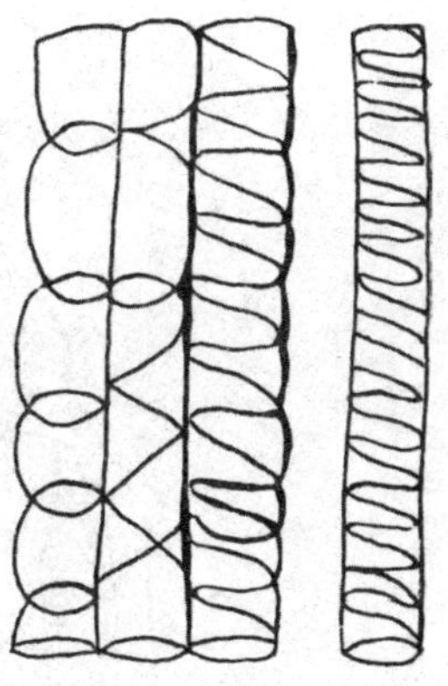

图92

Tradescantia virginica

鸭趾草科紫露草属的叶维管束四个管的部分结构图，其纵向经大比例放大，示出螺线结构

［仿自邓迪（Dendy）的《进化生物学纲要》，1912年，康斯特布尔（Constable）公司］

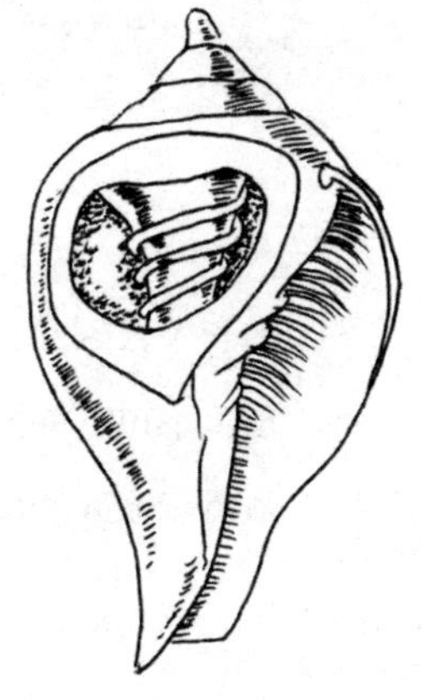

图93

Turbinella pyrum

梨形锥螺

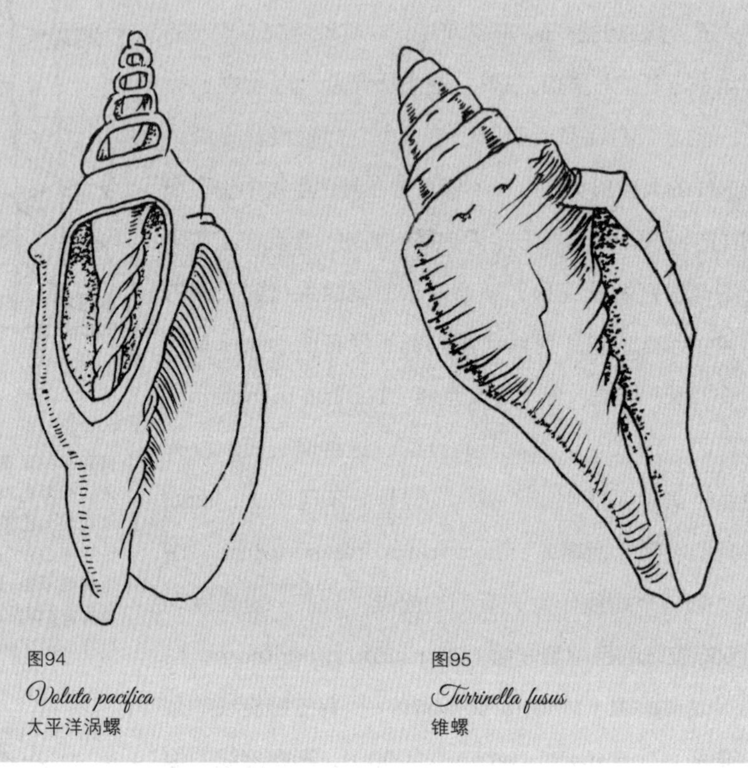

图94
Voluta pacifica
太平洋涡螺

图95
Turrinella fusus
锥螺

量有关，因此，肌肉本身的握捉力会提高或增进，在结构上得到确实的改进，不过，如果我们考虑到结构的细节，为什么存在这些螺线的有关问题依然和原壳的发生原因一样茫然。

第三章注释：

1 Smithonian Institution。史密森氏学会1846年按英国科学家詹姆斯·史密森的遗嘱，用其财产在美国华盛顿建立以他的名字命名的科学会，以向成年人传播知识为宗旨，开展基础研究，出版研究成果，举办各种展览，并向所有国籍的学生开放该学会资助的所有设施，包括史密森天体物理台、史密森热带研究所、科学情报交换所、放射生物实验室、国家动物园、国立自然历史博物馆、弗里尔艺术馆等，以及提供去国外进行研究的基金。——译注

其他：

贝类的竖旋：在把贝类的竖旋与楼梯的建筑设计相比较时，请参见第十七章。

贝类的生长：参见伍德华德教授（B. B. Woodward）的著作《软体动物的生活》[梅修恩出版社（Methuen），1913]，其中作者在附录八中摘录了大部分内容。

Chapter 4

Flat spirals in shells

· 第四章　贝类的水平螺旋

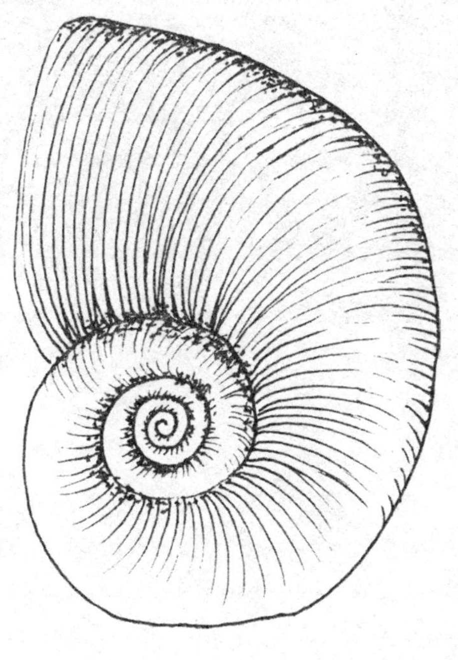

居住在贝壳里的软体动物和人类建造住房一样，需要搭建自己的住房，盖上屋顶，完善整个建筑。由于动物体紧贴着贝壳，因此，随着动物的生长，其住房及屋顶也逐渐按比例扩大。

——达·芬奇《法兰西学院手稿》

啊，时间，你是多么迅速地掠夺着世间万物！自从这条形态怪异的鱼儿在这幽深的地方死去以来，你已经剥夺了多少的国王、多少的人民，国家和环境因此发生了多大的变化？在时间的毁灭性打击下，现在，你静悄悄地躺在这狭窄的空间，形消骨立，承受着大山铠甲的沉重压迫。

——达·芬奇《阿伦德尔手稿》

在所有长期已知的水平螺旋贝类中，鹦鹉螺（Nautilus pompilius）是最美丽的，也与雷斯利爵士的数学曲线观点最密切相关。雷斯利爵士在论及对数螺线或等角螺线时，关于鹦鹉螺“有机体”的问题这样写道：“这个螺线与普通鹦鹉螺准确地相似，且有着雅致的隔壁。”（《曲线的几何分析和几何学》，爱丁堡，1821年，第438页）但是，剑桥大学的莫斯利的工作更进一步。他对一些围绕中轴具有一条螺线的蝾螺（turbine shells）进行了精确的测量（《哲学论文集》，1838年，第351页），认定这条曲线为对数螺线。根据对数螺线可以导出一系列公式，进而推断存在有其他状态。贝类螺层的宽度连续地准确增长，而且每一次增长均按比例扩增。因此，贝类必定拥有这种形式，而不具有其他形式，因为它的螺线为对数螺线，会自我重现（参见附录的图版VI）。

莫斯利也注意到，在他所鉴定的贝类中，癣的作用具有明显的几何对称性，这一点是博物学家还未发现过的。通过数学计算，证实贝类的癣沿着中轴旋转。他发现，沿着贝壳中轴平面切下任何一部分，每一个剖面都和癣的形状一模一样。因此，他证实了陀螺状贝壳外形周长取决于癣围绕着中轴旋转的长度。在鹦鹉螺中，这个形状是一个椭圆，它围绕着贝类的小轴旋转，在旋转中基本不改变其形状，而只是呈几何级数增长。癣的形状是固定的，因此，在贝类生长中，体积成比例增长，只要贝类的曲线具有对数螺线的特性，就可以找到一种非常方便的测量贝类及其各个个体部分的方法。在图96中，我已经拍摄了鹦鹉螺（Nautilus pompilius）的剖面，以此说明其内部的螺线。通过比较，这个剖面应该与图97的对数螺线进行比较。图97是一位资深的英国剑桥大学数学考试一等荣誉学位获得者（Senior Wrangler）为我绘制的，用以作为对数螺线或等角螺线的学术实例。

图96

Nautilus pompilius

鹦鹉螺的剖面

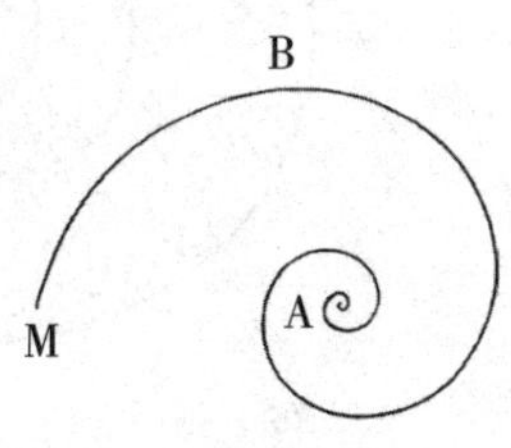

图97

对数螺线或等角螺线

这里可以注意到丘奇先生把对数螺线作为一种理想的公式来计算叶序的“均匀生长”，该公式同样为贝

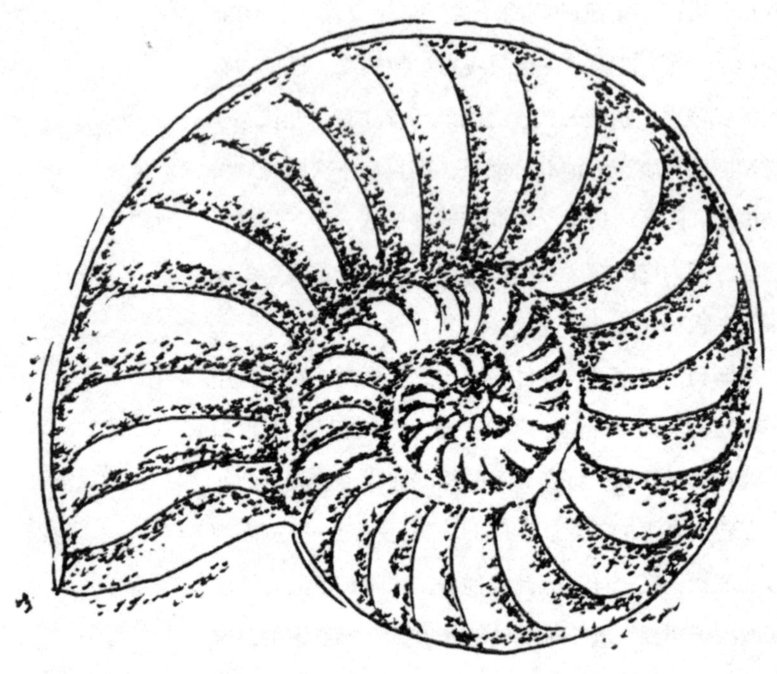

图98
莱姆里吉斯的菊石

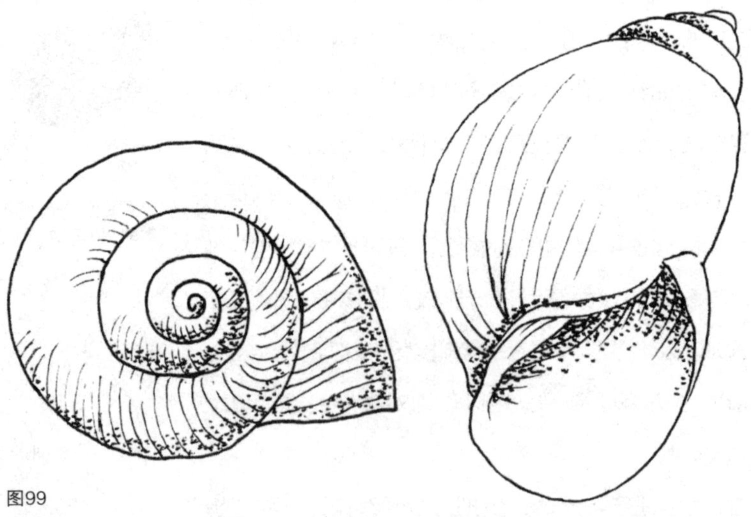

图99
Burtoa nilotica
螺类的两种螺线形

类学家的同类研究提供一个良好的实例。这种鹦鹉螺确实与对数螺线极其相似，两者之间的差异应易于用数学公式说明，从而有可能首次准确地定义和描述贝类。精确地选择螺线是重要的，因为在两种尺度中，对数螺线是唯一的曲线，其中一部分只在体积上，而不是在形状上有所变化。这个特征自然符合等角螺线的定义，但这样一条曲线和生长线一样也能非常生动地说明其生长的本质特征。古德塞教授以及其后的丘奇先生已经考虑到对数螺线显示出促进有机体生长的能量。伯努利[1]把绣线菊命名为等角螺线［《博物学报》（*Acta Eruditorum*），1691版］并把绣线菊与下列墓志铭一起雕刻在墓碑上：纵然变化，依然故我（Eadem Mutata Resurgo），因为它在内卷和外卷两个方向自我复制。我们能否进一步说，我从莱姆里吉斯的下里亚斯（Lower Lias）得到的并复制过来作为例子的菊石（图98），没有幸存下来的活体，是因为它的曲线辐宽（sweep）都不足以满足真正的生命扩张，而在实际上，也与图96的活体鹦鹉螺的定型生长曲线几乎无关。同样有意义的是辉鲍（Haliotis splendens，图101）的外部丰富的螺线，与第二章图31的对数螺线相关；而鹦鹉螺曲线的不同仅仅在于一侧螺线增大，而不是在缩小，因此，有可能具有较大的存活机会。与采自科雷安（Corean）群岛的大鲍鱼（Haliotis gigantea）、采自澳大利亚的卡氏鲍鱼（Haliotis cunninghamii）和采自好望角的中鲍（Haliotis mida）的漂亮的外螺线进行对数螺线比较也有所受益。首先这3种鲍鱼在第一

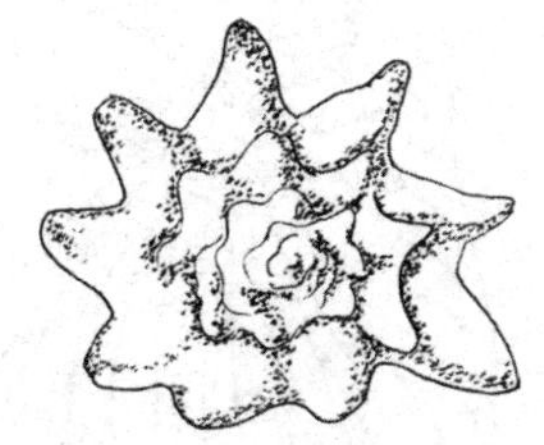

图100
Vasum turbinellus
螺旋犬齿螺的螺线形状

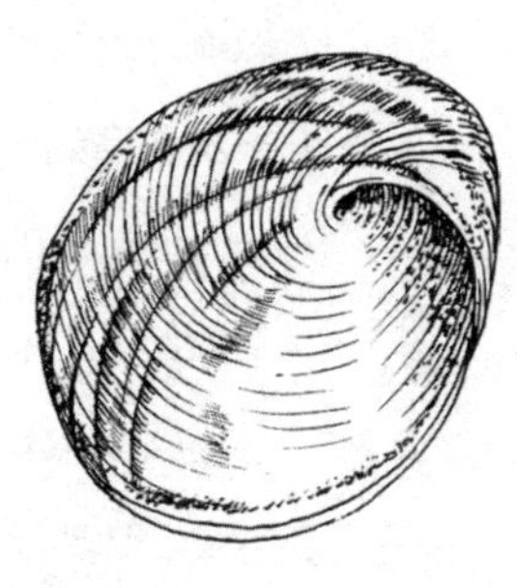

图101
Haliotis splendens
辉鲍
（采自加里福尼亚州）

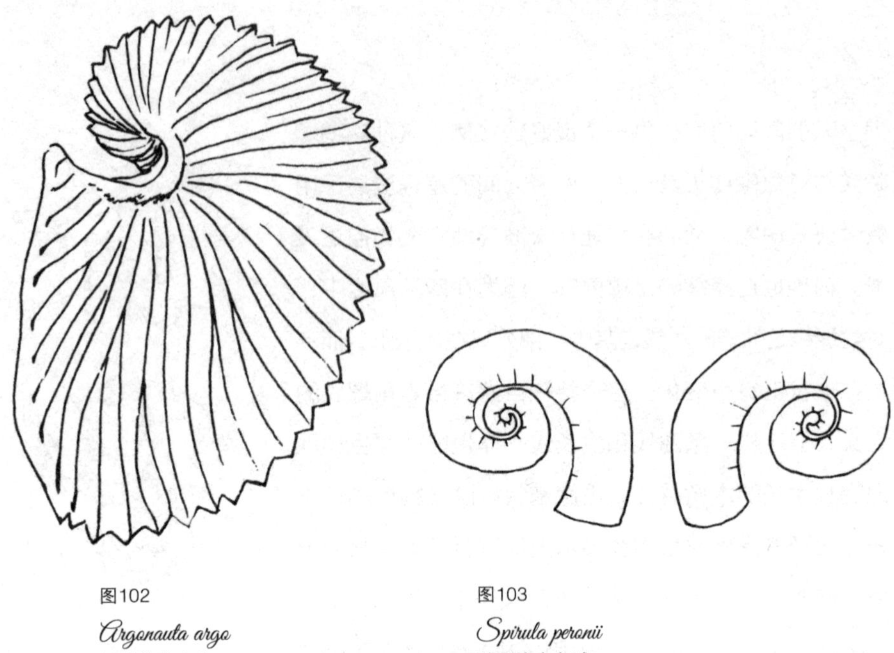

图102
Argonauta argo
船蛸的次生壳

图103
Spirula peronii
潘氏旋壳乌贼
（参见图29和图30）[2]

个螺线开始生长和扩大之后，其外表形态呈现出特别大的辐宽。我们可以进一步注意到，在小到纤毛虫（Infusoria）这样小的标本，尤其是喇叭虫Stentor caeruleus上出现极其紧密的对数螺线曲线，所以雷斯利爵士认为这条曲线的“有机部分”也许比他想象的要好一些（参见附录4）。

生物学家也许没有看出这里描述的对数螺线和贝壳的相似性有什么重要意义，因为，他们知道鹦鹉螺的螺旋是由于生长和万有引力作用于弹性物体造成的，而数学家告诉他们对数曲线只能以一种方便的形式解释某些一般的和常见的关系。毫无疑问，不管数学曲线是否为贝类提供了有趣的定义，我仍然尚未见到足以驳倒这个简单的数学推论的论据，这可以解释到底是什么样的综合因素形成鹦鹉螺的对数曲线，以及这样的因素会引起哪些其他曲线发生变化？笔者大胆地建议把这个问题作为未来研究者的论文题目。

笔者从特纳爵士（William Turner）主编、古德塞编著的《解剖学记事》（爱丁堡，1868年，第2卷，第205页）中摘录了莫斯利的调查报告。我把这段摘录插在这里，是为了强调说明这样一个事实，即如果在研究数学和建筑等创造性艺术中，研究者要挑选一些自然物品作比较研究，那么贝类一定是最合适的，而且建筑师在经常面临的结构和数学问题上也可以借鉴贝类。达·芬奇除了其他能力之外，还有建筑学知识，肯定研究过贝类，这一点我们在后文可以看到。但是在目前，我只想让读者注意到达·芬奇在速写温莎堡收藏品中的“丽达（Leda）”时对菊石的模仿（图104），以及他在“大西庇阿（Scipio Africanus，图105）”的头盔上对同一种贝类的模仿。在现代艺术家的最佳设计中具有明显可辨认螺线曲线的，我提名雕塑家吉尔伯特（Gilbert）。

图104
达·芬奇对“丽达”的研究，其发式与菊石相似（仿自温莎堡收藏品Windsor Collection）

古德塞教授把对数螺线作为一种测量大自然精妙设计的手段。他把莫斯利的调查作为教本，试图说明其逻辑推论，即一种已知的有机体的生长形式和规律，在将来任一时间均可用数学式表达。遵循达·芬奇在3个世纪以前奠定的惊人精确的研究线条的原则，古德塞教授提出了问题：在什么时候可以准确确定一种动物的整体、部分或器官的形状、形态和比例，从而促进了几何学在解剖研究中的应用？古德塞教授的高足哈伊（D. R. Hay）（《论人体形状》，1949年；《美的自然规律》，1852年；《美的科学》，1856年）鉴定了人体的几何线条，就和达·芬奇在发现了蒲拉克西蒂利[3]雕塑的阿弗罗狄忒[4]时所进行的鉴定一样。在鉴定中，他发现了某些和谐的比例，根据这些比例，可以用数学

图105
大西庇阿的头像雕塑，达·芬奇浮雕作品（显示头盔上的贝类饰品）

图线正确地绘制出人体线条。古德塞终生追求的就是，由于万有引力作用于整个世界，那么决定生物的形状和生长的生理学规律是什么？他指出，如果牛顿根据行星轨道的几何曲线推论出力的定律，那么我们在获知自然物品的数学形式之后，是否也可以研究一下自然物品的“力的定律”呢？但是，如果这样的情况的确出现，那么莫斯利的论文就应该成为科学地描述自然形式的一个新时代的起点。

古德塞教授认为生物学的进步要归功于最终原因的研究，归功于结构明显的对各种功能的适应。这并不是物理或化学研究中的最有效的方法，而归功于发现了有机物和无机物的差别。因为，每一个生物个体都会形成一个系统，在这个系统中，为什么每一部分都互相适应，值得研究。可是，我们不可能为了解释太阳而把整个太阳系放到眼前来研究。我必须再次强调一个事实，即牛顿在他的《自然哲学的数学原理》中阐述的，如果引力的变化一般与距离立方而不是平方成反比，如果天体不是按椭圆轨道运转，而是按对数螺线轨道运转，那么，天体就会快速地自我离散，迅速地散落到太空中去。因此，古德塞教授问道，如果平方律是引力定律，那么立方律是不是生长定律（也就是说，也是细胞的生长定律）？对数螺线是不是用事实证明了生物体增大定律呢？这就是本书要讨论的问题之一。而且必须注意到，系统的生长看来可以用图1的涡旋星云来解释，它相异于必须克服万有引力对自身重量的引力，围绕固定轨道旋转的行星（参见第二十章）。

认真地研究图96和图411可以揭示一个令人惊奇的事实（我相信这个事实对于每一个鹦鹉螺是不足为奇的），即鹦鹉螺所生活的螺壳前面的最后一个螺室[5]并不是最大的螺室，反而要比它后面的螺室[6]小一些。这是大自然出人意料的不对称的好例子，也许可以用来解释居住在贝壳中的生物年龄增大的结果：如果动物不能富有生机地增大其居所，那么它会因为住所太小而死亡。看来，这一点是福尔摩斯博士（Oliver Wendell Holmes）在

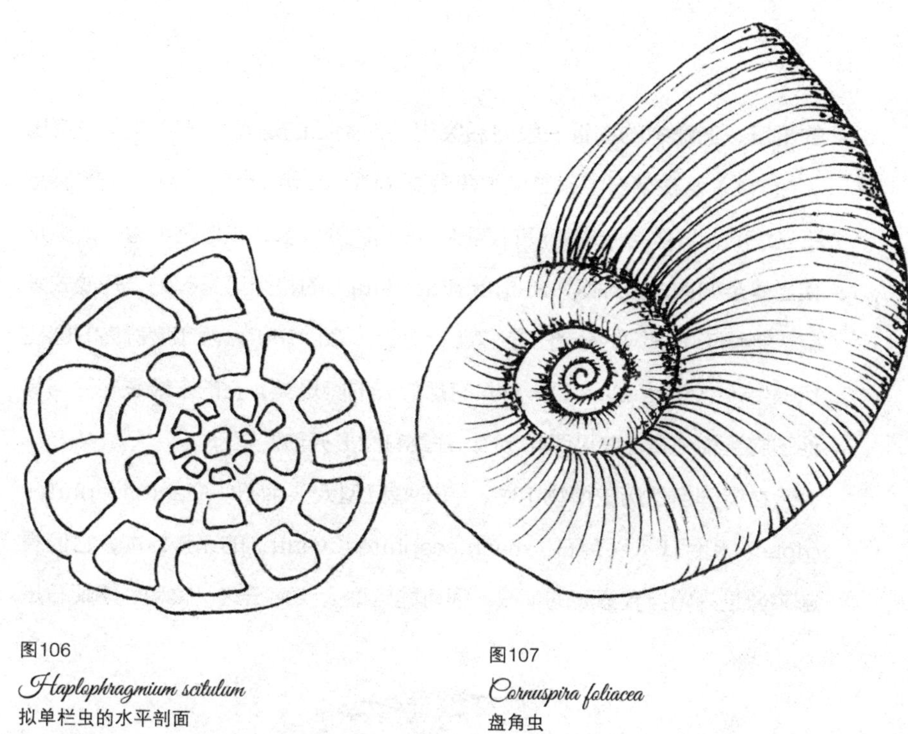

图106
Haplophragmium scitulum
拟单栏虫的水平剖面

图107
Cornuspira foliacea
盘角虫

仿自《挑战者号海洋科学考察船调查报告集》中布拉迪撰写的关于有孔虫的章节

绘制鹦鹉螺的漂亮曲线时缺乏生物学准确性造成的。

在第二章的图45，我复制了夜光蝾螺（Turbo marmoratus）的厣的照片。蝾螺科贝类的厣曾经被称为“眼石”和“海豆”。这是由腹足类等软体动物分泌出来的角质或钙质壳板，其作用是在动物退缩进壳内时，封闭住壳口。在马蹄螺（Trochus）中，厣里面的螺线和手表的发条一样紧凑。在蝾螺（Turbo olearius）中，厣里面螺线形状美丽，和鹦鹉螺一样具有中隔的对数螺线。在图106到图110中，我增加了若干个水平螺旋的例子，它们有些像鹦鹉螺，都是《挑战者号海洋科学考察船报告集》精细插图的微型有孔虫。

在图96的鹦鹉螺（Nautilus pompilius）的水平螺旋中，每一个螺室中明显的小突起都是室管，它呈膜状，穿透中隔。欧文（Owen）认为，这种管与围心膜相连接，使得一些气体可以进入各个螺室，从而减轻身体的重量。鹦鹉螺的室管一般向后突出，而菊石的螺管几乎全部向前突出（图411）。在菊石中，二叉羊角菊石（Crioceras bifurcatum）螺层是不连续的，好像各个旋管没有连接在一起似的，看起来像是羊角，或像是相当复杂的钩。蚯蚓螺（Siliquaria striata）的整个贝壳起始于开放式螺旋，终结于不规则的分离式旋管（参见第一章图16）。西印度群岛的圆柱状蜗牛（Cylindrella）是一种具有螺旋壳的腹足类，它的末端螺旋管与其他的旋管相分离（参见图103），并具有圆形壳口。

在英国自然历史博物馆中，有一些巨型大头菊石（Macroscephites gigas）和伊氏大头菊石（macroscephites ivanii）的完整标本，它们看起来像是开始自我舒展的菊石。很可能巨型大头菊石这一属和后期菊石是

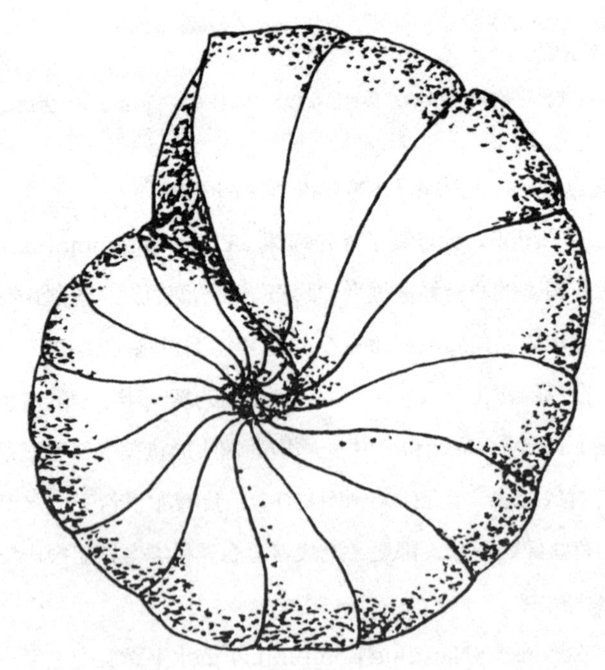

图108

Cyclammina cancellata

砂圆虫

仿自《挑战者号海洋科学考察船调查报告集》中布拉迪撰写的关于有孔虫的章节

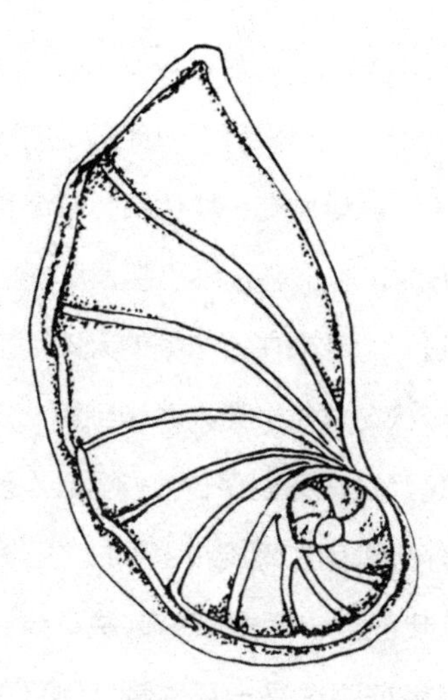

图109
Cristellaria tricarrinella
有孔虫

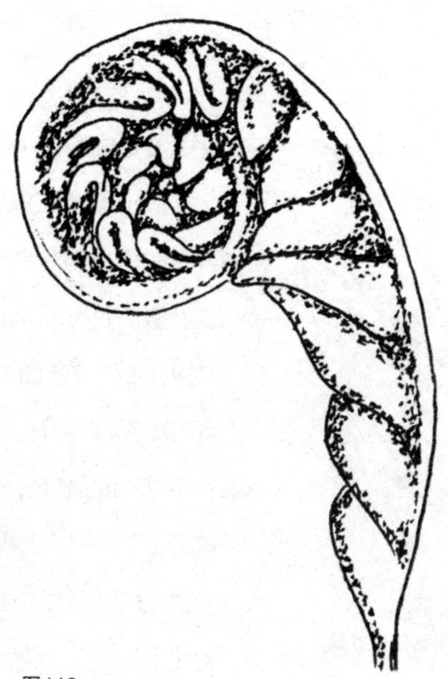

图110
Cristellaria tricarrinella
有孔虫

仿自《挑战者号科学海洋考察船调查报告集》中布拉迪撰写的关于有孔虫的章节

同一时代的生物，它们代表着一种趋势，即扩大其旋管，从而为栖息其中的生物提供大一些的空间，以有益于其寿命和生长。

室管的位置可能也与生存的原因有一些关系，因为室管在棱菊石（Goniatites）位于凸侧，而在海神石（Clymenia）位于凹侧，在鹦鹉螺则位于正中间。阿尔伯特（M. Albert）在其著作《动物分布与地理气候的关系》（*Les Enchainements du Monde Animal dans les Tem ps Geologique*，巴黎，1883年）中，指出直角石Orthoceras（其室管位于中间）实际上正如巴兰德（Barrande）所认为的，是“一个直线形鹦鹉螺”，其中的每一步进化可以通过石炭珠角石（Aploceras）追踪。石炭珠角石在细端的右侧有一个轻微的弯曲，而鹦鹉螺（Nautiloceras）则具有相分离的钩状螺层。高德利（M. Gaudry）同样建议说，瓜螺（Melia）（其室管位于右侧）在其顶端稍有弯曲时则变成弓角石（Cyrtoceras），因此可以假定通过圆圈角石（Gyroceras）和蛇角石（Ophidioceras）等这样的形式，最终演变成菊石（参见附录8）。

水平螺旋的另一个例子十分奇怪，因此要加以说明。在圣彼得堡的帝国矿产学校有一块化石，其名称是旋齿鲨（Helicoprion），这个名称会引起误解。它的内模化石与其他的化石一起陈列在肯辛顿的大不列颠自然历史博物馆里。其形状在总体上让人联想到第二章图33中菊石的剖面，但是经过仔细观察，人们就会发现这实际上是一排锐利的牙齿排列在螺旋带上形成的。在图97的对数螺线图中，我已经申明要解释这块奇怪化石的生长过程，现在已经证明这是一只软骨鱼颌部的单排牙齿。新生长的牙来自点M，牙齿的B点用于咬嚼，随着牙齿的磨损，它们顺螺线方向向后移动，年轻的小牙齿一般位于螺线A的中心，而正在成长的新大牙位于M点。

图111

Melo ethiopicus

竖旋的埃塞俄比亚瓜螺

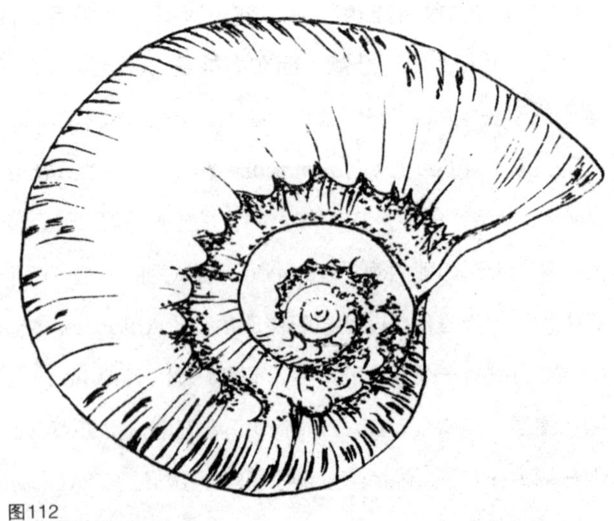

图112

水平螺旋的埃塞俄比亚瓜螺

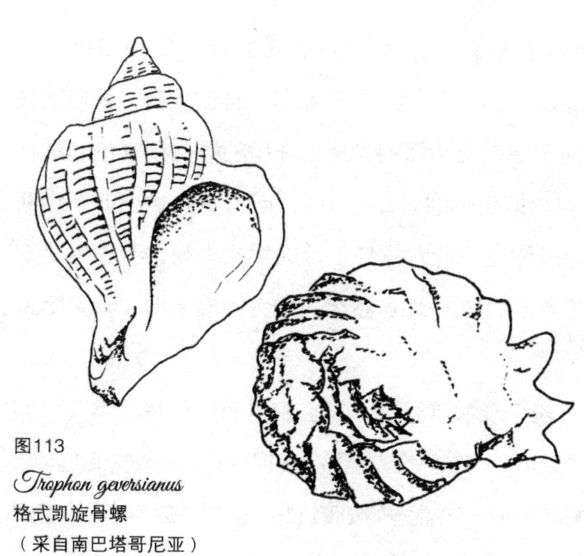

图113

Trophon geversianus

格式凯旋骨螺

（采自南巴塔哥尼亚）

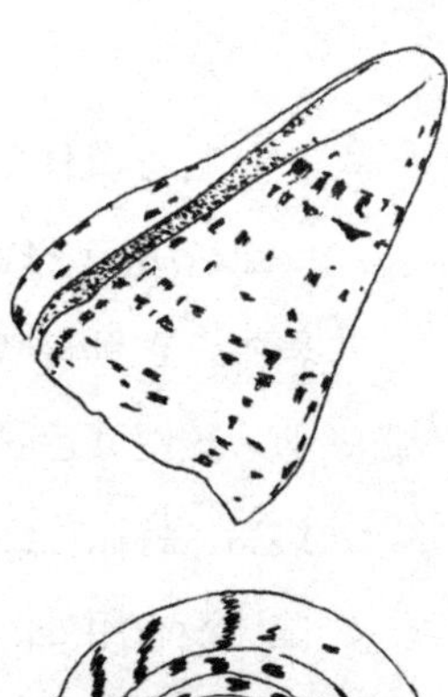

图115

Conus tesselatus

芋螺

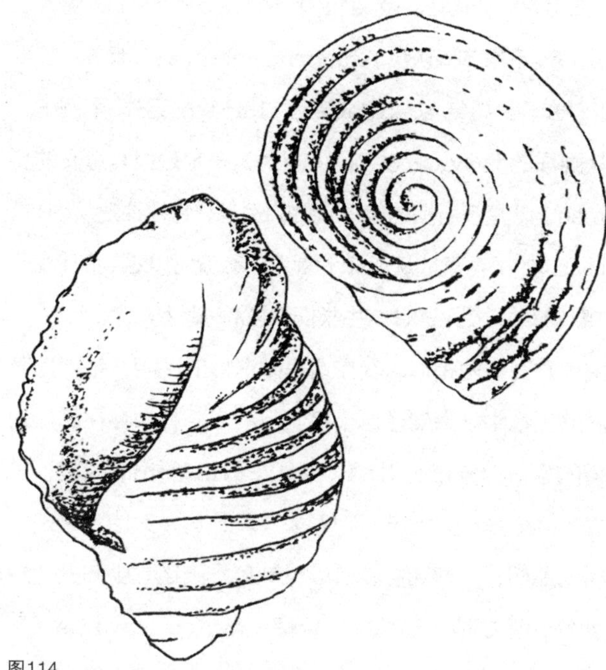

图114

Acanthina imbricata

多刺菊石

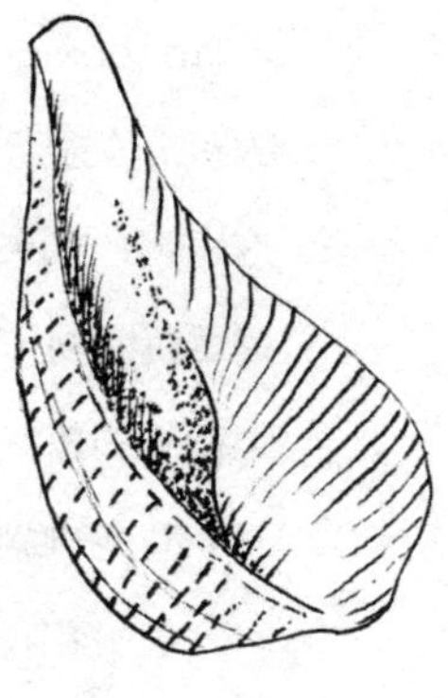

图116

Pyrula ficoides

琵琶螺

上述奇怪的折叠式的没有用处的牙齿在壳齿鲛（Cochliodus contortus）身上有相似的结构，这是一种和鲨鱼一样的鱼类，采自石灰岩中。它具有磨牙，而不具有旋齿鲨的尖牙，牙齿的排列和鳐鱼非常相似。这些牙齿长在M点，但用的时候却在B点，而且在开始出现螺线曲线后，就在达到A点附近的任一地方分开了。这样的排列，看起来比那些让没有用处的牙齿在头部的某一地点卷绕起来（如旋齿鲨，参见附录5）要方便得多。

某些贝类，人们一般只观赏其竖旋，但它们也明显具有非常美丽的水平螺旋。利用这样的贝类，可以研究其从微小的原壳[7]生长到成贝的实际生长过程。例如，像埃塞俄比亚瓜螺一样按图111的摆放方式来观赏。但如果自上往下看，即按图112的方式摆放，它就显示出生长和发育的线条，这些线条可以与图96的鹦鹉螺相媲美。就图113和图114中的格氏凯旋骨螺（Trophon geversianus）和多刺菊石（Acanthina imbricata）而言，其中的两个位置可以用于研究同样的结构。图115到图119还给出另外5个例子。这表明，如果也能从同样的两个点来考虑花朵的生长一定是很有意义的。樱草属植物（Cyclamen）就是我所指的值得欣赏的例子。它往往是从图121中拍照的角度观赏的。但如果垂直地从上往下看，那么就可以看到图122所示的漂亮的螺线，在图123中，花朵的螺旋生长仍然较清晰地得以表现。

贝类和花朵在生长方面极为相似。我在这里做这样的说明，是因为同样的现象可以在不同的生物中观察到。这个事实可能表明其中存在同样的生长原理，或者同样的生命力分布。图125、图126和127所出的贝类，虽然都显示出某种直立的锥形螺线，但若一眼看去，其结构并无惊人之处。可是，自上而下地给它拍照，人们马上就可以看到贝类围绕其中间的“原基”慢慢地扩大其曲线，逐渐地生长起来。骨螺（Murex saxatilis）是这一类中最漂亮的，因为它既显示出螺线生长的主线，也显示出倒曲线。如果把它与自上而下观察的天香百合（Lilium auratum，图128）的生长

图117

Ebrurnl spirata

螺类

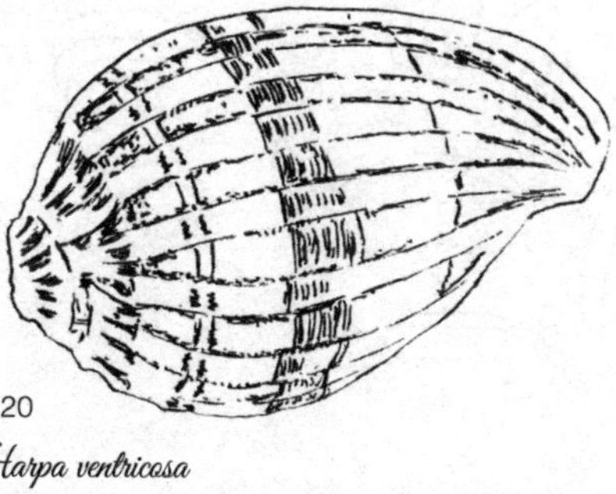

图120

Harpa ventricosa

竖琴螺

（贺拉绘制）[8]

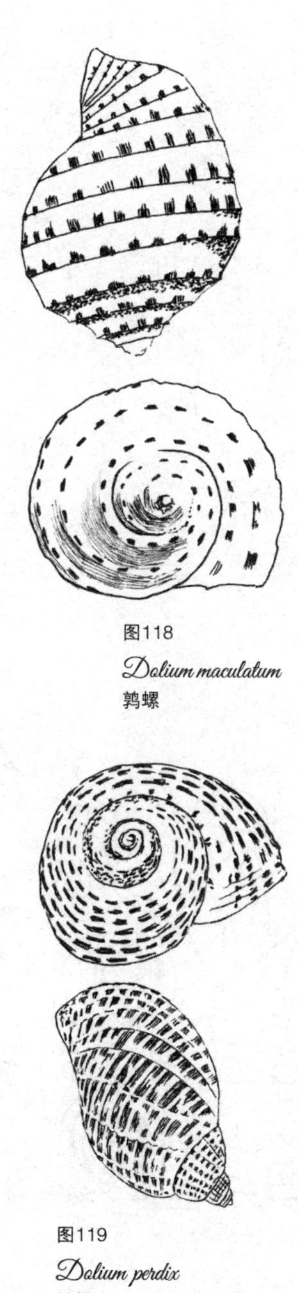

图118

Dolium maculatum

鹑螺

图119

Dolium perdix

鹑螺

（侧面观和顶上观，以表现生长过程中螺线的形成）

图122
水平螺旋的樱草属植物
（自上往下看）

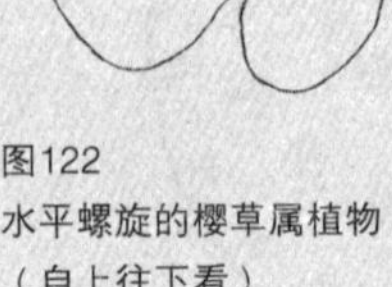

图121
樱草属植物的竖旋

图123
水平螺旋的樱草属植物
（自下往上看）

图124
Cyclamen europaeum
樱草属植物的螺旋果茎[9]

进行比较，其中贝类和植物的相似性就更明显了。生命力在每一个外部生长中必定呈现出来，并沿着数学对照线分布，不管对数螺线的“有机”曲线是否作为其基础。不管是贝类还是植物，这个或其他数学公式都不能机械地或准确地应用。但是，我们已经非常接近定义的目的了。而事实上有机物（按各自的情况）表现出一定的离散度，无论数学如何精确地予以表达，这绝对是一个事实。这个事实在本研究的后期阶段可以得到证明。这种微妙的差异在这个例子中归因于有机物的存在。若显示出这种差异的物体是无机的，即使只是人们创造的一件艺术品，我们一定会发现它的美在很大程度上归因于准确测量的同样离散。

在本章，为了说明幼嫩的植物或花朵从闭合状态逐渐绽开时，生长的螺线排列并非罕见，笔者增加了一张正在绽开的菊花的照片（参见图

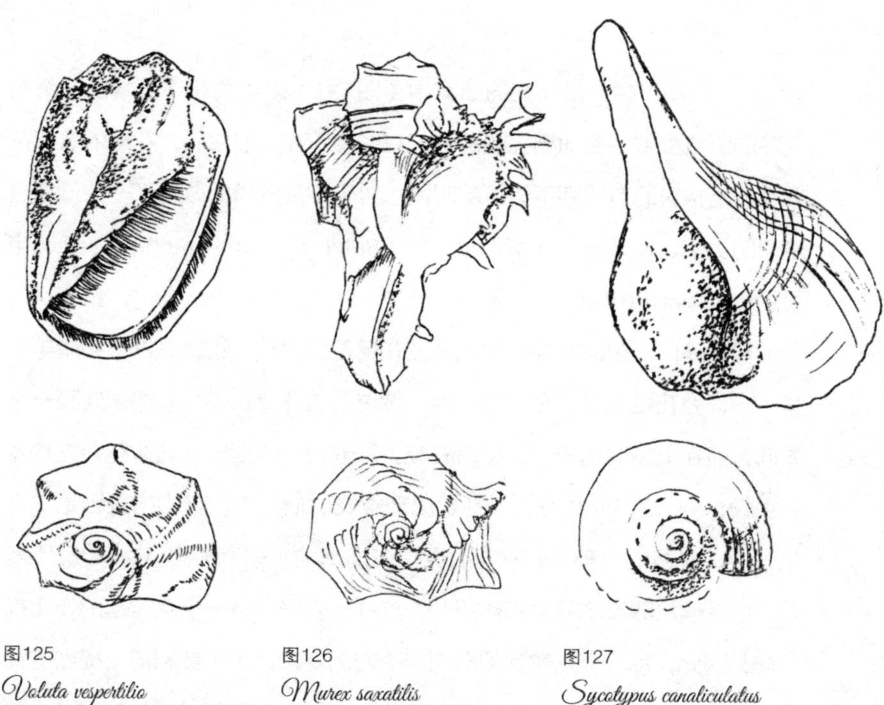

图125 *Voluta vespertilio* 蝙蝠涡螺

图126 *Murex saxatilis* 岩栖骨螺

图127 *Sycotypus canaliculatus* 螺类

图128和129

Lilium auratum

年轻的天香百合叶子的螺线结构，
垂直拍照，可以和图126的岩栖骨螺，
尤其是骨螺的贝壳的生长进行比较

130）。日本人在许多漂亮的图案中（图131）采用菊花作蓝本。丘奇对花序的研究提供了更加漂亮的例子。有些菊花在成熟之后，花瓣依然保持着螺旋结构，而有些则不然。威利博士对于螺旋的研究做出了一些最为有意义的贡献，他指出，在富贵半月兰（Selenipedium grande）、长花半月兰（S. longifolium）和锥叶半月兰（S. conchiferum）中，螺旋状的花瓣都是偏向一边的右旋。他说："花瓣是异向的，也就是说，和羚羊的角一样，右花瓣左旋、左花瓣右旋，螺旋状的花瓣在同一侧都朝向同一个方向，但在上述的例子中，总是右旋。"他进一步指出，这些花朵先是直立生长，到了2英寸左右，才开始出现螺旋。他认为，其中的原因是"在生长中，轻微的力量一直在起作用，比如体液在花瓣两侧的流动有所差异，那么体液的流动就会起作用"，这样的差异对每一个花瓣起的作用都一样，因此，每一个花瓣都朝着同一个方向旋转。关于威利博士提到的犄角，我会在以后的篇章中做较多的讨论。这里，我就跳过犄角的讨论，转向详细具体地讨论植物的螺旋结构以及丘奇讨论的花序呈对数螺线发展的问题，其特殊价值在于强调说明一个事实，即所有的生长曲线都起始于螺旋。显然，这个结论让我们可以开始考虑叶子的轮廓以及其他无数的漂亮图案，这些图案对所有艺术家而言，实际上是他们判别高雅的标准。

图130
菊花，显示花瓣的螺线褶皱

第四章注释：

1 伯努利（Bernoulli），瑞士一个产生过11个数学家的家族。根据上下文，认为本文指的是雅各布·伯努利（Jacob Bernoulli，1654—1705年），变分法的创始人之一，曾和莱布尼茨共同获得微积分学中的不少成果，对常微分方程有贡献，也是概率论的早期研究者。他发现了许多有关对数螺线的性质，对对数螺线情有独钟，临终前特地嘱咐，要求在墓碑上刻上由绣线菊图案组成的一正一反两条对角螺线，并附以简洁而又含义双关的颂词："纵然变化，依然故我"——译注

2 图103：对于这张照片，我必须感谢杜波雷先生（E. du Boulay），他在附信中写道："寄上一张两个小螺旋形贝壳的照片，也许阁下愿意把它复制刊登在阁下关于螺线生长的文章中。它们的形态漂亮，呈乳白色，实际大小只比照片上的略小一些。毫无疑问，阁下认识它们，其螺线均偏向一面，即可以相当平整地放置在桌子上。"（参见附录8）

3 Praxiteles，公元前4世纪的雅典雕刻家。——译注

4 Aphrodite，希腊神话中爱与美的女神。——译注

5 住室。——译注

6 气室。——译注

7 贝类的幼体。——译注

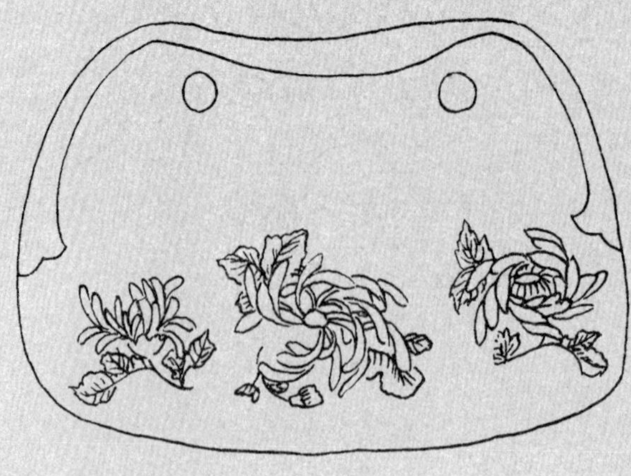

图131
日本人设计的图案，
利用菊花的螺线结构为蓝本

8 图120：贺拉（Hora）的贝壳（参见第三章图82）——由于对贺拉贝雕一直具有特殊的兴趣，我从大英博物馆的文本馆（Print Room）中复制了这些收藏品。它们不可能完全满足现代贝类学家的需要，但却明显具有形态上的美，值得超出其目前被欣赏的范围，得到更加广泛的欣赏。（参见第十四章）

9 图124：樱草属的螺线状果柄。——承蒙"Q"赠送了这张照片，他附有下列有趣的信：

若干种广泛相关的植物，在进入结果阶段时，它们的长花柄出现绞状螺线，这样有趣的例子有好多。在任何情况下，绞状螺线显然不是向左就是向右，但是没有人对它们与数学的关系进行过论述。

因此，根据科纳德（Conard）在美国的观察，许多生长在水深3英尺到15英尺水域的睡莲，其花茎发生螺旋状卷曲，因为凋谢了的睡莲会被故意往水下牵引，以便在水下生长起莲蓬，不会缺水干旱。野生在深水区的睡莲，如北美种睡莲（Nymphae flava）、香睡莲（N. Odorara）和块茎睡莲（N. Tuberosa）以及欧洲种的白睡莲（N. Alba）在茎部发生明显的卷曲，有的卷两卷，有的卷八到十卷，其直径1—4英尺，因此，在离底部1英尺左右的地方结出果实，经常和藻类或其他泥沼植物聚集在一起。人们一般认为，花茎卷曲可以防止鱼类等动物的损害，同时也防止水流的机械损害。

这种现象的典型植物学例子是另一种沉水性水生植物，这就是生长在1英尺左右水深的和草相似的水鳖科苦草属植物（Vallisneria spiralis）。该植物的雌花花茎细长，伸长到水面上，其目的是为了接受完全自由漂浮的雄花的授粉。在授粉之后，花茎形成了一个非常大的螺旋回环，把正在发育的果实拉扯成封闭性的螺线，这样，果实就可以在池底成熟。欧仙客来①的果茎具有相类似的现象，本人寄上的照片可以作为例子说明其特别迷人的形态（图124）。花茎节间相对长而细，发生着螺旋状收缩，绿色的被囊在晚秋被拉扯到地下，在土壤中越冬，到了第二年的夏天，种子才会成熟。虽然初衷和前者一样，为了避免正在成熟的果实受到干旱的威胁，但是，其原委，根据克纳（Kerner）的说法，则远为复杂：种子即使是在地下成熟，仍然需要散发到各处。在种子做好准备向外散发时，螺旋状果茎就干缩断裂，从而再次把种子从地下拉起来，果茎的下部腐烂了，而剩下的部分在被囊上形成爪状物。被囊中充塞着种子，散落在地面上，只要有动物从这里路过，被囊就黏

---

① Cyclamen europaeum，俗称兔耳花。——译注

附到动物的脚上。这强调说明了一个事实，即螺线回环在所有的例子中都起到强化保护正在成熟的种子的作用，和它们的实际种植无关。

其他：

对数螺线：关于对数螺线或者等角螺线的一般性描述，请参见附录。

图102和图36是“M. J.”寄来的，信中附有下列评论：

我注意到您允许若干通讯员收集贝壳，以增加您那非常迷人的贝壳收藏品。特别考虑到鹦鹉螺（Nautilus pompilius）和辉鲍（Haliotis splendens）的螺线，请允许我寄上本人船蛸（Argonauta argo，图102）壳的照片。这是一种非常纤弱的贝壳。我认为，它表现出上述两种贝类之间的生长线条，而且和它们一样漂亮。

鹦鹉螺（Nautillus pompilius）：参见赫胥黎教授（Professor Huxley）在1858年6月3日在林奈学会上宣读的论文。该论文与查理·达尔文和华莱士论物种起源的两篇不朽论文发表在同一家杂志上。欧文还发表出一篇专文，即《珍珠鹦鹉螺札记》（1832）。参见附录8和附录9。

古德塞教授：我很高兴有机会进一步公开M. D.的信件：

你在文章中提到了古德塞教授的研究。现代的作者已经很少有人正确地评估他和莫斯利了，出于这个原因，我想，也许你会有兴趣了解古德塞于1867年埋葬于爱丁堡的迪恩公墓（Dean Cemetery）。根据他的意见，他的兄弟指导石匠在花岗岩方尖石上雕刻上对数螺线，安放在他的坟墓前。但是，由于工艺极差，他的家族就用青铜铸造了一块大奖牌，取代了方尖石。这块大奖牌现在依然可见。在古德塞的《解剖学札记》（特纳主编，1868年，爱丁堡）的第205页，有他在1849年所做的两个讲演的翻印文本，其中，古德塞表明了他对利用数学模式研究有机体的观点，指导人们注意莫斯利对贝类的几何学研究以及对数螺线在它们发展过程中的重要性。古德塞编辑、1850年2月出版的第一期《解剖学和生理学年鉴》只发表了三个部分。您引导人们注意这类研究，向人们展示这个理论未来可能发展的方向，这是对研究工作的贡献，但是，我担心，您永远不可能说服冥顽不化、墨守成规的专家们！

M. D.

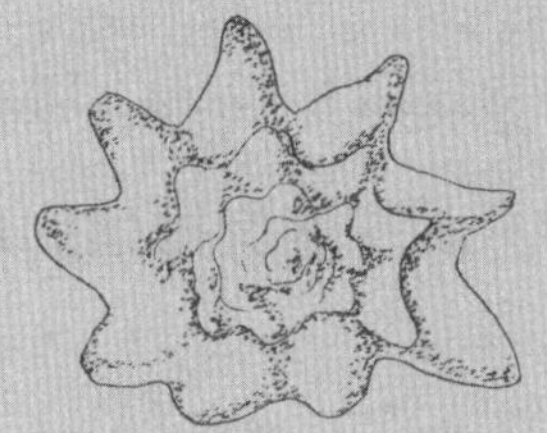

Chapter 5

Botany-the meaning of spiral leaf arrangements

· 第五章　植物学：叶子螺旋排列的意义

叶子总是叶面朝上，这样整个叶面更容易承受露水；植物叶子的排列原则是叶子之间尽可能不互相遮蔽，这样排列形成了开阔的空间，让阳光透过、空气流通。由于叶子如此排列，因此，从第一片叶子滴下来的水珠有时候滴到第四片叶子，有时候滴到第六片叶子上。

——达·芬奇《法兰西学院手稿》

大多数高等植物的叶子在茎上都是螺旋排列，既有松树枝或南洋杉（Araucaria，图132）等多叶的长枝条，也有长生草（houseleek）或者蒲公英等蔷薇状的螺旋叶（图135）。这是显而易见的事实，表明螺旋排列是植物结构的普遍现象。对此，人们并不需要苦思冥想就可以获得明智的答案。只要稍微想一下叶子本质上是什么，叶子在植物生命中起什么作用，就会对植物体的这个部分进行非常有意义的讨论。可以说，所有的陆生植物都要生长叶子，叶子作为植物的部件从茎部的生长点上生长出来，形状呈薄而平的片状，因此形成尽可能大的表面，从周围环境获取空气和光线。由于叶子的生长，叶子和空气中的气体直接接触，也和阳光的入射光直接接触，植物极大地扩大了获取生长物质的表面积，进而促进植物的生长。

同样，叶子也是植物从顶生长点连续生长起来的。叶子连续不断地从有生命力的顶生长点的背后往外生长，也就是说，叶子是有节奏地、连续地生长起来的，因此，如果没有新的和特殊的生长因子的干扰，破坏了叶子的排列方式，那么在生长过程中，叶子都按同样的方式生长。这里马上可以对植物提出一个新问题，由于新生叶连续不断地生长出来，有些新生叶肯定会与旧叶子重叠，使旧叶得不到阳光。这种情况会一直发展下去。新生叶不断替代老叶，许多老叶的光合作用能力就这样浪费了。所以，多叶枝条在结构上首先要考虑的问题是发现最佳的排列形式，不管生长多少片形状相同的叶子，相互间的重叠和替代的程度都要最小，从而保证最大量地获取阳光和空气。再者，非常明显，任何一种特定的形式，其效应可以在枝条的后期生长通过特殊排列使之改变。这样，植物可以通过：（1）主茎发生旋转；（2）叶子的叶茎变长变细；（3）叶行错开，让光线散射到下面的叶子上；（4）节间延长，在叶子间留下更大的空间，从而尽可能全面改变实际顶生长点确定的叶芽排列结构造成的效应。

图132
南洋杉叶状枝条的螺旋系统

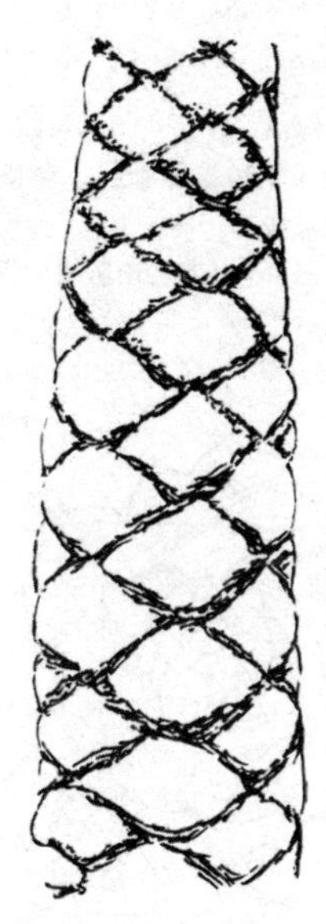

图133
Stangeria
蕨苏铁属植物的雄性锥体

但是，叶序主要与顶生长点本身确定的原始排列有关，而与任何次生的“补偿”无关。再者，人们也可以看出，问题是双重性的，是相反的命题。首先，假如光线微弱，而且所有的可以得到的光线都得到了，问题就变成叶子的排列，使之在数学上能最大限度地暴露在阳光下，而最小限度地受到其他叶子的重叠。第二，强烈的阳光可能导致过分干旱，使植物失去获得液态原生质

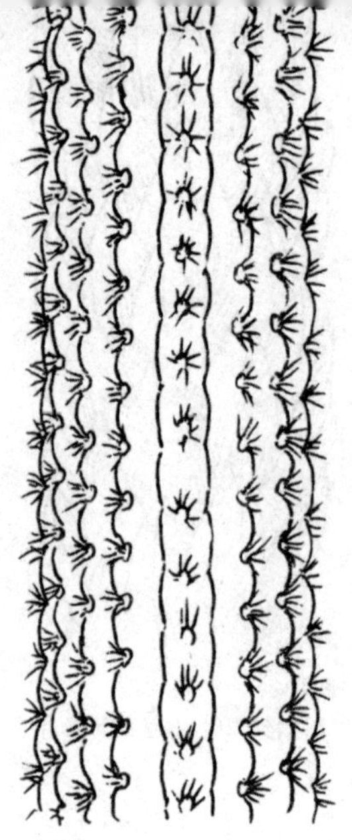

图134
Cereus
仙人掌科山影拳的小刺排列成螺线
（图中为成年的山影拳。垂直观看。）

图135
长生草属植物的蔷薇状螺线

的可能性，因此，理想的叶序分布方式必须是直射光数量最小，叶子上下重叠度最高。受上方叶子重叠的叶子仍然可以获得微弱的阳光，足以满足自身新陈代谢的需要。因此，我们的结论是，大部分植物的真正目的是最大程度地暴露在阳光下，但是，总是有一些植物，有些是现在，有些是历史上的某个时期，曾经受到强烈阳光的影响，因此采取了相当程度上鼓励重叠的生长方式。这两种情况在植物世界普遍存在，一定要仔细地加以区别。其中，无论是哪一种，都是从历史遗传来的，而现在可能得到相当程度的补偿，从而使现代的植物获得了充分成功的生长。

最高度的重叠显然是旋转环绕式排列的叶子，其叶子连续或交错生长，准确地重叠。最常见的是叶子对称生长，形成交互对生型（四行排列）和二列型（两行垂直排列），这在所谓旱生植物（图138）中尤为常见（虽然并不一定如此）。在另一方面，最低程度的重叠就不这么容易获得了。解决的方法首先是由威斯纳（Wiesner）教授在1875年以数学问题所明确提出的。为保证最低程度的重叠，叶子必须排列成单个螺线序列，两片叶子之间相互分离的夹角是137° 30′ 28″，即360° 的 $\frac{\sqrt{5}-1}{2}$。137° 30′ 27.951″ 可以定义为叶子分布的“理想夹角”。我们现在知道怎样安排枝条，从而满足绿色植物的正常生活需要。在实际上，如果叶子围绕着茎按137° 30′ 27.951″ 的夹角分散排列，其叠生率最小。按照这个理想夹角排列，只要植物的枝条始终呈直线生长，那么两片叶子就不会完全相互重叠。

为了达到最大量的暴露和最小量的叠生，就有必要让植物的顶生长点按137° 30′ 27.951″的夹角排列叶子。为了达到最大程度地叠生，二行竖式排列是最简单的平衡构造（参见脂麻掌属植物沙鱼掌）。另一方面，重要的问题是要记住，特定植物的顶生长点不能看作是与周围环境相分离的，既不能藉自由意志所采取的直接行动来改变，也不可能具有足够的“理智”去认识数学排列的改变会为它带来好处，更不可能知道在特定的情况下，数学排列就是最好的。植物自身能做到的一切就是变化，在叶片排列中生长出盲枝，或者按现在的说法叫“变异”。最适合于这样的排列的方法，从长期的观点来看，是和自然选择作用相分离的。

同时，作为一种促使原始芽尖结构立即发生变化的备选方案，植物必须通过自然的补偿——调节过程中的其他变化或变异，继续充分利用从祖先遗传下来的系统。例如，生长在严重干旱环境的螺旋状长生草，会把其间隔合理的螺旋系统封闭起来，只留下顶生长点暴露在外面。已经完全没有叶子的仙人球却会永久保留极其漂亮的螺旋结构，这是从其祖先演化来的，不过其祖先来长有叶子，而且也不是旱生肉质植物。

同样地，白杨也通过生长出下垂的长柄复叶来完全消除原有的交叉芽结构造成的效应。事实很快清晰地说明，最佳和最清晰的叶序形式可以在下列的例子中看出来，白杨的叶子由于不再起作用，为保留遗传形式，必须采取补偿措施。因此，白杨遵循花芽和果实的排列方式，其鳞片状树皮则成为可以看得见的最佳实例，因为

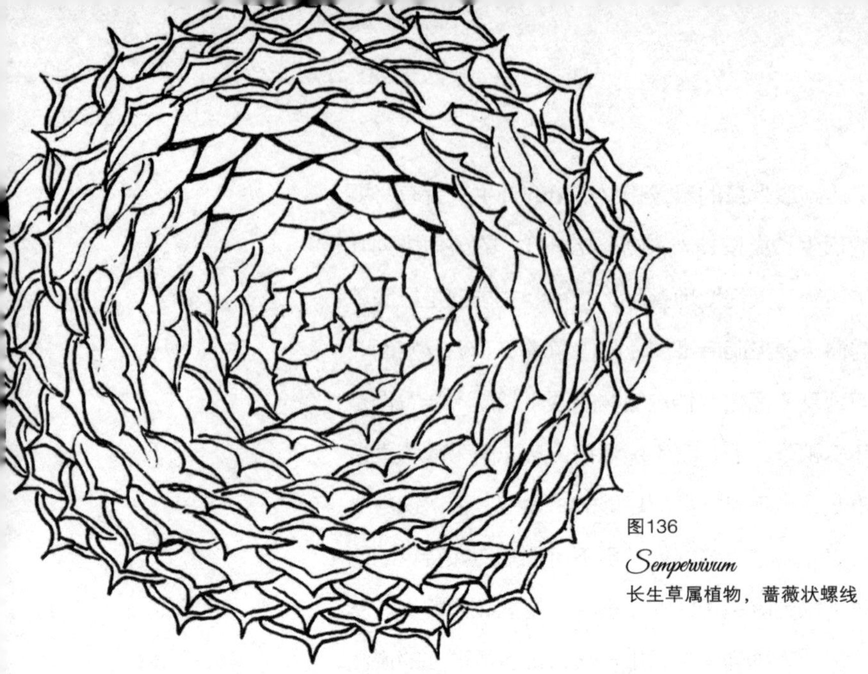

图136
Semperwivum
长生草属植物，蔷薇状螺线

树皮此后基本没有必要做出改变。向日葵和矢菊的花盘上的小花和果实、松果的鳞片和无叶仙人球上的刺因此成为最典型的植物，因为它们都是例子王国中螺旋结构的范例。

行文至此，我们已经知道植物在叶子排列方面应该怎么办了。而事实依然存在，即一株植物的原有结构往往是对相反因素非常复杂的妥协。但是，由于我们现在特别感兴趣的是其螺旋形式，因此要讨论的问题仍然是植物采取的是什么机制，是什么在起作用，使得枝条的顶生长点生长出螺旋序列的新叶，而且大致满足理想的分布夹角。我们还希望知道，植物如何在何种程度真正获得理想夹角，或者说，只要大致获得就可以满足需要。由于难于准确地决定枝条的中心，对任何实际的植物在一度以下范围内的角度都难以精确测量，因此，必须另辟蹊径加以解决。实际上，这个方法经证实可以全面解决。

$\frac{\sqrt{5}-1}{2}$这个比例是解决另一个问题的方法，涉及通过1+2=3，2+3=5，3+5=8等相加得到的一系列数字。这一系列数字有1，1，2，3，5，8，13，21，34等，显然是13世纪的一位意大利数学家首先讨论过的[1]，可以简称为费氏数列（Fibonacci series）。费氏数列的特征是这组数字中的任何一对连续的数字之间的比例一直是常数，而顺着这组数字继续下去，这个比例会达到极限，这个极限就是$\frac{\sqrt{5}-1}{2}$。这个数学特征可能对植物学本身没有影响，但事实上，费氏数列却极其经常地用以描述植物枝条的螺旋排列，于是这个数学特征就不可能对植物学毫无意义或偶尔相关。因此，植物的花朵一般是3朵或5朵，松果的鳞片5、8或13片形成曲线系列，矢菊的曲线系列是21和34，而头状花序背部绿色的内卷叶一般总是13。在向日葵花盘上，小花的列数一般是34和55，在非常精致的头状花序是89和144。我们不可能不把这些事实联系起来，不可能不假设说（正如在植物学中所进行的），在螺线结构系统出现这样的数字与费氏数列$\frac{\sqrt{5}-1}{2}$具有一定的关系，这个关系与费氏角或理想角度137° 30′ 28″ 有关。

换句话来说，很显然，植物叶子在正常情况下，是按照费氏数列排列的，事实证明利用费氏数列角度进行新陈代谢的叶子获得了最小的重叠和最大的暴露。高等植物中叶子遵循费氏数列的现象首先是由德国植物学家

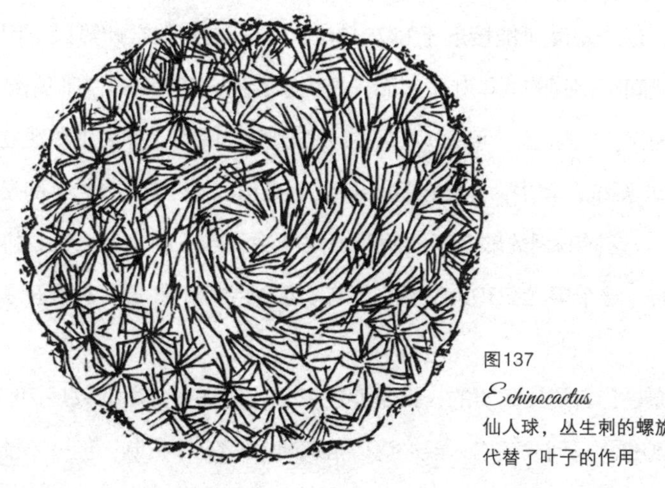

图137

Echinocactus

仙人球，丛生刺的螺旋系列，代替了叶子的作用

施姆坡（Schimper）和布劳恩（Braun，1830）以及法国植物学家布拉瓦（Bravais，1837）发现的。在这个阶段，根据费氏数列建立的数学结构刚刚引进到植物学中，并列表说明发现的问题。因此，早在1754年，庞奈（Bonnet）和数学家卡兰德里尼（Calandrini）就把螺旋排列的叶子相互间夹角为360° 的2/5（即144° ）定义为2/5叶序。在这系统中，叠生在长出5片叶子后才发生，最终使5行垂直排列的叶子围绕着茎部旋转。施姆坡根据费氏数列的特征，列出了以下的表格，这样的情况普遍发现于植物的枝条排列中。本文仅取其简单的四行结构作为例子：

因数散度	角散度	叠生之前的叶子数
2/5	144°	5
3/8	135°	8
5/13	138° 27′ 41.54″	13
8/21	137° 8′ 34.29″	21

在这样的结构中，人们会注意到植物的因数散度为5/13时就相当接近于理想角度，而在较高级的系统中，这个近似率就更高了。在向日葵的花盘中，这个角度可能接近于137° 30′ 0″ 。这些数学计算只适用于大小相同或间距相同的成年叶子。而正是由于这些成年系统，人们总结出了这样的规律。实际上，可以以芽尖的一个剖面来说明，芽尖正在建立一个所谓的2/5系统，其中，连续的原始芽尖的夹角根本不是144° ，而是接近于137° 。这样的因数散度不适用于植物的生长点，而生长点又是排列叶子的地方，这个事实在19世纪吸引了许多植物学家的注意，并展开了大量的讨论。

但是，目前最重要的一点是要注意到，这样一套数据只是把植物枝条观察到的情况列成表格，或许可以准确地说明运作机制，但并不能说明其内在的原因。不过，我们还需要考虑这样的形式，植物枝条上的顶生长点是怎样启动的，又是怎样维持的？起初，在真正的生长点，问题显然是有一些不同，因为年轻的正在发育的叶子大小并不一致，而且所有都相互交叉长在一起。在这样的情况下，有必要考虑螺旋生长的假设，螺旋会生长成更宽的螺环，形成一种相当不同于螺旋环或阿基米德螺旋的螺环，其螺环之间的距离保持不变。

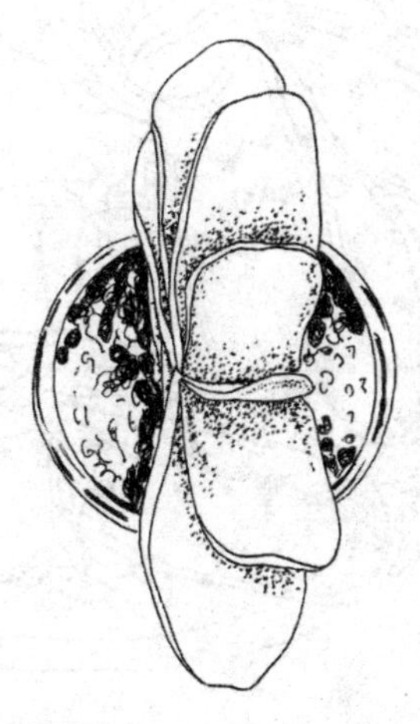

图138
Gasteria
沙鱼掌，表现出最大程度的重叠
（未见扭转）

牛津大学的丘奇先生在1901年创造性地提出了一个建议。他认为，通过对数螺线研究，一定可以发现螺线理论。他建议把螺线理论与已认可的一般性规律相结合。这个规律就是侧向原始芽呈序列排列，其中很可能在右角交叉，或者表现为“直角相交的一类”［施文登纳（Schwendener），1875］。在这样的情况中，根据对数螺线计算出的叶序形式看来是合理的，它在中间区横穿过直角，甚至穿过整个区，其中，新的萌发（impulses）可以认为已经出现。由于每一个横穿过螺旋的直角意味着这种方式把生长点分割成代表能量平均分配的区，因此，曲线有可能是以与基本相似于等势能的方式与能量的分配相关。从这个观点出发，植物所采用的机制可以暂时描述成从两个等量生长分配系统的横切点萌发出来的原始芽，其数量由植物自身决定，同时也由植物自身维持。

图139
Gasteria,
沙鱼掌
（一枝较老的枝条表现出扭转的影响）

通过实际观察植物可以看到，只要原始芽相对较大，则所利用的数字一般较小，而且不会是另一个数字的2倍。因此，数字的比例范围在1：1和1：2之间。现

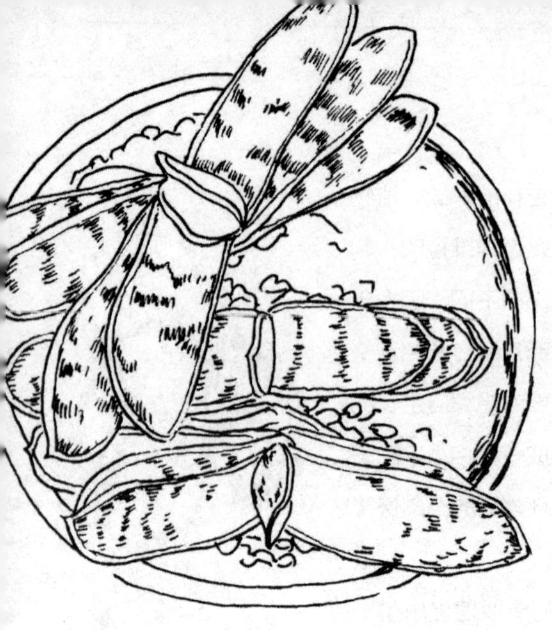

图140

Gasteria

沙鱼掌的新生花，蔷薇状螺线

在根据上述的叶尖机制来解释前面表格中的叶序结构就很有意义了，可以得出正确的因数散度，以及在叠生发生之前所排列的叶子的数量。结果是非常惊人的。四套数字变成了：

叶序比率	角散度	叠生之前的叶子数
2：3	138° 27′ 42″	13
3：5	137° 38′ 50″	24
5：8	137° 31′ 41″	89
5：13	137° 30′ 38″	233

现在马上可以明白，这样一种组合系统实际上重现了在植物顶生长点所获得的更重要的条件，我们神奇地接近了理想角度，在（5：8）松树枝条的恒定结构中，差不多只差1度，而在下层系统（2：3）所谓的2/5级数或梅花级数中，相差甚至不到1度。事实不仅如此，在这样一种可以用（2：3）表示的简单螺线中，人们一定会为这样的结构与由（2：2）和（3：3）表示的对称系统的显著关系而震惊。这些关系可以分别由4

片和6片叶子给出准确的垂直叠生系列，但是相对微小的变化（变化到2：3），会产生一种充分有效的螺线系统，其叠生状态即为最小。

按照这种基本曲线表示的结构关系，说明把枝条从有效的叠生的位置改变到实际上叠生程度最低的位置所需要的“变异”是非常简单的，反之亦然。因此，普通伏牛花的花朵结构是从枝条的新陈代谢继承来的，所有这3种形式都可能发生。而且在相同花序限度内，如小蘖属植物（Berberis）的花序限度内，不仅生长出轮生二基数和三基数的花朵来，而且呈螺旋状排列。在十大功劳（Mahonia Fortunei）中，同样的常数排列方式出现在花序枝条结构中。在另一方面，植物排列结构与螺线密切相关，以及植物趋于理想结构的努力，再一次证明费氏数列的重要性，同时也证明了本书从对数螺线方面加以探讨的价值。

因此，植物枝条逐步停止其生长，最终进入不再生长的状态时，有生命力顶生长点在状态上可能还远远没有调节到成年结构中可能出现的状

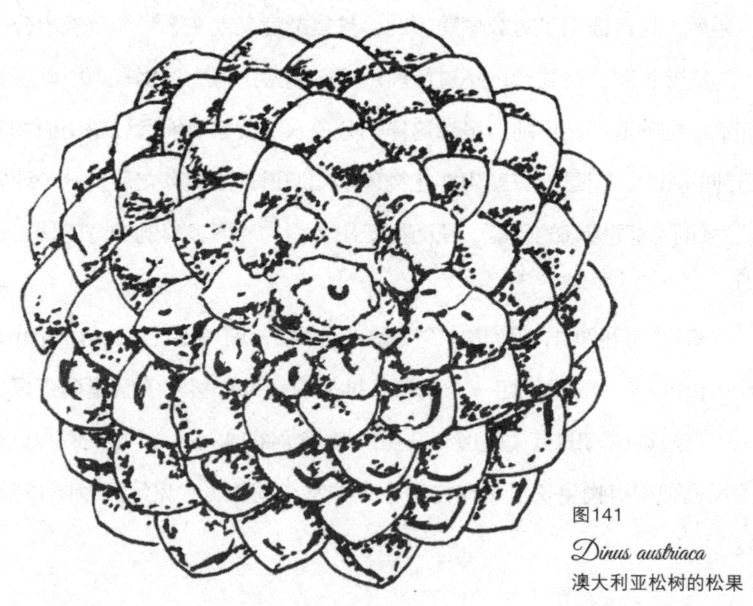

图141

Dinus austriaca

澳大利亚松树的松果

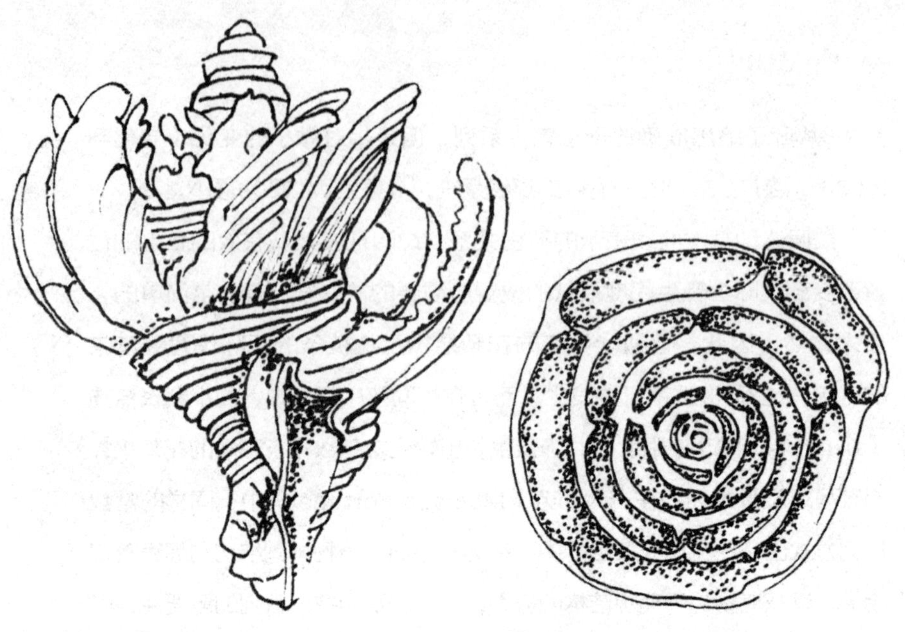

图142
Coralliophila deburhia
珊瑚友螺
（仿自布隆恩和西莫斯）

图143
Planispirina contraria
水平螺旋虫的横截面
仿自《挑战者号海洋科学考察船调查报告集》中布拉迪撰写的关于有孔虫的章节

态。最后，丘奇提出了对数螺线假说，其复杂意义就在于可能反映出分子过程的实际机制，这要远远超过目前用显微镜鉴定植物顶生长点所能见到的细胞结构的范围。目前，虽然这样的分子水平现象可能远远超出植物学家目前的能力，但是没有疑问，在物理学知识进一步提高之后，分子现象将成为他们共同探索的问题，从而揭示出生命物质所具有的神奇的建设性能力。

在植物的插图中，我增加了贝类（图142）珊瑚螺（Coralliophila deburghiae），同时包括一个来自《挑战者号海洋科学考察船调查报告集》中布拉迪撰写的有关微型有孔虫的章节（图143），以此来说明贝类的生长机制和植物生长机制在构造上是非常相同的（参见第四章图126和图128）。

第五章注释:

1 系指意大利数学家Fiboinacci，亦译斐波那契。但在论述数列时，国内普遍取费氏数列，约定俗成。本书也取费氏。——译注

其他:

费氏数列和费氏角必须和Φ级数相比较。Φ级数在第十章有所说明，但在附录中全面论述。

Chapter 6

Special phenomena in connection with spiral phyllotaxis

· 第六章　与螺旋叶序相关的特殊现象

人类以其聪明才智，有所发明创造，殊途而同归，但是，人类的发明创造绝对不可能像自然界创造的那样美丽、那样简洁、那样直接，因为自然界的创造既无不足，也无多余。

——达·芬奇《温莎手稿》

在科学研究史中，人们感到奇怪的是，达·芬奇在好几个世纪以前就开创了对茎部叶子的排列，或枝干茎叶在植物上的排列的研究，然而竟然到了本书最后一章，才算在哲学意义上做出了比较理智的解释。在150年间，人们所知道的施姆坡的“螺线理论”形成了所有叶序研究的基础，也就是说，形成了研究柱状茎及其附件，即生长有叶子的中轴的基础。在1754年，植物学家的主导观念仍然是物种的稳定性，而由于形态学专门研究成年植物的结构，这就在完全成熟的植物的茎、叶、花和果的结构的正常描述上形成非常简单的理想现象，其中，发育过程中的芽就被认为无关紧要。因此，庞奈（Bonnet）挑选了一枝成熟的茎，再在茎上挑选一片叶子（A），据他说，这片叶子正好在另一片叶子（M）的上方。然后，他说明中间的叶子完全按螺旋排列，就好像（M）第二章图56的圆柱体的底点，而中间的叶子是在达到圆柱体的顶点（A）之前，就按螺旋形式围绕着MCDA线生长。在数学家卡兰德里尼（Calandrini）生长的帮助下，他建立了螺线的正确几何概念，即平行的螺线在柱状茎上旋转生长。这个数学概念适用于某些固定的事实。

这种思想的成果逐渐纳入了歌德[1]的《叶子变态论》（*Theory of the Metamorphosis of Leaves*）、拉马克[2]的《发育和遗传的研究》（*Researches into Development and Heredity*）、冯莫荷的《植物生长物质的发现》（*Discovery of the Growing Substance in Plants*）和查理·达尔文的巨著《进化假说》（*Hypothesis of Evolution*）。逐渐地，在新一代植物形态学家眼中，模式植物变成了正在生长的植物体，它的生长具体表现在各个枝叶的生长、芽的生长、整个个体的生长和种类的生长。但是，评论家认为，庞奈的数学概念被慷慨地引进到植物中，但人们“只是玩弄着数字特征”，显然没有认识到庞奈本人完全了解的内容，也无视原生质的生长，只是探讨了已经停止生长的成年结构。

若干年之前，牛津大学的植物学家丘奇先生提出了一个新的数学概念。他不再从成年植物结构的形态，而是从正在生长的植物系统的形态研究其数学规律。作为这样一种概念的起点，丘奇先生非常有分寸地提出了某些理想的条件。正如在考虑牛顿的运动定律一样，“匀速运动”的纯抽象数学概念高于变化的运动，因此一团原生质的生长可以看作是“均匀生长”，即扩张发生在一个假定的中心点。据此，丘奇先生推论出对数螺线的假说（参见第四章图97），认为以直线和圆圈为限制因子，均匀生长扩张是唯一曲线。将来关于螺旋叶序的研究应该以平面上的对数螺线为基础，而不是以庞奈的陈旧的围绕圆柱体的螺线为基础。庞奈理论只能说明特殊系列中的植物枝叶所能达到的一致性程度，而且如果按照等量螺线转换成水平螺线，则成为阿基米德螺线。

当然，在把该概念应用于活体或已知不规则生长的植物时，对数螺线的概念也会和庞奈的理论曲线一样，难以在实际测量中得到证实。但现在观点已经改变，对数螺线可以用于研究不一致的生长系统，而且可以在数学上推论其各自的特性，观察它们在纸上的生长（正如它们的实际生长一样），还可以（一旦生长的特征得到证实）研究不同速率的生长，并可用和表述彗星漂泊轨道一样精确的数学形式来表述不规则植物体的生长。

很显然，正如丘奇先生所指出的那样，人们并不反对应用数学概念表述叶柄上的叶序及其排列，也不反对应用数学概念研究贝类及表述鹦鹉螺的生长。如果自然现象完全得以熟知，世间万物都可以用数学公式表述。在这里，真正的困难在于选择一种基本概念，因此在新的概念时，旧的概念可以得到修正。换句话说，如果在数学意义上，遗传螺线可以看成是从无穷到无穷的盘旋，而且促进着同样枝叶的生长，那这样的生长就只能用与所有半径矢量的夹角均相等的对数螺线来表达——“纵然变化，依然故我”。这些螺线代表着围绕一个点的数学生长法则的各个阶段，在流体力学上构成螺线——涡旋运动的曲线，在其对磁学的应用中由麦克斯韦进行了充分的研究。丘奇先生明确指出，生物能量的分布和电能的分布一样，举例来说，叶序图或者（这里我应该加上的）鹦鹉螺的平面图与电的等势能线相似。如果这个理论是正确的，那么它就是所有的生长形式最根本的理论，尽管这在植物结构中比在动物结构中更容易观察到。

但是，正如我们在上文所解释的，施姆坡和布劳恩创立的螺线理论极其全面，是人们完全不能忽视的。因为，就其首先引进解释生长的几何表述方法，就该获得附列于林奈分类系统的位置，而且还要作为研究植物枝叶相对位置的出发点。现在，丘奇先生已经把这种方法研究到这个程度，而且，还在两个方面进行了探索。一是用图像来代表机械规律；一是把已知的机械规律的产物，与不能称之为“机械”，但却是由原生质中某些固有的“组织特征”造成的问题区分开来。在实际上，即使是丘奇的图像和观察也不能为植物学家所接受，他们倒是直接对于某些可以称为植物生命和能量的结构研究大感兴趣。

庞奈把叶子的排列分成5类：（1）互生状；（2）交叉状；（3）轮生状；（4）梅花状；（5）多重螺旋状。他的第四类已经包括了前述的“2/5螺线”，即5片叶子两层旋转形成的螺线，其中还注意到螺线的变化（实际上是由于次级效应造成的）并描述了左旋和右旋。他的第五类包含着布劳恩的斜列线（Parastichies）和布拉瓦的多对型叶序系统的胚芽，而且他以松树（Pinus）和冷杉（Abies）为例子进行了说明。正是施姆坡和布劳恩把庞奈的垂直行列命名为“直列线”，把他的平行螺线命名为“斜列线”。同时，在两个叠生叶子之间叶子数呈“周期性”变化，列成表格则成为1，1，2，3，5，8，13等。这个现象是13世纪的斐波纳契（Fibonacci）首先发现的。因此，枝叶数量（为分母）与螺线层次（分子）的级数可以按照1/2，1/3，2/5，3/8，5/13和8/21等分数来表示，而且还可换算出夹角的度数。但是，施姆坡和布劳恩的理论必须在直列线中得到检验，也就是说，如果一片叶子看来应该垂直地生长在另一片叶子的上方，它是否的确这么生长了。遗憾的是，直列线也和角度一样没有办法测量，也没有办法证明它是一条直线。不过，系统的符号明确，并以简洁的形式概括了复杂的结构，因此实际上不可能在现代创立一个新的术语。萨奇斯（Sachs）不喜欢这一套。布拉瓦兄弟勇敢地开始证实夹角的测量方法，但是，经过各种努力，却发现自己进行的是没有实际价值的数学假设。丘奇先生放弃了所有的螺线或锥形的结构，决定绘制出平面结构。在他的研究中，一切都以一个假设为基础，即有待证明的一致生长的数学定理，并认定所研究的是一个机械系统，是可以用几何结构的方法研究的，其中能量平均分配，并沿着一定的路线流动。

叶序最完善的例子是向日葵（Helianthus annuus），向日葵也许是可以找到的最接近被子植物（Angiosperm）的植物了。图144的向日葵花盘径宽差不多5英寸，花托（有籽或无籽）在平面上形成了一系列横切曲线（布劳恩的斜列线），其中34条长线，55条短线。枝叶依然在，就

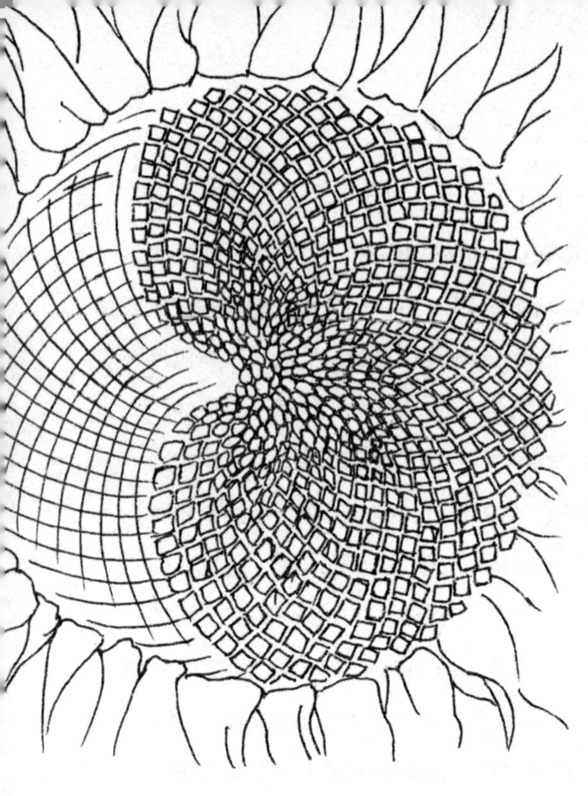

图144

Helianthus annuus

向日葵，部分果实已被取走，以表现出生长的结构曲线

像松果一样，在它们形成过程中的实际侧向接触没有受到纵向延伸的改变，其整体令人惊奇地表现为生长点外包裹着原始芽。在松果中，也和向日葵一样，结构没有办法用施姆坡—布劳恩的理论定义。但是，由于除了那个包括曲线和横切直列线的数量之外，没有公式可用来定义，因此，拒绝采用施姆坡—布劳恩的命名法并且也没有任何益处。

生长着向日葵花盘的基轴，在第一轮生长发育的早期阶段，显然就印记上了某些固定的曲线级数，其中可能遵循半流质的原生质细胞团中的生长过程的等量分配线条，其横切面可以由同样数量的直列横切对数螺线的结构来表示。所利用的曲线的数量，以及它们的级数可能是植物原生质的遗传性质，在同一个头状花序呈现的依然是一个常数。斜列线的数字只有在定义系统才是一个常数。因此，如果画出8条长线，13条短线，由此形成的斜列线就可以正确地表示意大利伞松果（Pinus pinea）；而再在“正方形”内画上圆圈（参见图145），由此形成的图形就适用于球形的花原基，如紫盆花（Scabiosa atropurpurea）的正在发育的花序、黑铁筷子（黑嚏根草，Helleborus niger）的雄蕾或者厚脉花烛（Anthurium crassinervium）的无苞茎化锥。

在塔式南洋杉（Araucaria excelsa）等植物中，营养叶发育水平相当低，且自身缺乏特殊的生长诱发变异，因此原始系统的发育不受制约。在年轻的植物体中，主轴直立生长，产生出数量明确（8+13）的枝叶。图146示出了一条侧枝生长点的横切面，漂亮生长的螺线排列得到非常清晰的表现。人们会看到，这个活体植物与图145中的数学系统有着非同寻

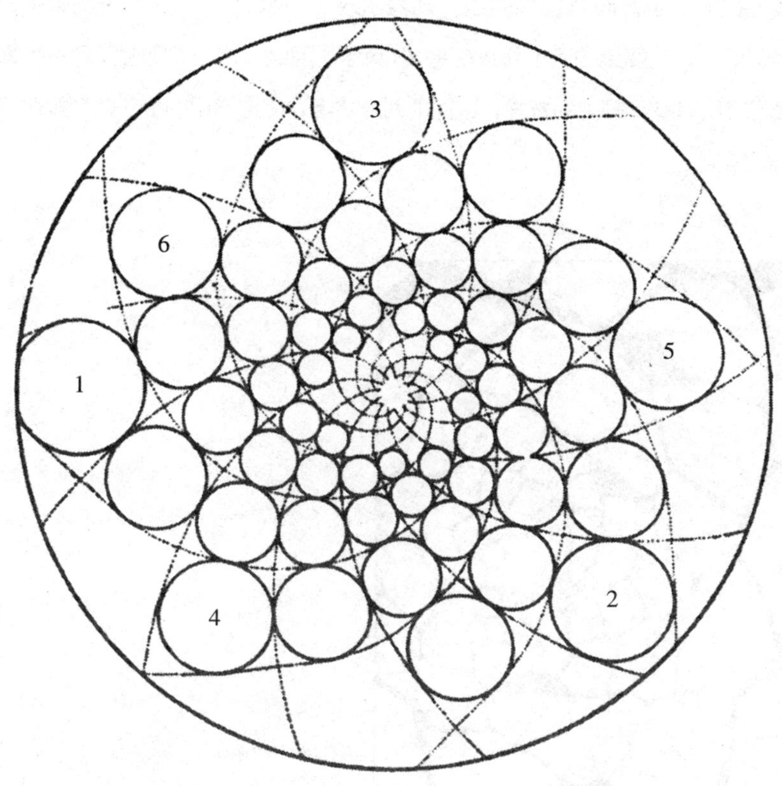

图145

对数公学线结构的理论图，（8+13）系统的对数螺线图中的圆圈代表原基。（丘奇）

常的一致性。图145表示的这样一种植物的叶序将被认为可能符合下列矩形对数螺线构造的数学定律，该构造是丘奇先生希望表达的生长能的分布。因此，丘奇先生的定律在决定整个植物体的原始空间形式中是最重要的。而且由于他已经表明植物体的侧向枝叶的排列呈现出明显的韵律现象，显然可以允许他用数学形式来解释已经观察到的事实，而他已经进一步表明原始结构的系统只能在下列两种观察中有用，即对枝条芽的观察，或者对不具有次生延长的枝条的观察。他已经把这些数据列成一览表，以表示一系列相互横切的等量分布的螺线曲线。如果在一个方向有5条曲线，在另一个方向有8条曲线，则表示为（5+8）；如果在一个方向有8条曲线，在另一个方向有13条曲线，则表示为（8+13）。在这两个例子中，表明两个方向螺线的两个整数都是被1除尽，因此，这一规则遵循了一条螺线贯穿所有枝叶的排列方式。这种排列方式因为符合通用的费氏数列规律而极其常见。

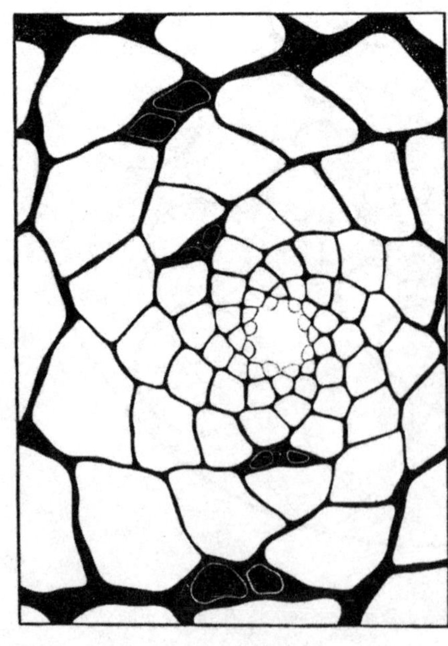

图146

Araucaria excelsa

南洋杉

（8+13）系统的侧枝上生长点的横切面，最大亮光摄影图（丘奇）

植物所提供的数据是：（1）一个生长的、扩张的系统，包含着运动的粒子；（2）从一个中央“生长点”传递来的生长能量；（3）包含有矩形轨迹的几何特性的结构。

虽然我们仍然不知道“生长能量”或者生命能量，也仍然不知道它和（例如）电能到底相似到何等程度，但是，我们至少可以承认，生命过程中的实际机械能遵循着物理定律，其程度不下于物质遵循化学定律。但是，人们也许还会再次坚持认为，植物中不存在螺线生长运动，而且也不符合丘奇先生的对数螺线理论。虽然，看到的形式可以用螺线来解释，但生长运动在事实上呈绝对离散状。作为一种纯物理现象，重要的是注意到做螺线运动的质量是怎样不知不觉地引导许多观察者去解释螺线运动。有时，观察者认定存在螺线，而在所观察的物体中根本不存在主观螺线。这方面有一个非常有趣的例子，这个例子在本书的第一章中提到，其中一系列的向心圆圈，由于它们自身的颜色以及背景的颜色，人们认定其中具有螺线结构（参见图23）。

我们现在还不能弄清任何与叶序排列有关的基本原因，但是，这个事实并不能降低研究的价值，因为，叶子排列的观察及其列表相对简单，而晶体化的普遍存在则是非常重要的研究内容，即使我们接受了图顿（Alfred Tutton）在其康托尔讲座[3]（发表在1911年12月21日《自然》第261页）中成功表达的最新解释，我们还要进一步地承认，从植物学的角度而言，丘奇先生在下列方面还没有给出适当的解释：（1）在植物的胚芽阶段，这个系统是怎样启动的？（2）在植物遗传学上，这个系统是怎么进化的？由于手头还有其他更吸引人的和更富有成效的研究工作，植物学家一般就不再对叶序问题进行深入的研究了。不过，回避困难并不意味着不考虑导致困难的环境条件。

关于螺线结构，过去很可能出现过许多谬误百出的文章，其数量要比植物学的其他任何分支学科都多。因此，任何开始用新方法来探讨螺线结构的人往往被植物学家看作是怪人，其中的理由无须深究。在植物的生长点上，新的枝叶正在萌发时，人们是什么也看不见的。在拱出皮层之前，人们完全看不到原始芽，但是一旦拱出，那一定是在指定的部位萌发，毫无偏差，其准确度之高，令人难以理解它为什么不会在其他部位萌发出来。因此，科学的植物学，即在观察和实验的基础上建立起来的植物学，人们无须赘言，而对于植物学中的推论，人们则抱有怀疑。丘奇先生提出的对数螺线假说只是一种可能性，牵涉到很多问题，但仍是迄今为止最好的假说。

但是，叶序的对数螺线理论，为植物枝条上实际观察到的现象进行比较提供了一个值得欣赏的参照标准，这正像一个对数螺线可以形成一种值得欣赏的曲线一样。根据这种曲线，人们可以对鹦鹉螺的自然发展进行比较（参见第四章图96和图97）。同类的数学概念，即假设可能存在抽象的原生质一致生长的数学概念，依据已知的事实，即在自然界中，原生质生长从来就不是一致的。但在对自然界进行密切观察的同时，对螺线系统进行的数学研究可以给我们一个自然形式或过程的定义或描述，这样的定义或描述比以往的都要好，因为它可以详细说明自然生长是在什么地方以及怎样与数学系统形式不同。

由于有了这些一般原则，我们现在可以验证活体植物中若干漂亮的曲线效应和螺线的特殊例子。

在拟石莲花（Echeveria arachnoideum，图147）的开花阶段，主轴延长并生长出大片的肉质叶，刚好和玫瑰花形的小枝叶相反。虽然基本的顶级结构依然不变，但现存枝条普遍呈现出少数几枝螺线斜列线，因为具体枝叶间夹角的角度要比叶原基大。早期关于叶序的作者注意到了这种外表的变化，但却没有弄明白其原因。这是那些与生长点上的叶子的原有排列形式无关的枝条结构的次生效应（secondary effects）造成的。在百合的鳞状叶芽及其在早春长高的叶状茎之间的差别中也可以看到同样的变化。

苋属（Amaranthus）的悬垂长花序（图148）形成在一个螺线花序面上，侧生的第一批分枝遵循营养叶“2/5”排列的规律。但是，相互间隔大，苞叶依然小。每一个侧生系统分枝相当多，形成了一枝枝紧密的聚伞状花序。主轴充分延长，与相邻的枝条接触，其结果是原有叶子的“遗传螺线”明显受到从主轴侧向生长出的聚伞状花序螺线系列的影响。有趣的是主轴系统的节间延长到适当的程度，为侧向的从枝让出了空间，但也仅此而已，从而保证形成了整洁的植物形态。

神刀（Rochea falcata，图149）是一种引人注目的肉质植物，它适应于强光和干旱的环境。罗齐亚的叶序为普通的交叉式（2+2）。神刀的叶序在开花的枝条上特别明显，具有非

图147

Echeveria arachnoideum

拟石莲花开花阶段

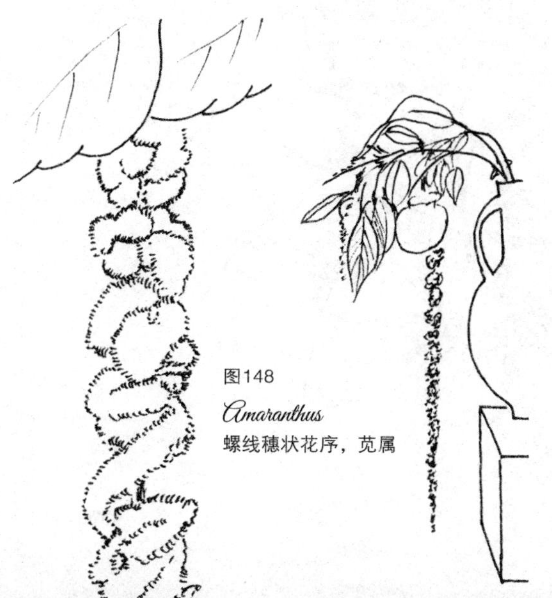

图148

Amaranthus

螺线穗状花序，苋属

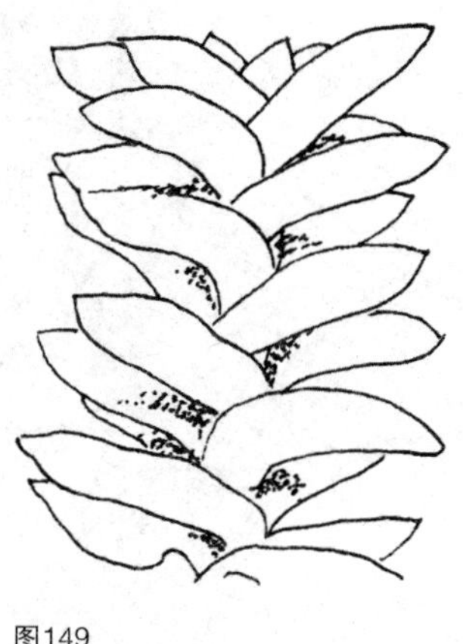

图149

罗齐亚属植物

常正规的营养叶。但是，在营养枝条上，一片片叶子厚而多肉，属于不等叶类。叶子弯曲严重，因此相邻的两片叶子相互交叉成对，最后差不多真正旋转成两列（而不是四列）。所有的叶子都有一条边朝上接受阳光。它们的次生趋势极其明显，因此即使是芽尖的一个剖面也证明不了发生了什么情况。植物的枝条很长，原因不明［参见戈伊伯（Goebel）的《器官论》上册，第117页］。令人感兴趣的是这种具有4列叶子的植物，叶子成对互生，两侧都朝向阳光，因此，极力想变化成两列。植物没有根据需要生长出新枝条，而是竭尽所能充分利用现有枝条，保持植株结构。所有的植物无不如此。植物没有很高的天赋，因此，在一种新的“变异”，即“幸运的枝条”出现之前，它们只能充分利用旧的结构，怎么解决问题就怎么办。

拟石莲花东云（Echeveria agavoides，图150）的顶上观具有明显的螺线花序。在这个直立的标本上，一侧具有相当明显的5条曲线，另一侧有

图150
Echeveria agavoides
拟石莲花东云

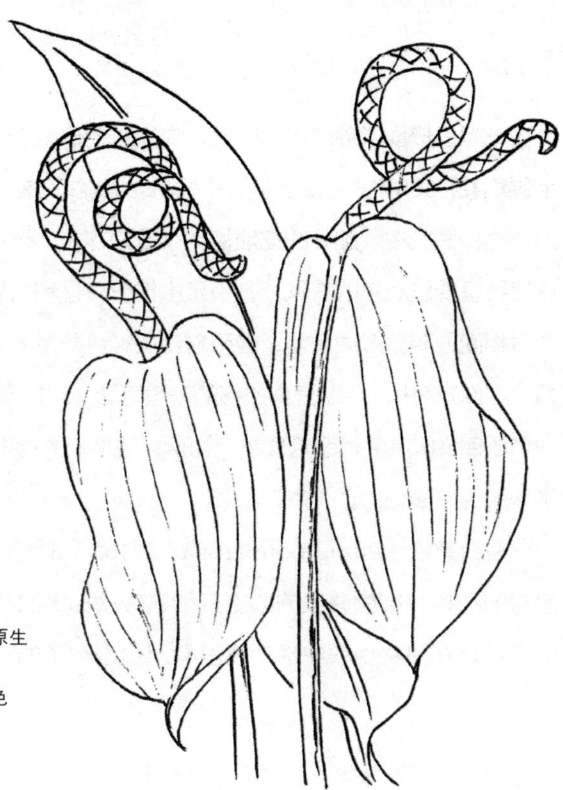

图151

Anthurium scherzerianum

花烛，猩红色、尾部黄色，原生长于危地马拉

佛焰苞深红色、佛焰花序黄色

8条模糊的较陡峭曲线。这个结构说明费氏数列的应用，除了5和8以外，并不意味着在实际生长点的叶子都符合费氏数列。在成年植物中，由于主茎上次生的叶子相关的形状和它们与主茎分离的状态，级数效应显得复杂。

花烛（Anthurium，图151）是一种疆南星属（aroid）植物，与常见的白星海芋（arum lily）相似，但花烛的佛焰苞不呈喇叭形，且颜色为猩红色，其佛焰花序往外突出，完全为附生的小花所重叠，略呈蠕虫状旋转。植物的花序为费氏数列的简单螺线形，红色佛焰苞是最上边的叶子往上拉长节间距离形成的，表观显示为花柄。在黄色的佛焰花序上，密集的小花按简单的螺线级数生长。这些小花并不一定遵循费氏系统，但是曲线的数量变化很大，在两个方向上相等或基本相等，顶端的数量略少于基部。个体花朵为2的倍数，（2+2）的总苞枝叶（perianth members）结合在一起，形成了菱形区，因此，交叉线精确地表示菱形小花的边界。整个佛焰花序的螺线旋转是第二个特殊的形态，这是不规则生长延伸造成的，这种情况在大部分的花烛植物中普遍存在。该种为人工培植，因为整株植物呈现出欢乐的气氛，吸引昆虫授粉，这和白星海芋一样。白星海芋黄白相间，明显形成反差，吸引着昆虫，可能主要是吸引苍蝇，而不是蜜蜂。在图152中，我以垂直拍摄的天香百合（Lilium auratum）（参见第一章的图19和第四章的图128）为例，说明正在生长的叶子自上往下形成了美丽的螺线分布。

在西黄松（Pinus ponderosa，图153）的封闭松果中，鳞片保留着原有的结构。结构曲线的数量只能在转动标本时才看得见。在鳞片还小时，就是在鳞片生长在基部还没有产生出种子的时候，接触斜列线经计

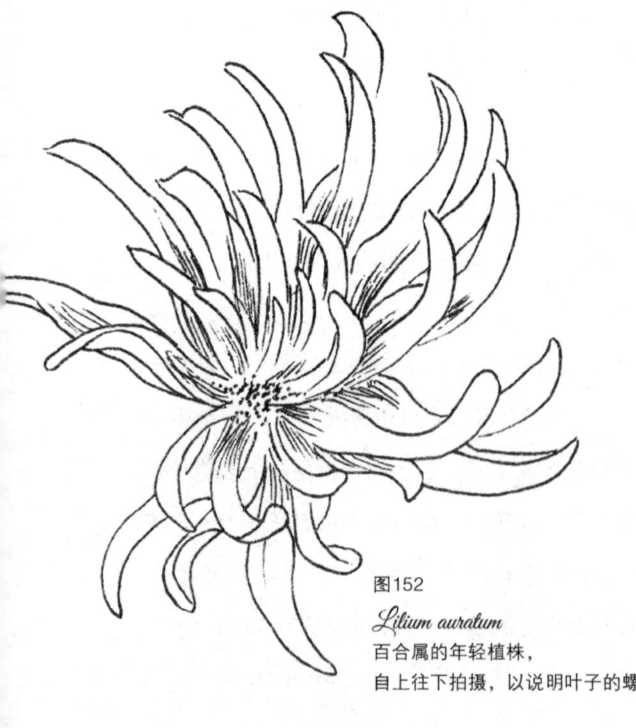

图152

Lilium auratum

百合属的年轻植株，

自上往下拍摄，以说明叶子的螺线状生长

图153

Pinus ponderosa

西黄松

图154

Pinus excelsa

喜马拉亚松树

算在一个方向是13条，在另一个方向是8条。松果的上部，较大的能育（fertile）鳞片呈现较明显的5条和8条曲线。一个系统在不知不觉间滑入另一个颜色，这是费氏数列中5：8：13的特性。在一个充分发育的松果上，8条和13条曲线几乎可以生长到松果的锥顶。

喜马拉亚松树（Pinus excelsa）的锥果的鳞片呈叶状，相对较瘦（图154），在没有成熟时，紧密地挤压在一起，鳞片的暴露面围绕着锥形，在一个方向5列峻峭排列，另一个方向3列不太峻峭地排列。这是通过转动实际标本计算出来的。这些数字非常清楚地表明锥果一侧的行列非常峻峭，其中有5行围绕着锥果，形成完整的结构。在锥果相当干燥的时候（图155），由于鳞片下方组织的严重收缩作用，鳞片高度散开，但是，叶状鳞片仍然促使枝叶保持着相互间的侧向接触，随着枝叶的螺线旋转，5和3曲线依然相当明显地穿越过

图155

Pinus excelsa

干燥的喜马拉亚松树

中轴。

图156
Pinus marritima
马尾松
（松果的两种形态）

图156为马尾松（Pinus maritima）锥果的两面观。在松果的中间，鳞片已经充分生长的区域，5：8的结构相当正规。但在下部，8条线在左边形成了相当不规则的结构，而5条线则峻峭而模糊，一直到了锥果的基部，8：13的结构才明显起来。在锥顶区发生了逆向变化，“5”条曲线在左侧较正常地往上发展，但在“3”条曲线生长得较明显之前，却发生纠缠，到了锥顶区，结构变成了3：5。这说明，“最佳”的区是5：8，但在基底，由于鳞片没有长到正常的大小，每一片都朝向一个较小的角度，大致显示为8：13，而顶点越变越小，一直向着较低的结构变化。一致的结构只能在正在生长的顶点或在圆柱体结构中观察到。在图157中，由于开花期擦伤，擦伤区的鳞片没有生长起来，周围的鳞片过度生长，因此在同一棵松树上，松果出现异常生长。结构曲线在基底表现为8：13，而在顶点表现为3：5，但由于不规则的延伸，系统的中心区就不准确了。因为，虽然“8”曲线的边缘非常清晰，但是却难以判明另一个常数是5还是13。我在这里增加蒙特雷松树的松果（图158）和较为罕见的加州沧松（Pinus muricata，图159）的松果两面观为例。所有这些标本都采自英国的伯恩茅思。

图157

Pinus maritima

马尾松

（松果的异常生长）

图158

Pinus radiata

蒙特雷松的松果

（由于暴露侧的鳞片突出，
导致不对称的卵圆形）

图159

Pinus muricata

加州沼松

（松果的两面观，在硬鳞片的末端表现出强烈的棘丛）

第六章注释：

1 这个歌德和创作《浮士德》的歌德是同一人。歌德不仅在文艺创作上名扬世界，在植物形态学和颜色学，以及人类颚间骨等自然科学领域也很有建树。——译注

2 Jean Baptiste Lamark，1744—1829，法国博物学家。最先提出生物进化的学说，后称“拉马克学说”，他与当地占统治地位的物种不变论者进行激烈的斗争。在解说生物进化时，提出环境的直接影响、器官用进废退和获得性状的遗传等理论，引起后来生物学界的广泛注意和争论。——译注

3 Cantor，为纪念康托尔对角线法和康托尔函数的发现设立的讲座。——译注

其他：

生长和成年结构：在施姆坡和布劳恩发表论文之后，最重要的叶序研究是施温登纳（Schwendener）通过假设特殊的接触压力来调整植物顶生长点的数据。植物学曾辩论是否存在这种现象，但现在大家认为并不存在（参见英文版乔斯特的《生理学》）。

费氏数列：请读者把费氏数列与第二十章和附录中的级数进行比较。

图160、图161和图162：这三幅插图必须感谢我的一位朋友，他在寄来照片的时候附信如下：“睡莲（Nymphaea gladstoni，图160）外表美丽，一般沿着螺旋叶序形成。但更精确的观察表明，情况并非如此，在系统中出现了许多不规则的现象。例如，4片第一枝叶（绿萼片）不呈现螺旋序列，尽管雄蕾的级数看起来与花瓣的一样。整朵花的结构只有在年轻的花蕾上，也就是直径大约在1/4英寸时，其中某一个剖面看起来令人满意。把这样的剖面绘制成图，则表现出位置相当正规的相交曲线，而且往往表现为接近费氏数列的13和21。不过，结构上的不规则是大量的，因此不可能用一种遗传螺旋来说明所有的问题。虽然相当可能是其祖先表现为较为正规的结构序

图160
Nymphaea gladstoni
睡莲

图161
Lilium longiflorum
长花百合

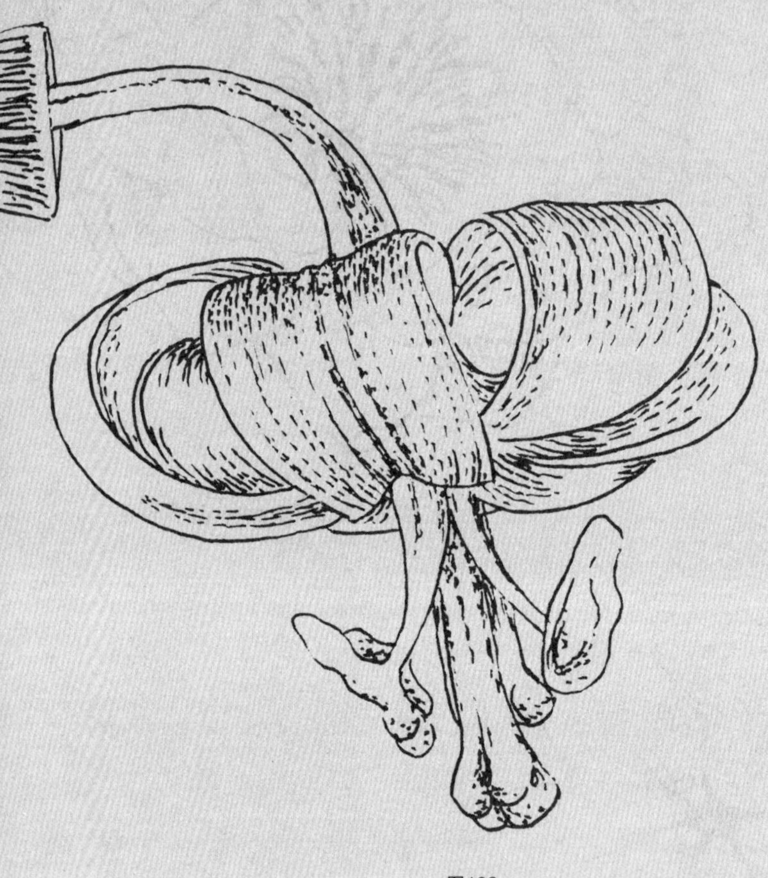

图162

Lilium pyrenaicum

高加索百合

列，但却与植物枝条差不多，强壮的植物枝条的排列规律是5：8，一般松果的鳞片就是这么排列的。

“漂亮的长花百合（Lilium longiflorum）的花朵”（图161）呈喇叭状，而且和百合、郁金香、风信子等一样，三枝叶形成双层结构，总苞（perianth）呈现为人们熟悉的3+3星形，和所罗门国王的三角形交错的印章一样。在这朵睡莲（图160）中，总苞枝叶漂亮地内拱，留下一个宽达6英寸的喇叭口，使得雄蕾和花柱稍微突出。这朵花由天蛾授粉。天蛾在侧向突出的喇叭口盘旋，寻找着喇叭底的蜜腺，蜜腺位于每一个总苞剖面的底部，槽状、颜色淡绿、不断分泌出花蜜。因此由其正面观看，在暴露出重要器官的时候，白白的颜色呈现出显著的星形效应。在较为特殊的百合类花卉中，如高加索百合（Lilium pyrenaicum，图162），尤其是那些昼夜有鳞翅目昆虫访问的花卉，花朵悬垂，花蕾粗壮，呈近圆形［参见虎皮百合（Lilium tigrinum）］，因此，从突出的雄蕾和花柱上弯曲生长。在这样一种弯曲的花瓣中，蜜腺槽相当大，一直延伸到节的中部。这时，弯曲的表面侧向明显可见，而蜜腺孔就暴露在曲线的外翻口上。昆虫在寻找蜜腺孔时，双翅拍打着突出的雄蕾和柱头的表面，从而起到授粉的作用。请读者注意，曲率的放大是与机制专门化的提高相关的，但是花朵原有的花序平面保持不变。

Chapter 7

Right-hand and left-hand spiral growth effects in plants

· 第七章　植物左旋和右旋生长的效应

叶子在胚芽阶段围绕着枝条生长，其排列方式为第一片叶子生长在第六片叶子的上方，叶子的朝向方式是一片向左，一片向右。

——达·芬奇《法兰西学院手稿》

植物枝条结构的不对称效应与螺旋形贝壳和螺旋形兽角一样，往往产生螺旋效应。这个效应可以是旋转的，向左旋转或向右旋转，而实际上也只有这两种可能性。不过，其原因并不一定相同。实际上任何一个非对称生长因子都会导致螺旋的产生，如果螺旋达到一定的程度，植物就不可避免地出现旋转，其原因永远是某种不等量生长。由于旋转一般都造成这种效应，因此，以这样的生长方式形成的结构除了用旋转这个词来说明外，没有别的词可以说明。人们熟悉的例子是“法老的毒蛇”，它和植物茎部的生长具有相当多的共性，燃烧点由枝条顶端代表。植物中普遍观察到的螺旋效应可以按若干个不同点加以区分，便于研究。除一些低等植物表现出的许多美丽螺纹外，一般可列为以下若干不同点：

①叶子的螺线排列。在植物的顶端，叶子的螺旋排列已经包括在螺旋叶序中，并能表达结构系统中的不等量斜列线级数。由于存在这种不等量，可发现所有的序列线通过相邻的枝叶时都是螺旋排列（我们不必要囊

括枝叶的纯正态交互螺环，其中模型对角线在两个方向形成了相等的螺线级数，就好像机器旋刻在表壳上的曲线一样，上面的对角线显然都是对圆圈和垂直行系统的补偿）。这样的螺线效应的例子已经在前一章中提到过。

②叠生效应。叠生效应在花芽的冠部（参见柳叶菜科倒挂金钟属植物 Fuchsia）中往往形成一种效应，该效应鉴定为花冠的回旋，花瓣明显旋转膨胀，左旋或右旋。

③主轴的不平衡生长。主轴的不平衡生长造成旋转效应，其实例已经在沙鱼掌的叶子系统中看到。这样的旋转在攀缘植物中普遍存在，花柄中也如此，甚至在子房和果实中也可见到。

④螺旋运动。枝条生长端的螺旋运动或回旋转头运动在攀缘植物中最为明显。这样的运动在成年植物中变直，而且再也看不见了，但仍有一些痕迹可见。

⑤缠绕性植物的螺旋生长。缠绕性植物的螺旋生长和卷须一样，在成年植物中就固定住了，而且在这时明显地区分为左和右。

⑥螺旋效应可能在植物死亡后产生。由于特殊细胞的特殊组织结构的作用，螺旋效应可能在植物死亡后产生。这样的现象一般发生在湿的芒和部分果实（参见天竺属鹅喙草和豆荚）干化之后，以及组织受潮后再返回到原有的位置时。

这样的螺旋现象是高级植物的特征。在较低级的植物中，整个植株会呈现螺旋生长形式，例如螺旋细菌、蕨类中的游动精子（和苏铁美丽的螺旋状纤毛游动精子）、旋带状叶片的藻类〔参见旋叶藻（Vidalia）〕以及苔藓植物地钱（Riella）等。在浮游生物中，硅藻具有螺旋链，而在藻类水绵（Spirogura）中，叶绿体呈螺旋状。在所有植物中，螺旋看起来是一种代表直线和圆圈之间的中间阶段的非对称生长方式。

在所有上述螺旋结构中，螺旋的方向根据某些公认的规律，可以划分为左旋或右旋。实际上，这跟规律并没有多大关系，因为无非是两种可能。就顺时针而言，即左手顺着太阳运动的方向或沿着时钟钟面转动。顺时针提供了一种良好的通用的工作语言，在方向探讨中适用于各个学科。虽然我知道植物学家在其工作语言中反面使用这个术语，把顺着太阳的方向或顺着时针的方向称为“右旋”。对于这个“右旋”，在本书所探讨的内容范围内，我不敢苟同。我建议继续使用我在开篇中就使用的“顺时针”方向为左旋。有了这个共同的工作语言，我们就会有趣地看到这样的右向和左向效应在什么程度上是常数或是变数。如果是变数，那么其变化是否比例均等，或者是一个方向的变化大于另一个方向？就一般原则而言，它们必须满足：常数，或者由于这可能完全是一种机会，因此一半对一半，也就是说对开；否则一种倾向大于另一种倾向，那么就发生偏向。

在鉴定植物枝条的螺旋时，头脑中要记住这些条件。一般假设两个方向的概率是均等的，但其中存在若干有趣的情况。例如，我们可以取正态的费氏数列结构，其中新枝条排列的相互间夹角约为137．5°。在图163的示意图中，在每一个连续的阶段都增加进一个枝条，于是，全系统在整个过程中按照均匀的速率继续生长。新生枝条的生长方向用箭头示为2和3，为反时针或右旋。因此，在数字7中，级数变成螺线系列，于是，单条曲线，即“遗传螺线”则穿越所有的枝条。但是，这是相当主观的图像。在数字8中就没有看到这种现象，而且在实际上，在数字9中看到更加清楚的一套螺线。如果我们继续只取一条螺线做试验，数字7的遗传螺线当然是值得考虑的，这时为右旋。但是，假如在数字2中，第二个原基发生在对面，那么，整个系统就是左旋结构。

只要枝条是在平面上，按照发展的顺序，左旋或右旋地排列，我们就可以来探讨左旋和右旋结构。这样的探讨在研究花朵时有用处，其中的一大部分在其梅花式花萼保留着费氏数列结构。人们普遍地假定，在一块给

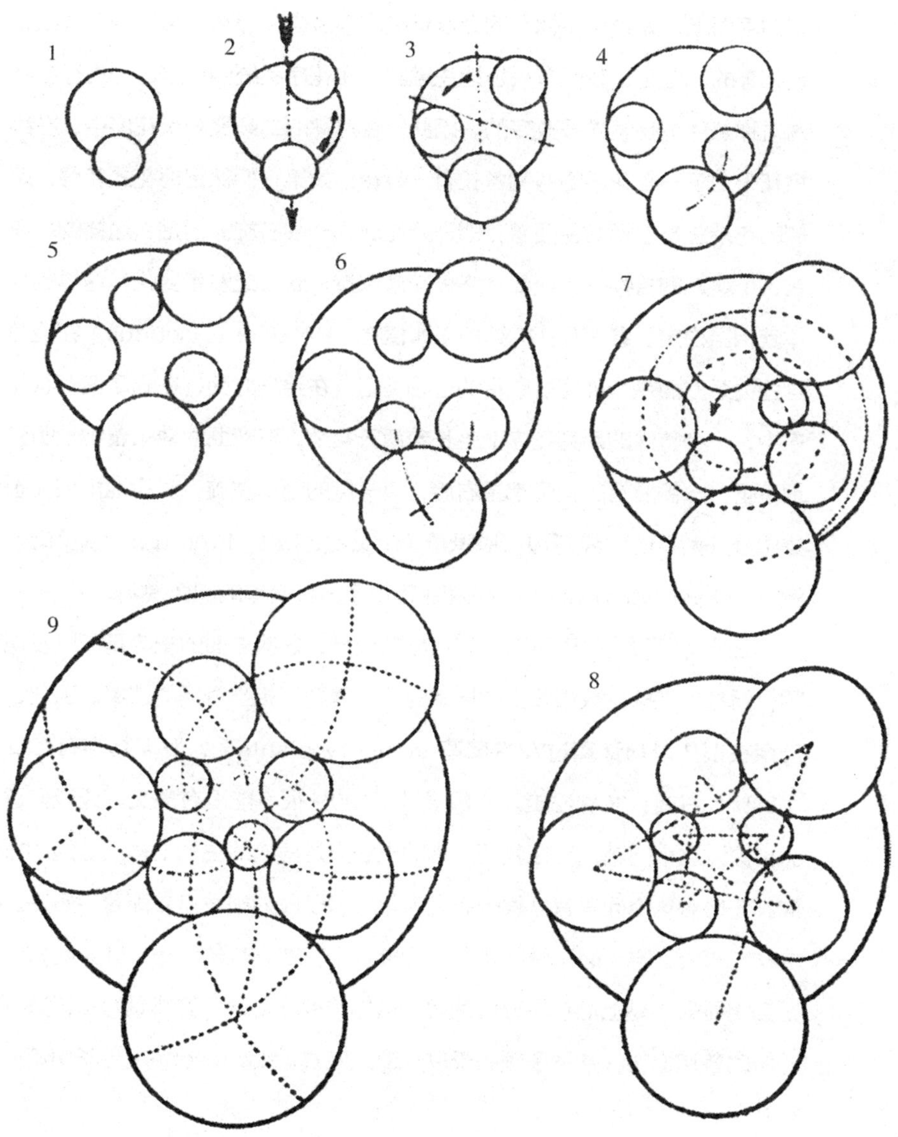

图163

均匀生长速率的（3+5）系统的理论结构图，不时地增加非对称枝条，形成主要螺线。
在这个图中，增加第二个枝条（上图的数字2）示于第一个枝条的右边。
如果这种情况发生在左边，其结构同样也可以画出来。（丘奇）

定的平面上，如果手头拥有的标本足以均等考虑，那么两种结构的枝条则是相等的。但是，我们有兴趣地注意到，在花序系统中，这样的规律在特殊对称条件下是怎样被改变的。因此，在对称的二歧聚伞状花序中，在终极花朵之下一个花序的两侧各长有一朵花，如果它们保留梅花式花萼，两侧的花朵总是呈现两种图像，即一朵左旋，一朵右旋。但是，这样的规律在各个科属的植物中，只要其终极花朵保持一致，或发生变化，这样的规律就相当稳定。春天开花的铁筷子属植物（Helleborus faetidus）在检验这些关系方面是一种值得欣赏的植物类型。在另一方面，在蝎尾聚伞状花序中，一个特殊的两列花序上生长着两行花朵，弯弯曲曲地顺着中轴明显地下垂，一侧所有的花朵都是右旋，另一侧的都是左旋，对称地排列在想象中分开两行的中线两边。鹅喙草（Stork's bill，Erodium）或反瓣老鹳草（Geranium phaeum）的花序提供了一种简单的图像说明。

虽然可以假设如果可以得到足够的枝条，这些方面的相等是可以发现的，但是，在探讨数量较少的标本时，却得到了相当奇怪的结果。因此，庞奈在很久以前计算过73株菊苣（chicory plants），发现其中有43株（58%）右旋，30株左旋。但数量低于100株很可能没有意义。让我们进一步探讨这个问题，现在我们考虑的出发点是植物的主轴上初级螺线的方向，任何对这个问题有兴趣的研究者都可以以此为出发点立即着手研究。这样的研究，唯一必须做的是种植一批种子，在它们的第一片叶子的方向已经明显时，马上把它们分成两类。这样的种子可能要挑选具有费氏数列叶序的普通植物，其种子倾向于以平面莲座式（flat rosette）生长出第一片叶子。

在另一方面，所谓的遗传螺线可能是一种神话。在第六章的示意图中（图145），遗传螺线很难呈现，而在成年的枝条上，枝条的次生性延伸并没有把系统拉扯得这么开，因此，级数最终只表现为单条曲线。在没有次生性延伸的封闭式结构中，而且枝叶保留着原先形成的封闭形式（参

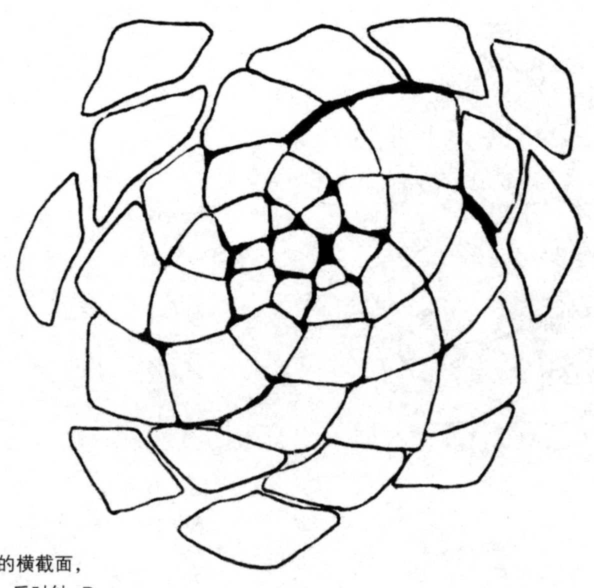

图164

Pinus pinea

意大利伞松果

（5+8系统），年轻种子顶端的横截面，

6英寸高（丘奇），遗传螺线，反时针=R

见第五章图141和第六章图156的松果），其他种曲线级数（斜列线）可以明显地看到（参见图164），组成了枝叶的斜列级数，即使存在一定量的扩展时也往往明显。这些左旋和右旋曲线与遗传螺线的关系并不是在所有形式中都一样，但是，只要参照同样数值的几何结构，就可以方便地予以检验。而对于实际的目的，这些曲线可以方便地用于比较缠绕结构的数字。因此，以澳大利亚松树（图141，Pinus austriaca）的松果为例，原基上的曲线是8和13，其中“13”曲线集极其显著。同一棵树上采集的100粒松果（1900年于牛津大学计算）有59粒是一类，41粒是另一类。从偃松（Pinus pumilio）同样采集100粒松果，其中有57粒是一类，43粒是另一类。在第三种松树，科西嘉松（Pinus laricio）的100粒松果中，68粒是一类，32粒是另一类。因此，在这些例子中，如果不是总偏向一种形式，就是100粒松果数量太少，不足以反映出规律。为了证实其原因，在第二年，从同一棵澳大利亚松树上采集了1 000粒松果，计算了松果的曲线。计算中，每100粒为一组，其结果如下：

图165
Pinus pinea
意大利伞松

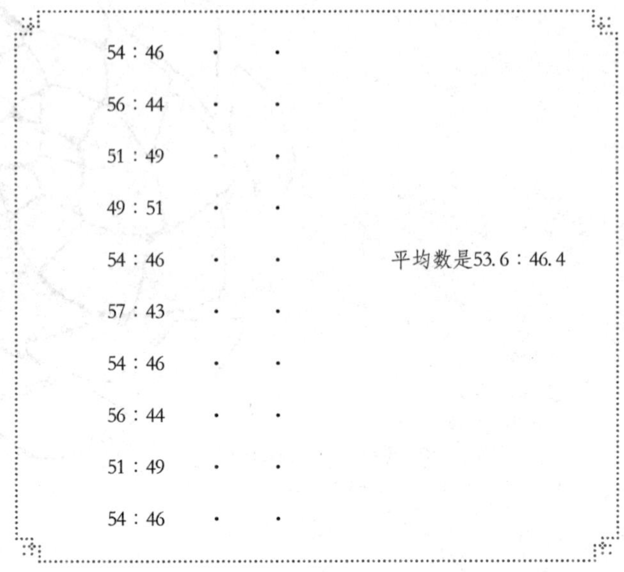

54：46 · ·	
56：44 · ·	
51：49 · ·	
49：51 · ·	
54：46 · ·	平均数是53.6：46.4
57：43 · ·	
54：46 · ·	
56：44 · ·	
51：49 · ·	
54：46 · ·	

在第三年，对同一种松树又进行了检验，其结果相当一致，对同一株科西嘉松（Pinus laricio）的检验结果也是完全一致的，其比率稳定在71：29。由此，可以说在这些例子中，其原因就是机会问题。但是，出现偏差的原因依然不清楚。然而，非常可能的原因是，主导该树芽尖的生长形式在种子阶段就已经被确定了，而松果出现的偏差只能说明同向旋转（homodromy）比异向旋转（heterodromy）更有用处。不过，这些问题还需要进一步研究。

①在许多这样的封闭式（close-set）螺旋形式中，其中一套曲线比另一套曲线明显［图141的澳大利亚松树（Pinus austriaca）、图164的意大利伞松（Pinus pinea）和图156的马尾松等］是由于组成叶序的每片叶子在水平方向上逐渐扁平化造成的。在这

样的情况中，螺旋的较下部各片叶子变得明显可见［图146中的南洋杉Araucaria（8：13）］。如果，从另一个方面来说，叶子的生长辐射到深部，在螺旋的较高处，叶子就变得明显，如图144的向日葵（34：55）。在特殊的例子中，如老茎干，遗留的叶序螺线明显成为非常突出的系统，说明了成年植物生长的不均匀性（参照图166的腊叶棕榈树）。

②柳叶菜科倒挂金钟属（Fuchsia）的花冠每一个花柄都旋曲在邻近的花柄下（图167），这为技术意义上的旋转提供了一个好例子。在倒金钟属植物中，这是绝对稳定的（但偶然出现畸形），而且在感觉上也一样。植物学称之为“右旋”（伊齐勒，Eichler，1878），因为，从外表看起来，右缘朝外。这并不是一种非常令人满意的原因，但便于记忆，而且我们也需要一些简单的标准。这个卷叠式对称花序在其他科植物也见到

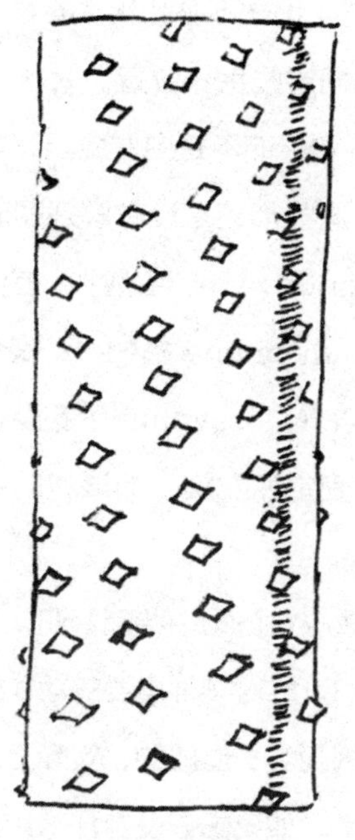

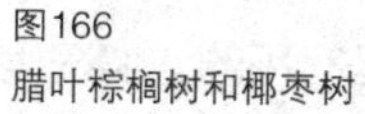

图166
腊叶棕榈树和椰枣树

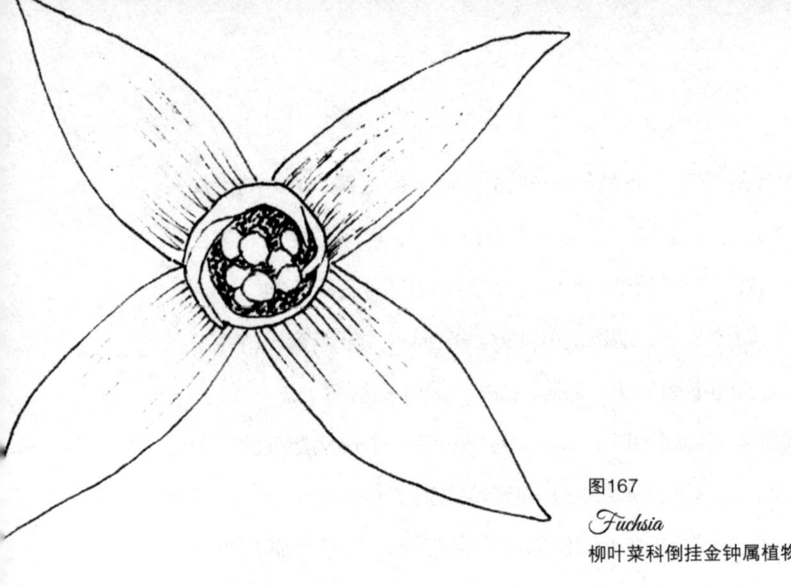

图167
Fuchsia
柳叶菜科倒挂金钟属植物

过，如锦葵科锦葵属（Malva）、夹竹桃科蔓长春花属（Vinca）和杜鹃花科欧石楠属（Erica），是对称花序的最高表现形式。但在表观上这对植物并没有用处，因为昆虫并不会注意到花柄是否漂亮地叠生。它形成的原因要追溯到各花瓣的原基在第一次发育（稍微不等叶状）的对称性，因此，刚发育的部分很容易滑入芽中，占据这些生长位置。为什么柳叶菜科倒挂金钟属（Fuchsia）的花冠向右旋转，而不是向左旋转？为什么少一半的花向左，而多一半向右旋转呢？这些都还是没有解开的谜。在锦葵属（Malvaceae）和金丝桃属（Hypericaceae）植物中，有些向左，有些向右。在半日花科半日花属（Helianthemum）植物中，聚伞状花序的连续花朵交互出现左旋和右旋，而棉花（Gossypium）花朵也如此。夹竹桃科蔓长春花属（Vinca）植物则固定为左旋，而该科的夹竹桃属（Nerium）植物则相反，固定呈右旋。

③螺线。就目前所知，所谓的旋转效应在植物中特别普遍，可能没有太大作用，而且是偶然出现的，或者它们可能对某种重要的功能起到辅助作用。无论如何，它们一定是偶然的不规则生长造成的，实际上是变异造成的，因此在植物结构中保留有某些因子。如果它们没有什么用处，则自然选择对它们就没有效应。如果事实证明它们是有用的，情况则相反，它

们就会逐步完善，形成一种新的显著的变化。用处不大的旋转效应是非常普遍的，往往不被人们注意。夹竹桃科蔓长春花属（Vinca）的花茎上的旋转就是一个好例子。在这个情况下，它的旋转方向也总是向左，花瓣从花蕾的旋转中清楚地分离开。一个极其漂亮的中型标本，也存在旋转而又重新恢复的情况，这在桔梗科半边莲（Lobelia）和兰花（Orchis）花朵中的“双曲”。前者是花茎，后者是绿色的内子房，在180° 范围内相互旋转，这样一来，花朵结构翻转，花面向上，向着采蜜的昆虫。在这样的例子中，旋转效应起到非常明确的作用。在沙鱼掌中，同样的旋转在花序中被用作补偿效应。这种植物在前文已经当作例子介绍过，其中分成二列的叶子结构奇妙地通过整个轴的轻微生长旋转，刚好让叶子从其他邻近的枝叶的阴影中（图140）显露出来，从而避开了最严重的重叠。露兜（Pandanus，图168和图169）也有同样的情况，它奇妙地往三个方向辐射生长；莎草科互叶莎草（Cyperus alternifolius）情况也相同，但程度略轻一些。在这些植物中，叶序的表达是1：2，其结果是成年植物形成三个主系列的叶子，如果这些叶子保持相同的深度，而且间距完全相等，最终则形成三列准确垂直叠生的枝叶。事实上，最终衍生的结果是，任何一种叶子都形成三个轻度的螺旋系列。但是，在小型标本中，整个系统准确排列可能也说明在完全控制系统中的“旋转”生长。植物生长中突然发生旋转的现象有多严重，莎草科互叶莎草（Cyperus alternifolius）可以作为例子来说明。在这棵植物中，腋生花序枝条根据其在背后的位置，分段往前推进（图170）。与这样漂亮次生性旋转补偿效应相当接近的例子是干旱时的叶子排列。其中最齐整的例子是大萼金丝桃 （Hypericum calycinum）营养叶枝条。这种植物短枝条的营养叶在露天生长时，明显分成两行，所有的叶面都向光，但是，在最顶端形成四列垂直的交叉系统。最后的效应是通过在每两个节间交互反转90° ，换言之，一个节间往右扭转，下一个节间就往左扭转，如此反复不已。蓝桉（Blue gum，

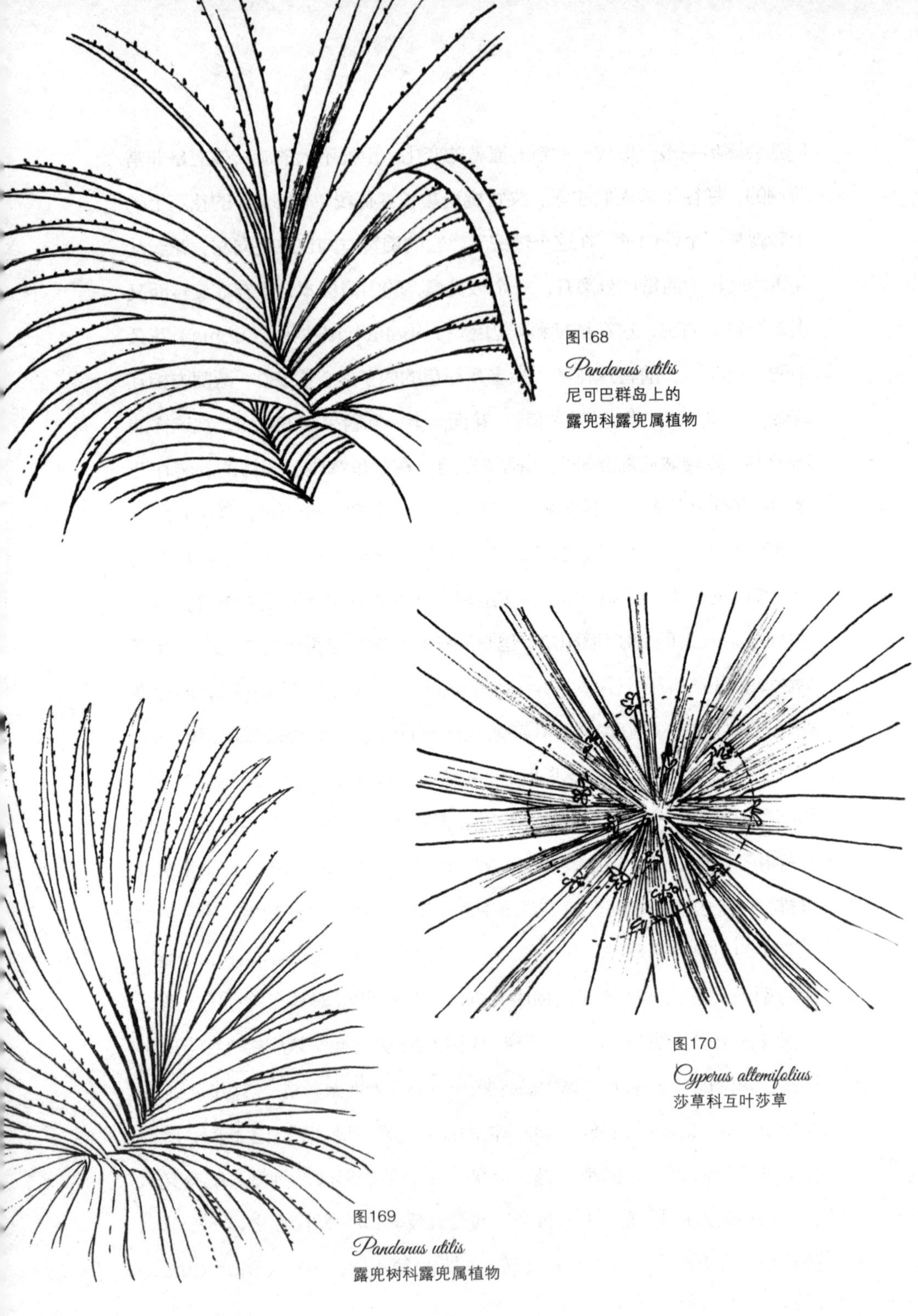

图168

Pandanus utilis

尼可巴群岛上的

露兜科露兜属植物

图169

Pandanus utilis

露兜树科露兜属植物

图170

Cyperus alternifolius

莎草科互叶莎草

Eucalyptus）也有同样的现象，尤其是生长有蓝色的初生叶的侧枝上多见。在这种植物的后期生长阶段，由于生长出一种新型的下垂叶，新的生长机制偿起作用了。但是，其顶端结构可能依然保留祖先的交叉形式。沙鱼掌和露兜可以用术语表达为“上卷”效应，而金丝桃则是“交互”机制。在一种可以称为“解旋”效应中，更严重的旋转也可能发生。如果在一个交叉系统中，每一个节间都发生同向的90° 旋转，那么叶子就都会分成两列重叠生长。金丝桃不能巧妙地解决旋转力的问题，可能就发生过这种情况。但是，这样的效应已经在植物中注意到了，较特殊的情况是德・维利斯（De Vries）描述过的起绒草（Dipsacus fullonum）的畸形旋转。普通起绒草的叶子是对生的，但不是准确交叉（事实上是2：4系统）。如果其旋转距离足够远，那么所有的叶子都会形成两个脊突系列，其形状基本为畸形。“解旋”还有一个好例子，这就是绶草（Spiranthes autumnalis）。这种植物的花朵在芽体时是按普通封闭式螺旋排列的，但是随着花絮轴的延伸和花朵的翻转，螺旋式就得到解旋，一直解旋到遗传螺线基本不存在为止，但并没有完全成为直线。形成这个曲率的目的显然是得到单向穗状花序的好处。其原因与指顶草[1]的相似。指顶草开始于同样的结构，其各个花茎独立地旋转到前面去，只是绶草采取的机制更为巧妙。这样的旋转显然是由于主轴不等量生长而产生的一种纯偶然现象。就我们所知单个旋转的方向而言，重要的问题是要注意到在所有这些例子中，或者左旋或者右旋。因此，不管是哪一个方向，绶草的遗传螺线都会让其拉直，而翻转的花朵也无论朝哪一个方向都会形成同样的花序。再者，我们还需要对这些例子进行简单的观察，得出统计数据，否则我们的结论就可能太武断。

④考虑到回旋转头运动的螺旋方向，以及攀缘植物中相关的旋转方向，我们得到了许多有趣的信息，总的原则是攀缘植物在初始期，其方向可能会变化，但随着该植物生态习性稳定之后，攀缘方向也就确定，向左

或向右就不再改变。

收集到的23种攀缘植物活体标本都是伦敦皇家植物园[2]或其他地方分别送来给我鉴定的，只有6种表现出左旋结构，即“顺着太阳运动的方向”或“顺时针”方向。它们是：

南非布哈拉的木藤蓼（Polygonum baldschuanicum）

中国的南五味子（Kadsura chinensis）

英国的啤酒花（Humulus lupulus）

金银花（Honeysckle）

智利的乱子草（Muhlenbeckia chilensis）

智利的喇叭其藤（Lapageria rosea）

在查理·达尔文的《攀缘植物的运动和习性》［穆雷出版社（John Murray），1905年第24版］一书中，有一张表描述了攀缘植物的生长方向。这张表一共描述了42种攀缘植物，其中只有11种具有“顺着太阳运动方向”或“顺时针方向或左旋方向”。它们是：

薯蓣科的黑泻根薯蓣（Tamus communis）

五味子科的南五味子（Sphaerostemma marmoratum）

矮荞麦（Polygonum dumetorum）

紫雪花（Plumbago rosea）

龙吐珠（Clerodendron thomsonae）

鸭嘴花属植物（Adhadota cydonaefolia）

兜瓣抱蕊（Loasa aurantiaca）

长萼花藤（Scyphanthus elegans）

鸡矢藤属或者金鸡纳属（Siphomeris or Lecontea）

两色火焰草（Manettia bicolor）

忍冬科的阔叶忍冬（Lonicera brachypoda）

图171

Helicteres ixora

梧桐科山芝麻属的籽荚

在上面的表中，我省略掉查理·达尔文表中的两种植物，这两种植物刚好我在以前做过鉴定。但是这个省略并不会影响结果，即在65种植物中有17种，或者说大约1/4具有左旋结构。其中一种植物锯齿石楠（Hibbertia dentata），查理·达尔文观察到频繁反复双向旋转的运动，在一个方向全圈、半圈、1/4圈地旋转，然后再转到另一个方向旋转。他认为该植物坚持这样旋转是反太阳方向的（或右旋），同时指出植物既适应于旋转爬升，也适应于侧向蔓延，穿越澳大利亚浓密的灌丛，他注意到在番薯属植物（Ipomaea jucunda）中存在同样的反复运动，但其空间较短。这些例子之所以有意义，是因为在攀缘植物中要比在高级的有卷须植物中罕见。在同一目任一种的植物或同一属中的两种植物，方向相反的旋转也属罕见。但是同一种植物〔薇甘菊（Mikania scandens）〕中的确存在这样的情况，既有逆太阳方向运动的（巴西南部），也有顺太阳方向运动的，这是该植物非常明智的安排。同一种植物的不同个体，例如欧白英（Solanum dulcamara）也会在两个方向上旋转和卷曲，而茜草科植物兜瓣抱蕊（Loasa aurantiaca）情况则更加奇怪。查理·达尔文种植了17种这样的植物，其中有8种逆太阳方向旋转，5种顺太阳

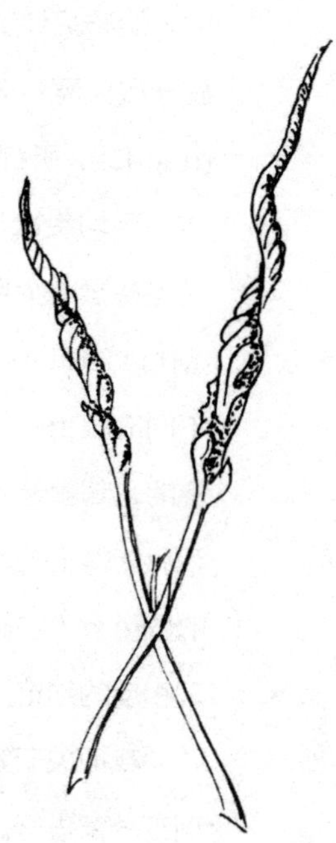

图172

Spiranthes autumnalis

兰科绶草属

方向旋转，4种在两个方向间反复旋转，“对面方向的叶子的叶柄为相反的幼叶提供了一个支撑点。这四种植物中有一种从右向左旋转7次，从左向右旋转5次”。茜草科植物长萼花藤（Scyphanthus elegans）的行为同样古怪，在一个方向旋转2—3次，直立地生长一小段，再在另一个方向旋转1—2次，这样的改变可以在茎部的任何一点发生，甚至可以在节间的中部发生。在杂交的9种茜草科（Loasa herbertii）植物中，他也种植了这些植物，其中6种在顺着支撑物爬升过程中幼叶反复旋转。

人们注意到旋转最快的四种植物，每一种植物旋转一次用不到2个小时。旋转最快的是茜草科植物长萼花藤（Scyphanthus elegans），左旋一次仅需77分钟。而这样的记录竟然还被有卷须的西番莲（Passiflora gracilis）所打破。据观察，西番莲同样左旋3次，也就是顺着太阳的方向，平均每次只需64分钟，而且在天气炎热时，甚至只要58分钟。但是支持顺着太阳运动方向旋转较快的各种论据在鸭嘴花属（Adhadota cydonaefolia）面前都要打折扣，这是一种效率极高的缠绕植物，在两个不同的枝上各转一圈，最少花26小时，最多花48小时。这种植物也是左旋的，即顺着太阳的方向。事实上，运动的速率看来与生长的方向无关。我只能得出结论说，根据目前为止所进行的观察，虽然在攀缘植物中右旋的数量大于左旋，但是很可能，如果有足够多的标本得到鉴定，也可能发现相反的结论。为什么会有这样的差异，原因尚不清楚。

我把关于第六类的螺旋，也就是植物死亡后的螺旋效应的讨论，后推到下一章进行。

第七章注释：

1 一种长茎，开紫或白钟形花朵，叶可作强心剂的植物。——译注

2 Kew Royal Botantic Gardens，又译为丘园或基尤植物园，但正式名称为皇家植物园。位于伦敦西部泰晤士河畔的基尤；该园为植物研究机构，同时对公众开放，以其温室、自然风光的园林、池榭及建筑闻名。——译注

其他：

术语：左还是右——关于这个问题，施拉纳尔（Shrapnel）给我写来了下面这封信：

> 《时代周刊》（1912年11月18日出版）刊载了一篇有趣的文章，你可以把它复制如下。在看完这篇关于螺线的文章之后，我想就此谈一些看法，并大胆希望螺线的作者能够在科学术语方面多做一些研究，使科学术语比现在更清晰一些，也更一致一些。我们可以方便地利用家庭使用的开瓶器（拔塞钻），这也是作者在《时代周刊》提到的，作为我讨论的内容。在这里，我可以说，无论是贝类学家还是描述兽角螺线的生物学家都会异口同声地把开瓶器的螺纹称为右旋。
>
> 《时代周刊》的作者似乎在这方面受到贝类学家的误导。贝类学家当然把右旋的贝类称为“左旋”，但给予这个名称并不是因为贝类的螺纹向左旋转。把它称为“右旋”是因为贝类学家把旋转看成是楼梯，小昆虫就是从底部的壳口进入螺壳，顺着这个楼梯爬到螺顶的，而所有踏上这个路程的昆虫无不向左旋转，才能爬到这个右旋的壳顶。出于差不多一样的原因，贝类学家把一个具有左旋（罕见形式）的贝类称为“右旋”，而这个右旋同样并非指贝类的旋转方向，而是说明上述的昆虫一定要往右转才能爬到这个左旋的壳

顶。我几乎不需要提醒你，不管开瓶器的锥头朝下还是把子朝下，这个说法对于开瓶器的螺旋结构以及我们关于螺旋的定义都没有影响。误会还来自其他方面。人们几乎难以相信，植物学家会把一把普通的开瓶器描述为右旋，其理由显然是，如果是右撇子旋转开瓶器，那他一定用全世界都称为左旋的形式开启瓶盖，而正是出于这个原因，植物学家坚持把所有其他人称作右旋的称为左旋。这就导致了无穷的混乱，因为自然界中左旋的螺纹是非常罕见的，至少和人类的左撇子一样罕见。因此，除非我们大家都同意同物同名，否则我们就永世也闹不明白。实际上，对于各种各样的螺旋，用什么名称并不要紧，但是，显然，把开瓶器称为右旋要在科学的各分野中一直存在下去。我相信，将来不会再有《时代周刊》作者建议的混乱了，他的文章是这样写的：

一只螺旋形（开瓶器）的蜗牛

另外一个非常奇怪的小展览在昆虫屋里举行。花园里常见的蜗牛（Helix aspersa）呈现出螺旋结构。把蜗牛切下一块截面，可以看见迅速地围绕中轴旋转的狭窄的螺室。密尔斯（Y. H. Mills）先生送来一个罕见的畸形怪物，这是他最近在彭布罗克郡发现的。这个怪物的螺壳内不仅没有东西，而且螺壳被拉直，变成螺旋状，和普通开瓶器的一样。这里就产生了一个术语问题，这个术语问题是研究兽角和贝类以及其他螺旋形式的人们无休无止辩论的主题。这个螺旋是右旋还是左旋？对此，无论是看法还是做法都不一样。显然，随着螺线围绕着中轴旋转，那么跟着螺线运动的人则要一会儿往左，一会儿往右。于是，如果要按照爬楼梯一样，根据是左手还是右手朝向中轴来确定左旋或右旋，那么，还要看是上楼还是下楼。明显，可能也是历来正确的区分左右旋的方法是，右旋是指正常易于以右手使用的开瓶器上的螺旋方向，而如果是左旋的开瓶器，那他就会自然地以左手来开瓶。按照这个说法，花园中常见的蜗牛显然是右旋的，虽然也许大部分的贝类学家称之为左旋。

我并不认为“大部分的贝类学家”会同意这个说法。

火索麻（Helicteres ixora）的螺旋状种子荚被某些种族的人非常奇怪地利用。他们根据“印记原则”认为，这个籽荚的奇怪形状（图171）使之成为治疗“结肠病”的神奇药物。人们同样相信，称为“犹太人的耳朵”的植物是一种治疗耳疼的神丹妙药。

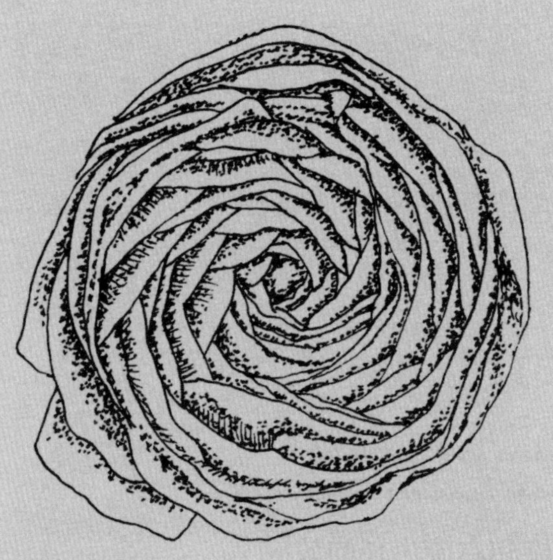

图173

Ranunculus

毛茛科毛茛属植物的螺旋褶皱花瓣

图174

马达加斯加的巨藤

图173：标示出了一个美丽的螺旋褶皱花瓣的例子，该植物为毛茛科毛茛属植物（Ranunculus）。

图174：“附信送上一张马达加斯加巨藤的照片。”D写道：“这也许可以为你已经出版的自然界中无数有趣的螺旋增加一个例子。这棵巨藤反复左右旋，这样的反复左右旋，就我所知，是不常见的。”我基本不怀疑这是一棵海豆（Entata scandens，豆科榼子藤属），是热带常见的一种巨型木本攀缘植物。已知它有时会发育出螺旋状的茎干，伦敦植物园就有这样的实例。该植物生长有二回羽状叶，黄色小花；巨大的和豆子一样的荚，荚有1码长，4英寸宽；荚子里有扁平、黑棕色的大种子，宽2英寸。这些种子有时被海流携带到遥远的地方，在英国沿海捡到过这样的种子。

Chapter 8

Right-hand and left-hand spiral growth effects in plants (continued) dead tissues and spinning seeds

· 第八章　植物左旋和右旋生长的效应——死亡的组织和旋转的种子

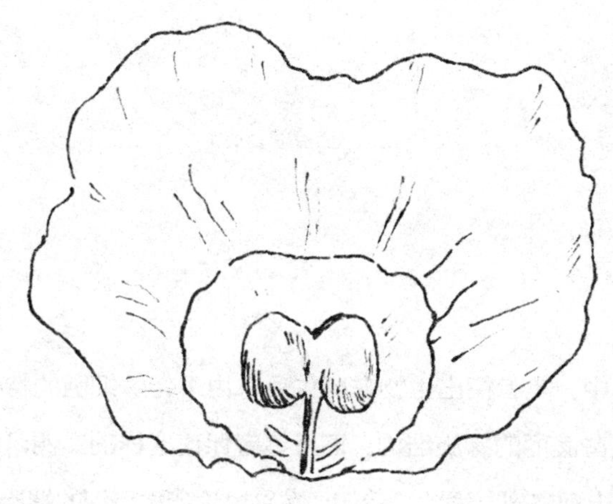

向上旋转欣喜万分，向下旋转痛苦万分。

——乔治·梅雷迪思

在上一章中，笔者指出生物在死亡后，由于特殊细胞的特殊组织结构，会产生某些美丽的螺旋结构，而且笔者保证这样的实例可以在潮湿的芒及其果实上观察到。为此，我们现在来讨论死亡组织的螺旋旋转，因为，我们会发现它们的确值得分别探讨和说明。

螺旋旋转极其优美的例子存在于某些植物完全死亡的组织中，这些组织的作用是散布果实和种子。人们普遍认为，出现螺旋形状的原因是细胞壁微组织结构不规则、细胞壁加厚和木质化。在所有加厚的细胞壁中，加厚部分是由斜向编织的索状衍生物构成的，细胞衍生物因此大为延长，加厚层便成螺旋状。所以在螺旋导管（spiral vessels）以及在纹孔导管（pitted vessels）和厚壁组织纤维中，细胞壁往往具有了十分明显的螺旋结构。可以说，所有延长的、厚壁细胞均呈现螺旋斑纹或螺旋纹孔。厚壁纤维细胞构成了许多开裂散布的果实的硬质组织，由于这些组织本质上具有螺旋特征，因此完全死亡并干燥之后，组织就出现旋转。在这里，我们感兴趣的核心问题是完全偶然的原因，往往对这种结构的基本组织细节造成影响，最终成为植物生态学的优势，该优势经过自然选择又得以加强，终而形成非常完整、甚至非常复杂的机制。这样的例子包括旋转的豌豆瓣，某些草类（如燕麦和针茅）草籽上的螺旋状芒。在这方面，最完整、效率最高的要数鹳喙草[1]，其草籽上具有可收缩的带状物（参见图版Ⅰ，图15和图16）。

豌豆荚和许多巢菜属植物[2]的豆荚呈现出更明显的螺旋结构，豆荚的两侧各衬有一片木质纤维，该纤维在植物遗传学上相当于衬在苹果核腔里的角质组织。纤维沿荚壁斜向排列，最内层在干燥时收缩力最强，其结果在完全干化时，豆瓣弹开、逆向卷曲，以相当大的力量把豆子弹出豆荚。这种机制的特殊化程度越高，就形成越多的卷曲。特殊化程度不高的豆荚只卷曲半圈左右，而特殊化程度最高的豆荚会卷曲6圈。由此看来，这样的机制可以说是偶然形成的结构（因为斜向纤维是从远祖那里遗传来的，而收缩特征的分化则是次生的），在时间的进程中，形成了许多植物特殊的散布种子的机制。我们目前的讨论，重要的问题是要注意到，由于豆荚两瓣的内侧收缩力较强，且豆瓣呈逆向卷曲，一瓣向左，一瓣向右，种子的外壁不在卷曲的范围内，因此种子被弹射出去。整个结构是对称的（参见图版Ⅱ，图13）。

在其他的例子中，由于和细胞的纤维壁本身的结构有关，其螺旋方向可能更加偶然。因此，针茅的一枝芒就形成一个右旋旋转（参见图版Ⅰ，图16）。在燕麦中，两枝芒各具特征，分属于燕麦生长出的同枝小穗上的两粒麦粒，其卷曲方向同样稳定，两朵麦花都向右（参见图版Ⅰ，图13）。也许最显著的螺旋结构是鹳喙草（Erodium或Pelargonium），因为它那卷曲的芒状带在形态上各不相同，只是从典型的“喙”上切出来的带状组织。正是因为这个“喙”，这种草获得过许多名字，如鹤喙草（Geranium）、鹭喙草（Erodium）和鹳喙草（Pelargonium）。在历

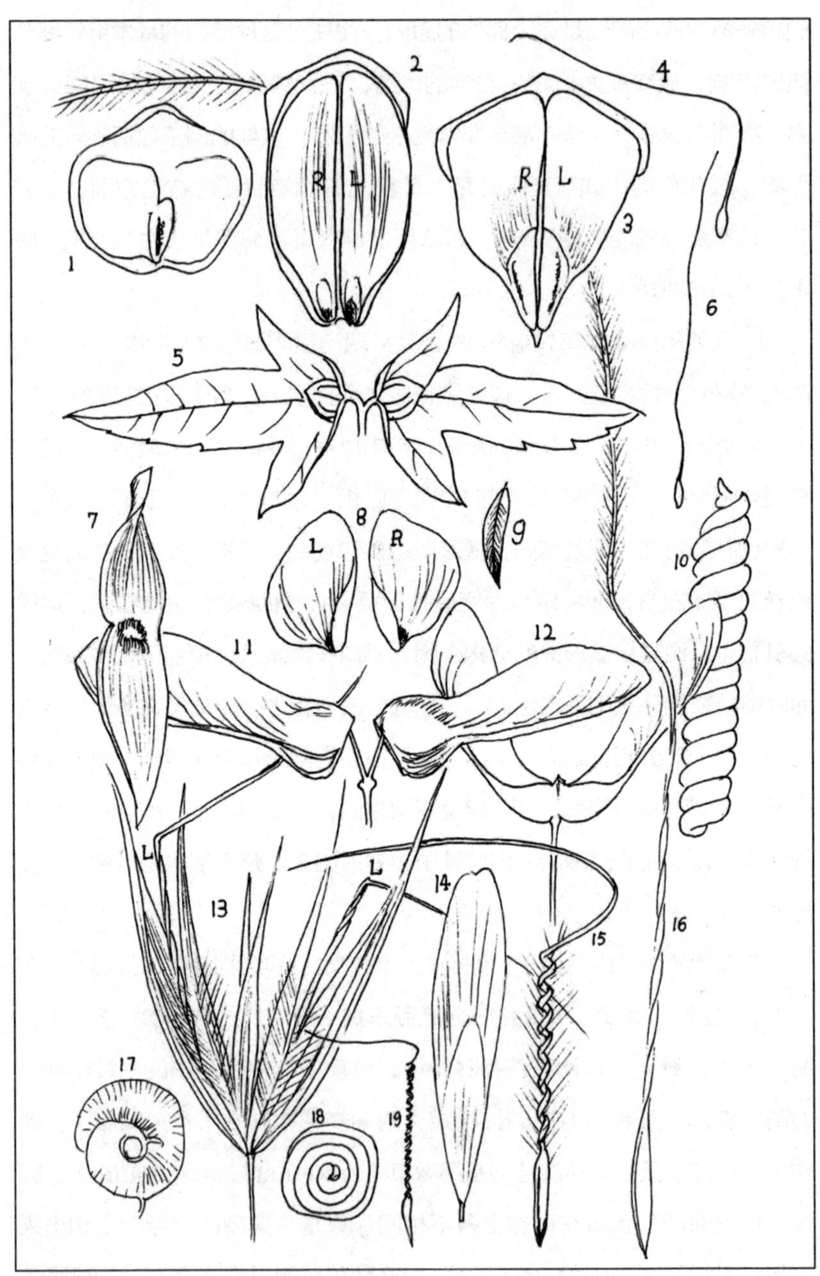

图版 I

植物的左旋和右旋

图版Ⅰ的说明：

1. 贝壳杉（*Dammara australis*）的锥果鳞片，其种子中间有一翼。
2. 辐射松（*Pinus insignis*）的锥果鳞片，其种子有两翼。
3. 欧洲白冷杉（*Abies pectinata*）的有翼锥果鳞片。
4. 铁线莲（*Clematis lanuginosa*）的果实具有尾巴，呈螺旋旋转。
5. 桦木科鹅耳枥属（*Carpinus*）对称的一对果实，具有三个叶状花被（*involucre*）。
6. 三花六道木（*Geum triflora*）的有尾瘦果，稍具螺旋旋转。
7. 臭椿（*Ailantus glandulosa*）的有翼悬果爿（*mericarp*），右旋旋转。
8. 啤酒花（*Humulus lupulus*）鳞片上的对生种子。
9. 木麻黄属植物（*Casuarina*）的有翼果实。
10. 豆科牧豆树属植物（*Prosopis strombulifera*）的螺旋状豆荚，右旋。
11. 栓皮槭槭（*Acer campestre*）的有翼悬果爿。
12. 大枫树（*Sycamore*）的有翼悬果爿。
13. 不实燕麦（*Avena sterilis*）正在结果的小穗，具潮湿芒。
14. 木犀科白腊树属植物（*Fraxinus*）的有翼果实，稍具螺旋旋转。
15. 鹳喙草（*Erodium botrys*）最大型的有翼悬果爿。
16. 羽叶针茅（*Stipa pennata*）的果实，具潮湿芒和羽状芒。
17. 木本苜蓿（*Medicago arborea*）的果实。
18. 蜗牛苜蓿（*Medicago scutellata*）的果实。
19. 鹭喙草（*Erodium laciniata*）的有翼悬果爿。

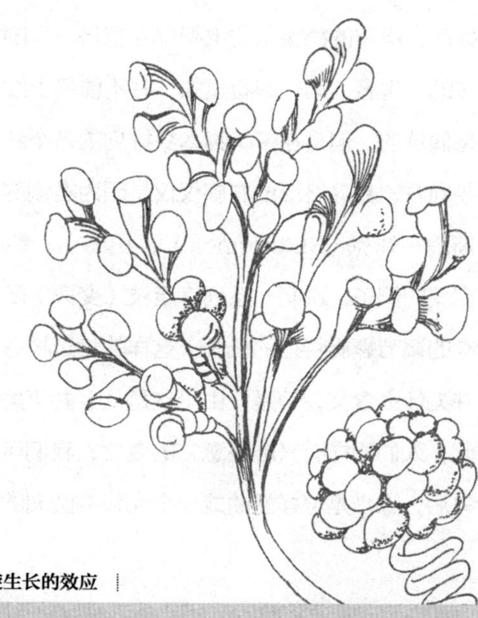

史上，这些植物的果实显然披有坚硬的短须，这些短须朝向一致，因此在风等外来机械力的轻微影响下，短须就会滑向一边，因此形成“匍匐”运动，而且从未后退过。子房壁的不育区多生长出长的带状物，可以增强其匍匐能力，与人们熟悉的大麦芒一样，而这可能正是我们称之为“喙带”的原本用途。但是如果让它们自行其是，那么由于其结构中具有纤维细胞线，带状物在干燥时会按照各自螺旋纤维结构的方向卷曲起来。在开始的时候，卷曲程度很小，就是稍微转个弯；但是由于一直坚持不懈，到现在，许多的老鹳草属植物（Geranium）都这么卷曲，其中栽培的暗色老鹳草（Geranium phaeum）就成为极好的例子。卷曲的喙带在干燥时翻卷，在湿润时重新拉直（只需大约5分钟），从而成为湿度驱动的器官，随着环境条件的变化，把匍匐的果实往前推进，这样就给植物带来一种新的生存能力。显然，带状物越长，潮湿组织越粗壮，卷曲的圈数就越多，推进果实的效率就越高。若干种鹳喙草的带状物有3英寸或更长，其他种的鹳喙草的卷曲圈数多达17或18（参见图版Ⅰ，图15和图19）。有两个特殊的问题引起我们的注意。由于在同一颗果实中，所有的子房室（loculi）的组织分化都是一模一样的，所有带状物都朝着同一个方向卷曲。不仅如此，所有的鹳喙草的组织单元都是一样的，因此，最终的螺旋往往是向右的。再者，第一眼看过去，并不能马上发现右旋，因为卷曲的方向完全是偶然的，但是在带状物本身排列的各个纤维层中，其结构有些向左，有些向右，其最终形成右旋仅仅是因为右侧的纤维比左侧的纤维占有优势〔斯腾布林克（Steinbrinck），1895〕。鹳喙草的种子因此不仅可以作为完美的例子，说明一系列幸运枝（变异）随时间的推进，会产生出一种漂亮的调节螺旋特征的机制。这样的幸运枝有许多完全是偶然发生的，其中并无什么含义。但是，由于这是从老鹳草类的简单“喙带”演化来的，因此，人们同样有兴趣注意它的变化，我们可以观察到在完全消除了螺旋趋势后，喙带是怎样卷曲成一个完整的圆圈的。发生这种情况时，可能形成了一种完全不同的（种子）发散机制。对于老鹳草的“弹果”机制的定论有待于根据这个观点进一步分析。

我们已经认识到在植物的匍匐攀缘前进中，这种螺旋湿度驱动机制具有重要的意义。因此，也许我们可以继续往下探讨，讨论死亡组织形成的让果实或种子在进入空中，或由于风力的作用侧向运动时，使之螺旋运动的机制。这些干燥的种子和果实的旋转运动极其令人惊奇，而且目的非常明确，因此旋转运动变得极其有用，这就为相对简单的变化产生出奇妙效果的效应提供了实例。种子或果实，或者果实的附属物（果实平面的侧向延伸）发育，使它们有能力在空气中飘动。在这方面，为了延长飘动时间，推迟下降，它们还应该根据风力改进侧向分布的效率。在这样的例子中，连续浮动基本上是一个平衡问题，更具体地说，是保证重心正好位于平面中心（或其下方）的问题。在非对称结构中，无论如何，飘浮运动自然呈螺旋状，除非是种子的一侧生长着宽翼，赋予效率高超的旋转机制。这里我们只要利用普通的例子就可以说明问题了，如松树种子，它具有薄膜状的滑动翼；或者大枫树（Sycamore）的果实，其果翼在性质上与前者完全不同，或者菩提树的果实，其结构与起源（homology）均和前两者差距很大。不过，从鸟类飞行中形成螺旋的观点来看，果实和种子的螺旋在飘浮运动中暗示着某种价值。因此，在松树锥果中，每一鳞片的表面都生长两粒松子，每一粒松子上都附生有一片薄翼状组织，在干燥的锥果中，这个薄翼随时可以从鳞片上脱离，最终也与松子脱离。在辐射松（Pinus insignis）的大粒锥果中，薄翼可能有1英寸长，本身不会运动；但一旦附生到种子上，就在自由落体的松子上形成一个转子。薄翼转子在运动中的美妙身姿，只有把松子扔到空中，观察它的降落过程时才能欣赏到。同一鳞片上的两粒松子是逆向不对称的，但无论如何它们是孪生的。它们的不对称可以容易看到。把干燥锥果同一鳞片上的两粒松子，让它们做自由落体运动，它们的下降方向相反，一粒向左旋转，一粒向右旋转。

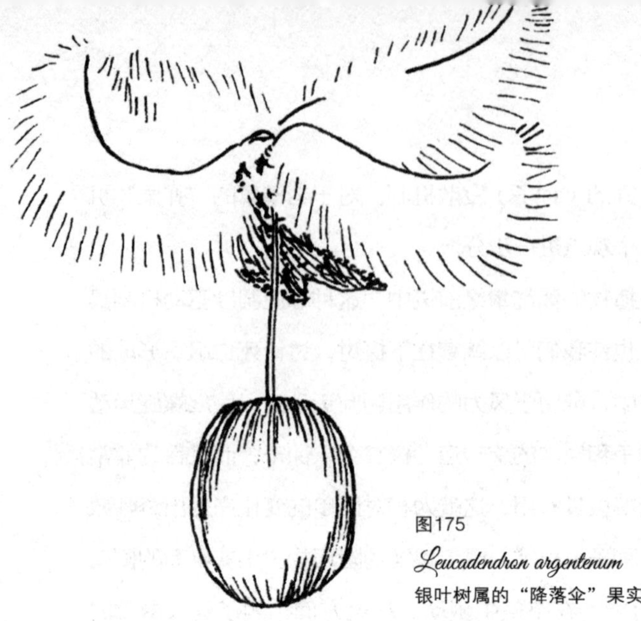

图175

Leucadendron argentenum

银叶树属的“降落伞”果实[3]

在鳞片上，要说清楚哪一粒松子会向左旋转，哪一粒会向右旋转，并不容易。但是，如图版Ⅰ中图2和图3所示，观察自由落体的鳞片就可以知道了，左旋的松子向下转动，以顺时针方向下落。两粒松子以相反的方向转动说明了一个事实，即薄翼是弯曲的锥果表面延伸出来的，它在干燥时弯曲了。在有翼果实的较常见例子中，翼是子房的外延生长延伸而成的，普遍呈辐射状不对称，而且有翼悬果爿在结构上完全一样，都朝一个方向转动。

大枫树的两片悬果爿（翅果）都朝一个方向转动，形式也完全一样，因此在这个意义上，这里的数字2（两片）并不表明其孪生结构。大枫树祖先的果爿数量显然是5，时至今日，三翼的翅果还相当常见（图版Ⅰ，图12）。

对这种果实转动的研究极其令人向往，因此，我们可以扩大视野来研究一下具有特殊意义的若干例子。

在种子随风散播中，诞生了起辅助作用的翼，在显花植物的大部分科属的果实和种子中都非常常见。其中产生的机制可以归类为5种：（1）弹射器，简单型或羽支型；（2）滑移器；（3）飘动器；（4）旋转器；（5）降落伞。

降落伞和旋转器脱离控制后垂直下降，下降速率仅受到衍生翼的阻滞，其中，侧向散布只受到侧向风速的影响。在另一方面，弹射器和滑移器以大于风速的速度做侧向运动，在基本静止的空气中非常有效，而旋转器在风速较大时，更能有效地达到散布的目的。在目前的讨论中，降落伞不作探讨。但很显然，弹射器和滑移器虽然与螺旋运动基本无关，但假如其结构明显不对称，则有可能做螺旋运动。因此，普通白蜡树的种子可作为简单弹射器的好例子（参见图版Ⅰ，图14），长长的种子只要往外弹射，带着种子的尖端朝下就可以了。但是，延伸的平面只要有所旋转，就会造成逆向旋转，而有人观察到有些白蜡树的种子稍微左向旋转，这会使它们呈右旋螺旋弹射，其行为与臭椿（Ailanthus glandulosa）的翅果不相上下。后者一朵花结五粒果实，每粒果实薄板的中间都有一粒种子，种子的顶部往往右旋旋转。因此，这样的果实就要从飘动器类划归旋转器类（参见图版Ⅰ中图7）。

滑动器类是特别常见的，因为子房壁或者籽衣的统一衍生，在各个方向都十分均匀，因此形成了扁平的板状物，基本呈圆形，种子在中间。这一类可以代表最简单的结构。豆科（Leguminosae）紫檀属植物就属于这一类，榆钱（榆树的翅果）和豆科木本苜蓿（Medicago arborea）的

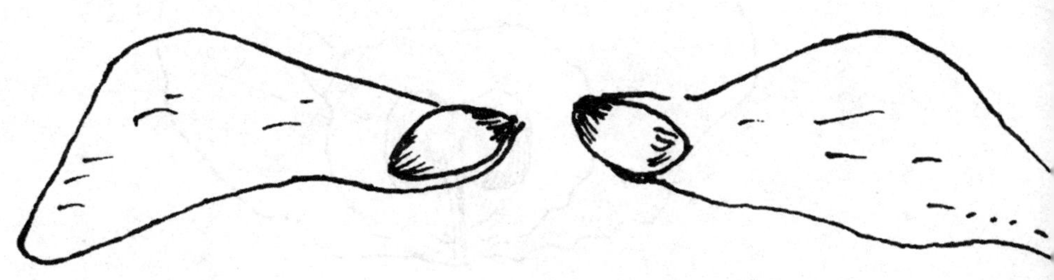

图176

Pinus austriaca

澳大利亚松树锥果的果实[4]

螺旋扁盘状的果实（图版Ⅰ，图17）也属于这一类。滑动器最精细的例子可能要数印度木蝴蝶（Oroxylum indicum），它的种子像一张大纸盘，3英寸长，2英寸宽，在空中像雪花一样，飘飘扬扬，旋转来旋转去。

真正的旋转器，为了旋转运动，需要在一侧衍生出薄翼，因类别不同，形态万千。因此，松果的旋转得益于锥果上附生的滑膜。大枫树的果实得益于子房壁的衍生。桦木科鹅耳枥属（Carpinus）的果实具有特殊的三个叶状花被，这是从花序——小苞片进化来的。菩提树则利用其宽大的小苞片来旋转一批种子，而啤酒花则用外苞叶来完成这个任务（图版Ⅰ，图5、图8和图11）。

在松树中，旋转效应与薄翼有关。薄翼的一边僵硬，呈直线状，在飞行中，这一边在前，而同一鳞片的两粒松子分别从两个方向旋转，凹面向下。许多其他种针叶树（如冷杉、云杉和落叶松）的种子也属于这一类结构。在同属植物中，如果一个鳞片中生长一粒或多粒种子，那么每一粒种

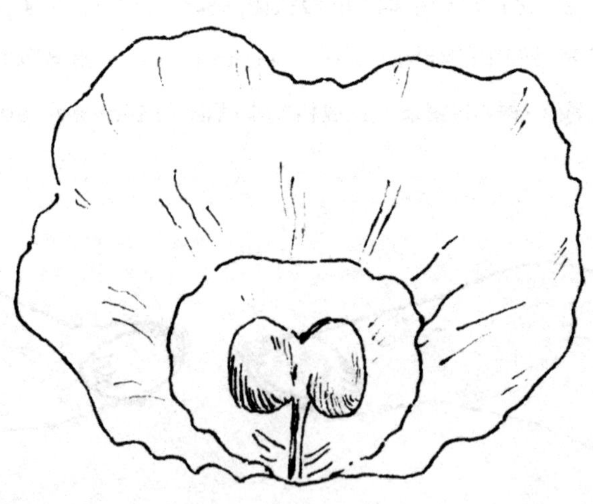

图177

Bignonia

紫薇属的“飞机式”种子[4]

子的两侧都会生长出侧翼，从而让种子可以稍作滑行，由此看来，巨杉（Sequoia gigantea）的种子应该与桦木的种子在外表上非常相像。我对新西兰的贝壳杉（Dammara）的松子（图版Ⅰ，图1）特别有兴趣，因为在这个例子中，每一个鳞片只生长一粒松子，松子只有一侧发育出薄翼，在左侧或右侧发育取决于鳞片。因此，可以说，原有的滑动效应已经被旋转效应所取代。松子转动得很完美，但是由于薄翼是扁平的，其运动会偏左或偏右。鹅耳枥的果实可以在这方面作为补充例子。鹅耳枥不对称二歧聚伞状花序上的两朵花不起作用，种子变换着左右旋转，尽管薄翼没有清晰的前缘，但在旋转中，主瓣的凹面向下，而果实朝上（图版Ⅰ，图5）。在普通啤酒花中同样具有发生于二歧对的两粒果实，这两粒果实同样以相反方向旋转，或者向左，或者向右，其凹面或上或下，整个薄翼的结构相当不明确（图版Ⅰ，图8）。

大枫树也有标准旋转型的果实和种子，而大枫树的翅果可以作为发育最好的典型旋转翼看待。它与一些蜻蜓的翼非常相像，有的左旋，有的右旋，僵硬的一侧在前。其中许多旋转翼在一侧的偏离比另一侧明显，但无论如何，也只能说明是对平面的轻微偏离。

第八章注释：

1 天竺葵属植物，其花托伸长如喙。——译注

2 如巢菜、野豌豆等。——译注

3 图175：一个自称“南非人”的人寄给我的，他附信如下：

> 寄上开普敦“银叶树（silver tree）”的“降落伞”果实图，图上的果实与原物同大。我觉得，也许你希望再增加一个有趣的例子（图175）。
>
> 这种南非常见的树木属于山龙眼科（Proteaceae）。它的果实生长在大型锥果中，与大型松树锥果并无不同，而它那奇怪的银灰色营养叶却非常有名。成熟锥果中的各苞片都包裹着一粒坚果状的果实，枯萎的花柱和四段花被一直留存到结果阶段，并被用来作为降落伞。花被等像一块薄膜一样从上方包裹住正在发育的果实，并和果实融为一体，围绕着纤弱的花柱，而它们那长长的尖端则显著发育成多毛的脊突。在成熟时，果实则和这些其他附件一起从锥果中脱落出来。四段花被附着在下方，但由于它们围绕着花柱融合在一起，它们还和果实有关联，只不过现在它们顺着细瘦的花柱往上滑动，一直滑动到柱头，受到柱头的阻挡为止。在果实落下时，看起来就像是一头浓密的短发，由一根细线连接到四块薄膜片沙锅内，在其上方是四个漂亮的脊状突出物。整个果实看起来与降落伞无异，令人惊叹。但是，一旦把它扔到空中，马上就会发现，它好像没有像降落伞一样迅速下降，因此，这个结构尽管在外表上十分相像，但从果实在空中浮动的情况（而且也没有产生旋转）来看，绝不能认为这种结构是一种天衣无缝的结构。果实的外形看来就是为了偶然地保持住毛茸茸的花被片，花被片包裹住果实，在果实成熟期从外部保护果实；而花柱头的膨胀本身就是防止它从纤弱的花柱滑出去。降落伞对植物产生的直接益处到底有多大，依然让人琢磨不透，但是，对于我们所发现的这种美丽却是毫无疑问的。

4 图176和图177："M. L."写道：

从大作"飞翔的种子"的有趣表格中，你省略了两种碰巧我见到过，而且速写过的果实。现在，把它们寄上，希望阁下允许我把它们添加到阁下的标本中。图176示出了澳大利亚松树的松果，它们的薄翼与鸟翼相似，让人一目了然。图177示出了紫葳的种子，其外表和飞机非常相似，它在空中先飘动一段距离，然后再轻轻地降落在地面。

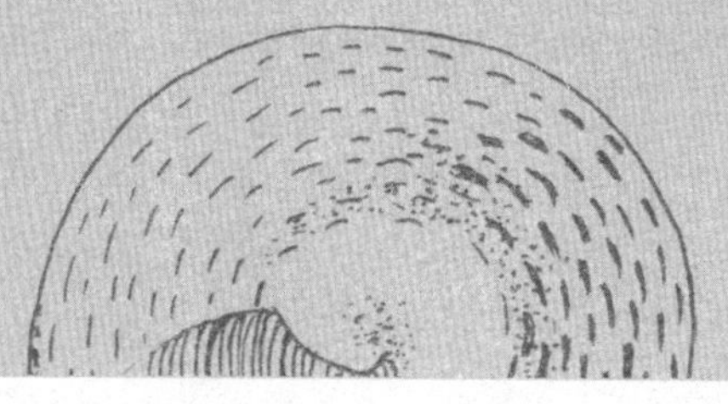

Chapter 9

Right-hand and left-hand spiral growth effects in plans (continued) some special cases

· 第九章　植物左旋和右旋生长的效应
——若干特殊的例子

"阅尽"世间创造力和种子萌芽，则不再寻章摘句。

——歌德

我们现在来探讨若干具有特别意义的例子，以此总结关于植物螺旋效应的讨论。这些特殊的例子在前一章尚未涉及，其螺旋特征非常明显。

正常轮生的叶序偶尔也会随着特殊出现的不对称而发生异常变化。所谓特殊出现的不对称，最明白的定义是在某种意义上失去一条结构曲线形成的现象。例如，一株生长有10片轮生叶子的植物（结构系统为10：10），会突然间改变为10：9或者10：11。这种即时效应是为了取代一次缠绕，即围绕轴线形成螺旋状遗传曲线。而且，这种效应在整个系统恢复正常，形成对称结构之前一直起作用。这种现象如果发生在典型的轮生植物，如杉叶藻科杉叶藻属植物（Hippuris）和木麻黄科木麻黄属植物（Casuarina）中则称为畸形。这方面最漂亮的例子是木贼科木贼属植物（Equisetum），其中最精致的标本是螺旋状的木贼属的沼生问荆（Equisetum telmataei），真是值得欣赏的妙物。

基本具有产生螺旋薄翼效应的要数卷叶藻和地钱，这是两种醒目的植物，但它们在各自的目都属于比较特殊的属。因此，一种分布在地中海称为卷叶藻（Vidalia volubilis）的红藻，具有和刨花一样的螺旋。这种红藻的叶片分枝、直立，长达60毫米甚至更多，在生长过程中，螺旋程度越来越弱。根据插图和观察到的标本来看，其螺旋方向为左旋（图版Ⅱ，图2）。

同样，在苔藓和地钱中，螺旋结构通常表现为从顶端细胞切开的细胞室连续螺旋，它们显然决定了叶子的排列形式，一个属本身产生出翼状物，翼状物卷曲在同向旋转的旋梯状褶皱中。这种结构的最佳例子是分布在阿尔及尔的、极罕见的卷叶地钱（Riella helicophylla）。这类植物在水下生长，直立枝条长达30到35毫米。根据《阿尔及尔科学考察记》（*Exploration scientifique de l'Algerie*，1848）中的插图，其螺旋方向通常为右旋（图版Ⅱ，图1）。

上述这些例子的结构极其强烈地展示了一种可以称之为“旋梯”的结构，因此，我们在这里所说的甚至在高级植物中也具有同样的结构，是不会错的。这里有两个例子值得注意。

这种结构相当罕见，但是在天南星科植物（Helicophyllum）中，如白星芋属（Helicodiceros）中，却是正常的结构。在白星芋属的Helicodiceros muscivoras中，一眼就可以看到两枝叶状枝好像都是从叶子的基部弹射出来的。实际上，和许多天南星植物一样，其层状体（lamina）具有两个箭状叶片（lobe）。但这些分枝呈合轴状，其分枝没有扩展开，而是旋转成旋梯状，因此，叶片看起来好像围绕中轴排列。叶片的两个系统逆向旋转，于是各自的营养叶就真的产生出叶层双分枝系统（戈伊伯《器官论》，卷Ⅱ，第324页）。

探讨过整个结构中存在一定螺旋现象的植物之后，我们现在可以往下探讨螺旋状雄性精子问题。低级藻类的精子细胞普遍微小，呈卵圆形或梨形，其运动机制为两条长纤毛或鞭毛[1]，随着受精机制的进一步分化，雄

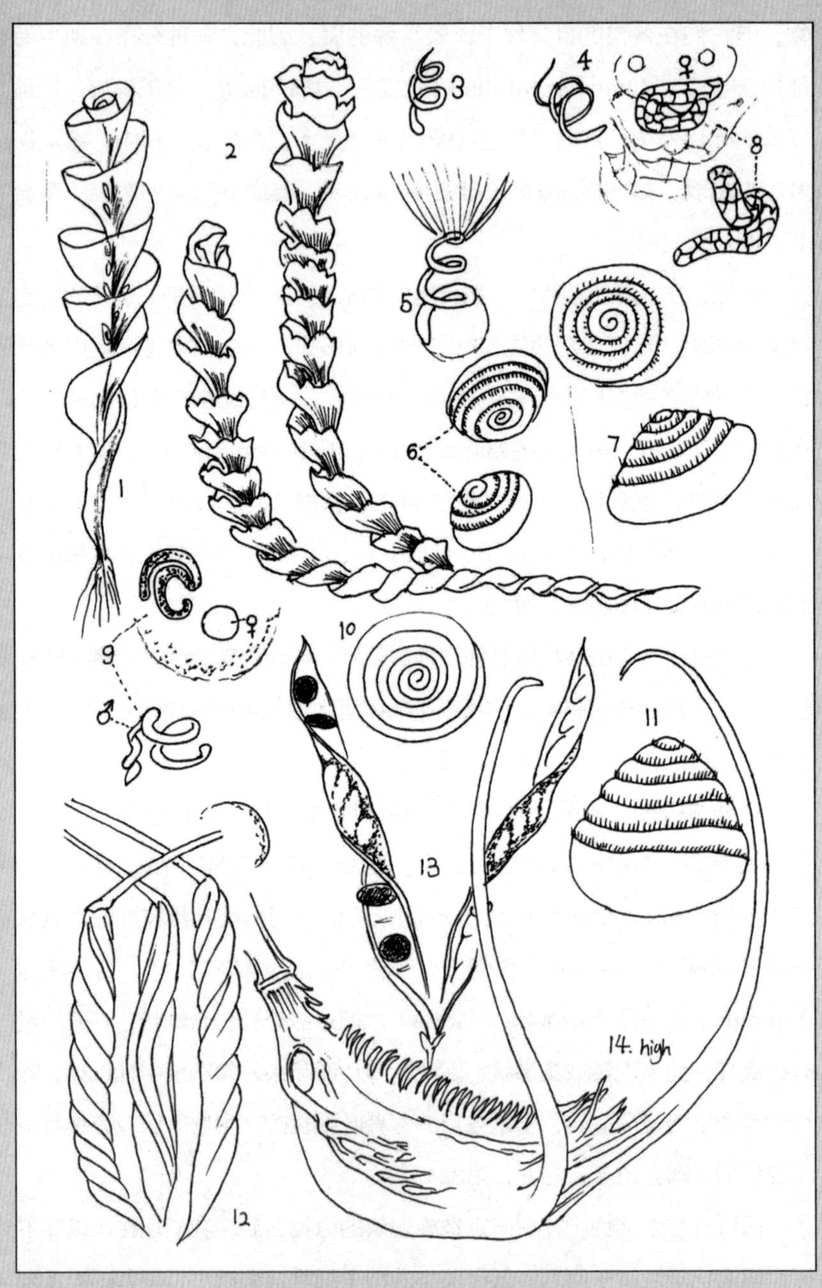

图版 II
植物的左旋和右旋

图版Ⅱ的说明：

1. 卷叶藻地钱（*Riella helicophylla*），全株35毫米高（《阿尔及利亚植物志》，1848）。
2. 红藻（*Vidalia volubilis*），全株60毫米高，采自野外。
3. 绿藻（*Chara*）的游动雄蕊。
4. 葫芦藓（*Funaria*）的游动雄蕊。
5. 绵马蕨类（*Aspidium*）的游动雄蕊。
6. 装在花粉瓶中苏铁（*Cycas revoluta*）的游动雄蕊（三宅，Miyake，1906）。
7. 墨西哥双子苏铁（*Dioon edule*）的游动雄蕊，其端观与剖面观（张伯伦，Chamberlain，1910）。
8. 细弱贝母（*Fritilaria tenella*）的雄性核，具有卷曲的环，处于授精阶段（纳瓦申，Nawaschin，1909）。
9. 向日葵（*Helianthus annuns*）的雄性核，具有卷曲的环，处于授精阶段（纳瓦申，Nawaschin，1909）。
10. 美洲苏铁（*Zami*）的游动雄蕊，端观（韦伯，Webber，1901）。
11. 同上，侧面观。
12. 火索麻，即扭蒴山芝麻（*Helicteres isora*）的螺旋状果实，采自野外，左旋和右旋，有的具有多重螺旋。
13. 豆科鹰爪豆属（*Spartium*）的果实，具有对称旋转的瓣（长70 毫米）。
14. 角芝麻属（*Martynia formosa*）的果实，具有螺旋状拱起的对称角。

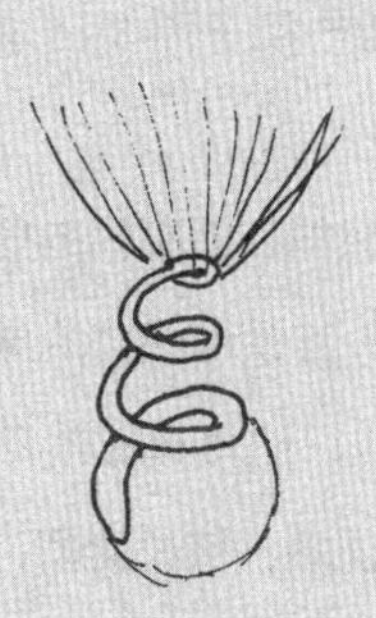

蕊本身也呈现出进一步分化的状态。雄蕊身体延长了好多，其驱动机制通过纤毛的延长或数量的增加而加强。由于雄性精子要在直径相当均等的母细胞中发育，精子身体只能在转化为雄性雄蕊过程中使精核卷曲时才能延长。如果这样的延长要继续，超出细胞的范围，那么雄蕊只好卷曲；不断延长，不断卷曲，尽可能多卷曲几圈。卷曲的方向，无论左右，显然是随机的，只要卷曲核的尖端能从左面或右面进入即可。许多植物雄性雄蕊形成了这样简单的螺旋状卷曲，其方向并不分左右。因此，绿藻（Chara）具有螺旋状双纤毛雄蕊，在母细胞的尾部卷成二到三圈（图版Ⅱ，图3），游动时，尖端朝前。这样的雄性雄蕊不受空间限制时也不会伸直，其螺旋结构显然形成了转动机制，使其继续沿直线运动，不会像简单的卵圆形鞭毛细胞那样弯曲。因此，本来由于结构机制需要的螺旋就成了生物的优势之一，最终成为雄性细胞的特征。所有的苔藓植物都具有这样简单的螺旋状雄蕊（图版Ⅱ，图4）。在释放出来的时候，螺旋卷曲十分明显，但在游动时，尤其是在穿透颈卵器的窄颈时不明显。蕨类植物具有更为复杂的形式（图版Ⅱ，图5）。在普通形式中，卷曲的圈数是3到4，母细胞的遗迹可能会拖携在后端，而前方的卷曲位于纤毛冠中。这一类型雄蕊的模式标本存在苹（Marsilia）中。苹的螺旋体形成了12到13圈，有时多达17圈漂亮的螺纹。这么显著的发育可能与精子需要钻过厚密的黏液才能到达颈卵器有关。

所有这些雄性精子都非常微小，也就是说，只能在最高倍的显微镜底下才能观察清楚，在书籍插图中需要放大500倍。苏铁和银杏的雄性细胞显然算是巨型的了，但只是在近年才得到描述。它们具有非常不同的特征。这些雄蕊是两个两个在一起，位于花粉管的顶端，核长而圆，只要一端的纤毛形成了螺旋带后，其形状就基本不改变了。它们个体极大，因此用肉眼就可以看清楚，最大的苏铁精子径宽甚至达到1/3毫米。螺旋带的作用是使精子滚动前进。雄性细胞与雌性细胞之间的距离并不长，因此滚动足以达到目标，而且还可以使精子达到颈卵器的窄颈部，然后再钻进雌蕊。

大范围运动性精子应该出现在大型的、模样相当一般的现代树木的花粉管中，而且应该释放出来自由自在地游动向雌性细胞，这是当代植物学发现的最为显著的事实。长期以来，人们一直认为高等陆生植物起源于隐花植物，隐花植物的受精过程在大洋中发生，这个事实证实了这个观点。因此，日本植物学家平濑（Hirase）于1896年在银杏中发现这种运动的精子，开创了早期种子植物研究的新时代，而植物学界很快就发现现代苏铁中有三到四个属具有差不多一模一样的现象。在苏铁中，精子个体要比银杏的大而清晰，可达0.18到0.21毫米。根据三宅（Miyake，1906），苏铁雄蕊的螺旋带要转5圈或5圈半，而且已知除极个别特例外，普遍左旋，即顺时针旋转（图版Ⅱ，图6）。根据韦伯（1901），美洲苏铁（Zamia）也完整地旋转5到6圈，一般左旋，其雄蕊细胞为目前所见最大者，径宽达0.222到0.332毫米（图版Ⅱ，图10和图11）。最后，张伯伦（Chamberlain，1909）描述的墨西哥苏铁（Dioon）精子细胞径宽达0.300毫米，也旋转5到6圈，而且自上往下，“几乎毫无例外地”右旋（图版Ⅱ，图7）。是什么原因决定螺旋的方向依然不知。但是，有趣的是，我们注意到在这些例子中，精子总是从兄弟细胞中成对形成的，其差别在于“背靠背”。在这个方面，可因想象“孪生细胞”，即细胞核是从同一个原始核的纺锤体衍生而成的，很可能其卷曲方向相反。但是事实却明显地与这个预测大相径庭，尽管在这方面还没有进行足够的研究，从而得到绝对确实的结论，但是普遍存在的现象应该是它们特性的反映。

即使在高级植物中，当授粉的时候，雄性细胞中也发现了螺旋运动及其后的螺旋形式。在开花期间，两粒雄性核离开花粉管的时候，需要运动相当一段距离才能达到雌性细胞，而且由于核与胚乳结构有关，因此这样的运动一定是雄性细胞主动进行的。纳瓦申（Nawaschin）给了我细弱

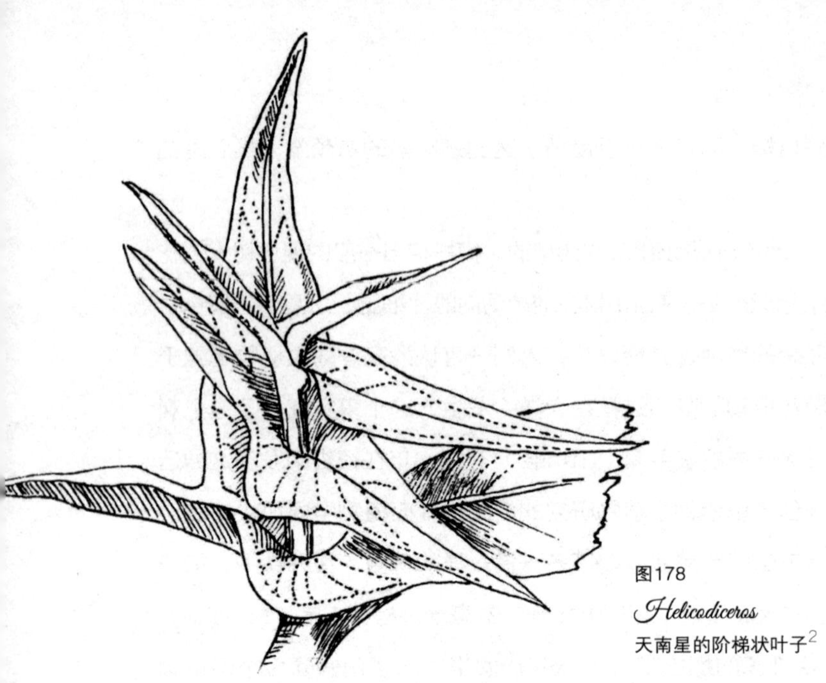

图178
Helicodiceros
天南星的阶梯状叶子[2]

贝母（Fritillaria tenella）的漂亮插图（图版Ⅱ，图8，1909），其中，两粒精核明显具有蠕虫状的螺旋。更加令人惊奇的一个例子是普通向日葵（Helianthus）的受精过程（图版Ⅱ，图9，纳瓦申，1900），其中延长的雄蕊明显显示出螺旋状卷曲，甚至呈现出中央缠绕一卷，两自由端逆向卷曲的现象。这种结构在多大程度上有助于运动，或者仅仅是毫无目的地旋转，我们尚不清楚。但是，有意义的是注意到这些细胞保留了螺旋特征。和螺旋状的苏铁雄蕊不同，这样的螺旋并不是结构过程的结果，形成螺旋带显然是为了运动的目的，因此在进入卵细胞时，螺旋带再次脱落。

螺旋状况单个发生的有趣例子再次从许多结构显著的果实中获得，在植物中，旋转现象的发生局限在某个种，罕见普遍发生于整个属。非常美丽的螺旋形式普遍在一些植物果实中观察到，这些果实是从一个或多个果爿衍生而成，果爿本身在开花阶段相当直，但在结果的早期阶段出现了次生的螺旋生长。而且螺旋的方向也普遍相同，偶尔出现逆向螺旋旋转的现象。

在山芝麻属（Helicteres isora）中若干个果爿会旋转在一起（图版Ⅱ，图12），这种现象很罕见。图中，5个果爿旋转在一起，形成10到15圈的封闭式螺旋。在这种植物中，螺旋可左可右。对75颗果实进行了检查，发现45颗向右，30颗向左，说明偏向右旋。发现一颗果实先是左下旋，然后变为右上旋。许多大型的毛茛科铁线莲属植物（Clematis lanuginosa）的果实提供的例子不那么完善，铁线莲的果实普遍左旋，拖曳在所有瘦果的尾部，在这些有羽的果实中，有些下落时呈现出与蠕虫相似的波状螺纹，与针茅的果实相同。

某些豆科植物具有典型的非常迷人的螺旋效应，其中，只有单个果爿参与荚果的结构。大部分苜蓿属植物一般左旋。该种类在扁平的种子上或者只有一个旋转，通过风广为散布，如木本苜蓿（Medicago arborea，图版Ⅰ，图17）；或者在翻卷的球状体上有5到6个完整的旋转，如蜗牛苜蓿（Medicago scutellata，图版Ⅰ，图18）。苜蓿的右旋种类已经得

图179
粗壮的葡萄藤[2]

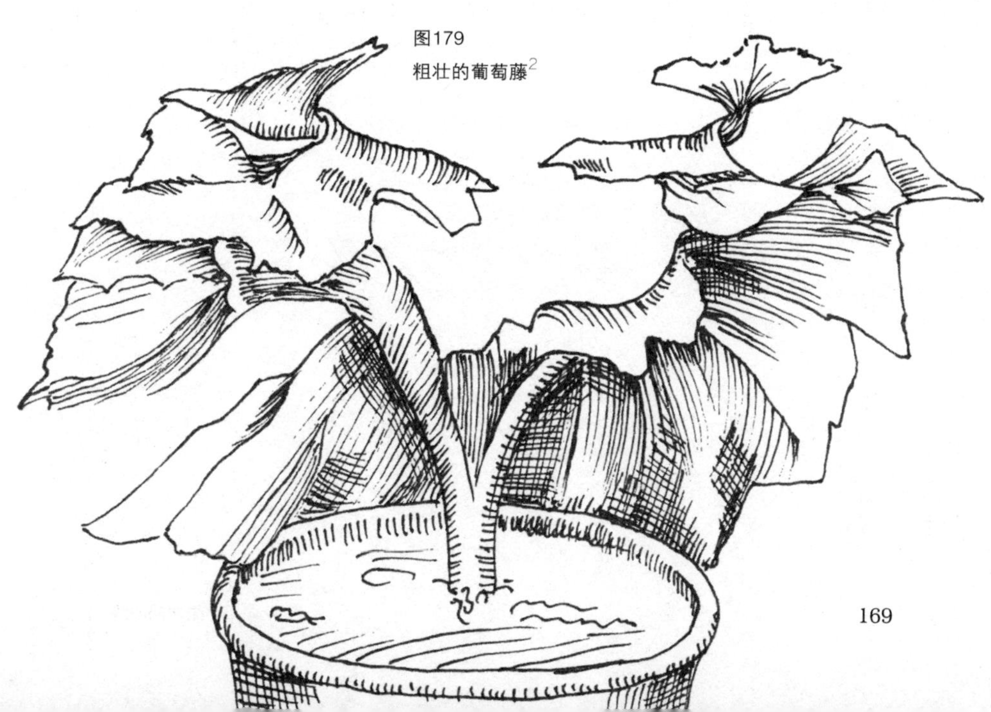

到描述。在另一方面，螺旋状的豆科牧豆属（Prosopis）具有完善的螺旋，最多达15圈，一般右旋，螺旋达2到3英寸长，与普通的“右旋开瓶器”神似，让人难以想象竟然不是人工制造的，如螺丝牧豆（Prosopis pubescene）和牧豆属植物（Prosopis strombulifera）。该属的其他种生长有螺旋状豆荚（图版Ⅰ，图10）。

上述例子中的卷曲的方向显然基本与植物本身无关，只能认为仅仅是偶然的，或者是植物属的“事故”。角芝麻属植物中有的种具有双果爿果实，这种角芝麻的补偿性旋转更为精致。在大型的果爿中，两个坚硬的长角状突起和羚羊的双角一样旋转拱起。据说，这种对称的角突对植物具有生态学作用，因为它们又长又硬，因此，动物经过时可以挂在动物后蹄的距毛上（图版Ⅱ，图14）。

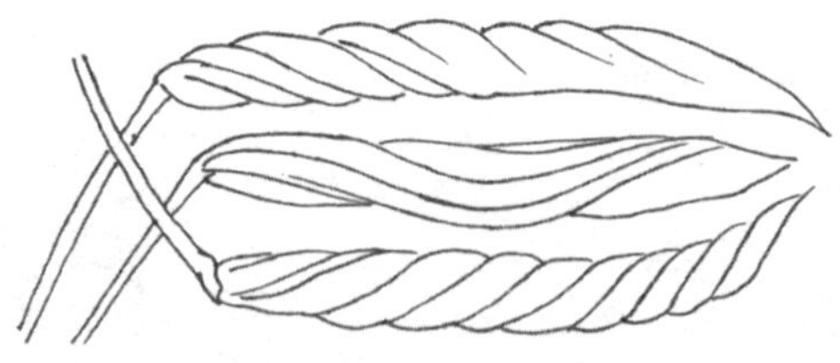

第九章注释：

1 原文如此。原文的主语复数，很多精子细胞不可能只有两根长纤毛或鞭毛。——译注

2 图178和179："F. R."邮寄来插图时附信如下：

> 阁下叙述了白南芋属的Helicodiceros muscivorus显著的梯状螺旋。附信寄上仿自戈伊伯的插图（图178）。
>
> 某些秋海棠属植物（戈伊伯，1911）具有与此基本相似的旋梯效应，如两种Rex式杂交的"营养叶杂种"，人们称它们为露伊斯厄多迪公爵夫人和睫毛秋海棠（Begnonia ricinifolia f. Wehleana）。据说，前者是"亚力山大·冯·洪堡德"秋海棠和阿根廷秋海棠（Begnonia argentea）杂交的产物，后者是白芷叶秋海棠（Begnonia heracleifolia）和秋海棠属植物（Begnonia peponifolia）杂交的产物。在这两种紫薇身上发现的特征在亲本上完全不体现。值得注意的一点是，叶片（leaf lamina）上的基叶（basal lobes）没有和其他的紫薇一样转化为成年组织，而是继续生长相当长一段时间。这样的螺旋发展最完美的例子是用以插枝繁殖的年轻叶子，上面所有不利的芽全部去掉。在这样的情况下，基叶继续生长，显然是利用储藏在叶子中的营养，它们从叶片的基部开始继续生长，先是两片旋梯状的叶片，逆向对称回旋。至于戈伊伯插图的植物，新的生长呈现出5个螺旋圈，但在几个星期之前还只有两圈。这些螺旋不可能无休止地继续生长下去，但显然会生长若干个月，到底会生长多久取决于营养的供应。螺旋效应显然是叶片的外缘比内缘强壮造成的，这一点与粗壮的葡萄藤相似（图179）。在这里我们必须考虑非常显著的和美丽的"变异"，变异与杂交可能有关，也可能无关。不过，螺旋结构的用途十分令人怀疑，粗大的叶子依然认定为偶然和无目的的变异。奇怪的是这种情况竟发生在两种杂交植株中。

其他:

爱尔兰宫廷杉（红豆杉）：本章的第二段可以加上以下内容，有一种现在称为爱尔兰宫廷杉或佛罗伦萨宫廷杉（一种欧洲红豆杉的变种，Taxus baccata var fastigiata）的植物，其叶子呈亚螺旋状围绕着轴线，向四方散开。这种变种红豆杉是约120年前，一位英国弗马纳郡的农夫在自己的山地发现的，他送一株给佛罗伦萨公国王室。佛罗伦萨王室的恩尼斯基冷（Enniskillen）伯爵把第一批插条送给李先生（Lee）和肯尼迪（Kennedy）先生，这两位先生就把这种植物传播到全世界了。

Chapter 10

Right-hand and left-hand spirals in shells

· 第十章　贝类的左旋和右旋

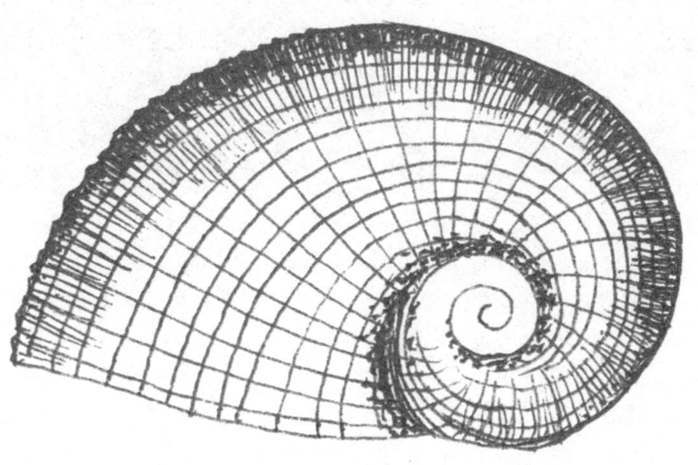

有人认为，在意大利国内离海洋很远的高山上，现在可以看到的贝壳是在大洪水期间沉积在那里的；人们普遍承认贝类按其习性要生活在沿海，随着（大洪水期间）海平面上升，贝类也随着上升的海水分布到更高的高度。但是，海螺（例如）从水中爬出来的速度比蜗牛还要慢，因此，不可能在大洪水期间的40天里从远在伦巴第区的蒙费拉托的亚得里亚海沿岸匍匐这么远的距离（距离约250英里）来到这座山上……事实上，在贡佐里（Colle Gonzol）的鹅管画中，这是亚尔诺（Arno）轻率地洗掉底色后显现出来的，你可以看到在蓝色的黏土中一层又一层的贝壳，其中也包含有其他海洋生物的化石。

——达·芬奇《莱斯特手稿》

以上我们探讨了本书的植物学部分，从中可以看出植物的螺旋结构已经从不同的角度根据插图进行了研究。譬如说，植物系列的第三部分也探讨了贝类的螺旋。对于笔者在第一章中提出的树干的扭曲可能是因为地球的自转或常年盛行的风向所造成的说法，现在还不能在植物学方面给出权威的结论。在第二章的图43中，我以什鲁斯伯里（Shrewsbury）的栗子树的右旋为例，并且说明我正在等待来自澳大利亚的左旋的例子。但现在这样的等待几乎没有必要了。在图180中，读者可以看到伦敦植物园的山毛榉具有明显的右旋。依此，加上图43以及图181左侧的右旋甜栗子树，我们就认为有证据说明这样的右旋结构在北半球较为普遍，那么我们马上就会发现，这个结论与图181的右侧甜栗子树矛盾。图181同样是甜栗子树，也生长在同一地点，但扭曲方向却是相反的。因此，很显然我们难以从植物学角度预测同一科的植物具有同样的形态，尽管在大部分贝类中，我们可以做出这样的结论。我想，在探讨缠绕植物时，我们的信心更要打折扣。不过，在专注于贝类的探讨之前，我必须提出一个非常奇怪的结构上的例子。这种结构在科技界引起争论，至今还做不出这种结构是起源于动物还是起源于植物的结论，这使得许多研究者困惑，使他们在其他方面的研究中也碰到大致相似的问题。所谓的加拿大原始生物[1]就是一个例子。

图180
山毛榉的扭曲树干
（右旋参见图43）
腊菲尔摄影

若干年前，人们在内布拉斯加的巴德兰兹地区[2]发现了一些极其异常的螺旋形化石，这个发现首先引起了科技界的注意。其中的一份标本在蒙特利尔的德鲁蒙德（W. H. Drummond）博士的友好帮助下，我希望，很快就会邮寄到大不列颠自然历史博物馆。这些螺旋形化石的真正起因和特征尚待探讨，但是由于较多的专家倾向于认为它们不仅是有机物，而且是植物，笔者有必要在此作一番交代。

图181
两株分别左右旋的甜栗子树
（腊菲尔摄影）

巴伯教授（Erwin Hinckley Barbour）出版了一本书，其插图列举了许多像“魔鬼的开瓶器”或“化石缠绕植物”这样的例子，并以一个相当科学的术语——奇旋迹（Daemonelix）来称呼这类植物。他在内布拉斯加的苏城（Sioux county）哈里森（Harrison）附近的松树岗（Pine Ridge）的鹰岩区（Eagle Crag）发现了大量这样的植物。这些奇怪的结构，真是异乎寻常而又独一无二，分布在白河（White River）和尼奥巴拉拉河（Niobrara River）之间400平方英里的区域，深度达200英尺左右。这些是螺旋状的石英柱，有些埋在砂岩中，有些“风化出”相当明显的原有基质。螺旋的长度各有不同，有的长达20英尺，而且从上到下极其规则。在下部附有一大块横向附属物，表面光滑，没有螺纹，基本呈圆柱状，像一个可以装100到140加仑的大桶，长度超过其上方的螺旋结构。这些螺旋化石的表面分枝交织，径宽1/8英寸的小管相互缠绕，深处的小管越缠越密，形成了致密坚硬的内壁，（在显微镜下）显示出植物纤维组织。每一块显微截面，均毫无例外地呈现出准确无误的植物纤维。

在遥远的历史年代，落基山脉东部的盆地曾经是一个巨大的淡水湖。这里的沉积砂岩，都是历史的遗迹。在沧海桑田的历史岁月中，这个湖泊被河流冲刷而来的泥沙淤积了，泥沙埋藏了许多水生植物。水生植物在腐烂的过程中，一个颗粒一个颗粒地被二氧化硅所取代，二氧化硅是石英的母体。现在发现于松树岗上的巨型螺旋状石英，就是以这样的方式保留了历史风貌，保留了螺旋结构，保留了大片水草的巨大根系。这些水草曾经在湖底茂密生长，在淤积的过程中，一茬又一茬地生长，层层叠叠，一直到最后，湖泊变成了陆地，水草消失了，脱胎换骨成奇旋迹。奇旋迹的螺旋既有左旋，也有右旋，但都围绕着中轴对称排列，这个现象本身足以证明它们不是动物，也不是动物住所的遗迹。因为，虽然两次发现其中有动物的骨骼，但是我并不认为奇旋迹是兔子的洞穴。我们也同样难以相信这样巨大的水草可以在湖泊中生长，而不是生长在海洋里，也难以相信藻类的组织在死亡后的若干周内竟然不会腐烂。

人们提出了其他的假设来解释这些奇怪的结构，其中最有可能的原因

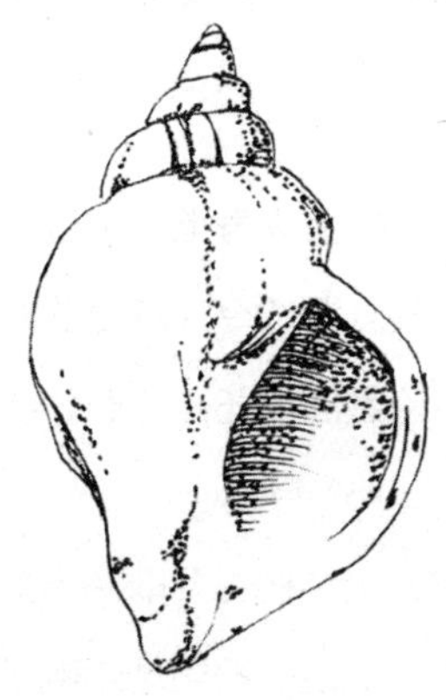

图182

Fusus antiquus

活体纺锤螺（右旋），采自费利克斯托海滨

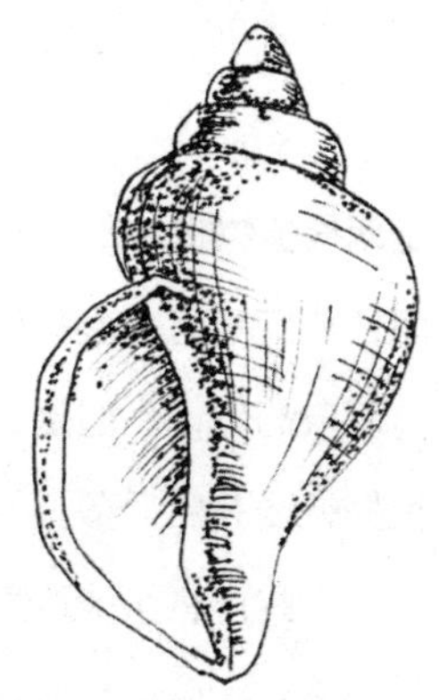

图183

Fusus antiquus

化石纺锤螺（左旋），采自费利克斯托沿岸的峭崖

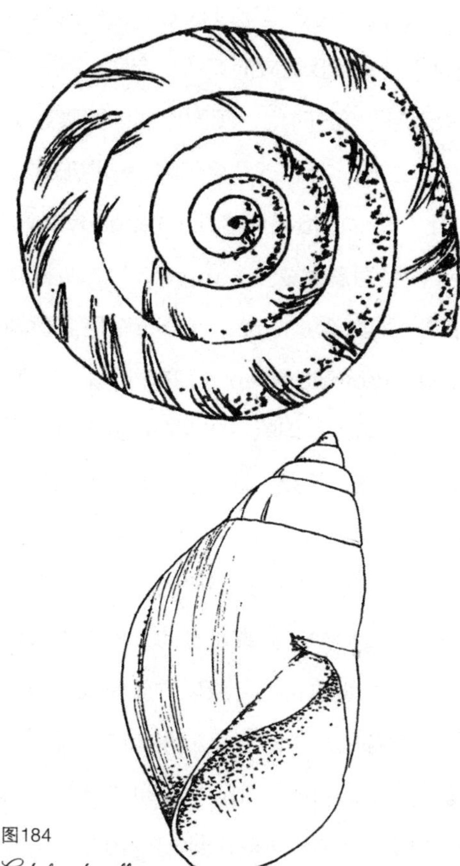

图184

Achatina hamillei

玛瑙蜗牛（右旋）

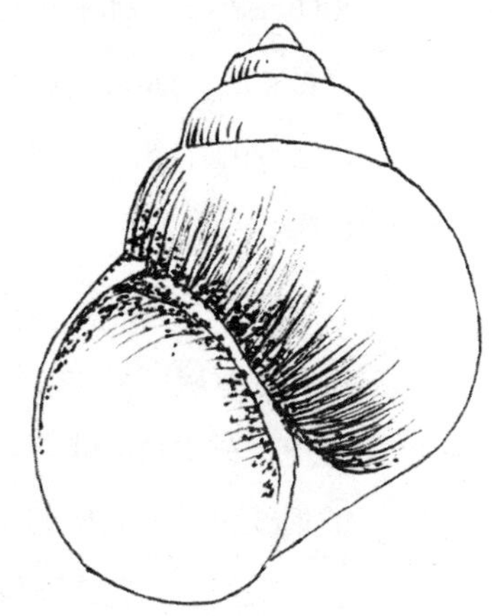

图185

Lanistes ovum

采自坦噶尼喀[3]的卵形恶煞螺（始终左旋）

是两株植物造成的，其中一株紧密地缠绕在另一株植物身上。不过，在这里，我们不可能展开说明。显然，现有的知识难以形成令人满意的解释所有现象的理论。但是，一旦开始探讨贝类，不论是活体还是化石，我们的根据就要充足得多。

有些作者可能认为，生物“选择”左旋或右旋结构主要取决于机遇。如果事实如此，那么，肯定有一种至关重要的“机遇”严重地影响了生物个体及其整个种群的前途。因为我们已经见到这样的例子，其中某种贝类的所有化石都是左旋（见图183和图185），而所有现存者都是右旋（参见图182和图184）。根据这个现象，我们是不是可以认为，这种贝类的早期个体，就是因为在环境改变时，没有自我适应而无法生存了？或者我们只能认为，在化石贝类的活体昌盛的历史时代，潮汐形式等因素连续不断地影响使得所有的稚贝“偏于”左旋，而在近几百年间，潮汐形式已经改变，稚贝也反映出了这种变化？在靠近坦噶尼喀湖（Tanganyika）的地方，生活着一种个体相当大，名为恶煞螺（Lanistes）的两栖软体动物（图185）。这种贝类在这个地区全是左旋，而分布在尼亚萨湖（Nyassa），即维多利亚尼安扎湖（Victoria Nyanza）的同一个种，则全是右旋。穆尔先生（J. E. S. Moore）认为，坦噶尼喀湖在历史上受到海洋潮汐的影响，而其他湖泊则都是淡水湖。但是，这个观点现在看来站不住脚。

我曾经说过，螺旋的生成可能就是起因于一些明显的偶然性。在这方面，发囊就是一个好例子。在西方人种中，发囊是直的，而在黑人种族中，发囊是弯曲的，因此形成螺旋弯曲的头发。象牙的牙座或者兽角的基部也具有同样的生长效应。独角鲸的牙（实际是独角鲸的前牙）也是一个例子。皇家外科学院博物馆（Museum of the Royal College of Surgeons）收藏有独角鲸的鲸牙标本，该标本清晰地显示出罕见的左旋，而其中一个标本还另具曲线。曲线的存在显然是牙座发生轻微变化造成的。我见到过的两颗独角鲸的牙都是左旋的（图186），其中一颗16世纪的牙雕标本，该标本现在收藏在总督府（Doges’Palace）的斯图奇大厅（Sala del Stucchi）；另一颗更为古老，收藏在威尼斯圣马克珍宝馆（St. Mark’s Treasure）。但是，它们更充分地表现出异乎寻常的左旋。已发现7头独角鲸的对牙，其中一份标本收藏在位于南肯辛顿的大不列颠自然历史博物馆中。这一对牙和我后文提到的兽角的构造不一样，并没有左右相对螺旋，而都是左旋。虽然我只是说明了自己的鉴定结果，但是，有人指出独角鲸只要生长了成对的牙，它们的螺旋一定是同向的，不会像人们想象的那样，生成以身体中线为对称轴的左右对称螺旋的牙齿。威利博士（Wherry）认为，鲸牙在长出牙床之前，牙纤维完全呈直线，长出牙床之后才形成螺旋。而且由于独角鲸在水中游动时偏向一边“耍弄”牙齿，因此在生长过程中形成了逆波状的螺旋。如果生长出罕见的双牙，独角鲸就习惯地把头偏向一边，从而造成双牙和独牙一样都是左旋。这个现象与锥叶半月兰（Selenopedium conchiferum）的花瓣两侧均呈右旋的现象相类似，关于这种植物的描述我在前文中引用过同一作者的观察结果。

图186
独角鲸的一段牙
（始终左旋）

皇家外科学院博物馆也收藏一颗象牙。该标本的确呈现出非常不同凡响的形式，它不是像一般的象牙一样呈弧状，而是生长成左旋状，由于受到隐藏在牙座中某些因素的严重影响，整颗象牙呈现出完整的螺旋扭曲（图187）。巴克兰（Frank Buckland）收藏有一些兔

图187
皇家外科学院收藏的象牙，显示出异常的螺旋形态

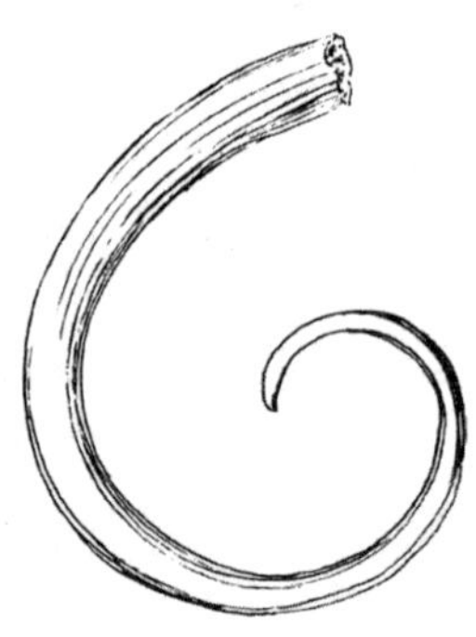

图188
皇家外科学院收藏的象牙，显示出异常的螺旋形态

牙，这些兔牙由于在牙座上碰歪了或其他原因，长成了螺旋状（可与图187比较）。牙座变化足以控制螺旋结构的形成，这一点很容易得到证明。证明方法正如作者在前面所指出的，是让蛋从一个称为“法老的毒蛇”的小管中钻出来。在螺旋刚开始从小管中出来的时候，如果管子在左侧有一个小缺口，那螺旋一定是右旋；如果管子的口部在右侧有缺口，那螺旋就是左旋。

在研究贝类为什么应该是左旋，而不是右旋的时候，我必须区分清楚两大类贝类：一类是“偶尔”左旋、罕见左旋，常见右旋的贝类；另一类是常见左旋的贝类。还存在第三种贝类，我们只能在后文进行讨论。

塔菊石（Turrilites catenulatus）总是呈现锥形左旋。塔菊石是一种化石腹足类，俗称“旋螺”，通常发现在波特兰地层组中。其他的左旋贝类包括几内亚湾太子岛（Prince's Island）的柱形螺（Columma flammea），西利伯斯岛[4]的淡水贝类光塔螺（Miratesta），来自爪洼的双旋蜗牛（Amphidromus perversus），欧洲的五枚泉膀胱螺（Physa frotinalis）以及美洲的尖膀胱螺（Physa heterostropha）。

蝙蝠涡螺的左旋形式（图78）在这个种类中是例外，那是在地中海的意大利沿海采集到的，意大利的采集者更喜欢左旋的涡螺，而不是普遍右旋的涡螺。常见的涡螺如图189和图190所示。最近，富尔顿先生（Fulton）告诉我，左旋的欧洲蛾螺（Buccinum undalum）虽然不常见，但是花几个先令就可以买

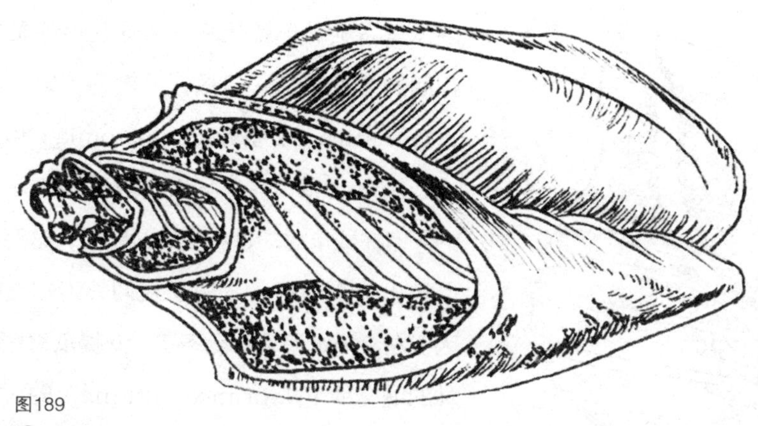

图189

Voluta vespertilio

普通型蝙蝠涡螺的剖面图

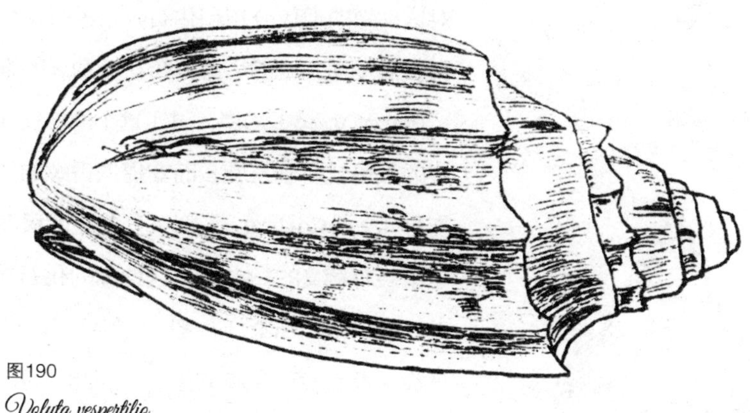

图190

Voluta vespertilio

普通型或右旋的蝙蝠涡螺

到。一位比令斯门大厦（Billingsgate）的门卫发现了一枚欧洲蛾螺（Buccinum undalum），以为得了无价之宝，但最后失望地发现这东西卖不了多少钱。化石纺锤螺（图183）是一种左旋化石螺，伍德布里奇（Woodbridge）的罗德先生（Morton Loder）送给我一枚精细的标本。化石纺锤螺因为太常见了，因此商人根本不收购。双光螺的左旋和右旋形式大约各占一半。但是，如果一种贝类，化石均呈左旋，而

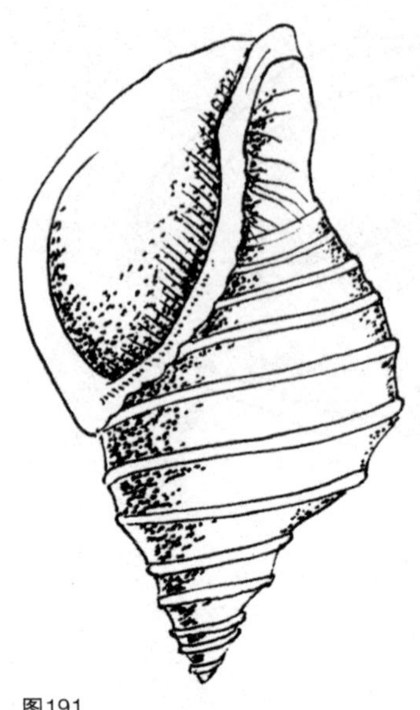

图191

Neptunea antigua, carinata

安提瓜香螺加林纳变种

（采自小奥克雷的悬崖）

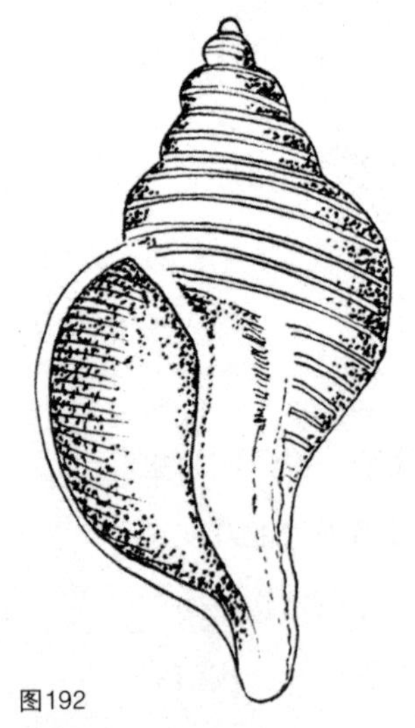

图192

Neptunea contraria

左旋香螺

（上新世）

活体呈右旋，那我就不知道这些活体是怎么存活到今天的了。但是，关键的问题，旋螺（Tornatina）、香螺（Odostomia）和蝾螺（Turbonilla）等，虽然在胚胎阶段是左旋的，但在成年时却是右旋的，因此，这里就可以提出一个问题，（出于人们尚不知道的原因）左旋标本根本存活不了。安提瓜香螺的加林的纳变种（Neptunea antiqua）的右旋形式（图191）被费瑟（Fischer）归类为化石纺锤螺（图183）。1898年，哈默（Harmer）对这种螺的现代分布和化石分布进行了分析研究。他发现左旋的活体分布在葡萄牙的维哥湾（Bay of Vigo）沿岸，过了这个海域往北，右旋的数量就多于左旋，而安提瓜香螺的加林纳变种（var Carinata）则只分布在北极海域。这里最有意义的一点是，这种螺的化石在英国的红崖（Red Crag）一般为左旋，由于在葡萄牙海域没有发现左旋的化石，因此，可以说，这种螺是先有英国的左旋形式，然后才有葡萄牙的右旋活体形式。左旋香螺（Neptunea contraria，图192）的左旋化石是一种上新世的生物（参见布隆恩主编的《动物王国里的种属》《Klassen des Tier-reichs》中西莫斯的“软体动物”一文第907页）。

本章讨论的第三类系指唬螺（Spirialis）、蚝蝓（Limacina）、光螺（Meladromus）

和狭螺（Lanistes）等贝类，它们的壳体左旋，但壳内的身体却是右旋。在这个问题上，西莫斯·冯伊赫林（von Ihering）和佩尔森尼尔（Pelseneer）认为壳体是真正的超右旋（ultradextral），也就是说，它和扁卷螺属（Planorbis）一样，螺层已经扁平化了，这时螺旋部（spire）继续被往下挤压，最后挤压得螺旋部从里向外翻，从而壳体左旋，而本身右旋。对这种奇怪过程进行过若干证明，但没有达成共识。人们指出，右旋贝类对着厣[5]是左旋，其核靠近中轴，反之亦然（图46和图47），但是，在“超右旋”的贝类中，厣是左旋的，不管贝壳看起来是否像是左旋。也存在“超左旋”的贝类的例子，虽然其壳口位于左侧，但它看起来是右旋，这正好与北美的淡水圆口螺属蝾螺（Pompholyx）和贝加尔湖的漏斗螺属（Choanomphalus）一样。

如图所示，这里的生物包括《挑战者号海洋科学考察报告集》中的若干种左旋和右旋的有孔虫。插图中较大的贝类包括图184中的中非蜗牛，其中我们发现了具有右旋曲线的玛瑙蜗牛（Achatina）和具有左旋曲线的卵形恶煞螺（Lanistes ovum）、具有罕见左旋的英国蜗牛（Helix lapicida，图193和图194）、常见的右旋蝙蝠涡螺（图189），该种可以与图90中的非常罕见的涡螺以及左旋的螺属蝾螺（Turbinella rapa，图195）进行比较。

对于最下面这个例子我想特别强调一下，因为它显示了一种非常奇怪而又常见的事实，即一般呈现右旋螺线的物品一旦呈现出左旋螺线，那么首先发现左旋螺线物品的原始人马上就会赋予该物品特别的价值，而且往往赋予超自然的重要价值。这种行为就像是古人发现了海胆（echinus）这样的海洋宝贝一样高兴。施烈曼（Schliemann）发现在特洛伊的史前盾牌上装饰着海胆。克诺索斯彩杯上绘有半舒卷的乌贼触手也属于此类。感谢乔治·麦克米伦（George A. Macmillan）的好意，我能够从亚瑟·伊万斯爵士“克诺索斯（Knossos）的宫殿”中复制出公元前1600

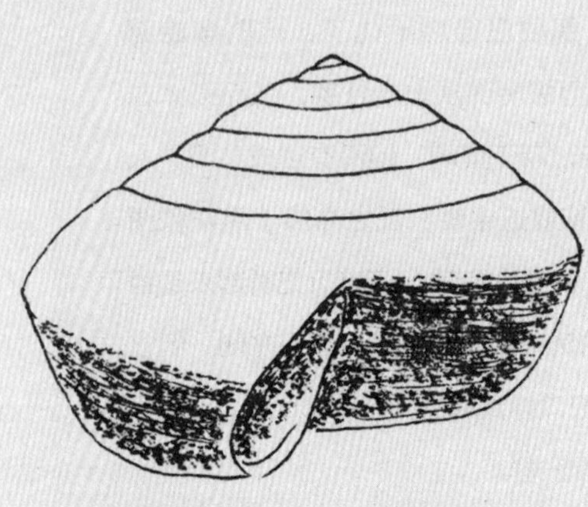

图193

Helix lapicida

大蜗牛属

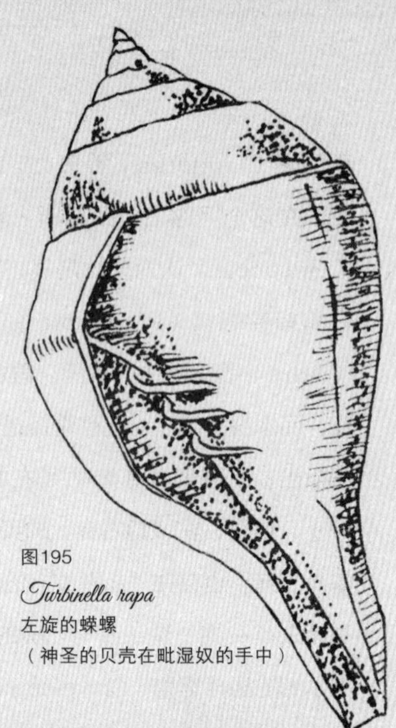

图195

Turbinella rapa

左旋的蝾螺

（神圣的贝壳在毗湿奴的手中）

图194

Helix lapicida

大蜗牛属顶上观

图196

Voluta solandri

右旋的涡螺

年的彩陶上的令人惊叹的图案，其中在四角绘制了极其漂亮的船蛸（Argonauta argo）贝壳的螺旋图案。同一本书描述了图198的特里顿湾的贝类，这是雕刻在米诺斯的印章上，与图24、图25和图26中的贝类一样，都显示出螺旋构造。这样的例子还有很多，但也许其中最有意义的例子是根据德切勒特（Dechelette）的著作《考古手册》重新绘制的图199。该图局部显示了200枚海洋织纹螺（Nassa）串成的一个项链，项链上所有的贝类均染成红色，这是在门托尼（Mentone）附近的嘉华龙洞窟（Grotto of Cavaillon）中发现的。在婴儿洞窟（Grotte des Enfants）的两具遗骸上具有用

图197
克里特岛克诺索斯早期米诺斯寺庙彩陶容器上的海洋生物图案，约公元前1600年
（亚瑟·伊万斯爵士承蒙雅典英国学校委员会的同意复制。）

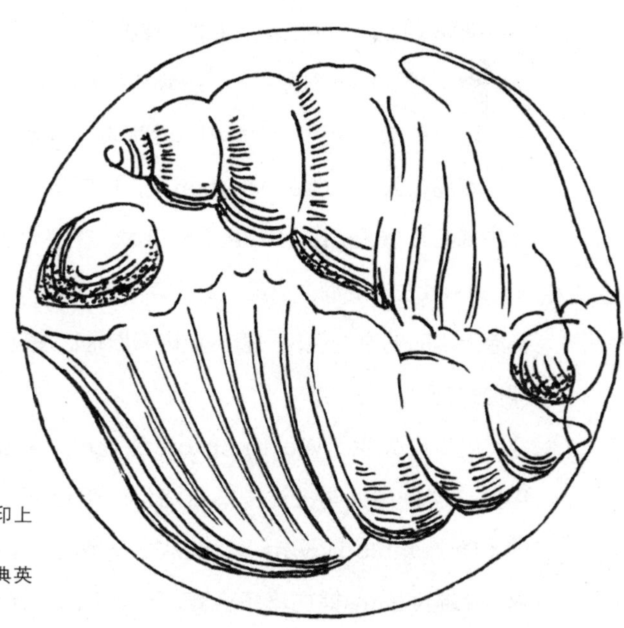

图198
克诺索斯地区发现的米诺斯陶印上的两枚特里顿贝类
（亚瑟·伊万斯爵士，承蒙雅典英国学校委员会的同意复制）。

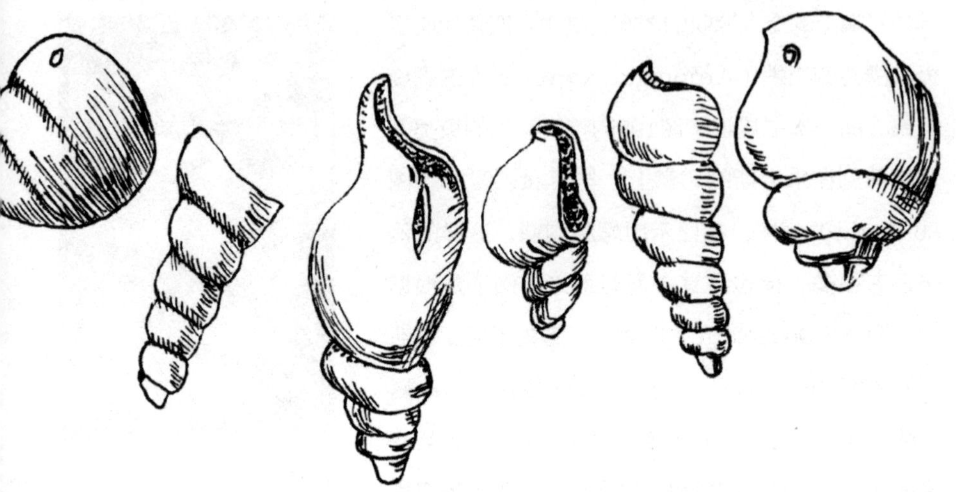

图199
约2000年前马德林人（Magdalenian）儿童以穿孔贝壳串为项链。
里维尔（Riviere）、拉特特（Lartet）和克里斯蒂（Christy）等人发现于嘉华龙（阿尔卑斯海）的洞穴中（参见德切勒特《考古手册》第208页）。

织纹螺属（Nassa neritea）制作的装饰物，而且还发现一具遗骸躺在铺满马蹄螺（Trochus）的床上。在劳及利亚巴斯（Laugerie Basses），一具遗骸在前额、手臂、膝盖和脚胫都装饰有地中海的宝贝（Cyprae）。在克罗马农人洞（Cro-Magnon），拉斯特尔（Lastel）发现了300枚穿孔的滨螺（Littorina littorina）标本。在嘉华龙（Cavaillon）一共发现了8 000枚左右的海洋贝类，其中差不多有1 000枚是钻过孔的，而且几乎都涂上当时的流行色，一直到克诺索斯地区发现这些贝类为止，其色彩均保持鲜艳。

史密斯先生（Worthington G. Smith）发现了海胆的一个奇怪的用处，这种用处与上述史前特洛伊的用处不相上下。在邓斯特布尔低地（Dunstable Downs），他从古墓中出土了200枚左右的化石海胆，这些海胆原先都铺在母子合葬的遗骸周围（参见《原始野蛮人》）。

这些海胆化石分属两类，其中一类当地人称为“心形海胆”（heart-urchin）或“仙女面包”（fairy loaf），另一类称为“牧童的宽边帽”（shepherd helmet）。还有一种常见的白垩纪化石海绵（Porosphaera globularis），是墓葬中最喜欢的陪葬品，往往串成项链陪葬。格林维尔（Canon Greenwell）在约克郡的土墩形古墓中发现一具遗骸的身边摆放着菊石[6]，看来黑色菊石是婆罗门宗教仪式中的用品。在比利时的一座石灰石墓穴中，杜邦（M. Dupont）发现了一些贝类，其中包括蟹守螺（Cerithium），这一定是为了陪葬从大约50英里以外的海边专门弄来的。肯特郡（Kent）的撒克逊（Saxon）坟墓中发现过子安贝[7]，这肯定是从远东地区弄来的。在英国的古墓中还发现有“角贝”（Dentalium）串成的项链。约翰逊先生（Walter Johnson）在其《英国考古学散记》（*Byways in British Archaeology*）中也记述说，拉布兰人[8]不仅有随葬海胆的风俗，而且往往珍藏化石和奇形怪状的石头，以为神物，加以崇拜。他们认为蜗牛的贝壳是“狗的灵魂”（Hundsjael），而且在历史上曾经用蜗牛壳这种狗的灵魂随葬，从而代替了价值较高的四脚动物——狗。

特拉万科（Travancore）地区的居民相信一种称为“圣克荷”（Sankho）的神圣贝类是毗湿奴[9]的神灵显示，这种螺的图案雕刻在菩萨的脚印中，显示出其神力。圣克荷贝壳不呈右旋（于是它的“壳口”也[10]是向右），即与图93中的锥螺（Turbinella pyrum）以及其他许多贝类呈右旋。圣克荷呈左旋（于是它的“壳口”也是向左），即与图195具有罕见的左旋螺纹的陀螺（Turbinella rapa）相似。对这种贝类的信仰在绘画中有所反映，虽然这样的作品是以传统笔法绘制的。图画中圣克荷螺开口向左，这一点可以从当地使用的邮票上看到（图200）。这种“有魔力的贝类”在印度宗教艺术中由毗湿奴持于手上。每年的10月到5月，印度杜蒂戈林（Tuticorin）的渔民在马纳尔湾（Gulf of Manaar）捕捞这种

图200
特拉万科的邮票

贝类。1887年，贾夫纳有一枚左旋的漂亮标本，卖了700卢比[11]。差不多所有捕捞来的常见贝壳都被送到达卡，加工成印度妇女佩带的手镯、脚镯和项链。从古代开始，在未开化的内地和在文明的沿海地区，以贝类为饰品的习俗在世界各地普遍流行。在印度洋，宝贝（Cypraea moneta，即用作货币的贝壳）在许多世纪中一直用作交易的介质，其作用与太平洋地区的宝贝（Cypraea annulus）相同。1854年在孟加拉，5 120枚宝贝等于1卢比。在埃及，宝贝依然用作预防“罪恶的眼睛”的保护品（参见附录8）。

据卡尔德隆（George Caldrelon）介绍，东欧民间也有与上述习俗相近的传说。据说，在立陶宛，小孩接受洗礼时，父母会把孩子的一绺小卷发掩埋在啤酒花下，这样，孩子一生就会像啤酒花一样顺着太阳运动的方向左旋，“旋转出困境”。在古时候，许多地方把左旋作为一种符号，可能具有深刻的意义。威尼斯圣马可大祭坛后面树立着四根大柱子，上面都雕刻着左旋螺纹，雕刻左旋螺纹的某些特殊价值可能在于传统，其根由源自耶路撒冷的所罗门王庙。同样的螺纹于1022年在希尔德斯海姆（Hildesheim）也雕刻在圣奔旺德（St. Bemwand）的柱子上。

如果有所选择，东方人看来比较喜欢左旋，无论是在手杖上雕刻花纹或者是制造一个开瓶器都是左旋的。于是，祖鲁人在南非出售的大部分手杖都是左旋的，其原因是什么，是因为工匠的偏爱，或者仅仅是模仿左旋的植物，或者模仿偏爱使用右手的搓出来的绳子，我自

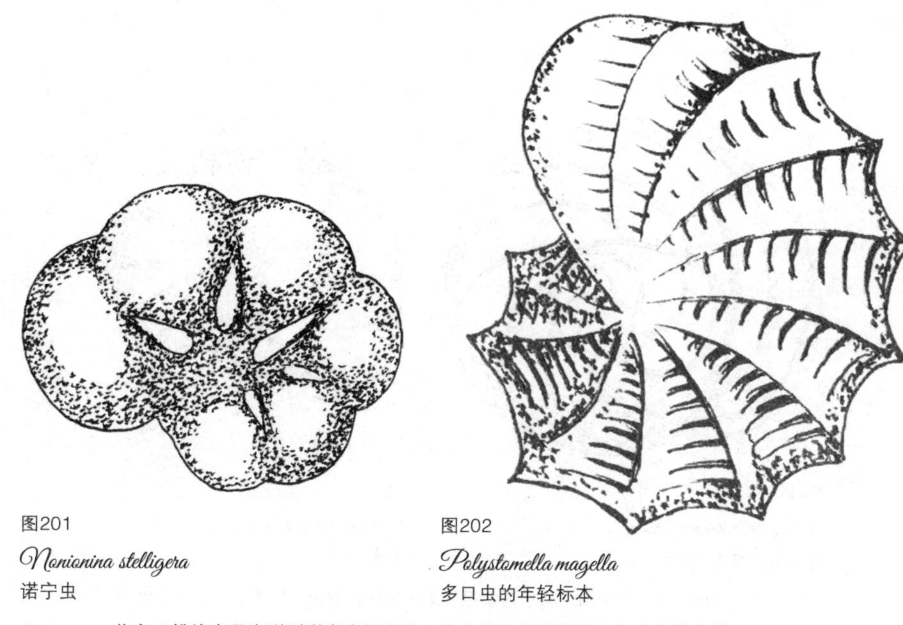

图201
Nonionina stelligera
诺宁虫

图202
Polystomella magella
多口虫的年轻标本

仿自《挑战者号海洋科学考察报告集》中布拉迪撰写的关于有孔虫的章节

己也说不清楚。

我们大家都知道，由于传统约定俗成的原因，在日常生活中，某些运动是向左还是向右，存在一定的习惯。例如，红葡萄酒在倾析阶段，酒瓶在倾析架上的排列一定是顺着太阳的方向。我们的祖先如果看到葡萄酒瓶从左向右排列，那么，他们会感觉到诧异，肯定就和现代桥牌中，要求从右向左发牌一样。1690年的一句俗语（《水手俗语词典》有记载）值得我们考虑，即“Catharpin-fashion”，该词条定义为：“环桌而坐，不是自右向左轮流饮酒，而是顺着太阳运动方向饮酒的行为。”另一个词条，“widdershins”具有不幸的含义，与“wiederschein”同源，用以反映仿效威吉尔的虹（Wirgil’ rainbow）的种类：“Mille trahit varios adverso sole colores（意为与阳光的七彩颜色相反）。”这些习惯的起因是什么，我们现在根本就无法考证。但是，在不同程度上，这些俗语可以说明，从遥远的时代起，人们就赋予左旋以一些特殊的意义。我们现在跳华尔兹舞的时候依然“顺着太阳运动的方向旋转”，跳到底反身

图203

Discorbina opercularis

圆盘虫，放大100倍

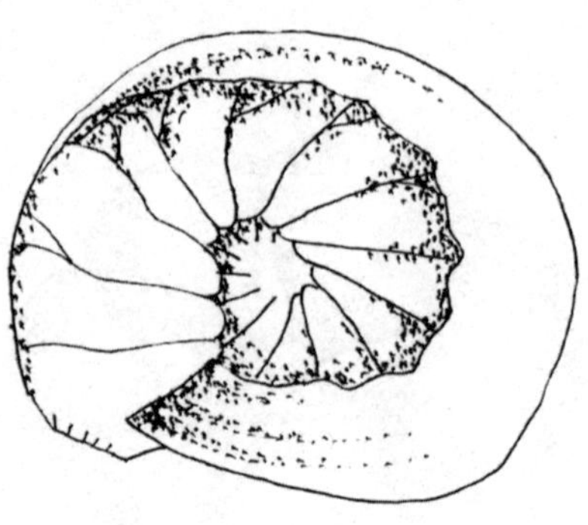

图204

Cristellaria cultrataa

放大15倍

仿自《挑战者号海洋科学考察报告集》中布拉迪撰写的关于有孔虫的章节

时，我们才“改变”方向。许多墨西哥、智利和西班牙的古老舞蹈都是“顺着太阳运动方向”跳的，动作方向也相同。诗人胡德（Hood）一定醉心于传统，他在描写玛伯女王[12]时这样写道：“在甜蜜地睡觉的好孩子的头上，她从右向左挥舞着魔杖。”

所有符号中历史最悠久、流传最广的要数图209的吉利符号“卐”（万字符），这个字印度人称为Swastika，撒克逊人称为fylfot，希腊人称为gammadion。读者可以看出，这个字看起来左旋，字臂［或者说字脚，也许对于英国曼岛（Island of Man）的族徽来说，字脚无关宏旨］和太阳运动的方向一致；而如果反过来写，那就是与太阳运动的方向相反（即最上面那一笔指向左，而不是指向右），其含义则转化为灾难。这个字是施里曼[13]从迈锡尼[14]和特洛伊王宫的废墟中挖掘出来的。这个字在许多地方都有发现，如塞浦路斯、罗得和雅典的古陶器上，科林斯、西西里和大希腊的钱币上，萨谟奈人（Samnite）和埃特鲁斯坎人（Etruscan）的装饰品上。这个字到了公元4世纪才流传到罗马，但是此后通过多瑙河诸省，流传到英伦三岛，流传到整个罗马帝国［参见《符号的流传》，阿维拉（D'Alviella），1894]。这个字在印度的含义是吉祥或发达，铸在印度最古老的货币上，也雕刻在阿姆劳瓦蒂（Amravaii）的菩萨的脚印上。这个字出现在阿散蒂帝国最后一次远征时从库马斯（Coomassie）带回来的青铜器中，也发现在史前的俄亥俄古墓和尤卡坦废墟中。一直到今天，这个字还编织进现代（美国）纳瓦霍印第安人的毛毯上，印刷在印度人的账簿上，装饰在西藏妇女的裙子上。毫无疑问，这个字以符号形式说明太阳在一年四季的明显的运行。指向东方的红色笔画代表春天、早晨；南方的笔画代表金色的夏天、中午；西方的蓝色笔画代表秋天的太阳在海上降落；北方的笔画代表冬天和白色的午夜。因此，这个字以符号形式表现为万物赋予生命的太阳，说明了万物的起源，因此，左旋预示了吉祥。

在结束本章之前，我必须再举一个例子。这个例子我们经常看到，与生物的螺旋结构及原则有关。为了更好地相互比较，正确的选择是以

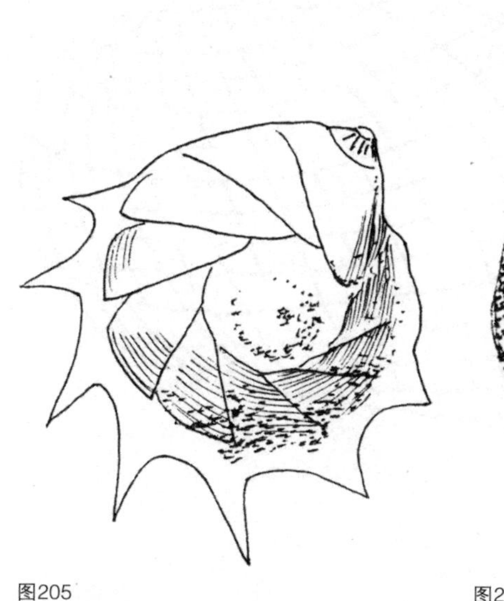

图205

Cristellaria cultrataa

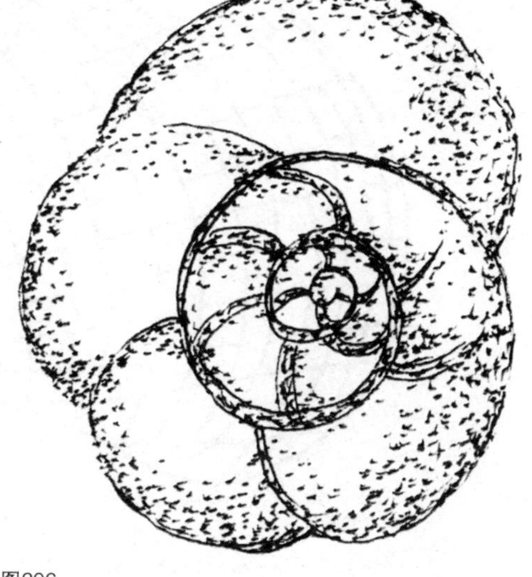

图206

Discorbinaglobularis

圆盘虫

仿自《挑战者号海洋科学考察报告集》中布拉迪撰写的关于有孔虫的章节

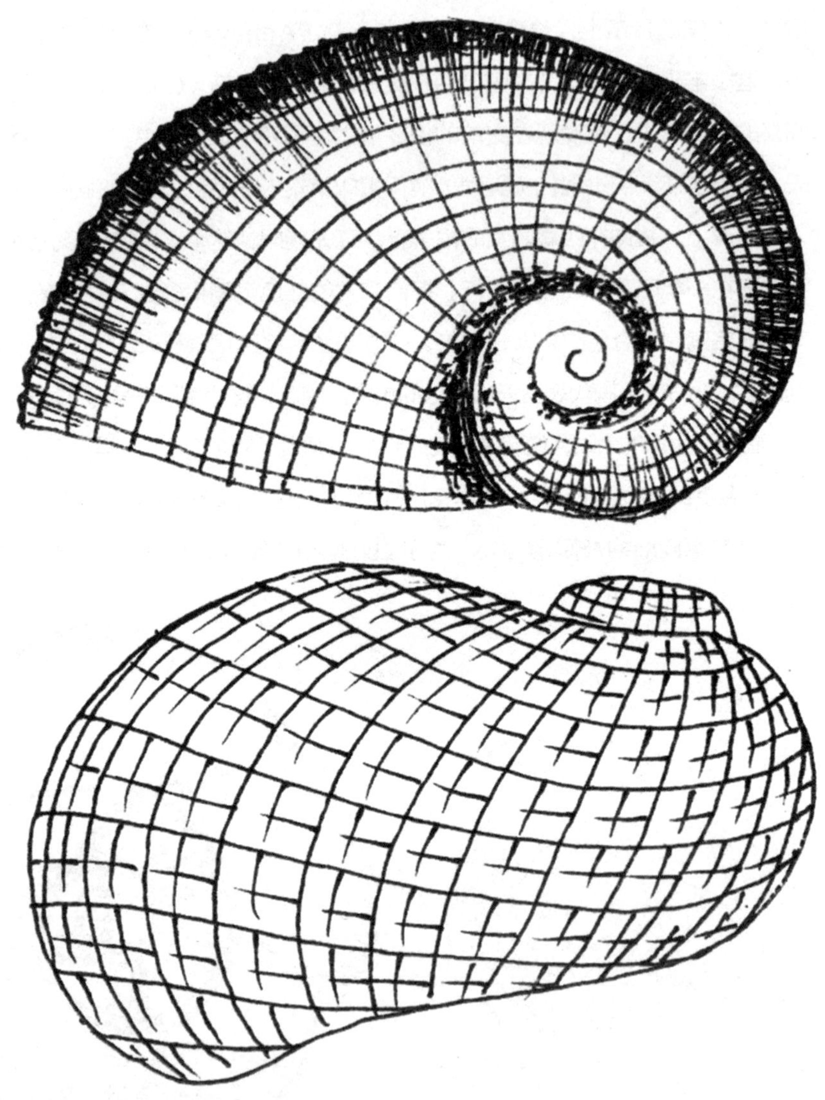

图207和图208

Neritopsis compressa var transversa

似蜒螺

（仿自布隆恩和西莫斯）

水晶中观察到的明显的现象为例。在这个方面，巴罗（Barlow）绘制了理论示意图（发表在《自然》杂志，1911年12月21日），说明在左旋和右旋的水晶中硅和氧原子的排列。在其中一幅图中，白色的球形硅粒按右旋排列，在另一幅中按左旋排列。但是，用偏光显微镜观察石英的光学特性，则可为其左旋和右旋结构提供更重要、也更令人信服的证据。

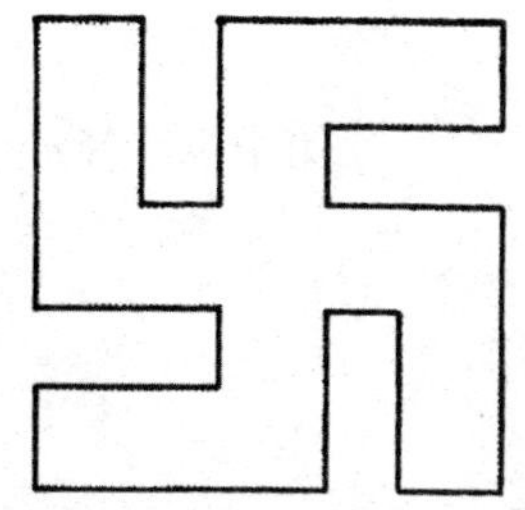

图209
幸运的卐（随着太阳运行）

取一块厚3.75毫米的右旋石英，把它放在一块左旋石英上，再把它们一起放在偏光聚光显微镜下观察，这时，我们就可以看到称为“空气螺旋”的明显图像。所有这类图像的成因都一样，即光束通过水晶时［参见图顿（Alfred Tutton）在与上述同一期的《自然》杂志中的文章］，硅分子的左旋或右旋排列使偏振光的振动面按相同的方向旋转。他的实验室可以配制“光学性质中性”的化合物，如酒石酸，也就是说它可以显示出系统分组的左旋和右旋螺纹。不过，只要引进一只生物，它吸收一种光，而折射另一种光，从而把两者区分开；另一种做法是把化合物晶体化，析出其中半面体朝右的盐晶体，从而使之与朝左的盐晶体区分开。不过，无论采取何种方法，是上述的生物方法还是化学方法，都必须在人造化合物的对称分组受到干扰之前进行。事实上，虽然最近的研究表明巴斯德（Pasture）关于具有光活动性（因此，具有分子不对称性）的化合物绝对是有机物的观点是不对的，但是，他的下面说法还是对的，即要把不同性质的左旋和右旋螺线区分开或给予界定，唯一的做法就让它们与生命力联系起来。

第十章注释：

1 Eozoon canadense，产于加拿大格林维里群岛（前寒武纪）中的各种由蛇纹大理岩构成的带状排列的花纹，过去曾认为是与现存的有孔虫相近的原始生物。——译注

2 Badlands，该地区现在建立为美国国家公园。——译注

3 今坦桑尼亚。——译注

4 Celebes，即今苏拉威西岛，印尼水域。——译注

5 蜗牛等腹足类软体动物的一种保护器官。当动物缩进壳内时，厣即封住壳口，既保安全，又防止水份逸失。——译注

6 这里原文可能在菊石前面漏了黑色一词，否则下文难以衔接。——译注

7 Cowries，在印度及非洲曾以此为货币。——译注

8 Laplanders，拉布兰为北欧地名，包括挪威、瑞典、芬兰的北部以及俄罗斯北部科拉半岛等。拉布兰地区的人称为拉布兰人。——译注

9 Vishnu，印度三大神之一，又译遍入天，毗湿奴。在吠陀时代，毗湿奴可能是太阳神的一个称号；在史诗和往世书时代，他被认为是印度三大神中的护持神。——译注

10 此处原稿疑漏“不”字。——译注

11 印度货币单位。——译注

12 Queen Mab，英国传说中司掌人类之梦的小女王。——译注

13 Schliemann，德国学者，19世纪末在小亚细亚西岸的希萨里克发掘一座古城的遗址，经证实就是特洛伊人的都城伊里昂。——译注

14 希腊东南部的古都之一，公元前1500—1100年形成过地中海区的迈锡尼文明。——译注

其他：

卐：“在关于螺纹的讨论中，阁下提到了吉祥的卐。这个字代表着太阳的运行，代表着万物的起源，代表着四季的

更替，代表着罗盘的方向，还代表许多其他的内容。根据这个字的笔画颜色的不同，我大胆地呈上一首刻在日晷上的诗，该诗包容着这些特性：

在日晷上

1. 东方、春天、早晨、红色
玫瑰色的脚印印在蓝天，
玫瑰色的脚印印在草地。
春风拂大地，曙光映太空，
迎接着您的君临啊，上帝！

2. 南方、夏天、中午、金色
夏季显示着至高无上的威力，
正午的热浪散发出万道金线。
一日复一日，一时复一时，
伟大的上帝啊，法力无边！

3. 西方、秋天、日落、蓝色
太阳西坠，天空一片湛蓝，
秋天闪烁着紫色的薄雾。
日月经天，法则万古不变，
无时无刻，高歌赞美我主！

4. 北方、冬天、午夜、白色
月光轻泻、仲夜宁静，
冬季来临，银装素裹。
规行矩步吧，人们，
上帝的目光啊，如电如梭！

主啊，伟大的主，
玫瑰色的春天，金色的中午，
紫色的傍晚，沉寂的夜白皑皑。
听着这首歌吧，让灵魂宁静和谐，
“无时无刻，上帝与我们同在！”

图210
园丁鸟的娱乐场，地面装饰着贝壳

关于卐的算术性质，请参见第二十章的图391，关于其起源，参见附录4。

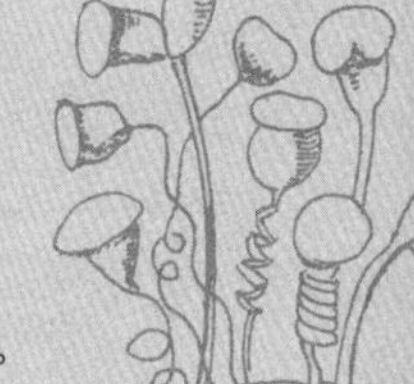

园丁鸟的巢（图210）：我们有趣地发现，不仅人类喜好选用贝壳作装饰品，就是澳大利亚和新几内亚的园丁鸟①，如图210所示，也选用贝壳作装饰品。这类鸟先选用贝壳装饰自己的巢，然后再用细枝条修筑小通道，完工之后，还要选用珠母贝等闪亮耀眼的物品铺在面上。图210的照片是在《伦敦新闻画刊》（*Illustrated London News*）的帮助下从伦敦电气局复制来的。

关于特拉万科，参见附录7。

① 澳大利亚和新几内亚雀形目凤鸟科鸟类，体型大、色彩鲜明，用细枝条和草建成圆拱形的小舍或通道。常常用贝壳或羽毛等鲜艳的东西来装饰，其目的是娱乐或吸引雌鸟，而非作为巢。——译注

Chapter 11

Climbing plants

· 第十一章　攀缘植物

把四处零散的原因集中起来，就可以解开大自然编织的螺结！

自然界中存在着许多螺旋结构，攀缘植物是其中最为有趣的。查理·达尔文认为攀缘植物形成的原因是为了获得光线，为了使叶面尽可能多地获得光和空气，而同时又尽可能少地消耗有机物。攀缘植物分为缠绕植物、叶攀缘植物和有卷须植物。这种分类方法在一定程度上说明了植物是自发回旋的。对于这种仅仅根据钩状结构或小根的辅助程度进行的分类，我们没有多少好探讨的，因为其中并没有显示出什么特殊的螺纹运动，而且，它们的“机制”很不完善，无论是缠绕在支持物上的攀缘植物，还是许多器官天生敏感，见什么就扒住什么的攀缘植物。因此，正是对于有卷须植物，我想先进行一番探讨。卷须，或者说是敏感的叶柄的发育则更易于想象。有卷须的植物，与那些在攀缘中需要叶子或卷须辅助的植物更易于受到的支撑物的影响。在此，人们又可以进一步注意到，某些缠绕植物需要一个3英尺高的茎才能爬升到2英尺的高度，而受到缠绕叶柄或卷须支撑的植物可以爬升到更开阔的螺旋空间（也就是说，茎较短），而且往往先往一个方向螺旋生长，再经过一段直线生长，然后再往另一个方向螺旋生长。所有这样的生长方式无疑绝对节约了组织结构。威利博士（Wherry）也认为，大部分的攀缘植物乐于缠绕在垂直的支撑物上，而如果支撑物与地面的夹角小于45度，则攀缘活动不再活跃。可是，费弗尔（Pfeffer）的《生理学》一书的英译本对攀缘植物的支撑物的粗细做了记录，认为缠绕的夹角可以小到20度。进一步的区别是，缠绕植物（其数量远远超过有卷须植物）照自己的习性沿着一定方向缠绕前进。例如，啤酒花绝对左旋向上生长（参见图216），但绝大部分的攀缘植物与旋花属一样，右旋生长（参见图218）。

图211
Lapageria rosea
左旋的喇叭其藤属植物
（产于智利）

攀缘植物展示的各种与其需求相关的生长方式，使人们极其难以接受把“运动的力量”作为区别动植物的说法。最近，人们发现，细胞质通过小管道（canals）或细丝（threads）的联系在植物细胞壁中流动。这一发现与植物结构成为另一个令人惊奇的证据。因为，人们在20年前认为，动物和植物在结构上最根本的区别在于，每一个植物细胞都包裹纤维素的细胞质中，而动物细胞却没有这样的结构，可以自由地相互沟通。在此之后，人们毫不惊异地发现，在植物的根部、茎部和叶部存在着极其相似于感觉器官的组织，就像是某些动物的听囊（otocysts），这样的组织真正是“平衡器（statocytes）”，这些器官受万有引力的影响决定了压力的大小［参见兰克斯特（Ray Lankester）的《人类的王国》］。

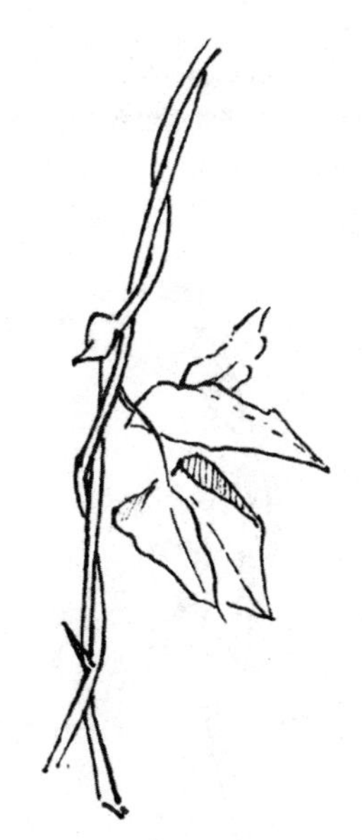

图212
Lardizabala biternata
右旋的拉氏藤属植物
（产于智利）

不过，在更详细地探讨弗兰西斯·达尔文（Francis Darwin）等人关于向地性的研究结果之

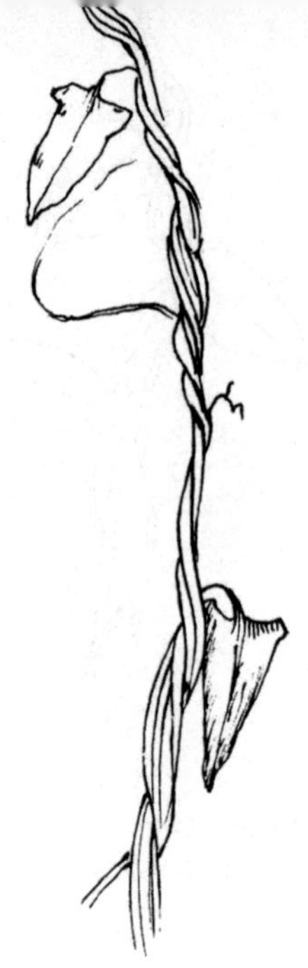

图213
Muhlenbeckia chilensis
左旋的乱子草属植物
（产于智利）

前，作者必须提请读者关注一下著名作家德瓦尔（G. A. B. Dewar）对某些攀缘植物中最令人惊奇现象的观察。人们已经明白，知识的增长和积累已经使得人们越来越难以确切界定动物和植物的差别。对我来说，摄食昆虫的植物，如地罗、食虫草[1]、猪笼草[2]、捕虫堇、捕蝇草[3]等始终说明存在这种困难的生动实例。在这类植物和传说中会食人的兰花之间，其差距仅仅是凭想象而已。但是，在攀缘植物身上，我们更可以经常看到它们与动物密切相关的机能。就我所知，在费利克斯托沿岸的一座花园里，野生的啤酒花绞杀了玫瑰花。这种悲剧每天都在发生，这样的事实怎么能让人们不把它与“有意识”力量造成的残酷事实联系起来考虑呢？不过，我们知道，植物并非真的有意识，它们既没有个性，甚至也没有自由。这当然要比导致人类的某些冲动更常见，也更可以忍耐。虽然在5月里，植物几乎每一片叶子，每一枝根茎，都默默无闻地呈现出勃勃生机。尤其是攀缘植物，在早夏的日子里更是努力地向上生长着。受篇幅限制，我不可能全文引用德瓦尔的描写，只好按照自己的习惯，简短地予以摘录。他指出这些植物的“凸出物”之间还相隔好几英寸的时候，是怎样相互感觉的，其间就好像神秘地感觉到附近存在有益的邻居一样。这样的感觉绝不是我们所熟悉的听觉、视觉或味觉。泻根属植物具有长金属丝似的“触手”，会把纤细的“触手”指端伸向邻居，希望把握住邻居，“绞杀邻居”。在“绞杀邻居”之后第二天或稍长一些时间，这样的“触须”可能又伸向其他的地方。

图214
Wistaria involuta
右旋的紫藤属植物
（产于澳大利亚）

他接着说：“泻根属植物的蔓茎（trailer）盲目地寻求，而最终却一定可以找到支撑物，是我所知道的最奇怪的现象。”日夜吸足了水分的泻根属植物，在炎热阳光的照耀下，获得了巨大的动力。在两个星期前地面上还不见一丝儿的泻根属植物，而如今已经有好几码长了。它们在林地间盘旋延伸。当泻根属植物的蔓茎上还没长出叶子的时候，它看起来像是一种动物。面对着某些攀缘植物，人们几乎会被它们那种具有些许意识的样子，那种以坚定的意志向篱笆卷曲着、盘旋着、不惜任何代价地攀升着，甚至带有一种虎视眈眈的样子所惊呆。黑色的泻根属植物和旋花属植物都是攀缘植物，它们可能最明目张胆地宣称：抓住所有的邻居，绞杀它们。

图215
Bryonia dioica
泻根属植物
［仿自龙格（H. C. Long）］

“泻根属植物蔓茎的尖端像一只充满幻想的蛇。这只是一朵正在孕育的花芽，但是，看起来就像是一种半动物、半植物最具有感觉能力的器官。它那墨绿色，有时是淡蓝色的枝蔓卷曲使我联想起盘在地面的蛇，感到非常恶心，好像它随时都会向你扑过来，喷射出毒液。泻根属植物蔓茎最令人惊奇的是，尽管在秋天里由于频繁的剪枝，除了小草和小灌木之外，没有多少可以借以攀缘的物体，但它仍然可以往前探伸出2到3英尺，在发现周围无所依靠时，则会返回原处。泻根属植物经常在它生长的小路边做这样的冒险，也经常为此付出代价。过路人可能无意识地用棍子击打或者用手去掐蔓茎，或者车轮碾过地面，碾断了它，这样的伤害对于泻根属植物来说可能需要1到2周的时间才能恢复。但如果没有灾

图216
啤酒花的左旋

难降落在泻根属植物的蔓茎上，它会返回到它出发的篱笆上。”

“它是如何知道在某个方向上的探索劳而无功，这一点我们并不了解。但可以肯定的是，它一定会返回到有支撑物的地方。注意到这个现象后，我们难道不会被泻根属植物的这种动物行为所震惊吗？泻根属植物的蔓茎可以成为植物性的动物。如果没有这样的自我知觉，那么这里表现出来的知觉又是什么呢？……”

图217
右旋的泻根属植物
Schubertia physiantus

许多的观察者一定会添加一些“植物知觉”的例子来说明这类“知觉”并不仅仅局限于正在生长的植物机体的一个部分，因为这样的知觉不仅发现于卷须而且也发现于根部。葡萄根部的发展就是一个很有权威的例子，它可以从生长的温室往外伸展，穿透或爬越砖墙等障碍物，把根部伸展到有营养的地方。

图218
Convolvulus arvensis
右旋的旋花属植物

德瓦尔继续写道：“泻根属植物如果没有受到干扰，我想一定会返回到篱笆，而且往往是原路返回，转为向上盘旋卷曲。看起来要使它在空中保持形状，对于蔓茎来说是一种沉重的负担。负担在一个小时、一个小时地加重。但是在负担加重的同时，力量也增大起来了……”这些攀缘植物冷酷的力量及其神奇的知觉是值得我们努力去研究的。对泻根属植物和旋花属植物进行一系列准确测试是很有价值的。我们要知道它们可以感觉到多远的地方有邻居存在？我们要知道体积大的植物对它们的吸引力是否大于体积小的植物？想办法欺骗一下泻根属植物也是很有趣的。在它返回篱笆的路上，我们可以在它的身后放一个支撑物，以此来勾引它往回攀缘。然后，就在它往回攀缘的时候，把支撑物拿走，看看该泻根属植物是否还会返回到原先的篱笆上去。”

“‘植物的思维’，先辈们将会怎样嘲笑这么一种想法啊！就连植物有感觉这样一种想法就足以让先辈们认为是荒谬绝伦的无稽之谈。这就好比让人相信卵石会有运动一下的想法。即使是现在，我们已经对植物的器官进行了研究，形成了一定的理论，知道植物有感觉，知道植物的根部会找到最佳途径去寻找营养和支撑物，但认为植物有思维的想法也有一半是想象中的事。”

让我们看看，到了现在我们是否可以想象得稍微好一些。在他的“植物运动的生理学”讲义（参见《新植物学家》抽印本，第1期）中，查理·达尔文建议说，在这样的探索中，如果我们希望发现某些在生理学上有意义的观点，我们就必须摈弃笛卡尔（Descartes）的纯逻辑观点，保留杜特罗切（Dutrochet）的自发性观点（spontaneity）：

“在这个关键时刻，我们的研究取决于以往经验和行动的性质。自发的‘自我’是一架天平，它要衡量出相互矛盾的作用。正是出于这个原因，因此即使在植物生理学中，我们也要找出其个性，也要找出以往关于植物某种个性的描述，从中衡量出外部世界的影响。当然，在这里，我并不是说知觉的衡量，也没有说植物具有与人类一样的记忆。但是，根据赫林（Hering）和巴特勒（S. Butler）的知觉世界，植物是有记忆的，因为记忆和遗传是生物同一性质的不同表现形式。因此，在植物的运动中……我们把这种没有知觉记忆的个体的行为称为遗传。”

本书不宜介绍科学名词，尽管专家们在交流切磋中乐此不疲。但是，如果从另一个角度来观察，这些奇怪的术语可以看成是通用速记符号，其中，某些音节，不管听起来如何奇怪，却常常可以代表一大段正常语言。因此，如果我想办法把植物受到万有引力作用的种种实例归类为“感地性”（geoperception），应该是不会令人觉得匪夷所思。弗兰西斯·达

图219
葫芦的螺纹状卷须
［罗斯（R. N. Rose）摄于温布尔登（Winbledon）公园］

尔文从费弗尔的新版《生理学》一书中引述的内容在这方面对我们有所裨益。费弗尔把所有的反应归纳为两大类：（1）自身效应，一般称为自发性，例如，金钱草（Desmodium）摈弃叶子的行为；（2）它身行为，例如在重力、光线和接触等类似因素的作用下产生的行为。但是，很明显，虽然这样的分类是必需的，但是并不可能每一样都能区分开来。事实上，区分两者往往不如把相关物联系起来来得重要。例如，"植物运动的力量"的观点（查理·达尔文和弗兰西斯·达尔文，1880）认为，回旋转头的自身力量是各种自身曲线进化的基础。显然，这样的结论是进行了综合，而不是对之进行区分。这也使我想起从查理·达尔文兄弟的文章中引进其思想，进一步解释回旋转头。回旋转头是植物最普遍存在的运动。查理·达尔文兄弟描述说，这"在本质上具有和攀缘植物茎部一样的特性，攀缘植物茎部可以成功地攀缘向任何一个方向，因此它的末端呈现旋转状……显然，每一棵植物的每一个正在生长的器官，都在不断地做回旋转头运动，尽管其程度并不大……对这种普遍存在的运动，我们已有了一些基础，或者说对其多样化的运动（根据植物的需要）的基本原理已经有所认识。"

上面引述的这段话是本人在1880年已经出版，但过了很久才被人们发现，正如本章前文关于蔬菜结构的论述。

在1906年，弗兰西斯·达尔文（他协助查理·达尔文撰写了"植物运动的力量"）在《新植物学家》（*New Phytologist*）杂志上发表了一篇论文，描述植物对万有引力和光的感觉器官。现在，我们已经知道，这样的感觉器官在植物身上普遍存在。但这里必须指出，弗兰西斯·达尔文在论文中应用术语“感觉器官”和哈伯兰（Haberlandt，1901）应用的“知觉器官”是一回事，也就是说：“所有这些形态学或解剖学研究中新发现的人为状态（contrivances）用于接受外来的刺激，并在结构和功能之间进行一定程度上的远距离通讯。”因此，现在让我稍微描述一下植物中那些与向地性现象有关，即受万有引力影响的，或者与向日性有关，即受光线影响的各种器官。

在向地性器官中，第一个问题就是，植物是如何“感觉”到自己不是垂直生长的。比如说，在桌子上放一个花盆，花盆里垂直地种一棵植物，如果该植物扭转90度，其植株的主轴与桌子的水平面平行，显然植物组织中就要出现一些新的拉力或者压力，从而刺激该植物的向地性。但是，这种感知能力并不仅仅局限在植物的“感觉区”，因为有些植物即使全植株都得到支架的支撑，也存在明显的向地性。因此有必要寻找可以说明问题的新的假设。著名的平衡器理论[4]为此提供了假设。根据平衡器理论，刺激植物运动的机制是植物细胞结构比重的差异，实际上也就是哈伯兰和涅梅克（Nemec）所描述的特殊形式淀粉颗粒的差异。这些颗粒，或者说“平衡器”自由地排列在细胞中，在万有引力作用下一般排列在物理学上最为低下的区域。“因此，”弗兰西斯·达尔文（引文同前）写道，“在垂直细胞中，平衡器的压力位于细胞壁的底部。再把细胞水平置放，淀粉则从底部细胞壁滑落下来（转化为垂直方向）并散落在较下端的侧向细胞壁上。因此，我们可以认为，细胞壁各淀粉颗粒的压力起到了传递植物所处空间角度信息的作用。”他又指出，重要的问题是要注意到植物调整方向的机制同样存在于动物体内。比如，已经证实长臂虾（Palaemon）的垂直导向能力与其耳泡内表面的平衡石或耳石（otoliths）的压力有关。只要器官处于生长期，只要有向地性弯曲倾向，平衡器理论关于淀粉粒作用的假设就能成立。再举一个例子，单子叶植物的叶子中尽管没有游离淀粉，但在内胚层中却的确存在向下滑落的淀粉，因此照样具有向地性。但是，槲寄生（Viscum）等植物已经失去了向地性的能力，已经完全地或部分地在整个植株或某些部分失去了滑落淀粉。1904年以来的最新研究成果证实了，而不是推翻了这个假设。

现在，我们来研究一下植物的向日性。从弗兰西斯·达尔文等人的研究中，我们发现植物的叶子具有自我调节到与入射光成直角方向的能力，这种调节受到适度旋转和弯曲的影响（参见图139和140）。也许，这样的感知行为是由叶片来完成的，而其运动仅局限于茎部。哈伯兰已经发现（在叶片的表皮上）存在有能聚焦光线的原始眼，该原始眼由一个透镜和一个敏感的细胞质膜组成。在水平生长的叶面上，光线自上向下照射（或

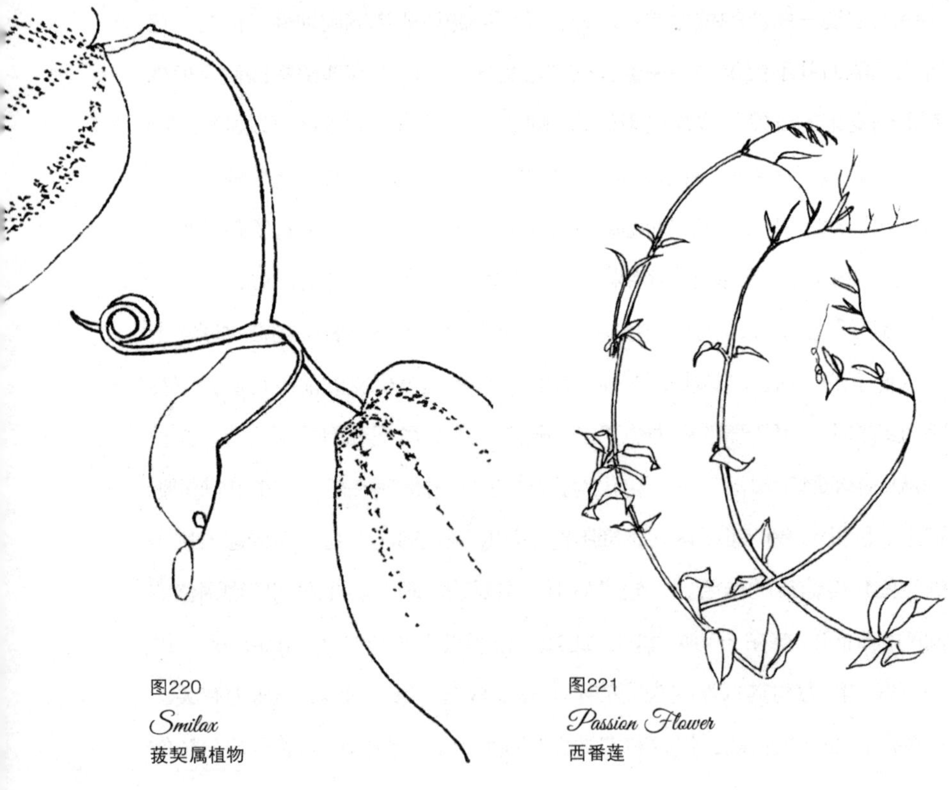

图220
Smilax
菝契属植物

图221
Passion Flower
西番莲

照射在平衡面上），此时，一个光点则投射到底部细胞壁上。若叶面受到斜向光的照射，这个光点的投射方向则要改变，但在两种表皮细胞中，底部细胞壁的亮点都不会居中。因此，产生的刺激就会使叶子转动，使之最终与光线的夹角再度成为直角，从而恢复了平衡状态。由于验证通过过程的技术性太强，不宜在此阐述。但是，我至少应该阐述一下最精彩的证明。证明过程是这样的，把原先受“原始眼”导向的叶子泡入水中，原始眼透镜的反射性则改变了，植物实际变成了“瞎子”，再不能像以往那样变向了。在这样的“柔软如天鹅绒”的叶子上，表皮细胞像乳突一样突出在叶子表面，从而在阴雨连绵的天气中，防止植物被雨水弄“瞎”。

这个假设与上述的平衡器理论有一个共同点，这是它们非常有趣的特征。在两则实例中，导向机制都取决于施加在细胞壁上的细胞质某些区域的刺激。该器官通过“识别”接受刺激的区域是否改变位置来确定是否垂直或是否与光线成直角。

在1912年1月号《科学进展》中，皇家学会会员法默博士（J. B. Farmer）阐述了他的观点，认为在运动的植物中，“直接与造成运动相关的机制均取决于水的分布变化”。这是一种普遍的共识，仍然需要证明在任何情况下是否都正确。这个结论也许可以说明给定运动的机械过程，但是我认为，它一定解释不了导致植物“认为”（如果作者可以这么阐述）这样的运动是“必须”的原因或刺激。法默博士解释说，许许多多关于活体细胞质对外来刺激的反应的研究在实际的知识方面并没有增加多少，这自然非常令人感到奇怪。他接着说：“正在生长的植物体中常见的韵律运动，没有办法用任何现有的办法测定出刺激剂，更是事实。”他提到某些由于湿度变化导致的运动。这样的内容在前文已经描述过，也就是说取决于运动器官的不同部分的细胞壁中出现的不平衡膨胀或收缩。例如荆豆（gorse-fruit）的豆荚会突然卷曲起来，把种子弹射出去；再如称为含生草[5]的植物也只有与前者基本相同的奇怪行为；再如人们较少知道的木材翘曲时发生的现象。木材翘曲时发生的现象是由于组织中的不同成分在某一个给定方向上发生膨胀，体积失去平衡，导致结构状况的变化。也许，法默最有趣的例子是大部分地钱植物孢子中的弹丝（elater）。弹丝的结构可以描述为鳗鱼一样的细胞，头尾相连，具有一个或多个带状螺旋卷曲，厚厚实实地生长在原本是薄膜状细胞壁的内侧。当潮湿的弹丝逐渐死亡的时候，这些细胞壁中的薄膜结构向内一直塌陷，弹丝突然间扭曲起来，立即像弹簧一样自我伸直，把孢子从孢囊中弹射出去。要解释活体细胞质中不同条件复杂的相互作用导致的运动是困难的，但是，正如法默博士所指出的，要想发现它们对这些功能如此完美的适应性的秘密，即使只是在纯物理过程或机械过程方面做些了解，也同样是困难的。但是，我们正在逐渐发现解决这类问题的许多方法，而且，每一年取得的科研成果也给我们带来许多新知识。

如果我们把这些现代的理论与查理·达尔文先前提出的“回旋转

图222
Parthenocissus tricus pidata
爬山虎

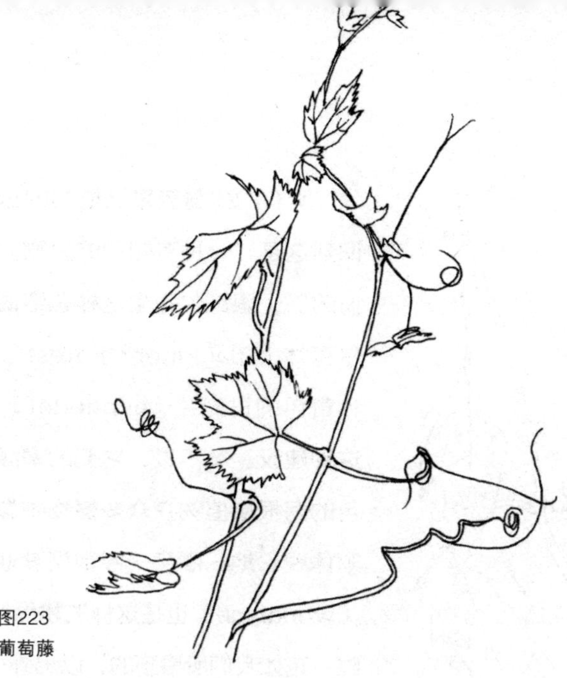

图223
葡萄藤

头”，再与蔬菜细胞中细胞质连续穿过细胞壁的最新发现（它与动物结构中的情况相似）结合起来，我们一定会获得进一步的认识，不仅可以弄清本书描述的攀缘植物运动造成的奇妙螺旋结构，而且甚至还可以进一步认识斯温伯恩[6]用美妙的辞藻提出的关于地罗的问题：

……

地罗是如何生长？

如果颜色正常，它呼吸通畅！

它生活是否欢畅？

它是否已经死亡？

柔弱的花瓣痛苦可堪？

谁也不知道，

它的感觉，它的眼光，

人类一样也不沾。[7]

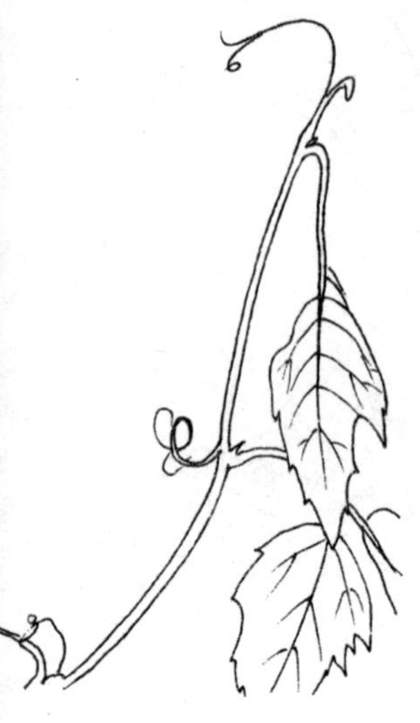

图224

Ampelopsis

蛇葡萄属植物

所有的树篱笆攀缘植物的运动都使德瓦尔先生认识到这是“一种有知识的生物体，他们是这么向我建议的”。德瓦尔先生这样总结说：“我们在布莱克穆尔森林（Blackmoor Forest）发现小圆叶子的地罗和黄色的日光兰（asphodel）都向我们作了大量的这种建议。”不过，它们的攀缘方法却大相径庭。黑色的泻根属植物在众多植物中像是一条大蟒蛇，以其躯体残忍地一圈又一圈地把其他植物绞杀。欧洲忍冬（woodbine）也是这样的攀缘植物。红色的泻根属植物，正如我们所看到的，以另外一种方式稳健地生长，枝蔓的一侧是顶端尖细、相互缠绕的蔓枝，而另一侧是相对应的蔓枝。铁线莲（Clematis economisesc），长着叶子的纤细蔓茎会四处缠住邻居，以便稳定植株。虽然我们并不一定知道，它们是如何规定某一根蔓茎或叶柄应该缠绕，另一根蔓茎或叶柄不应该缠绕的。难道它们是无序地或随机地决定的吗？如果是这样，那么看起来在无序之中一定存在某些规律，否则，铁线莲就永远不可能稳健地生长，高耸在树篱笆的顶端了。

在前面几页中，我已经描述了一些查理·达尔文专门研究过的缠绕植物，而且我特别描述了若干种向左缠绕，而不是向右缠绕的这类植物，同时也描述了它们各自的外卷速度。攀缘植物的外卷芽枝的每一部分都有其与众不同的、独立的运动，萨奇斯把它描述为“外卷转头”，查理·达尔文把它描述为“回旋转头”。这样的运动看起来是由于芽枝的一侧或一边的细胞生长速度快于另一侧或另一边造成的，因此在芽枝上导致弯曲，并在生长变化和连续反复变化过程中旋转起来。其结果是，正在生长的转头芽枝一旦遭遇到支撑物，运动则在相互接触的那个时刻被攀握住了，但是自由伸展的部分继续外卷。在这个连续不断的过程中，越来越高的生长点被外卷并与支撑物相接触，被攀握，因此芽枝就缠绕起来，就像是一根正在旋转的绳子碰到一根棍子时，会顺着旋转的方向缠绕在棍子上一样。因此，这些现象与应激性毫不相关。芽枝缠绕在支撑物上的速度要低于它自己外卷的速度（速度比约为1.5：1），这是由于各生长点的攀握力的不断干扰造成的。但是，在芽枝形成了第一个紧密的螺旋后，它就会串到支撑物的上方，形成更加开放的螺旋，因为，它已经脱离了万有引力的作用。

在啤酒花方面，我们不仅可以看到植株围绕着支撑物向左螺旋，而且啤酒花组织本身也呈现出一种强烈的左旋扭曲，就好像在生长茎的主轴上一直存在一种扭力一样。查理·达尔文说，无论何种情况，主轴的扭曲通常都是由于自然支撑物表面粗糙，而啤酒花的芽枝也把粗糙的表面紧紧地粘贴在支撑物上。让一些蚕豆秧一棵接一棵地爬上平滑的玻璃棍，它们完全没有扭曲的现象。难怪这种扭曲增大了纤维的强度，从而使得植物克服植株的不均衡性。在轴向扭曲和缠绕能力之间一定存在某种联系，起伏不平的茎部使其形成一根充分扭结的绳索，其坚硬度要高于松散扭结者。山羊和羚羊角部的螺旋扭结以及某些贝类的螺柱可以作为增强强度的例子。

图225
北非阿特拉斯山脉海平面2000英尺高处哈马姆吉尔附近的黑色的泻根属植物，其枝蔓昼夜都在自我缠绕生长[8]

我研究过65种攀缘植物，其中有17种都是顺着太阳方向，作顺时针旋转的，（或者按我本人的说法）

是左旋的。我把这17种攀缘植物列在本书第7章中。在这65种攀缘植物中，我把右旋的黄钟花（Tecoma）和左旋的金银花（Honeysuckle）绘制了插图，编在本书第2章。同时，我把左旋生长的木藤蓼（Polygonum baldschuanicum）与右旋的块根芹（Apios tuberosa）作了对比，编在本书第7章，使它们形成了强烈的对比。本章的插图包括了具有左旋曲线的喇叭其藤属植物（Lapageria rosea）和右旋生长的拉氏藤属植物（Lardizabala bitemata），这两种植物都生长在智利；右旋的澳大利亚产的紫藤属植物（Wisteria involuta）和左旋扭曲的乱子草属（Muhlenbeckia chilensis）以及典型的右旋生长的旋花属植物（Convolvulus arvensis）或夹竹桃科植物（Schubertia physianthus）和与之形成强烈反差的啤酒花，后者在生长和纤维两个方面均为强烈的左旋。我无须再进一步举例说明了，因为现在读者已经能够自我识别许多种攀缘植物了。但我必须强调一下，各种攀缘植物外卷速度极其不同。在这里，我还再次强调，在这样的地带，一年生的缠绕植物，如果攀缘上高达6英尺以上的大树，那么，它们终生都见不到阳光。因此，它们基本不去攀缘大树。然而，在伦敦的皇家植物园，人们也会看到攀缘植物盘绕在一棵9英尺高的大树。当然，在热带，缠绕植物经常生机勃勃地缠绕上巨树。在另一方面，欧白英（Solanum dulcamara）只会缠绕细线等纤弱如丝的支撑物。人们也许曾经注意到，有些植物是侧枝缠绕，主枝并不缠绕象腿薯蓣（Tamus elephantipes），而另一些植物是主芽枝缠绕，分枝并不缠绕（若干种芦笋）。有些缠绕植物的芽枝外卷，而另一些并不外卷。再者，有些缠绕植物一直长到离地面一定高度后才开始缠绕爬升。

另一类攀缘植物具有“可激励”器官或敏感器官，其中叶攀缘植物（leaf climbers）会用叶子的顶端把握住叶柄的方法攀缘爬升，极少几种叶攀缘植物通过缠绕支撑物攀缘爬升。缠绕支撑物爬升的攀缘植物具有一种强烈的倾向，即其同一根芽枝会分别左右缠绕。不过，我们在这里感兴趣的是有卷须植物。卷须是对触觉敏感的丝状器官，碰到什么就缠住什么，永远借此攀缘爬升。它们可以水平地生长，也可以上下垂直生长。它与缠绕植物不同。缠绕植物自我缠绕住支撑物，基本垂直向上爬升。叶攀缘植物顺着自身生长的外卷方向（如人们可见，既可左外卷，也可以右外卷）攀缘着支撑物，其卷须可以左右卷曲，先接触到左侧则左卷，先接触到右侧则右卷，因此，它们芽枝的缠绕生长运动呈波浪形或蠕虫似的弯曲形。所有卷须植物的卷须在攀握住物体时则旋转收缩。其中只有四种例外，而穗菝葜（Smilax aspera）则是其中一种。查理·达尔文认为，这样的收缩与在芽枝和卷须顶端观察到的自发外卷的力量基本无关，因为蛇葡萄（Ampelopsis hederacea）根本不外卷。卷须旋转外卷的目的是按最近的距离把握住支撑物，再往上提升芽枝，因此生长毫不费力。同样，旋转收缩也使得卷须具有很高的弹性，因而抗风能力也提高了，于是，比如说泻根属植物，在风暴中就像是一艘船，抛下两个锚，漫长的枝像电缆，起到和弹簧一样的作用。

泻根属植物（参见图215）会长出一种丝状器官，正如威利博士指出的，这使得泻根具有“应激性”了，因此其游离端在外卷时就好像要准确地握住一个支架，而这自由端一旦接触到一根枝条，马上就在枝条上缠绕起来。然后缠绕住的卷须就一部分顺着一个方向作螺旋扭曲，另一部分则顺着另一方向作螺旋扭曲，两个扭曲之间有一小段保持直线生长。这类植株固定之后发生逆向螺旋的情况，有时只发生一次，有时发生七到八次。但在一个方向发生多少次，基本在另一个方向也会发生多少次，其原因在于防止过度扭曲，造成机械力的浪费。我们已经观察到，一株对扭植物，在旋转攀附在支撑物上的时候，也发育起一种螺旋扭曲。这样的对扭在同一中轴方向上产生，而如果这样的扭曲在同一方向上发展过久，最后会拉断卷须。这时，如果植株在相反的方向上也旋转上这么几圈，那么，扭曲所造成的拉力也就化解了。

我所能发现的这类双重扭曲的最佳例子是图219所示的葫芦的卷须。这样奇怪的对称结构一般只有在卷须已经抓住并缠绕住一个支撑物时才观察得到。双重螺旋所形成坚实的、弹簧似的附着只能供人们鉴赏。已故的佩蒂格鲁教授曾经记录过一棵黄瓜的螺旋卷须：“其底部绕三圈，翻转一次，再绕三圈，第二次翻转，再绕五圈，第三次翻转，再绕四圈，第四次翻转，再在顶端绕五圈。这根卷须以底部和中部缠绕住黄瓜的叶子，而它的顶端相当自由地生长。”这可以说明，由于生成了一次翻转螺旋，就没有必要像查理·达尔文和萨奇斯所认为的，卷须总要在每一个末端固定一下。

蛇葡萄（Ampelopsis，Virginia Creeper，参见图224）表现出一种合轴芽枝系统，没有真正自发地回卷转头，而只有节点之间从明到暗的运动。卷须会“安排”其分枝，使之先压住支撑物的表面，然后，弯曲的顶端膨胀起来，在其下面形成柔软的小块盘状物。利用这种盘状物，分枝紧紧地粘贴住支撑物，然后把芽枝往前拉动，促进其生长。附着住的卷须作螺纹状收缩，所以具有极高的弹性，因此主茎无论受到何种外力干扰，其分枝均能均匀地分布在各盘状物上。葡萄藤具有同样的合轴芽枝系统，其中卷须（和西番莲的一样）是变形的花柄，相当厚实，而且生机勃勃，可以生长到16英寸长。它们有时候也会分枝，显得很美丽，往往引起诗人的注意，弥尔顿（Milton）就曾经用葡萄藤来描写夏娃的秀发[9]：

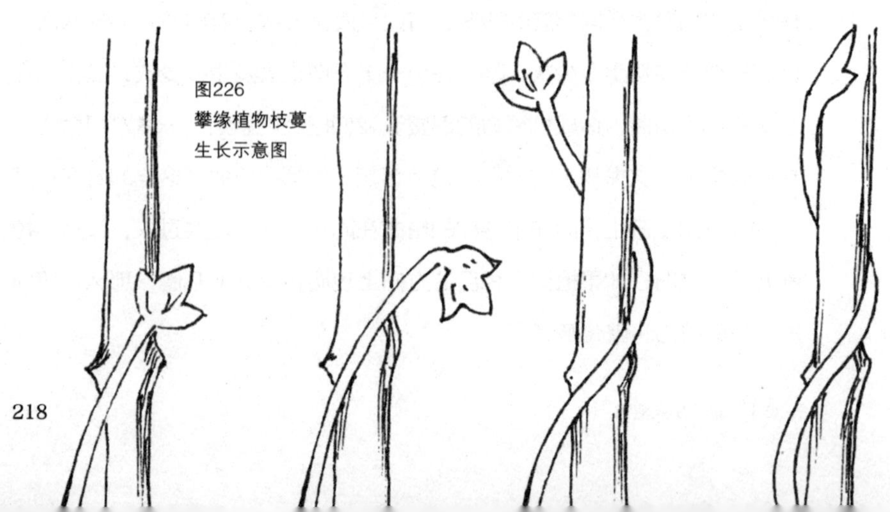

图226
攀缘植物枝蔓
生长示意图

……

随意翻卷似波浪

葡萄卷须好模样。

以卷须植物以及它们最高卷曲效率为例来说明笔者在本章开头斗胆提出植物具有“思维”，那么我们现在就可以认识到如何正确地确定植物在生物界的地位，这样的植物应该处于多高的位置。在这方面，我的描述绝对不会超过查理·达尔文，因此还是让我引述查理·达尔文关于有卷须植物的综述作为本章的结论：

它首先让卷须各就各位，准备行动，就像水螅体让触手各就各位一样。如果卷须位置移动了，这是万有引力起作用及其自主力量应用的结果。在光线的作用下，它会趋光、避光，或者无反应，采取何种方式，主要看是否对它有利。经若干天，卷须或节间，或者两者会自发地稳健地外卷。卷须在接触到某个物体时，就会迅速缠绕，紧紧地缠绕住该物体。在若干小时内，它就收缩成一个螺圈，把主茎往上拉，形成一个优美的弹簧。此时此刻，所有的运动都停止了。这些组织在生长中很快变得极其强壮、极有耐力了。卷须已经完成了任务，它以一种值得欣赏的方式完成了任务。

限于篇幅，作者不再举例说明自然界中螺旋结构的用途。

第十一章注释:

1 生长于北美洲的一种食虫植物。——译注

2 和瓶子草属同类的食虫植物，其特点是植物的叶子部分或全部变态成瓶子状，昆虫被诱陷其内，则被叶子分泌物分解，然后被吸收转化为养分。——译注

3 产于美国卡罗来纳州沿海的一种茅膏菜科食虫植物，其叶顶变态成具缘毛的昆虫陷阱，内有触毛，对触觉敏感，一旦受到触动，叶子的一半则合拢卷起，捕捉住昆虫。——译注

4 系指细胞浆内各类淀粉颗粒或其他固体物质，认为它们位置的改变导致一个器官或部分的位置改变。——译注

5 Anastatica，十字花科含生草属植物，分布于亚洲，干旱时卷起来，潮湿时伸展开。——译注

6 Swinbume，1837—1909，英国诗人，作品以韵律见长。——译注

7 原文为：how it grows,

If with its colour it have breath,
If life taste sweet to it, if death
Pain its soft petal, no one knows:
Man has no sight or sense that saith.
——译注

8 图225：在德瓦尔先生善意地邮寄了这幅极其有趣的照片时，他附言如下：

非常感谢您引用了本人关于黑泻根草的某些观察。

附信送上一张黑泻根薯蓣（Tamus communis）标本的照片，这是本人于1912年3月在阿特拉斯山发现的，那里生长着大量这种植物。照片（图225）表明泻根草是怎样探索着爬向日光兰，然后又改变主意，走起了回头路的。在我第一次看到它们的时候，泻根草和日光兰的距离不到1英尺，泻根的头部笔直向前。到了第二天，可能泻根草已经认为日光兰对它毫无用处，或者对它不友好了，因为，泻根草已经右转，走上回头路了。

9 该诗句见弥尔顿的《失乐园》第四章。上海译文出版社1984年版，朱维之先生的译文为：“好像葡萄的卷须，曲成波轮。”——译注

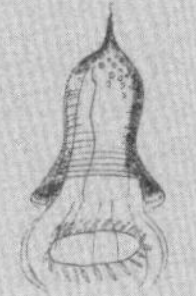

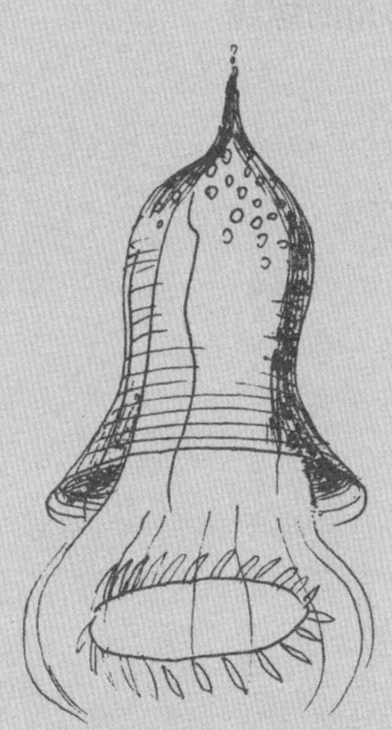

Chapter 12

The spirals of horns

· 第十二章　兽角的螺线

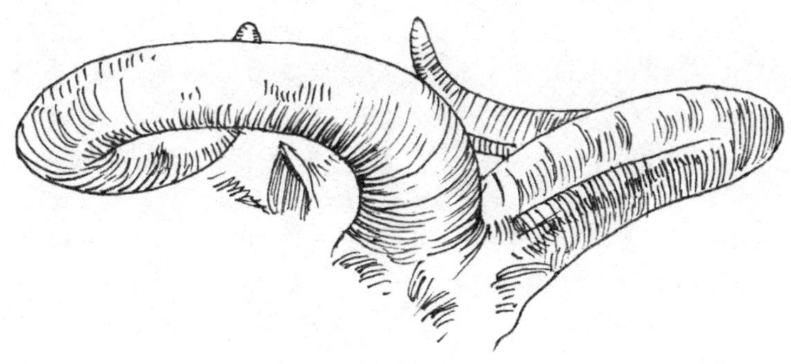

兽角的螺线是区别公绵羊和公山羊的依据。

——埃泽基尔

在绝大部分情况中，成双成对的自然物品一般都分为左右。实际上，“一对”这个词在一般用法上是区分左右的。因为人们说“一对手套”时并不会指两个左手套或者两个右手套，而是指分为左右的一对手套。所以动物的兽角（除了犀牛的兽角以外）和它们的脚、耳朵和眼睛一样，正好也是“成对”的，也可以正确地区分为左和右。这样的区分（除了位于动物头上这一点不同外）一般是按兽角的螺纹曲线或螺旋旋转的方向来辨认的。就作者所知，这个规律四海皆准，概莫能外。不过，世界上也存在极其罕见的例外，这就是具有两颗牙（而不是兽角）的独角鲸，这两颗牙没有左旋和右旋的分别，而是都往左旋。实际上，它们是一种自然的“成双成对”，但却并不是在我们谈论一对靴子的那种意义上的成对。

犀牛属于奇蹄类动物，犀牛角没有骨质的角心，完全由称为“角蛋白”和毛一样的纤维结构组成的。角蛋白也是动物的爪、指甲、蹄和毛发的组成物质。组成“有角下目”（Pecora）的偶蹄类动物的兽角和茸可以分成三类，本质上都是头颅上的骨质生长形成的。第一类，而且是最原始的一类，是长颈鹿的角。长颈鹿在娘胎里就有角，位于头颅的前部，但终生都为表皮和绒毛所覆盖。霍加狓[1]的兽角也长在头颅的前部，呈锥形，尖端稍微突出于表皮，因此成为较有力的战斗武器。第二类是鹿角。鹿角是头颅前部的骨质生长而成的，一般具有分叉或分支。覆盖在兽角表面的柔软的表皮会死亡脱落。每一年，老角脱落了，一对新角就生长起来。驯鹿是这一类中的唯一例外，雌驯鹿生长着和雄驯鹿一样的角。第三类是我们最关心的一类。在这一类中，雌雄两性动物的角质角心生长在角蛋白形成的空鞘中。空鞘到动物死亡后才可以取下。这种结构终生存在，只是年复一年地自下向上生长，因此从来不会分叉或分支。这一类也有一个例外，发生在美洲叉角羚（Antilocapra americana）身上。美洲叉角羚的角鞘每一年都会脱落，因此显然在第二类和第三类之间形成了联系。本章主要探讨的就是具有外鞘的兽角动物（其中包括鹿类、绵羊、山羊和各种牲口）。在此，笔者先建议用一种简单的方法来区分其螺旋结构。

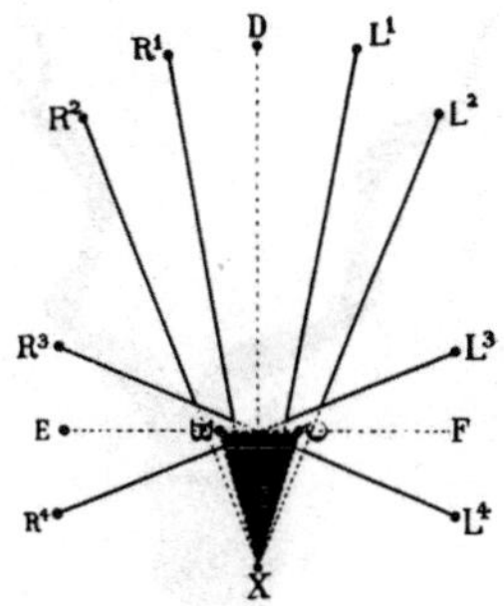

图227
兽角轴线示意图

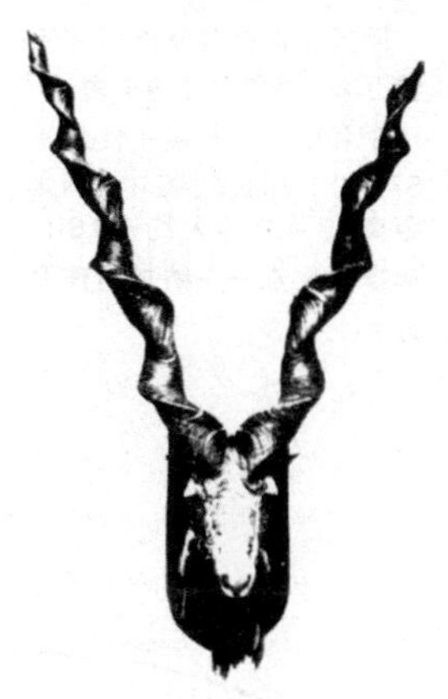
图228
Capra falconeri jerdoni
直线旋曲的羊角，克佩尔爵士收集的苏里曼山羊角（R^1和L^1）。
长度（直线）37英寸、周长10英寸、角尖相距32英寸。
（1905年摄于库拉姆村。）

图227的示意图是根据下列原则绘制的。画一条直线EF，再画一条直线DX与之垂直相交。在相交点两侧等距离各取一个点，B和C，则BCX形成的三角阴影区可以基本代表动物的脸面，X为鼻端、BC为颅顶。从点X穿过三角区内侧画直线R^1和L^1，再穿过三角区外侧画直线R^2和L^2。这些线条代表扭结（twisted，图228）或

图229

Capra palconeri typicus

兰斯多文侯爵收集的吉尔吉特山羊，曲线旋曲的羊角（R^2和L^9）。长度（曲线）57英寸，周长$9\frac{3}{4}$英寸，两端距离38英寸（大约在1891年摄于匈查——纳加村庄附近）。

曲线扭结（curved twisted，图229）的兽角的轴线。从三角区底座上DX与水平直线BF垂直相交的点画直线R^1和L^1，使之穿过三角区外侧，再画直线R^4和L^4，使之穿过三角区内侧，这些直线代表图230（R^3和L^3）或图231（R^4和L^4）中的扭曲形兽角的轴线。

上述这种兽角几何分类法依次提到的兽角当然与自然界中兽角逐渐退化论有关。不过，在这里，笔者还是先讨论兽角的进化论。根据兽角进化论，已经考虑过前面章节中描述的各种螺旋结构的形成原因和生长过程的人们都会认为，合理的做法是把图233的藏羚羊（Ovis ammon hodgsoni）和图232的麦利奴公绵羊的兽角作为原始的兽角类型，因为这两类兽角都具有与其他有机螺旋结构和旋转表面相似的基本曲线，后者往往发生

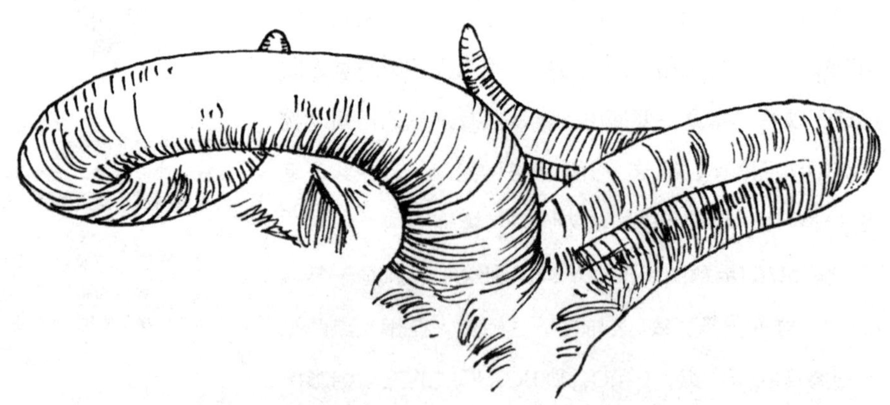

图230

曲线扭曲（反向扭曲）的羊角

Capra cylindricornis fallasi

东高加索獭羊

在正在生长的啤酒花身上，起到加强的作用。现在，我们只要做出以下的假定，就可以把这个假设再往前推论一下，即我们认为如果将有角野生动物的角尖能拉长一点则更为有用，而能把图231中的旋转的角尖拉长的唯一方法则与山羊（图230）的一样，即可呈现出一种称之为一般螺旋的“反常”。关于这种“反常”，笔者会在后文中做详细解释。但现在笔者必须指出，反常并没有呈现出左旋或右旋的差异所表现的变化，而是呈现出左旋和右旋可生长在不同的植物体上。继续根据这种进化论的假设，笔者现在可以建议由于图231中的扭曲曲线（由线条R^4和L^4代表）已经把角点提高到图230中的R^3和L^3的位置，因此后者也可以想象进一步提高到R^2和L^2位置，于是损失了曲线的基本特征，成为与图229中吉尔吉特山羊一样的曲线扭曲。在这里，笔者必须暂且停止提出论据，先向读者解释一下图234中的薮羚（Tragelaphus angasi），说明并非只有吉尔吉特山羊才保留了本质上是螺旋扭曲而看起来是螺旋曲线的兽角。以左角的起点C为例。从C到A这条直线可以轻易地发展成水平的螺线曲线CAB，而不是生长成锥形的螺旋CAD。同样的可能性也可以发现在小纰角鹿（Strpsiceros imberbis，图235）和泽羚（Tragelaphus spekei，图236）身上。幸运的是，在大英博

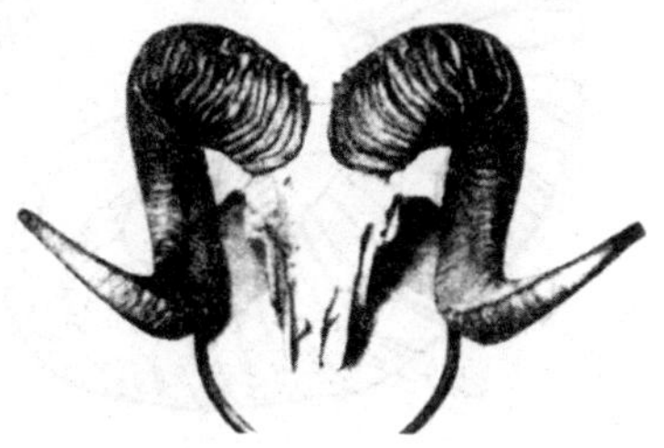

图231
曲线扭曲的羊角
Ovis ammon mogolica
戈壁盘羊的犄角
（R^4和L^4）

图232
麦利奴公绵羊（R^4和L^4）

图233

Ovis ammon hodgsoni

盘羊西藏亚种，俗称藏羚羊

图234
Tragelaphus angasi
薮羚
（说明双角是从水平的螺旋曲线CAB开始，结束于锥形的螺旋CAD。）

物馆（自然历史分馆）的胡莫展品（Hume Collection）中发现了这个理论曲线的最令人高兴的现实存在的证据。展馆中的第66号展品呈现出与雄性黑羚羊（Blackbuck）的兽角（CAD）异向旋转和第69号展品呈现的雌性兽角的同向曲线（CAB）。在我绘制好插图（图234）后，列德克（Lydekker）先生友好地向我解释了这些兽角。

理论认为角尖端从野绵羊的位置逐渐提高到巴氏野山羊（Palla's tur）的位置，继而提高到吉尔吉特山羊的位置。但是如果继续依据这个理论，我们最终将达到一个位置——所有曲线踪迹统统消失的位置。在图228中的苏里曼山羊的直角中，我们看到了位于图227中的R^1和L^1夹角的轴线对生长的作用。这些兽角的扭曲是对自然界不屈不挠斗争的结果，极其适应于战斗和穿越茂密的丛林。在做结论的时候，我还应该加上一点，即看来很难从苏里曼捻角山羊（Capra falconeri jerdoni）的螺旋扭曲（corkscrew twists）推论出麦利奴羊的曲线，而且，笔者认为，在所

图235
Strepsiceros imberbis
小纰角鹿
布拉恩先生猎品。
（索马里兰，1909）

讨论的序列上，至少有一种力学上的可能性。

如果现在推论的兽角发展顺序是正确的，那么就可以对许多兽角的形态进行若干有趣的推论。如果藏羚羊（Ovis ammon hodgsoni）的扭角实际上是笔者所观察的一系列扭角的起始，那么可能的结论就是：这是一个改进过程。在野生动物中，兽角的形态是为了生活和择偶的需要而进行战斗的发展结果，而在家畜中，其形态则由于人类的饲养而保存。在这一方面，野生动物的角端明显尖锐也许具有重要意义，角端尖锐程度一般与品种相关，如东高加索羱羊（Capra cylindricornis fallasi）和麦利奴羊之间，或辛德大山羊（图244）和阿拉斯加山羊（Ovis canadensis dalli，第二章图48）之间进行比较，相差无异。在另一方面，很难说清楚，为什么盘羊帕米尔亚种（Ovis ammon poli，第一章图20）或者盘羊西藏亚种（Ovis ammon hodgsoni，图233）呈现出与麦利奴羊（图232）相似的普通曲线，而蛮羊（Ammotragus lervla，图241），塞浦路斯红羊（Ovis orientalis，图242）和岩羊（Pseudois nahura，图243）均呈现出东高加索羱羊（Capra cylindricomls fallasi）身上典型存在的，但非常罕见的反常现象？不过，从东高加索羱羊（Capra cylindricornis fallasi）的角端，发展到吉尔吉特山羊的角端，进而更显著地发展到苏里曼山羊（图228）的角端，从中一定可以看到角端的反常变异和野生种类的相关性。再者，角端的尖锐程度在为生存而战斗的动物身上要比生活安定，以兽角为装饰品的家养麦利奴羊等明显得多。实际上，根据这个理论，家养的有角动物要是没有人类发现其价值加以保护，也许早就灭种了。

关于弯曲和扭曲的发展的另一个非常有趣的事实是，若家养动物出现扭角，其扭曲方式与野生者完全不同。

同向的兽角（按照威利博士的定义）是指以兽头为中轴，右角右旋、左角左旋的兽角[2]。图版Ⅲ之图Ⅰ的高地绵羊以及图237的普通欧洲野羊都是这方面的例子。读者会立即发现，若兽角呈现这类扭转（参见图20、48、232、233和237），则其身体结构不可能呈现出相异于上述的同向结构。要想证明这一点，只要把图版Ⅲ之图Ⅰ中的曲线AB，从右侧转到左侧就一目了然了，即与图版Ⅲ之Ⅱ的欧洲野羊角扭转的方向一样。这时，兽角显然就要伸长到动物的背上，因而对动物毫无用处了。这类同向弯曲的兽角只有一种例外差异，就是红色的欧洲野羊（图版Ⅲ之图Ⅱ）生长的“反向”兽角。正如普里斯克（Billy Prisks）见到科西嘉“南欧野羊”时指出的：“对于公羊而言，这角扭错了方向。”正如笔者将在后文说明的，这些“反常”弯曲并不是异向弯曲，CD和AB（见图版Ⅲ中图Ⅱ上方的图，即为了做出比较）。大山羊身上显示的角尖（图230）和图241、242、243和244中角的结构相同，正好和高地绵羊的兽角同向，但其右侧和左侧的螺旋各具有不同的特征。

威利博士对扭转和弯曲扭转进行了重要的区分，从中发现了有趣的事实，即现有的所有羚羊和野山羊的扭角均具异向结构，如图版Ⅲ之图Ⅲ或图235和236所示，右旋扭曲位于头部的左侧，而左旋扭曲位于头部的右侧。由于在相当竖直的轴线上，兽角扭曲的方向与动物的其他结构相比并没有什么重要意义，因此，我们可以发现在同向结构中，右旋扭曲位于头部的右侧，左旋扭曲位于头部的左侧。但是，同向结构（只有一个例外）只发现于家养动物（参见图版Ⅲ之图Ⅳ），就笔者所知，没有一只活着的野生动物具有同向结构。威利博士只是在野生羚羊和家养绵羊或山羊之间

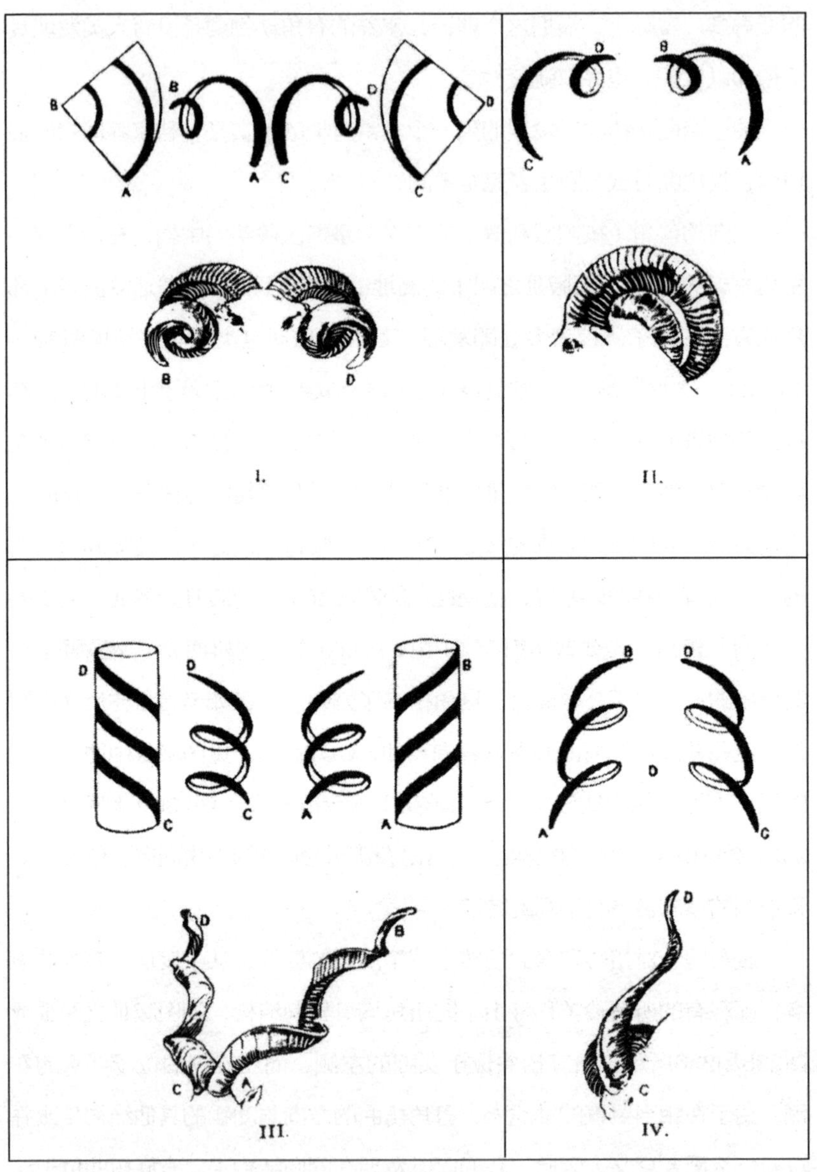

图版Ⅲ

Ⅰ. 高地绵羊（同向弯曲）

Ⅱ. 欧洲野羊（同向反转）

Ⅲ. 山羊（异向扭转）

Ⅳ. 安哥拉山羊（异向扭转）

进行了区分，并没有把同向兽角与驯化联系起来。根据上述假设，兽角的原始螺旋形式现在只能在家养动物身上见到。这个假设则涉及高地绵羊等同向弯曲兽角的自然发展过程。若事实如此，我们就可以得出结论说，如果没有人类的饲养，这些生长着同向扭角的动物早就绝迹了，而那些能存活下来的动物，为了增强战斗力，或者为了穿越浓密的丛林或草丛，一定发展起了异向扭角。在穿越浓密的丛林时，动物的下巴前伸，位于肩部的双角向后，就像两把锲子一样，又像两把螺丝刀一样，在枝枝杈杈间拱出道路来。形状明显、强壮有力的双角在图238的塞内冈比亚大羚羊身上特别引人注目，而“螺丝刀”状结构的双角则在图228和229中得以显示。所有这三种兽角和小纰角鹿及泽羚（图235和236）一样，都是羚羊和山羊特有的异向螺旋扭曲的实例。这样的结构可以在最大型的紫羚羊（Boocercus euryceros）身上得到极好的验证，该动物的头部记录标本是布朗恩（G. St. G. Orde Browne）在英属东非毛森林（Mau Forest）猎获的。该标本的双角曲线长度$39\frac{1}{2}$英寸、沿轴线直线长度$32\frac{5}{8}$英寸，两角尖之间宽度$16\frac{3}{4}$英寸，兽角基部之间距离$11\frac{1}{4}$英寸。较难以对付的无角动物不仅拥有尖锐的爪，而且还拥有尖锐的牙，而有角动物如果不是兽角特别小、特别简单（参见小型的印度黄麂），一定不会拥有尖锐的爪和牙。这可以说明像图238中的兽角是代替尖锐的爪和牙的有效的武器。笔者认为，异向扭角对于动物来说，比其他任何结构都更有益处。图版Ⅲ之图Ⅳ清晰地绘出了家养安哥拉山羊的同向扭角。西藏克什米尔山羊（图239）、贾姆纳普里山羊（图246）和普通家养山羊（图247）同样具有同向扭角。这三种山羊都是家养动物的变种。在此，我可以（承蒙列德克先生的允许）给出一个有趣的例子。在威利先生出生前四千年，一位古代的埃及艺术家就分辨出埃及家养的、长腿绵羊角部的扭曲具有同向结构（图240）。

我的第一个假设建议可以用下表表示：

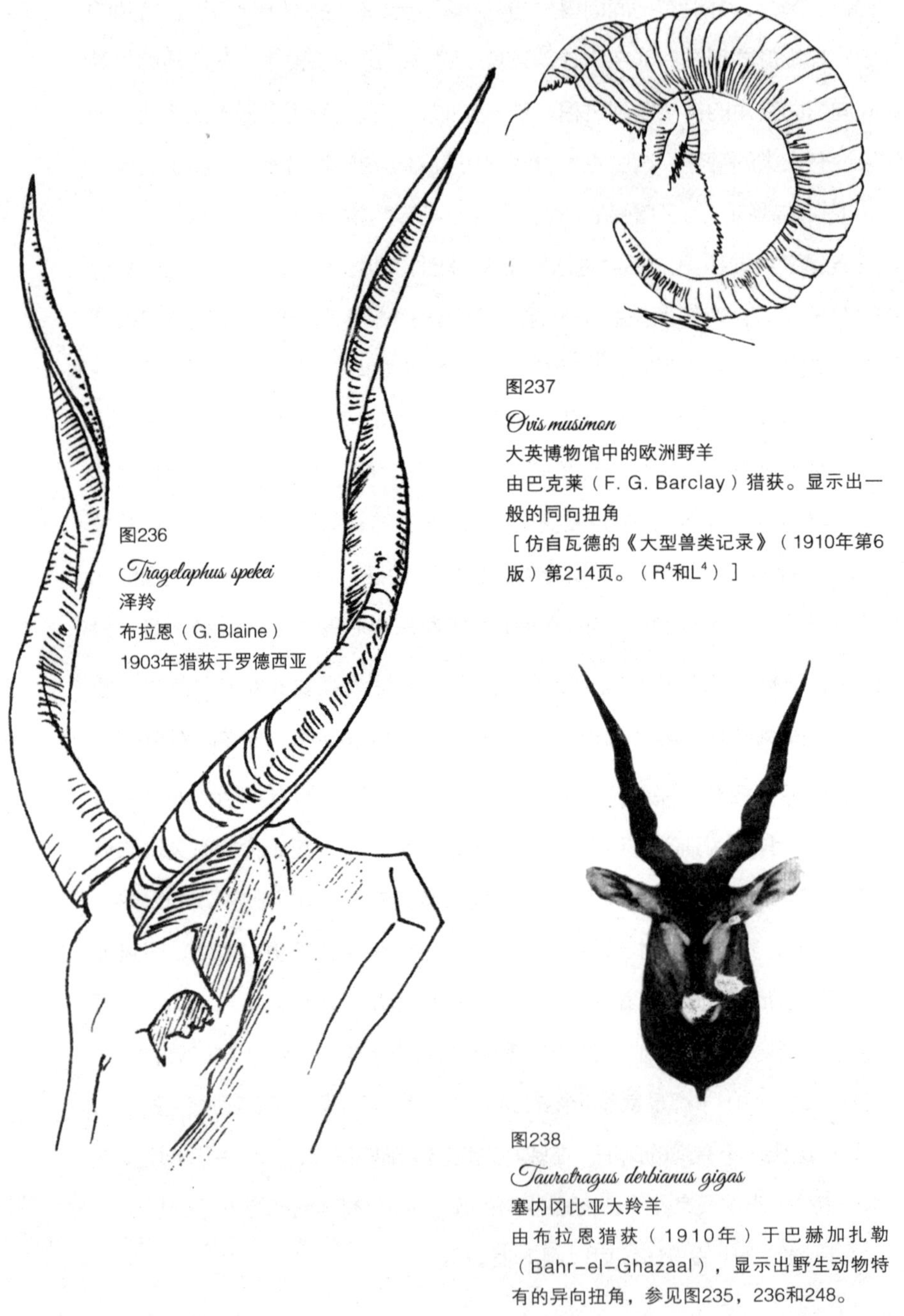

图236

Tragelaphus spekei

泽羚

布拉恩（G. Blaine）

1903年猎获于罗德西亚

图237

Ovis musimon

大英博物馆中的欧洲野羊

由巴克莱（F. G. Barclay）猎获。显示出一般的同向扭角

［仿自瓦德的《大型兽类记录》（1910年第6版）第214页。（R^4和L^4）］

图238

Taurotragus derbianus gigas

塞内冈比亚大羚羊

由布拉恩猎获（1910年）于巴赫加扎勒（Bahr-el-Ghazaal），显示出野生动物特有的异向扭角，参见图235，236和248。

Ⅰ.向前开放的曲线（图231），其中表面一定是扭曲的。通常为同向。

Ⅱ.曲线开放，端点抬升较高（图230）（反向），其中表面也是扭曲的，通常为同向。

Ⅲ.开放式扭曲，如图229或图235和236中显示的一样，可能是图版Ⅲ中图Ⅱ型和图Ⅳ型之间的过渡型。一般而说，家养动物是同向（图246），而野生动物是反向。

Ⅳ.封闭式扭曲如图228，一般来说，家养动物是同向（图246），而野生动物是反向。

必须明白，进化的第一个理论仅适用于兽角的发展形式，并不适用于有角动物本身。但是，退化论可能适用于两者[3]。

在图版Ⅳ和图版Ⅴ，笔者已经绘制了几幅示意图，以便更清楚地说明各种兽角的结构以及区分它们的方法。阅读并理解了本书前面11章的读者，很可能会比只研究过兽角螺纹者更容易明白各种兽角的成因。图版Ⅳ之图Ⅰ是本书第十章描述的一株攀缘植物卷须的示意图。在长到R点，而且再往上长的时候，卷须发现左旋更适合自己的需要；但是从L点往前，曲线改变成右旋了，可能是该植物发现右边的光线和空气都较充分，或者是由于前述的旋转造成的。但无论任何情况，我们可以看到植物只要需要，既可以左旋也可以右旋。在图版Ⅳ的图Ⅴ和图Ⅵ，有两个兽角，都往左旋，这是一个右撇子的人用一根绳子造成的。不过，图V的兽角为一只羚羊的右角（与图234比较），而图Ⅵ的兽角为安哥拉山羊的左角。现在，如果由于上述的事实，即野生羚羊一般是异向，而家养的动物一般是同向扭曲，我们一定会认为长在图Ⅴ中的羚羊头左侧的左旋扭曲一定是长在右侧的。显然，羚羊头结构的差异有利于羚羊本身，这与图Ⅰ中在R点从左转到右有利于攀缘植物的道理一样。正如我们以上建议的，是否发生

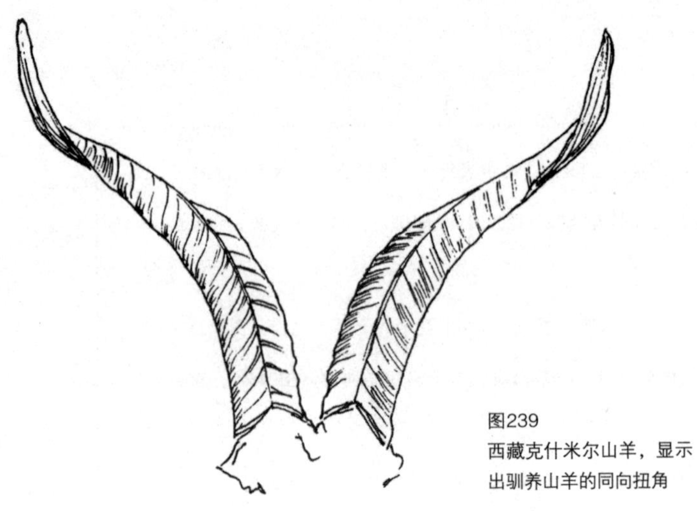

图239
西藏克什米尔山羊，显示出驯养山羊的同向扭角

过从较古老的同向兽角结构演化到较现代的异向兽角结构，本人认为并没有足够的证据可资证实。毫无疑问，认为同向动物生存下来是人类保存的结果，显然是没有充分考虑到底要花多长的时间才能生成并永久地保存异向结构。但是，有两点可以提出来回答这个问题。第一点是人类在其智力指导下的饲养已经立即产生了令人惊奇的结果（如马和狗），在最近几十年间，现在还存活的，人们只是到了最近几年才见到马球驹或㹴[4]。第二点的考虑是，我们知道生活在1.5万年前的人类驯养过马和其他动物，鉴于人类在地球上已经生活了40万年，因此，我们有理由认为人类在生存几千年后就开始驯养动物了。在这类动物中，正如图239、240、246和247所示，非常可能仅包括绵羊和山羊。因此，可以推断说这样的动物呈现出同向结构是因为它们的兽角从来没有用于为种族的生存而战斗或穿越茂密的丛林。而与羚羊相比用处较少或较不容易驯养的动物，如图234、235或236中的鹿类，以及图228和229的山羊就发展起异向结构，这种结构把枝枝杈杈顺着肩部扫开，使后面的身体无牵无挂，而不是像同向兽角那样把枝枝杈杈往身上扯。但是，如果我们能够证明家养动物具有和它们的祖先一样的螺旋结构，那么我们就需要建立与原书第203页不同的理论[5]。而且，我们必须承认，巨大的雄性动物相互间经常争斗，并不是与摄食它们

的动物争斗，而是不同个体间的种内斗争，或者为了争夺“王位”，或者是为了争夺雌性。种内斗争保证使最强壮的性状遗传给后代。它们愿意生活在山地和平原，不愿意生活在森林，因此，它们的生存主要依赖于视觉和味觉或听觉和奔跑。不过，还有一个事实，即家养的绵羊和山羊（只有一个例外）显示出同向角结构，而就笔者本人所知，没有一种异向角的羚羊曾经被驯养过。

让我们继续谈图版Ⅳ上的其他图形，在这里，我希望读者把图Ⅱ想象成锥形的底座。用线圈作底座，再用透明的棉布作锥体（按本书第二章的方法制作），把线圈放在平整的桌子上，这样就可以把锥顶（M）往上拉，使之看起来像是图版Ⅴ右上图的BOK。再看看图版Ⅳ之图Ⅲ，把它想象成兽角等有机物锥形螺旋线，并假定螺旋线上的B点从锥形底座上的B点生长起来。这样，螺旋线就会围绕着锥体逐渐生长，最终随着图版Ⅲ

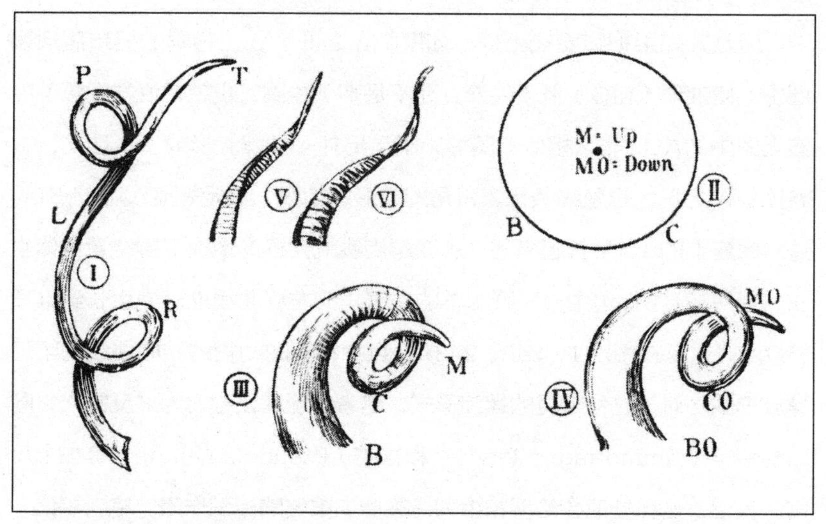

图版Ⅳ　扭转和弯曲示意图

Ⅰ. 攀缘植物的卷须改变螺线的方向；

Ⅱ. 锥形，其中M位于顶端上，MO位于顶端下；

Ⅲ. 左旋，顶端（M）向上；

Ⅳ. 左旋（反常），顶端（MO）向下。

图240
古埃及人图画中驯养的长腿羊
（洛特特和盖拉德，Lortet and Gaillard）

之Ⅰ中的左羊角的左旋曲线准确地生长到M点。这是在图231中看到的普通同向弯曲形式。

但是，如果把线圈往上提（如图版Ⅳ之Ⅱ），让透明的棉布落到线圈中，使锥顶（MO）低于线圈，而不是高于线圈，也就是说与图版Ⅴ中右上图中的AOC非常相似的图形，于是另外一种螺旋形成了。现在，看着图版Ⅳ之Ⅳ，想象线条代表兽角的锥形螺旋线，假定螺旋线上的点BO是从底座上的B点生长起来的，那么螺旋线就会逐渐地往下围绕着锥体生长，最终随着图230中巴氏野山羊的左兽角的左旋曲线准确地生长到锥顶MO点。这是在图241、242、243和244中看到的动物的同向曲线的罕见螺旋形式。对于这种罕见的螺旋形式，笔者斗胆建议称之为“反常”，同时给蛮羊（Ammotragus lervia）和岩羊（Pseudois nahura）等加上反常。我想，这样处理会给博物馆的标签增加重要的标识作用。笔者相信，上文刚刚引述的例子，都是只有这样结构的动物，从来不具有那种常见的结构。但我们必须小心地注意到，在欧洲野羊身上，我们发现了图237中所示的一般的同向结构，双角和第二章图48的阿拉斯加大角羊一样，伸向前方。但是，根据图版Ⅲ之Ⅱ，南欧野羊（mouflon）也具有罕见的同向结构（反常），其中双角和巴氏野山羊一样向后伸展，它一定要这样生长，才可以避免刺伤后背。

笔者已经利用卷须的不同螺线来说明螺旋曲线的差异。现在，我必须说明，通过与某些贝类的严格类比，有时贝类学者添加上“反常”的词尾，这使我想到“反常”（perversus）的可能性。某些阅读过前面若干章节的读者一定还记得，厣的螺旋方向总是与壳体的螺旋方向相反。贝类学家认为，大部分的贝壳呈右旋，因此，厣呈左旋（参见第二章，图46）。普遍呈右旋的贝类，也有极其罕见的例外，即为数极少的贝类呈左旋；同样地，普遍呈左旋的贝类，也有极其罕见的例外，即为数极少的

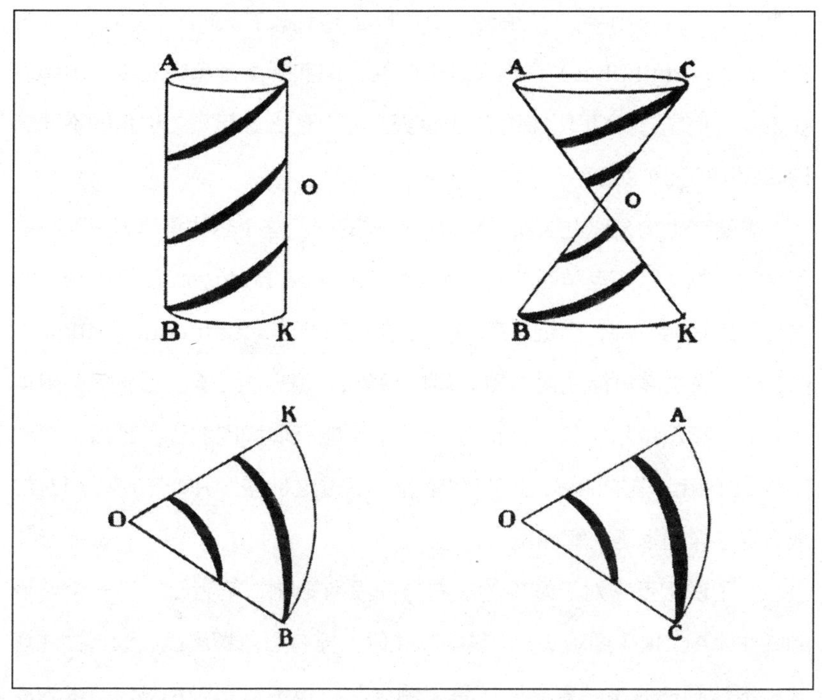

图版V

反圆锥体的原则示意图

贝类呈右旋。但是，所有的厣均遵循上述的原则。因此，如果发现一只右旋的贝类，同时发现它的厣也呈右旋，那么马上可以推论发现了新现象。对于这种新现象，我们称之为超级左旋而不是右旋的贝类，而其中形成的过程正与笔者在说明高地绵羊常见的同向曲线和巴氏野山羊反常的同向曲线的差异相似。实际上，贝类正是经历过帆形锥体中描述的变态过程。开始的时候，贝类锥体直立，底座在桌面上，壳顶向上。它逐渐变扁平了，往下的压力继续加强，最终使得贝类的锥形底圈或底座变到上头，而壳顶转到其下。换句话说，壳顶M（见图版Ⅳ和图版Ⅱ）下压，最终穿过底座，位于MO的下方。这种情况发生在唬螺（Spirialis）、蛞蝓（Limacina）、光螺（Meladromus）和狭螺（Lanistes）身上，其中栖息的动物是右旋的，但其贝壳看起来是左旋的，但是，正如西莫斯和培尔森尼尔（Pelseneer）所说明的，实际上是超级右旋的。同样，圆口螺属螺类（Pompholyx）看起来是右向的，但实际上是超级左旋（ultra-sinistral）的。人们再也想象不出世界上还有什么像贝类与兽角的不同结构如此相似的东西了。

需要在生物名称上加以“反常”这样的词，这个想法是笔者发现有些著名的生物学家把盘羊西藏亚种（Ovis ammon hodgsonii，图233）的左兽角描述为左旋，而把东高加索捩羊（Capra cylindricornis fallasi，图230）的左兽角描述为右旋。可以想象，巴氏野山羊，北非阿鲁伊羊（arui）和巴拉尔岩羊（baral）等均不可能呈现异向曲线。当然，在巴氏野山羊和盘羊的曲线之间存在差异，不过这种差异并非不可以用左旋或右旋这样的术语来解释。

为了说明反常对于螺旋的左右方向没有影响，笔者绘制了一个普通的圆柱体ACBK（图版V），其中圆柱体上标有黑色螺旋线。读者会注意到，不管圆柱体是“直立”还是“倒立”，也不管是以AC还是BK为底座，黑线都顺着同样的方向旋转。如果在O点紧紧地收缩圆柱体，最终则形成两个锥体，即上锥体AOC和下锥体BOK。

读者会看到，黑色螺旋线（此时是锥体而不是圆柱体）一点也没有改变螺旋的方向。现在把锥体AOC斜放，C点朝下，O点朝着读者的左方；也把锥体BOK斜放，B点朝下，O点朝着读者的左方。在这两个锥体中，黑色的螺旋线都朝着同一个方向，其中锥体BOK（下锥体）代表着正常的形式，而锥体AOC（上锥体）代表反常形式。这是把顶端O往下压，一直压到穿过底座，从另一侧出来为止，超级右旋（或超级左旋）的贝类是如此，巴氏野山羊的兽角也是如此。

在上述引用的或说明的例子中，笔者目前只能再举辛德大山羊（Capra hircus blythi）和维氏盘羊（Ovis vignei typica）作为例子。在所有这些例子中，从正面来看，动物的双角在颈部反转，方向与观察者相反，而在加拿大盘羊（Ovis canadensis）和盘羊（Ovis ammon）以及大多数的同向曲线中，角端都是朝向观察者的。对于仔细的观察者来说，毫无疑问，他们一定可以发现更多的反常现象。

再次，如果我们认为反常是野生动物在家养绵羊的普通同向曲线的基

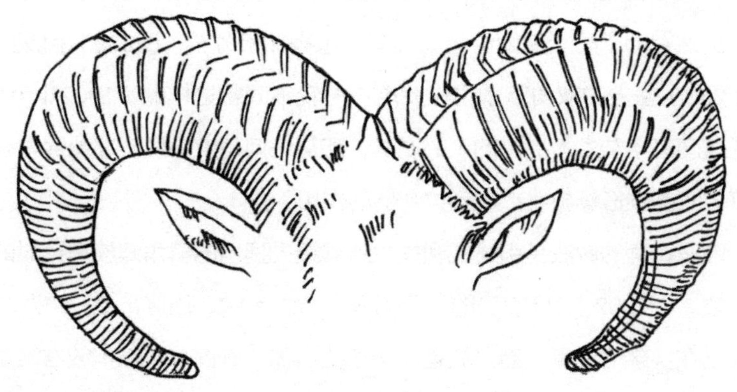

图241

Ammotragus lervia

反常。出产于北非的蛮羊

[（绘自仿自瓦德的《大型兽类记录》（1910年第6版）第389页。]

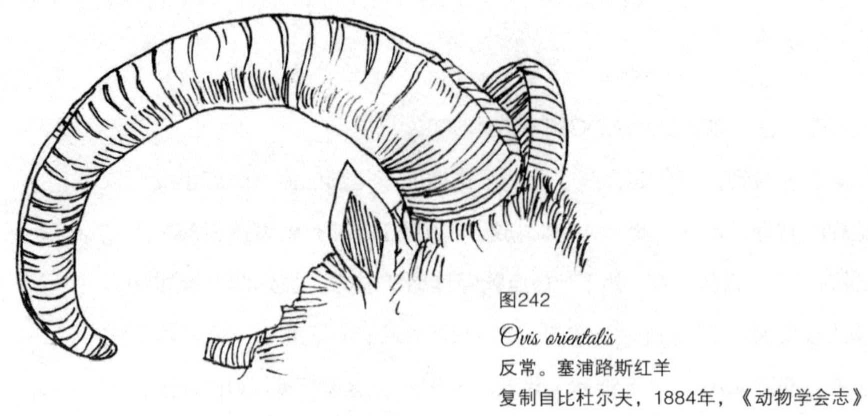

图242

Ovis orientalis

反常。塞浦路斯红羊

复制自比杜尔夫，1884年，《动物学会志》

础上发展起来的改进现象，那么，这个过程可以与一个事实相比较吗？即格兰羚（Gazella granti）的扭角端先往里扭，再往外扭，而与之同属的动物，经准确鉴定的格兰羚（G. granti robertsi）生活在另外一种环境中，其角端先往外扭，再往后扭。对于各种各样的兽角，人们做出了各种推测。塞内冈比亚大羚羊（Taurotragus derbianus gigas，图238）或者苏里曼山羊（Capra falconeri jerdoni，图228）的兽角显然是战斗武器，而贾姆纳普里山羊（图246）或者普通家养山羊（图247）的兽角都是安定岁月的装饰品。辛德大山羊（Sind ibex，图244）的兽角是否可作为阿拉伯单刃弯刀。假如山羊总是低着头，无论碰到什么都让大弯角顶着，当然有助于防止跌倒。可以推测，东高加索瓶羊（图230）和藏羚羊（图233）坚硬的双角基本也作此用。但我不同意这样的（1902年9月27日《英国医学杂志》提出的）的说法，即从任何角度来说，高地绵羊双角的开放式圆锥形螺旋线都起到扩音器的作用。

唯一正确的做法是引述威利先生就其最先提出的兽角螺旋理论时的准确论述。在1902年9月27日的《英国医学杂志》中，他宣布说："羚羊的右旋是在头部的左侧，而左旋是在头部的右侧（异向），绵羊的右旋是在头部的右侧，而左旋是在头部的左侧（同向）。""山羊在双角的螺旋方向上与羚羊一样，而牛和绵羊的双角螺旋方向则是一样的。"

现在，经常由于明显的"例外"，想象这样一种"规律"或理论可以更正或“扩展”。而列德克先生已经指出威利博士的说法有两种明显的例外，这显然是根据他自己的观察得出的。威利博士在使用上述的“野山羊”这个词的时候，他想到山羊（图228和229）了吗？如果他想到了，为什么驯养山羊除了一种以外，都是同向的，而野山羊是异向的？家庭驯养足以证明螺旋结构改变的原因吗？显然，驯养山羊的祖先不是山羊，而是所谓的“波斯大角山羊”（Capra hircus aegagrus），这个解释较易让人接受。在图244中，我已经说明反常曲线就位于胡莫先生（Hume）一书的辛德大山羊头上（图244）。我们已经看到反常是一种伴随同向发生的情况，虽然这种情况只偶尔发生。但在1913年12月13日的《田野》上，列德克先生出版了斯登达尔（R. A. Stemdale）先生绘制的亚洲大角山羊（Capra sibirica dauvergnei）的图像（图245），这个图明显同向，只要与麦利奴公绵羊（图232）或藏羚羊（图233）进行比较就可以看出来。而其他与其相近的标本（虽然没有加粗线画出来）可以在自然历史博物馆中鉴定。因此，一般驯养山羊的同向螺旋是从辛德野山羊等野山羊那里遗传下来的。而这是对唯一具有异向螺旋的家养卡克斯岛的驯养山羊（Circassian，图249）的解释。因为，正如列德克先生所指出的，把这种动物和卡布尔山羊（Capra falconeri megaceros，图248）比较一下

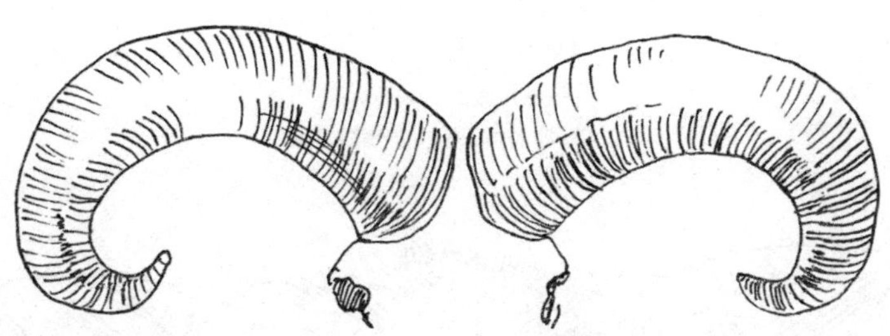

图243

Pseudois nahura

反常。岩羊

[仿自瓦德的《大型兽类记录》（1910年第6版）第387页。]

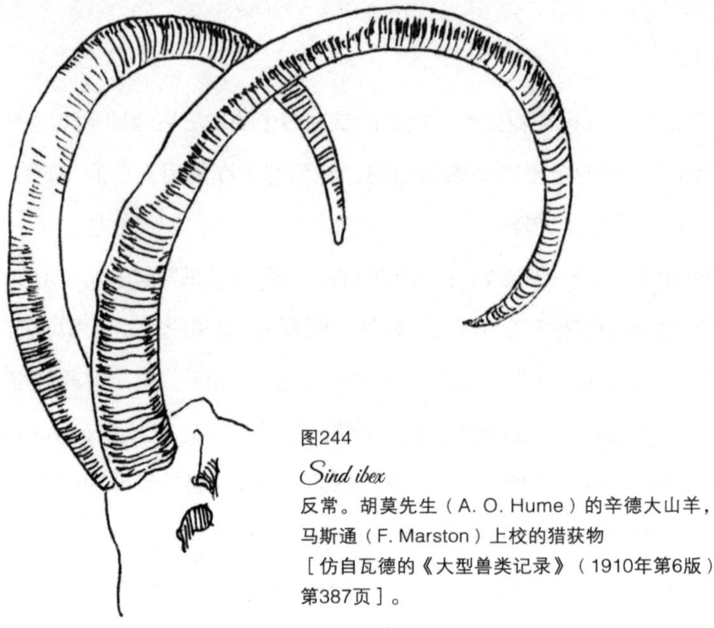

图244

Sind ibex

反常。胡莫先生（A. O. Hume）的辛德大山羊，
马斯通（F. Marston）上校的猎获物
［仿自瓦德的《大型兽类记录》（1910年第6版）
第387页］。

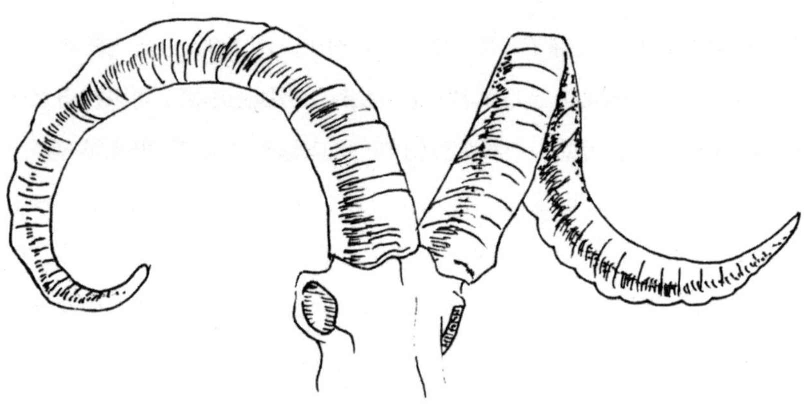

图245

Capra sibirica dauvergnei

亚洲大角山羊（仿自斯登达尔）

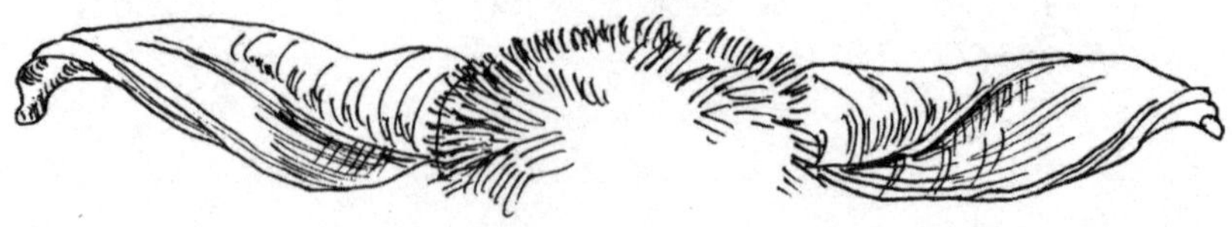

图246

印度贾姆纳普里山羊（驯养）

就可以清晰地反映出并不局限于兽角螺旋的相似性。在每一个例子中，一般驯养山羊的下颊须很茂密，其外缘下延伸越过喉部，抵达胸部，同时尾巴也一样延长。毫无疑问，还有其他相似点。图249照片的标本是基扎（Giza）动物园园长弗劳尔（Stanley Flower）上尉最近送给自然历史博物馆的，以此作为埃及政府的礼物。这种兽角旋线与其他一般驯养山羊兽角旋线的差异，可以通过与图239、246和247等驯养种类的比较看出来。

这种锡卡西昂山羊意味着与其他驯养的山羊为不同种，其远祖是锡卡西昂山羊（Circassian goat）而不是驯养的山羊（tame goat），这一点已得到事实的有力证明。如今，捻角山羊（markhor）已经西移至土耳其的费尔干纳省，这种分布使得变异简单化了。同时，也使得特鲁莎（Troussart）关于山羊应该用Orthaegoceros的名字，以便与其他山羊区别的建议变得很有可能性。当然，就兽角而论，两者之间的差异也是极大的。在1909年，科勒（Otto Keller）博士从一个古代的圆柱体［由拉雅德（Henry Layard）爵士从康斯坦丁堡带来］上复制到了一种反刍动物的图像，他显然错误地把这种动物描写成盘羊和捻角山羊了。正如列德克先生指出的，这些动物由叙利亚人自由放牧，显然已经驯化，它们很有可能是锡卡西昂山羊（Circassian goat）。另一个值得注意的问题是，查理·达尔文在引用布里斯（Blyth）时报道说野生山羊（反向）和草原上的家养山羊一起繁殖。很可能就是通过这样的渠道，卡克斯山羊就发展起来了。威利博士也报道说在剑桥的菲茨威廉（Fitzwilliam）博物馆中的埃及展室有一个有角家畜的颅骨，该颅骨发现于公元前2000年的贝尼（Beni）国王的陵墓中。这对兽角是变异的，但是同向的，我冒昧地推断，它们与图250的兽角相像，不是山羊的，而应该是绵羊的。

瓦拉契羊（Walachian sheep，图250）有羊角，与苏里曼山羊（图228）的羊角非常相似，虽然略小些，但完全符合威利博士的标准，而且是同向的。通过比较可以得知，苏里曼山羊左角的右旋出现在瓦拉契羊头

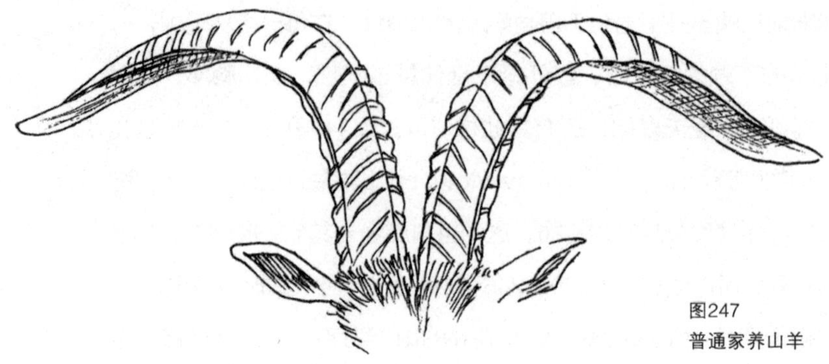

图247
普通家养山羊

部的右侧。对于瓦拉契羊，很抱歉，我前一本书对它的描述是错误的。在这样的问题上，没有什么比准确更困难的了，除非研究者可以利用扭曲图形模式来测定刚刚置放到自然历史博物馆的样品。

因此，按照驯养山羊的一般标准，卡克斯山羊显然是一个例外，而且列德克先生在这方面做出了令人信服的解释。作者发现威利博士关于羚羊的唯一例外具有同样的重要性[6]。因为，迄今为止在这个分支发现的唯一的同向旋角是在旋角羚羊（Oioceros）头上，人们知道，这只能来自第三种结构，如果我说明的上述理论是正确的，它们就不可能存活，因为它们的羚羊角不是异向的。它们首先在1901年由盖拉德（Charles Gaillard）命名，他把它们归为来自下上新世的阿提克地区的某些旋角羚羊（Spiral-homed antelope）。但是，威利博士表明上中新世的羚羊化石角的角心（保存在地质博物馆）和它们存活的后代一样，是异向的。

根据一项对大英博物馆中长有四只角的亚洲绵羊的研究，列德克先生已经得出结论说，在威海卫绵羊（图251）的四只羊角中，直立的一对是正常的同向螺旋，而水平的一对，他认为属于作者描述的“反常”变种，“这是由于兽角的上部发生第二次扭曲导致的变形，第二次扭曲的原因是角端的曲线向后弯曲，一直弯到颈部，而不是沿着面颊向前弯曲造成的。”

如果能够说明反常变异在现代家养动物和野生动物的发育之间的联系，那一定是最有意义的。作者认为，同向扭曲与山羊的驯化之间的有趣联系已经由列德克先生做出了令人满意的回答，这个回答也给解释明显的“例外”提供了有力的支持。但是，令人惊奇的是，绵羊角上各种开放式扭转必定是同向的，或者在瓦拉契繁殖的绵羊呈现出封闭式扭转（图250），这些扭转弯曲也是同向的。这个重要的事实说明，发展顺序不仅仅认可了变形，而且认可了完全的逆反。另外，由于在这些问题上没有形成理论（就作者所知），笔者觉得有必要让读者自行选择答案。因为“观察者只能在研究出假设引导的前提下才能进行观察”。而且只有连续地进行比较才能决定哪一种结论的可能性更大。因此，如果我们设想开放式的同向弯曲和封闭式的扭转（不是直立的）都是逐渐从封闭式的异向扭转（直立）发展来的，我们就要开始更科学地考虑在人类出现之前，有角原始动物一定要为生存而战斗，所以具有了像苏里曼山羊（Capra falconeri jerdoni，图228）和塞内冈比亚大羚羊（Taurotragus derbianus gigas，图238）这样锐利的武器。这一阶段的动物从来没有被驯化。但是，在第二阶段，那些尚没有被驯养，也不是凶猛的好斗者的动物，则像吉尔吉特山羊（Capra palconeri typicus，图229）或者小纰角鹿（Strepsiceras imberbis，图235）那样的较低下的扭转弯曲就足以满足自身需要了。这时，我们就可以比较容易地想象，这个过程（假定为

图248
Capra falconeri megaceros
卡布尔山羊
复制自列德克的《动物学会志》

图249
Circassian
卡克斯岛的驯养山羊

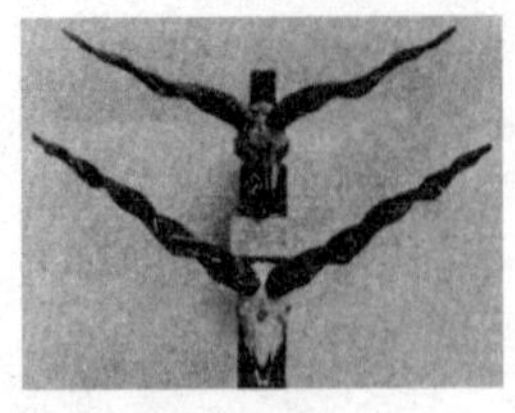

图250
Ovis aries strepsiceros
瓦拉契羊
（摄自自然历史博物馆的标本）

图251
威海卫四角绵羊
［翻拍自《人身牛头怪物号》英国军舰兰普尔中尉（H. M. S. Minotaur，R. H. Lane-Poole）的照片］

缓慢地退化的过程）角纤维的软化，而且为了补偿这种软化，角纤维加厚了。如果事实如此，那么下一步就是“反常”，其中角端依然向上抬升（如图230的东高加索鬃羊），但是，双角不那么扭转了，弯曲多了，而且相当厚了。最后，我们讲述图232的麦利奴羊。麦利奴羊的羊角最终退化到较低点，因此，接受人类的驯养没有什么困难，而且，实际上，要是没有人类的驯养，它们很可能早就和Ouoceros一样绝迹了。这个假设就解决了造成螺旋变化所需要的时间问题，该变化是一个过程，只能在人类开始驯养动物为自己所利用的时候开始。这就解释了为什么羚羊在地质时期是异向，但这并没有为驯养动物生长出开放式同向或同向弯曲（非直立），也没有为必须战斗的野生动物生长着封闭式直立异向弯曲，提供令人信服的解释。为了弥补这个缺陷，我认为这样的发展过程只能相似于图234所描述的过程。在这个图中，我们注意到雄性的薮羚的双角呈现出异向扭转，而同一种动物的雌性却呈现出同向弯曲，其原因很可能是雌性动物相对来说，没有必要利用双角作为武器，进行攻击或防御。因此，这就能解释为什么战斗的野生动物都武装了与山羊（图228）一样的异向的兽角，而驯养动物只需要：（1）和雌性的黑羚羊或麦利奴羊（图232）一样的同向扭转的角，其角端远比图230的东高加索鬃羊低；（2）和瓦拉契羊（图250）一样的同向扭转的角，其角端间距离远大于图229的吉尔吉特山羊。

在前面若干页中，我们已经知道，正在生长的螺旋在其最初阶段只要受到非常轻微的干扰，都会对整个螺旋的形状造成永久的影响。刨花一般右旋，因为右手用力的木匠在刨制木板时，用力一般偏左。大部分的贝类右旋，因为形成贝壳的物质在其初期生长阶段往往稍微“偏重于左”。黑人的头发卷曲，因为他们长出头发的毛囊与白人的不同，不呈直状。湿度也对螺旋的形成具有奇异的作用。在剑桥博物馆中，威利描述过一只在福克兰群岛潮湿的泥沼区猎获的绵羊。这只绵羊的后偶蹄（cloven hind hoof）的每一个部分都长得极大极长，上面有两三圈螺旋，一面左旋，另一面右旋，就好像纰角鹿的角一样。所有这些详细的描述对我们现在的研究都具有影响。但是，我觉得，在解释兽角的螺旋形状各有不同方面，或者在不同动物具有不同的兽角方面，我并没有做出什么有价值的建议。但是，无论如何，问题已经得到比以前充分得多的讨论，所提出的各种各样的类推法，甚至可以在将来的分类中得到应用。

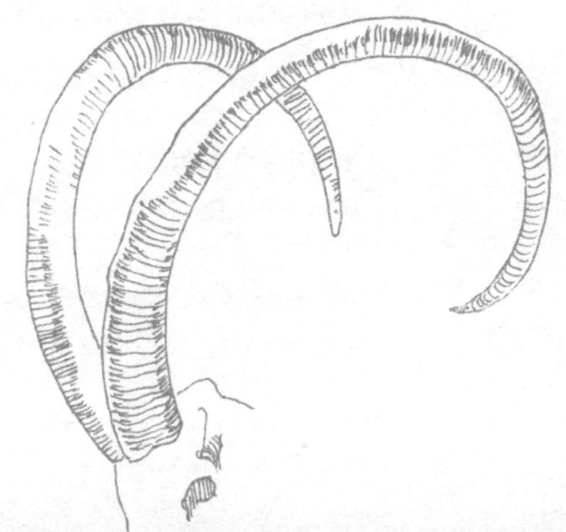

第十二章注释：

1 霍加狓（Okapia），1901年在比属刚果的森林深处发现的一种哺乳类动物，与长颈鹿有密切亲缘关系，并有很多相似之处。但体型稍小于牛，有一条比较短的颈，身上是单一的赤栗色，面颊黄白色，四肢上部有乳白色和紫黑色的圈纹。——译注

2 从生物学上说，这样生长的角称为对称角。——译注

3 这里的含义为用进废退。——译注

4 猥是一种狗。——译注

5 即人类进化过程中曾出现过一些扭曲作用，因此上下四肢在发育中会出现旋转现象，上肢向外旋转，内表面位置向前，于是右臂右旋、左臂左旋。下肢向相反的方向旋转，原来的内表面位置向后。正是因为发育过程中的这些扭曲，人体骨骼的表面才有明显的螺旋结构。——译注

6 参见前文：“这类同向弯曲的兽角只有一种例外差异，就是红色的欧洲野羊（图版Ⅲ之图Ⅱ）生长的“反向”角。正如普里斯克（Billy Prisks）见到科西嘉“南欧野羊”时指出的：“对于公羊而言，这角扭错了方向。”——译注

其他:

自发的弯曲和表面的旋转：就我所知，世上只有阿比西尼亚大角山羊（Capra walie）双角弯曲而无旋转，但是，当然，旋转也很可能没有弯曲，瓦拉几亚绵羊或苏勒曼山羊就属于这样一类。

术语——兽角的螺旋

威利博士给我寄来下面一封信：

如果把岩羊的右角从角底锯掉，把角端塞进头颅上的分裂开的角心，这个兽角当然仍然呈右旋，而“同向”这

个词可以方便地用以描写这样的头颅和角的螺旋方向。右角具有右旋，左角具有左旋——同向或同名。

印度羚羊（和其他所有的羚羊一样，双角是异向的）的角的样子往往像是烤肉的叉子，粗的一端镀上一层银，而细的顶端则分叉。在知道了这是羚羊的角以后，就可以两端随便看，如果右旋，那就是左角；如果左旋，那就是右角，也就是说“异向”。

当我在这个报告中，第一次使用这些词的时候，我对它们抱有一种父亲般的兴趣，大胆地认为，“同向”和“异向”这两个词可以在观察和记忆中成为方便的词和有用的词。

兽角螺旋的有趣发展

列德克先生非常友善地向我展示了一个最重要的，显然也是独一无二的例子（图A），其中，在同一个兽角上，同向（反常）螺旋起始于部分弯曲，终止于部分旋转，这个例子比我提出的同一种动物的雌雄两性的兽角的不同更引人注意（图234）。列德克先生认为阿尔巴尼亚绵羊是处于马其顿和希腊的绵羊以及瓦拉契羊之间的过渡种，前者的典型特征是双角基部的弯曲，后者的典型特征是角端的旋转。

图B是另一种阿尔巴尼亚绵羊，其双角朝下，而不是朝上，显然是一种非常罕见的旋转的“反常”，而不是弯曲的“反常”。

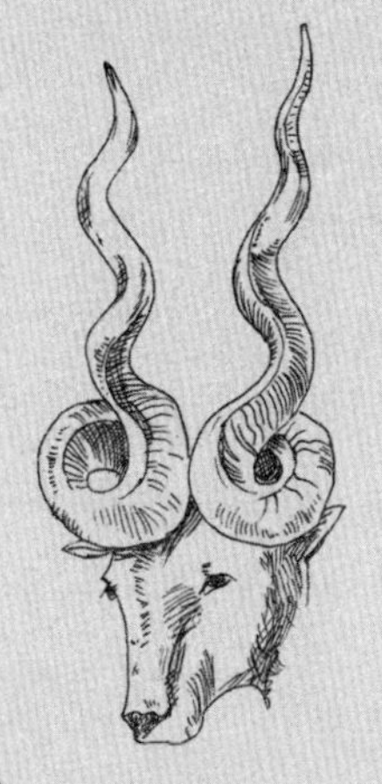

图A
阿尔巴尼亚绵羊的头和角
（仿自伍德（J. G. Wood）的插图）

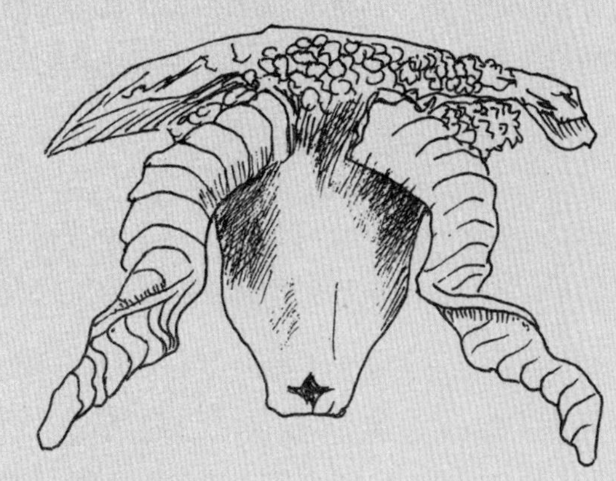

图B
阿尔巴尼亚绵羊变种的头和角
（绘自瓦德先生的公司赠送给自然历史博物馆的样品）

Chapter 13

Spiral formations in the human body

· 第十三章　人体的螺旋结构

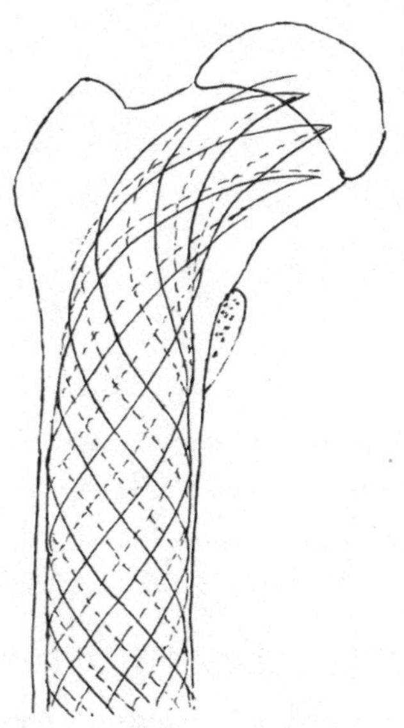

> 大地具有一个生长的精灵，土壤是它的肌身……连绵不断的岩层是它的骨骼……凝灰岩[1]是它的肌肉，泉水是它的血液。在心脏内外流动的大量血液就是大洋的潮水，随着脉搏的跳动，血液升降，这就是潮汐。
>
> ——达·芬奇《莱斯特手稿》

我不必再次告诫读者注意，生物并非有意识地生长出螺旋形结构。在自然界里，生物只是按照人类描述为“螺旋形”的方式生长。采用“螺旋形”这个词，是因为螺旋形在人们的思想中是某种通用的数学定义，也许实际上它在客观世界并不存在，但却可以使我们对自然物体呈现的形状进行归类。我们已经看到，借助数学，建立完美生长的理论图，并把它与植物和贝类等生物的形态结构进行比较，从而说明某种贝类与具体的对数螺线形在哪些方面存在差异，这些差异即使无法得以精确的表述，起码可以分离出来，更进一步地满足人们认认真真地解释问题的欲望。

上述这种比较和鉴别说明，通用数学公式的应用可以发挥重要的作用。我们可以应用数学公式，根据需要制造出各种物品，如木螺钉、船用螺旋浆、螺旋形楼梯等。现在我们已看到自然界中若干种生长的形式。这些生长形式事实上都是在自然过程中发展起来的，因此它们在外部结构方面或多或少有所反映，与精确的机械学相比，普遍存在微妙的差异（如上述从较简单的数学程序“分离”出来的解释不清的差异）。我认为，这些差异对生命是必不可少的，也是美丽的。只有通过这个事实，我们才能分清人造和自然生长的螺线形。但是，前文还无法讨论这个问题，甚至连螺旋形楼梯或螺旋桨等人造物品是否有意模仿自然的问题也讨论不了。本章的内容主要探讨人体的螺旋结构，因此至少可以说明人造物体（人是地球上唯一能制造物品的动物）和自然界中的生长现象都要受到自然法则的制约。自然法则对于人造物品和自然产物两者的制约是本质性的制约，对此，我们只能用数学来描述。

在这一方面，有一个很好的例子，这就是人体最特殊的结构适应，也就是承担把身体重量转移到下肢这个任务的股骨头或股骨颈。都柏林三一学院（Trinity College）的迪克逊教授（A. F. Dixon）对这个问题做过描述（参阅1910年的《解剖学与生理学学报》第XLIV卷，第223页）。根据X光透视，股骨头的内部是由一系列排列规则的骨板或骨针构成的。构成骨骼的细胞称为成骨细胞，成骨细胞可以说是骨骼的砌砖工，它们把一片片骨板按照三个固定的系统在股骨头内码砌整齐（图252）。

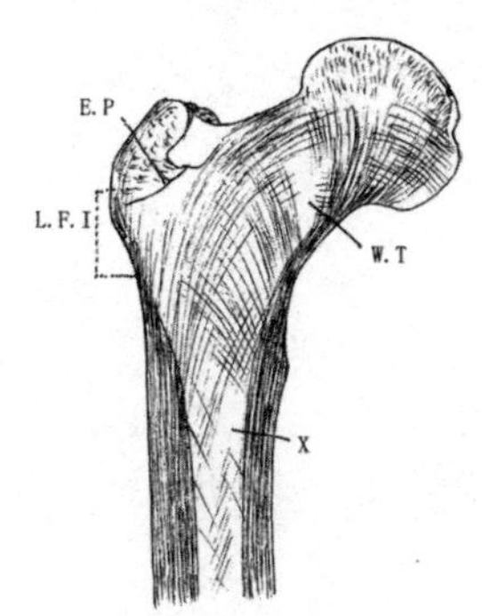

图252
人类右股骨上段的X光片，显示出内部结构
（仿自迪克逊教授）

第一个系统是骨质致密的圆柱状股骨干，其顶部形成一系列哥特式拱形结构；第二个系统是具有弹性的股骨颈的下方，它向上作用，通过股骨的顶端支撑着人体的重量；第三个是从圆柱状股骨干的外侧向内连接股骨

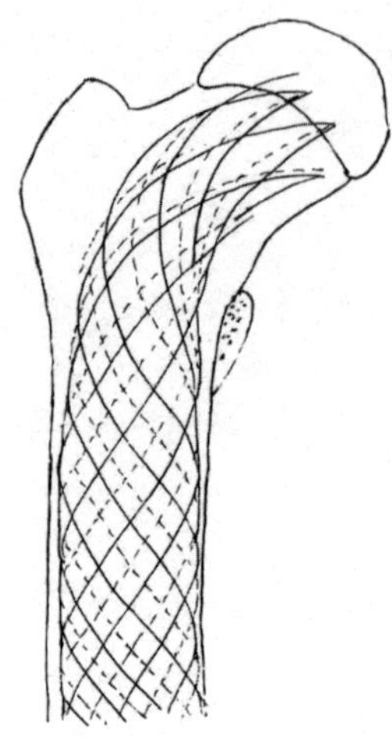

图253
在X射线体视镜下，
股骨最上段骨层的螺旋结构

颈的上部系统，该系统呈弯曲状，与上述第二个系统，即支撑系统，交织成系梁结构，这些张力骨板可以与建筑中的拉梁媲美。

迪克逊教授在用X光体视镜拍摄真实照片时，发现这些股骨中的骨片呈螺旋状排列（图253）。换言之，股骨干形成一个弯曲的圆柱体，通过左螺旋和右螺旋结构连接到股骨干的颈部，这种连接方式与桥梁工程师采用的螺旋状圆柱体桥墩异曲同工：利用最少的材料，承受最大的力。

建造桥梁是百年大计，一旦竣工，桥梁的体积无论如何也不会发生眼睛看得出的变化。人体结构则不同，从婴儿逐渐长大成人，一生中身体结构都在不断地变化。因此，人体解剖结构的控制和发展一旦得到明确的认识，（身体结构在一生中）精细入微的适应变化更显得奇妙无比。蹒跚学步的婴儿身上，稚嫩骨骼的“砌砖工”要建筑出图253的结构就不能一劳永逸，而是要一而再、再而三地精雕细琢。其实，随着股骨的生长，较早期的系统逐渐变得无用，不断得到更替，这说明成骨细胞（这是“砌砖工”的科学名称）对各肢体所承受的压力和拉力很敏感，因此，成骨细胞就要不断地壮大和强化股骨，使之承受施加在人体的各种力量，对此，股骨已经习以为常。

在我们发现控制成骨细胞辛劳生存的条件之前，我们始终对变化过程涉及的巧妙工艺认识不清，更不明白成骨细胞怎么可能选择运用螺旋结构来增强人体股骨力量的。要知道，这样漂亮的螺旋结构只有训练有素的工程师经过数学研究才能设计出来的。阅读过前面几章，与笔者进行同步探讨的读者，也许会认为，我的这句话对成骨细胞稍欠公允，甚至还颠倒了比较的真正条件。难道我们看不出，工程师在设计过程中，必须采用某种至少与人体解剖结构及其起源和发展的历史一样悠久的结构吗？难道我们找不到解决比生命过程遗传下来的人体结构更加复杂的难题的办法吗？这样的生命过程远比人类对自身的认识久远得多。

当我们意识到建造股骨螺旋结构等的敏感性和习性必须由成骨细胞代代相传下来时，这样的遗传经过一个人的一生还不够，而是要经过结构相同的无数代人才能完成。考虑到这个事实，我们可能会更加肯定地接受这个观点。更奇妙的是，迪克逊教授发现，这种螺旋结构的适应性变化并不仅局限于人类的成骨细胞。他指出，鸟类和哺乳类的长骨内部同样也发现骨板呈左、右螺旋交织的结构。读者会记得在植物、贝类和兽角等非骨骼

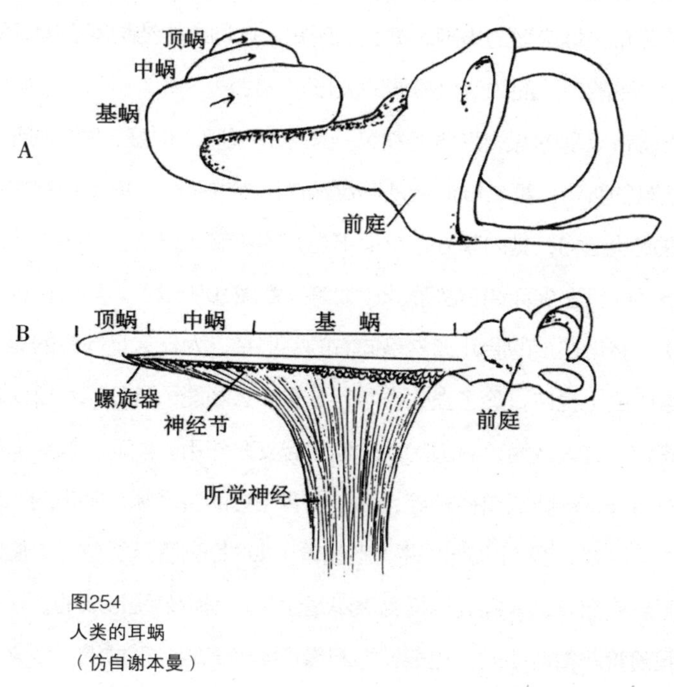

图254
人类的耳蜗
（仿自谢本曼）

中存在相似的情况。实际上，这个过程可以适溯到有机结构混沌启蒙时期，也就是原始能量或生长的时期。

众所周知，另一种螺旋结构（这一次不是圆柱状螺旋，而是锥形螺旋）是人类的内耳，又称耳蜗。如第二章图39所示，耳蜗螺旋结构在哺乳动物身上已发展到最高点。图254对谢本曼（Siebenmann）的解剖学课本里的插图进行了艺术的改绘，以说明锥形螺旋是由管状体（即耳蜗管）盘绕而成的。图254A为耳蜗的自然形状图，显示出锥状螺旋中耳蜗管形成的两个半蜗旋；图254B则把耳蜗管拉直，说明听觉神经、听觉神经节以及差不多分布整条耳蜗管上的螺旋器。在鸟类、人类和哺乳类的胚胎早期阶段，可以看到一条略呈弯曲的短管（称为瓶状囊或听壶，lagena），人类的耳蜗就是从这条短管演化来的。耳蜗发展为螺旋状，并不仅仅因为耳蜗岩骨的空间位置太小，而且因为带状听觉神经进入耳蜗的一侧生长滞后，而另一侧生长较快。因此，利用耳蜗中轴这个方便途径，听觉神经轻轻松松地分布在螺旋器的周围。据我们所知，这种螺旋结构不会因耳蜗里液体流动产生的声波而改变机械波的波形。

人类脐带呈现的螺旋形曾经在第一章图10说明。但是，图255所示的是连接胎盘的脐带。把新鲜血液从胎盘输送出来的脐静脉形状相对较直，也具有螺旋状结构，其内膜分布有稍不规则的褶皱。显然，输送不纯血液的两条脐动脉呈左旋环绕着脐静脉（如第一章图10所示）。导致这种结果的原因是与脐带连接的胎儿通常是向右的。但是，为什么是向右的呢？脐带这样盘绕法（也许，除了强化作用外）有什么功能和益处呢？目前我们还说不清楚。有人认为，右边的动脉通常起支配作用。然而，按照一般规则，左右两条脐动脉的口径相等，即使没有左边的脐动脉，脐带的螺旋状依然存在。同样，我们也难以说明胆囊管（如图256所示）总是右旋的原因。以胆囊管而言，其螺旋结构当然不是生长过程中盘绕形成的，较大可能性是胆囊管严重弯曲时，也要保持胆囊管畅通无阻才形成的。我必须补

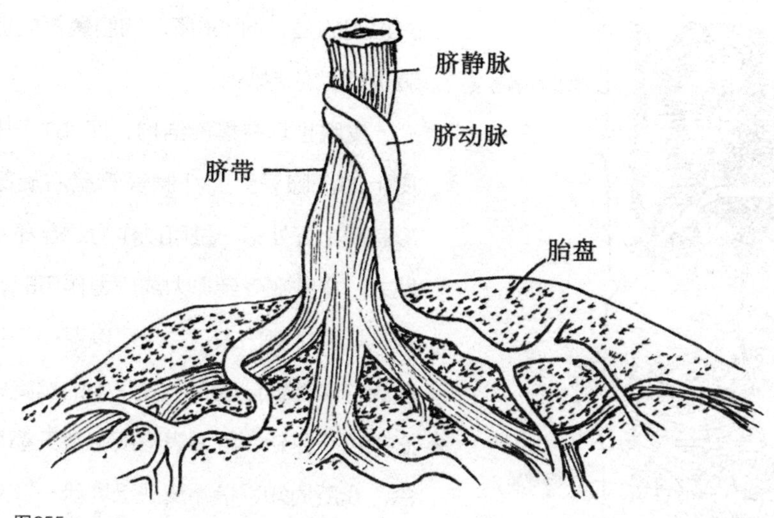

图255
连接胎盘端的脐带，
说明两条动脉形成的左旋结构
（仿自布洛曼，Broman）

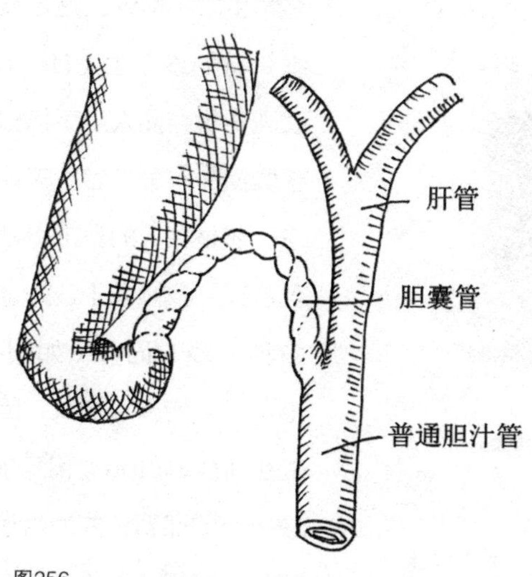

图256
胆囊管的螺旋管
（仿自《解剖学文集》）

充说明的是，图256所示的胆囊管内壁褶皱也呈螺旋状排列。

皮肤也具有螺旋结构，图257示出表皮上的汗腺导管。汗腺导管呈右旋圆柱形有两个好处：一是可以作为贮存汗水的地方，皮肤在受到抓力或压力作用时，汗水从导管排泄出去；二是可以保护汗腺，防止传染性细菌侵入。皮肤中的螺旋导管必须不断更新，因为表皮细胞每天都在脱落。众所周知，指端皮肤上乳状小突起排列奇特。对此，嘉尔顿先生（Galton）进行了归类，其中最常见的是圈形，最罕见的是水平螺线形。图258示出人类指纹，从45名具有这样螺纹的学生中挑选出两名学生印制指纹，这是其中一名学生的指纹。赫伯恩先生（Hepburn）指出，皮肤乳头状突使人用手抓握时有安全感，用手触摸时有灵巧感。无论是在类人猿、猴子，还是在人的身上，都可以见到这样的乳状突。我倾向于认为，史前雕刻品中的各种奇妙的记号（如同心圆、圈和螺旋形）可能皆源于指纹，因为指纹为贝蒂朗先生（Bertillon）和高尔顿先生提供了比较研究的课题，并为当代伦敦警察厅提供了确认罪犯的手段。每个人的指纹都不一样。我已说过，黑人生长头发的毛囊是向

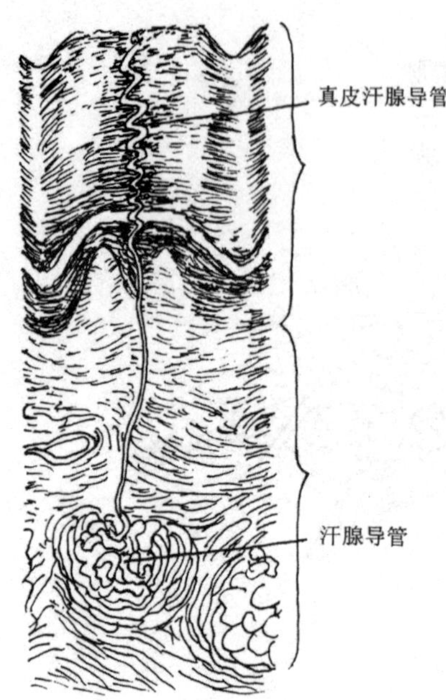

图257
汗腺导管的螺旋结构
（仿自赫勒的《解剖学》）

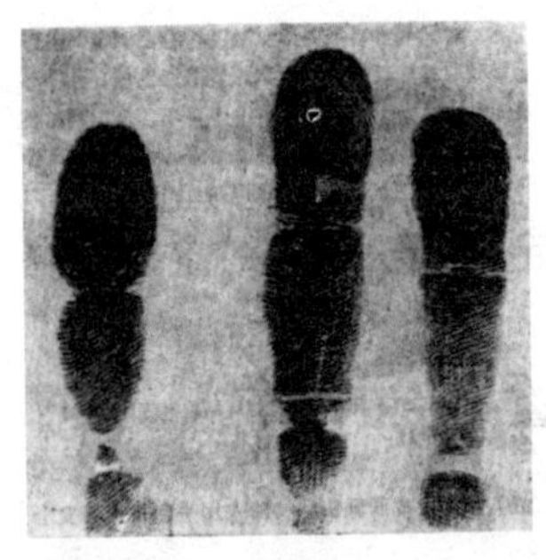
图258
一位医学院学生的食指、中指和无名指的指纹

下弯曲的，因而头发显得“毛茸茸的”。已故斯图尔特教授（Stewart）和汤姆森教授（Arthur Thomson）对黑人的毛囊进行过研究，并与白种人的毛囊进行了比较。他们发现黑人的毛囊有某种奇特的纽结。因此，他们认为，毛囊不规则的生长韵律，导致了头发的卷曲。

我们现在探讨皮肤的结构，发现皮肤循环系统中也存在一些螺旋结构。先哲利斯特爵士（Lister，参见《爱丁堡皇家学会论文集》，1857，第21卷，第549页）举出一个非常漂亮的例子。这个例子不在人身上，而在蛙蹼的微细血管上。蛙蹼微血管的周围分布着普通的肌肉纤维，呈右旋圆柱状（图259）。这种结构产生的压力（或咬合力）在效果上远胜于非螺旋状的圆纤维。在人体心肌纤维中，可以看到圆锥形螺旋的分布（图260，可与第一章图3比较）。根据表皮解剖观察，心肌纤维呈右螺旋形，单独地看（如图261所示），外形就像一个漂亮的小环（orbiculus）。心肌纤维从心室底部开始，分布越来越深入，一直分布到心涡的顶部。尽管我们不了解这种复杂结构的生长机制，已故佩蒂格鲁教授等学者对此进行过研究，但我们可以了解这种结构的好处。心脏的排空对于自然界来说是难以解决的难题。动作迟缓的低等脊椎动物，适应于绵吸式心脏功能，但是，这种机制对于动作迅速的高等脊椎动物、鸟类和

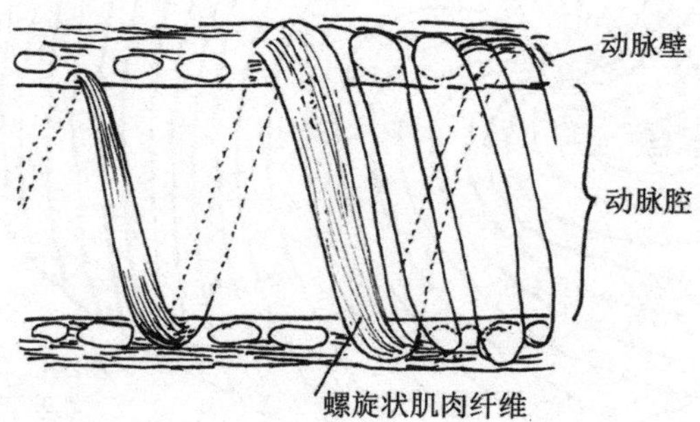

图259
蛙蹼上的毛细血管或小动脉，显出肌肉纤维的螺旋结构。这是先哲利斯特爵士发现的。

图260
人类心脏解剖图，示出心肌纤维的螺旋结构，纤维自顶部的心涡进入心脏。
（仿自佩蒂格鲁教授）

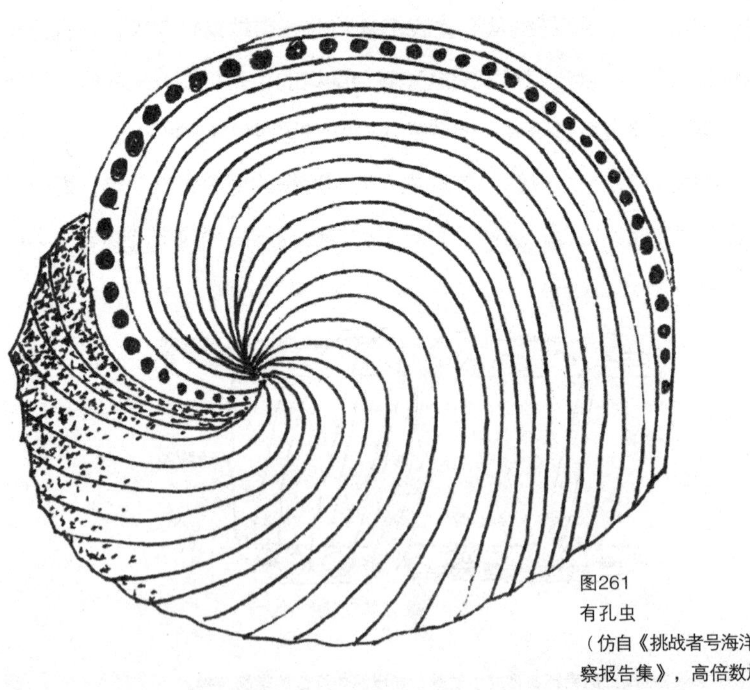

图261
有孔虫
（仿自《挑战者号海洋科学考察报告集》，高倍数放大）

哺乳类，则过于笨拙。因此，后者的心脏必须进化成内壁厚实致密的可缩性泵，内壁强有力地收缩就能够喷射出所有的血液。心肌纤维的螺旋分布可以漂亮地达到这个目的。心肌纤维第一次扭转，关闭口腔，排放出所有的血液，再扭转一次（反向扭转），则打开口腔，接纳新鲜血液。基思博士（Keith）在《解剖学和生理学学报》（1907年，第42卷，第1页）中对心脏顶部的心涡的功能进行了描述。在心脏底部的主动脉中可以看到部分扭转的动脉。肺动脉经过右心室进入肺部，主动脉从左心室开始把血液输送到身体各部位。图262A示出了主动脉左边的肺动脉构成的右螺旋形。为什么这条动脉必须经过主动脉的左边而不是右边，这个问题悬而未决。然而，我们可以说主动脉和肺动脉是人体胚胎普通大血管的组成部分，凡是用鳃呼吸的动物都保留这种特征。主动脉和肺动脉由一层隔膜分开，隔膜一般为右螺旋形。但也存在罕见的情况：所有内脏均左右异位。这些罕见例子示于图262B。

肌肉系统存在许多奇特的结构，但螺旋结构绝对罕见。不过，圣·托马斯医院附属医学院的帕森斯先生（F. G. Parsons）却以生在脚后跟的肌

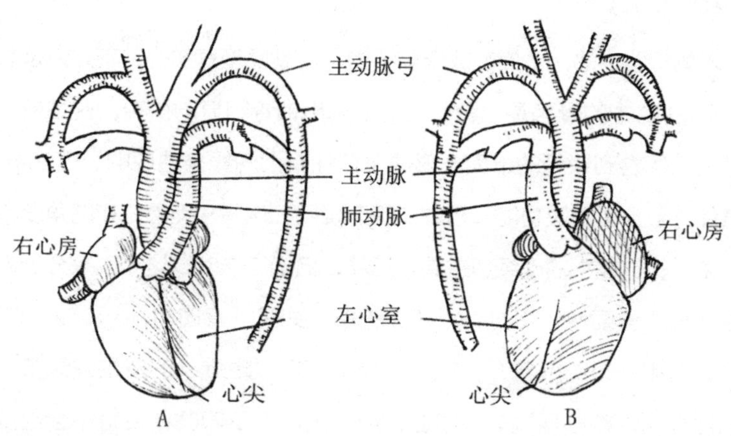

图262
肺动脉形成的螺旋位于主动脉的左侧；
在图B中，所有的器官均左右异位，显示出罕见的分布形式。

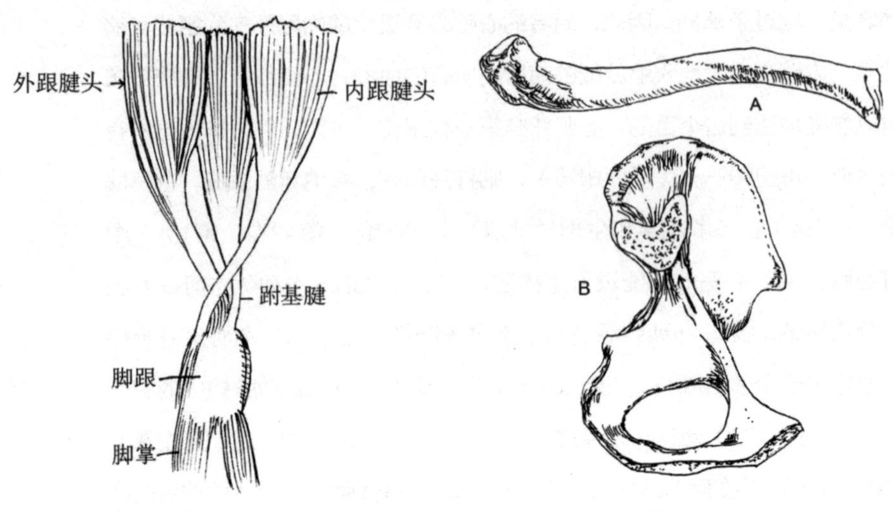

图263
海狸脚后跟肌腱的扭曲纤维
（仿自帕森斯，见《解剖学和生理学学报》，1894年，第28卷，第414页）

图264
图A是人类锁骨下表面示意图
图B是左腰骨内侧的示意图

腱作为螺旋结构的好例子，引起许多解剖学家的关注。该肌腱纤维呈绳索状旋转，在海狸等动物身上尤为明显（图263），而且还与走路时脚掌“内翻”有关。

人体骨骼中的许多旋转或螺旋结构，与其说是真实的，不如说是想象的。图264A中的骨骼是锁骨，清晰显示出锁骨明显的扭转，这是锁骨下肌着生（翻卷到锁骨的下面）形成了粗壮有力的线条造成的。图264B是左髋骨，至少由四块功能骨构成。毫无疑问，这些功能骨分布的角度和平面，在生长过程中的确经历过旋转运动，但绝不能就以这个图来分析人体螺旋结构的重要性。不过，上臂的骨骼（如第一章图11所示），由于扭转的肌肉和神经的附着，一定会在骨干上形成螺旋状的斑纹或线条。人类进化过程中曾出现过一些扭曲作用，因此上下四肢在发育中会出现旋转现象，上肢向外旋转，内表面位置向前，于是右臂右旋、左臂左旋。下肢向相反的方向旋转，原来的内表面位置向后。正是因为发育过程中的这些扭曲，人体骨骼的表面才有明显的螺旋结构。在上臂骨中，下关节轴与上关节轴成直角，关节面分布在不同平面上，从而保证只要对身体有利，骨骼可以多方位运动。在下肢中，由于上下关节轴存在与上肢相同的差异，因此在其中的一块骨骼中，可以观察到功能性扭曲。图265示出大象左前腿的正面观。上面的骨骼（图中稍有夸张）显示出骨骼附生的肌肉造成的扭曲和脊突。下面的骨骼，则一成不变地固定在称为“旋前”的位置上，即前脚内外侧的半径范围内。图中大象左前腿为右旋，其右前腿无疑为左旋。肋骨也是一个螺旋扭曲的好例子（图266），肋骨的螺旋扭曲具有明显的功能性优点。肋骨的后部（头、颈、角）起着轴的作用，呼吸时，肋骨围绕着这根轴转动。在轴向上旋转时，其螺旋结构引起肋骨向外旋转，从而扩大胸部的肺活量，使空气进入肺部。

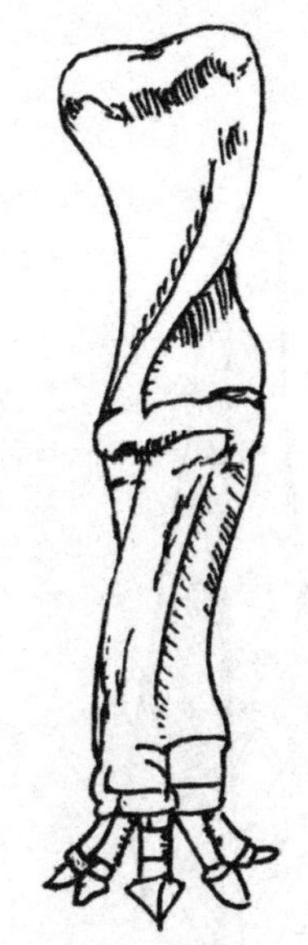
图265
大象左前腿的骨骼
（仿自佩蒂格鲁教授）

本章的讨论绝对涵盖不了人体中所有的螺旋结构，只是列出了一些典型的例子，还有很多这样的例子值得探讨。各种关节提供了一些有趣的例子。股骨下端的髁突是膝关节的组成部分，呈螺旋状，从而在膝关节伸展时，髁突可以在最长半径范围内运动，腿部才可以全方位运动。前臂旋前骨和旋后骨的运动也是螺旋形的。

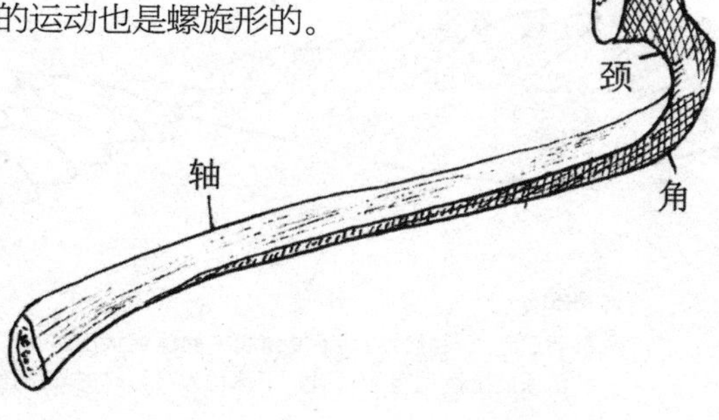

图266
右侧第7根肋骨的示意图，
显示出有利于呼吸运动的螺旋扭曲

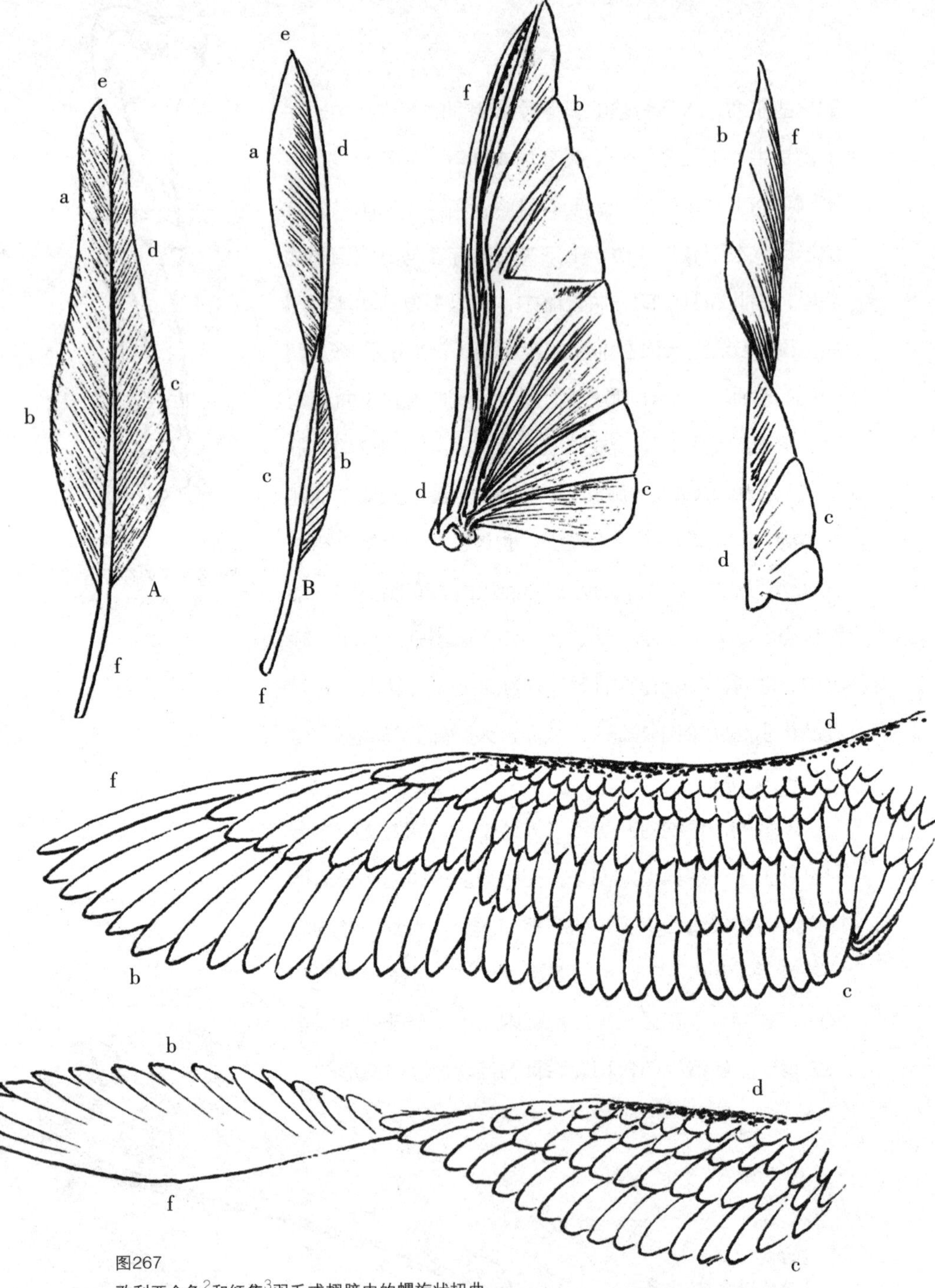

图267

歌利亚金龟[2]和红隼[3]羽毛或翅膀中的螺旋状扭曲。

各组图的上图均为休息时，下图均为飞行时的螺旋扭曲（仿自佩蒂格鲁教授）

脊柱可以左右两向螺旋转动。正像人们常见的快速游泳动作那样，所有优雅的舞蹈动作和人体活动基本呈螺旋状，这一切在美学鉴赏方面具有独特的吸引力。毫无疑问，对舞蹈美的鉴赏，主要是对舞蹈动作、效果及其平衡能力的赏识；对于螺旋运动的鉴赏，主要归因于人类固有的对旋转的力量和动作美的赏识。

如果把眼光转到人类以外的动物界，我们还可以探讨许多类似的螺旋结构。在本章，我只想选取一些典型的例子来探讨，也许在翅膀及其羽毛中可以找到最精美的例子。我从佩蒂格鲁教授遗作特刊中复制了一些插图（图267），所登载的刊物前文已经说明。

前文所述的水平螺线形，在人和许多动物的肠里均有出现。在其研究哺乳类动物肠道的优秀论文中（《动物学会志》，1905年，第17卷，第437页），米切尔博士（Chalmers Mitchell）插图描述了反刍动物大肠上端存在的许多明显的螺旋结构。本章从贝达德先生（F. E. Beddard）的著作《有蹄动物解剖学论文集》（《动物学会会议录》，1909年）一书中选取两幅插图。图268示出斯坦利鼷鹿（Tragulus stanleyanus）的简单螺旋大肠，图269示出麝的复杂的螺旋大肠。在这两个例子中，右边的黑色部分为盲肠，入端较黑，出端较淡，均为右旋。不过，我们可以说水豚[4]也存在类似的螺旋结构。家兔和野兔的盲肠和阑尾与肠道组成螺旋结构。所有这些螺旋结构均可认为是结构中不同部位生长速度差异所致。兔子盲肠（Lepus cuniculus）的一部分通往阑尾，口径宽，内壁薄。内部发育出螺旋

图268
Tragulus stanleyanus
斯坦利鼷鹿的大肠螺旋
（仿自贝达德）

图269
麝的上段螺旋大肠
（仿自贝达德）

瓣，相应的外部结构呈螺旋形。在盲肠终点，口径逐渐变小。

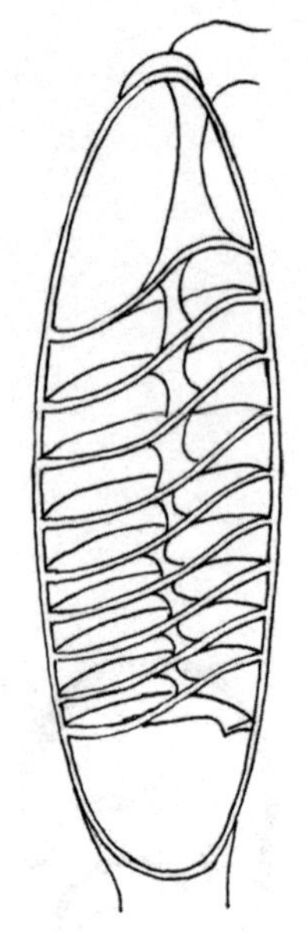

图270
角鲨的结肠，显示出肠膜发育成的螺旋结构

在角鲨（Scyllium canicula）的结肠里，可以看到一种完全不同的竖式螺旋形，形态非常漂亮。肠内壁发育为右旋螺旋瓣，大大增强了这段肠道的吸收能力（图270）。鸟类的卵是在旋转过程中沉降到输卵管的，在这个沉降过程中，输卵管使蛋壳发生螺旋扭曲，这种螺旋扭曲向卵内传递，使卵内蛋白呈现螺旋细丝（即卵带），增强了拉力，于是，卵体就悬挂在蛋壳中。同样，哺乳类在出生时，也要经历这个旋转过程。鲨鱼（Cestracion philippi）输卵管里的螺旋状褶皱在其卵壳上留下准确无误的记号（图271），其形状几乎与“水下固定锚”毫无二致。上述的鸟卵或鱼卵为我们提供了两种运动过程中产生的螺旋结构：一种是在围绕轴的转动过程中形成的，另一种是纵向转动过程中形成的。

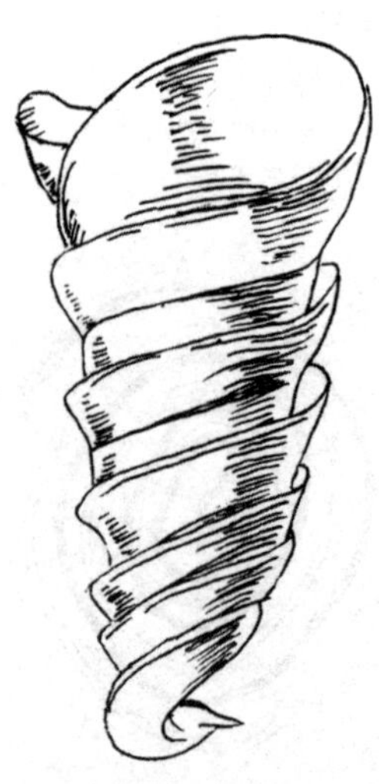

图271
鲨鱼卵壳，显示其表面的螺旋结构

限于篇幅，笔者不可能在此一一探讨这个命题，但是，必须说明的是，在最微小的生物体中，即兼有动植物特征的微生物中，尤其是在螺旋菌、螺旋体以及一些个体较长的杆菌中可以找到同样的螺旋结构。在显微镜下观察未染色的标本，则可容易地观察到许多种线状杆菌均具有螺旋结构。其中一种螺旋菌（Spirillum ruhrum）已经图示在第一章图6中。本章还可以增加两张照片，均复制自科勒和魏瑟曼的著作。图272示出一种游动型微生物的典型形态。图273示出一种著名的杆菌，其颤动纤毛扭曲成螺旋形。许多动物的精子细胞在

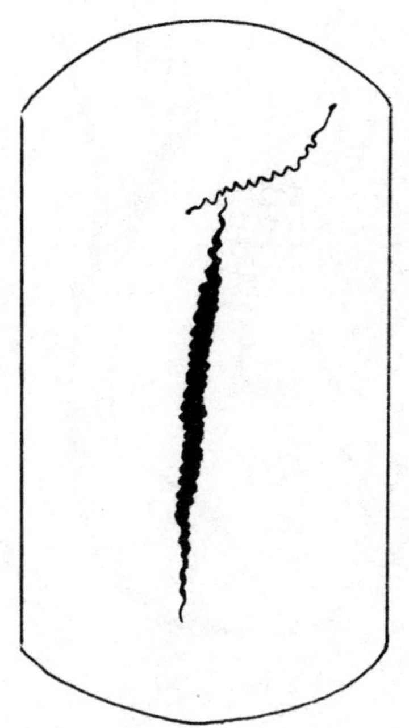

图272
Spirochaete giganteum
巨型旋毛虫
（仿自柯勒和魏瑟曼，Kolle and Wessermann）

图273
正在腐败的浸渍肉中的杆状菌
（本图和图272均仿自科勒和魏瑟曼的《图鉴致病微生物手册》）

纤毛上形成螺旋状凸缘，以此钻动进入卵细胞。这里所提供的两个细菌例子当然是高倍数放大的。纤毛纲的原生动物也是非常微小的。图274是从海克尔[5]的《自然的艺术形式》（*Kunstformen der Natur*）中复制来的。在这个图版中，我们可以发现较完美的螺旋结构的例子，尤其是左下角的钟虫[6]和身边的独缩虫（Carchesium，其外形像长在螺丝钻上的花菜），以及它们上方喇叭状的喇叭虫（Stentor）。这些喇叭状和其他形状的微小生物利用其螺旋形纤毛，在水中激起涡旋，从而把悬浮物带到涡旋顶部，也就是送到自己的口中。

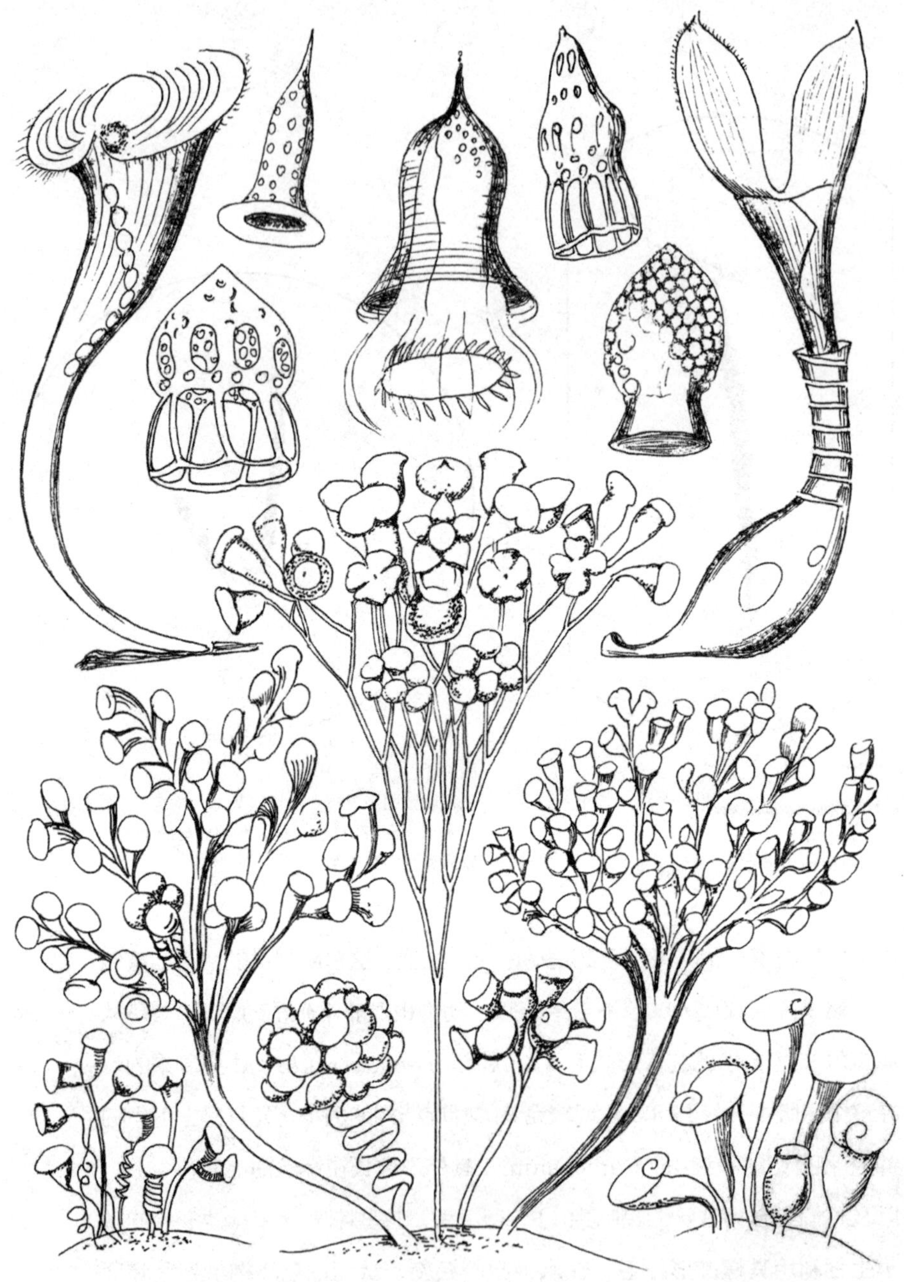

图274
高倍数放大的纤毛类原生生物，显示在纤毛虫类发现的各种螺旋结构，
尤其是钟虫，独缩虫和喇叭虫
仿自海克尔《自然的艺术形式》

第十三章注释：

1 钙质流水或泉水凝聚而成的岩石，又称灰华。古代罗马用于建筑，质软，易于切割成方块。——译注

2 Goliathus mican，花金龟科中各种大型非洲甲虫，一般为红褐色，具白色斑点，长度可达4英寸。——译注。

3 欧洲常见的小型隼，以善于在空中逆风盘旋而知名，体长约一英尺。——译注

4 南美洲的一种可食用的啮齿动物，长成后体长可超过4英尺，是现存所有啮齿类中个体最大者。习性以水栖为主，脚上有半蹼，无尾，毛皮粗糙。——译注

5 Emst Heinrich Haeckel，1834—1919，德国博物学家，查理·达尔文主义的捍卫者和传播者。他根据动物形态学和胚胎学的研究成果，提出生物发生律，为生物进化论提供有力的证据。主要著作有《宇宙之谜》、《人类发展史》、《生命的奇迹》和《作为宗教和科学之间的纽带的一元论》等。——译注

6 Vorticella，在海水或淡水中自由或外共生的纤毛虫类。——译注

其他:

本章的许多引文均由基思教授提供，对此，本人仅表谢忱。然而，对于本章中采用的论述形式和论点，基思教授无须负任何责任。

有关扭转的内容，“M.B”写道:

您在论述解剖螺旋形一文中提到了扭转效应。因此，读者可能对大英博物馆贝类展览厅新近增加的项目感兴趣。这是一个人为可操作的模型，方便于公众操作。该模型展现了腹足纲软体动物的扭转过程。该模型图文并茂，通俗易懂，但无意说明这种现象的原因。

以下内容摘录自《柳叶刀》[①]。笔者从《柳叶刀》周刊复制了下列善意的评述，万分感谢医学权威刊物对笔者的各种科学建议的认同。

这家医学权威刊物指出：《柳叶刀》的读者很可能会对最近刊出的系列文章特别感兴趣，这些系列文章探讨了人体螺旋状的器官和部位。人体螺旋结构要比人们一般想到的多得多。《田野》系列文章的作者提供了若干人们往往不注意的例子，其中第一个例子是长骨的小梁骨中的螺旋结构，在这方面迪克逊教授关于人类股骨的微细结构的研究提供了必要的实例。脐带导管和耳蜗管中的螺旋结构是这方面的经典例子。心室的螺旋结构又是一著名的例子，它的发现自然要归功于已故的佩蒂格鲁教授，实际上也应归功于所有研究螺旋结构的重要性的探索者。汗腺导管的螺旋结构，指纹的螺纹结构以及某些细小动脉肌纤维的螺旋结构（这是利斯特爵士在研究蛙蹼导管中发现的）就不是那么著名的例子了。文章对心脏主动脉的螺旋结构（若内脏异位，其形状也会颠倒）、胆囊管的螺旋瓣、肋骨和其他一些骨骼的螺旋扭曲等也都有所论述。尽管我们知道螺旋结构在机械或功能方面具有优点，但这种结构在其他方面的优点则知之不多，或并不明白。《田野》的撰稿人在大自然中探幽索隐，从各种生物身上找出一些最引人注目的螺旋结构例子，加以综合说明。面对炫人心志的螺旋问题，无数智者束手无策；无数在这个领域的探索者，若非数学有专攻，往往掩埋于陈腐的思维仓库中，掩埋了时间、掩埋了空间，也掩埋了无限的、毫无价值的思想。但是，《田野》的撰稿人却有勇气脱颖而出，并不自称已经解决自然界的螺线形问题。他只是洞察到，螺线结构含义深奥，一旦破译，则可向有关生长与发育规则的知识黑暗角落投射下一缕光明。他已经帮助生物学家收集了许多论据，要诠释螺旋结构在生物学中的重要意义及其与生长和发育之间的关系，这些论据必不可少。我们衷心希望，作者交付《田野》周刊刊登的文章，能够编辑成册、出版发行。这样，对自然界中最引人入胜的螺旋问题感兴趣的人们，尤其是生物学家们，就更容易使用查询了。

① 英国医学周刊，创刊于1823年，因医生的手术刀状若柳叶而得名。——译注

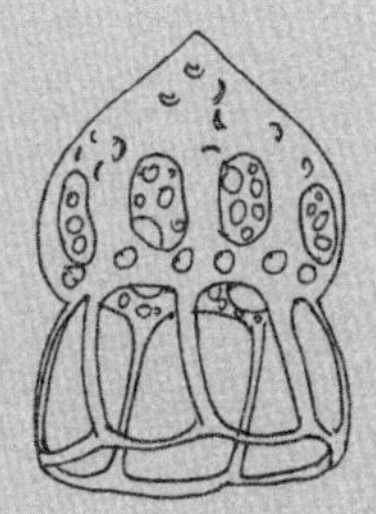

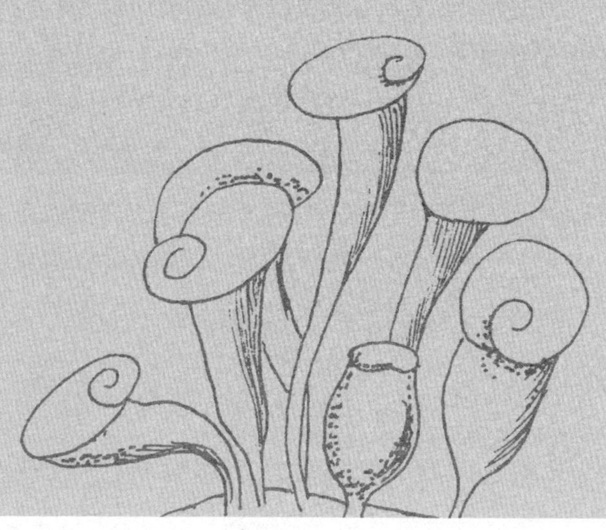

Chapter 14

Right and left-handed men

· 第十四章　左撇子和右撇子

我站在门前，你们应该就是钥匙，虽然你们的胡须卷曲，但是你们没有打开门闩，明亮的白天充满着秘密。不要揭开自然的面纱。

第十三章插入一幅人体心脏错位图（图262），人体内脏左右错位现象实属罕见。人们曾经认为，大脑只有一侧起支配作用是大多数人成为右撇子的原因[1]。异曲同工，有人认为，心脏错位是左撇子的成因之一。因果关系果真如此吗？因果关系会不会也错位，即因本来是果，果本来是因吗？人们大可不必陷于这种论争之中，否则，我们就难以轻松地从前一章的探讨螺旋结构过渡到本章的螺旋结构的发育，这种螺旋发育使得人们觉得左撇子很奇怪，而且使绝大多数的人都是右撇子。研究已较确实证明，是发育过程，而不是天生的特性，使人们成为左撇子或右撇子。为了了解左撇或右撇是否独具特性，对上述的问题进行研究是很有意思的，从而，一方面可以弄清是左撇子还是右撇子技高一筹，另一方面，更为重要的也可能为前文的左、右螺旋的比较提供线索。值得注意的是，人类左撇子实属罕见，而在自然界其他方面，左旋结构的也属罕见，两者基本一致。

右撇子右手的肱骨和桡骨普遍比左手的长0.33至0.75英寸。但是，正如惠里博士所指出的，新生儿左右手的肱骨和桡骨并无长短差异。虽然小马驹出生时显得“腿长”，但新生儿的腿和臂长度实际上是一样的，只是到了婴儿练习行走后，腿的长度才超过臂的长度。人类的两条腿一样长，因为无论是行走还是奔跑，两条腿的使用程度相同，并无偏颇。但是，人类双臂的长度并不一样，原因在于从小就有人引导、教导他们要使用右手。大猩猩和类人猿并无“教育”问题，自然也无左右之分，因此，左右两臂并无长短不一的情况。

图275
达・芬奇的画像

在第二章结束时，我们注意到右撇子画家画左旋扁平螺线形比画右旋螺线形容易得多，而左撇子画家倾向于自左向右落笔处理颜色的深浅渐变。换言之，左撇子用左手画圆柱形螺线要比用右手更容易。前面我们也指出，由于同样的原因，在击剑的回护挡击中，无论左撇子还是右撇子，剑锋划出的弧线均呈平面螺线状，但出于自然反应，左撇子可能善于右旋出剑，而右撇子则擅长左旋出剑。这里值得指出的是，1902年3月伦敦人有机会观看8位世界最佳击剑手的对抗赛，4位意大利选手与4位法国选手对抗，比赛结果是著名的法国选手，梅里纳克和柯奇霍弗获胜，两人都是左撇子。一般认为，左撇子艺术家开始学艺时比较被动，但是，在学习中，他往往学习到左右开弓的本领，而且由于左手先天技高一筹，因此，往往左撇子最终比右撇子占上风。达・芬奇及其作品（图276，277，279—282）则为明证。荷尔拜因[2]的作品也可资佐证。

图276
达・芬奇速写的人头像

惠里博士指出，名家早期作品或技艺生疏的艺术家作品中，有时会留下作者是左撇子还是右撇子的蛛丝马迹。一尊古代的阿波罗半身塑像，雕塑了61根卷发，其中47根按顺时针方向卷曲。另一尊阿波罗半身塑像，是在波斯战争之前雕塑的，卷发没有雕塑成自然卷曲，而是按头发生长的部位雕塑，左侧左旋，右侧右旋。

再引用一下惠里博士发现的例子，这就是刨花。木匠刨出的刨花，可以编入一本福尔摩斯探案故事集，其中刨花的形状，可以证明凶手是左撇子，因为左撇子木匠刨出的刨花普遍左旋。而右撇子木匠在刨木时总是有点向左使劲，所以刨花右旋，从而证明右撇子木匠并非疑凶。我也注意到了这样一种现象，日本等东方人可能偏爱左旋，他们自右向左书写可资证明，他们的许多工艺品也可以证明，如印度人制造的手表螺丝等物品。在印度，除了特殊例外，螺丝钉的形状一般都是右旋的，与尖锐的开塞钻螺旋方向一致。再举两个例子，可能有益于加深了解。第一例子为棺材钉，棺材钉只有向左转动时才会穿入棺木，幸好棺材钉并不多见。第二例为一种步枪，这种步枪的枪膛线左旋，目的是抵消拉力，因为士兵一般都习惯用右手拉枪栓。奇怪的是，所有左旋的螺距好像要比相应的右旋的螺距长两倍，这可能是眼睛对左旋螺线不太习惯所致。

美国华盛顿人类学学会调查结果（1879年5月）表明，虽然旧石器时代有一些左撇子工匠，但是史前人普遍擅长右手用力，这一点在探讨制作项链这个有趣的问题时就可以了解。和女装的扣钩、扣眼一样，男装上衣钮扣（和扣眼的安排）也解释为适合于用右手。单手用力使用的工具还有扁斧、刨刀、手钻、螺丝刀、长柄大镰刀、步枪配件、剪刀、烛剪、剪切机等，其中如果要许多人一起用，大家也只能用同一只手用力。所有这些工具对左撇子来说，虽然带来使用器械的极大不便，但他们都很自然地伸出左手操作。

由于日常生活中许多规矩和用品都适用于右手着力，所以，稍具左撇子倾向的人，很快都会变得左右两手都可用力。但是，严重的左撇子绝对不会改变其习性，而且往往技艺超群。威尔逊爵士（Daniel Wilson）就此撰写过一部专著，讨论了这个有趣的问题。当基甸人[3]击败阿马莱基特人[4]的军队时，他手下精选的700名本杰明族[5]士兵，全部都是“左手便利，能用机弦甩石打人的”。实际上，只有最优秀的左撇子才能在庞大的右撇子敌人的包围之中取胜，他们的战斗技巧越战越娴熟，这一点左撇子击剑手可资证明。左撇子击剑手以右撇子击剑手为练习对象，要比右撇子击剑手适应左撇子剑法的机会多得多。

《圣经》中引述的左撇子实例值得注意。在《旧约全书·士师记》第三章第15段（Judges iii. 15）中，我们看到这样一句话：“耶和华就为他们兴起一位拯救者，就是便雅悯人基拉（Gera）的儿子以笏（Ehud），他是左手便利的。”这句话的主要价值在于，在这个使以笏永垂不朽的事件中，他把匕首隐藏在“右大腿”，用衣服盖住，敌人无论如何也怀疑不到他把匕首藏在这个位置。因而，他拔出匕首，发出致命的一击，完全出乎敌人的意料。上述有关机弦甩石的段落并不是说，在2万名本杰明之子中，700名士兵都是左撇子。这段话要强调的是这些人是最佳的机弦甩石者。毫无疑问，他们当中的其他人，如以笏等人，习惯于左手握匕首。因此增大了左撇子的百分比，说明有些家族可能天生就是左撇子。这种说法也许与《圣经》中的另一段的意思相吻合。《旧约全书·士师记》第二十章第十六段中这样写道：“左手便利，能用机弦甩石打人，毫发不差。”“七百精兵”，而在另一段经文中，基

图277
金盏草和木本牡丹
（达·芬奇画稿）

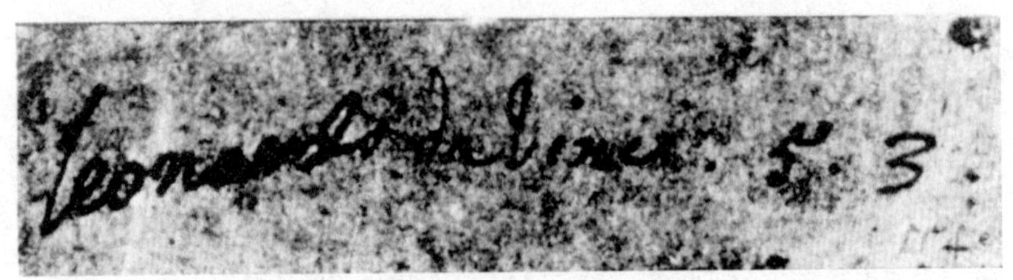

图278
达·芬奇的右手签名

比亚（Gibeah）的居民也被描述成“七百精兵”。这一点，在《旧约全书·历代志》第十二章第1到7段（ChroniclsⅫ，1—7）也有记载：在救助大卫的那些人中，有“为首的是亚希以谢，其次是约阿施，都是基比亚人示玛的儿子”。“有勇士帮助他打仗。他们善于拉弓，能用左右两手甩石射箭，都是便雅悯人扫罗的族兄弟。”不难看出，左右开弓的士兵在早期战争中占有多么大的优势。历史记载了若干个左右开弓的实例。而对于史前人类来说，左右开弓投掷石器或挥舞战斧，优势就更加明显。当然，在“武器精良”训练有素的现代，凡是接受训练的人，都必须在同一个方向荷枪和操作，按照常规，他必定是右肩荷枪，这一点至关重要。同样道理，佩剑者剑鞘都要挂在左边，否则，集队训练时，同时拔剑难免造成混乱局面。史前爱尔兰的项链普遍左旋，都柏林和英国博物馆的实物可资证明。原先我倾向于认为其原因有二，二者必居其一。一是因为爱尔兰的凯尔特族人左撇子比例占优势，康布里安西斯（Giraldus Cambrensis）描写的凯尔特族人左手使用轻型斧子可资证明；二是能工巧匠都是左撇子。但是，通过实践经验，就能制作出这么精妙的螺旋结构，那真是再奇怪不过的事了。过了不久，我就发现（如参见第二章），用于制作最早期项链的扁带状软金，要是由右撇子加工，自然而然是左旋。因为他要用左手压住扁金带的一端，右手向外盘旋另一端，这样盘绕出来的项链就会出现左旋螺纹形。研究过前文的读者，一定已经用窄长的纸条做了实验，取得满意的结果，证实了这种说法。这点可以说明一个事实，从本人研究的许多项链看来，所有的金项链都是左旋的，唯有收藏在纽伦堡的德国博物馆的一条银项链和另一条现今被文物学会收藏的银项链是右旋螺纹形的。在大英博物馆里，有一个五线盘绕的臂钏，虽然是通常的左旋螺纹形，但却包含四种独特的螺纹形，格外迷人。这是因为在加工前，把四条金带十字绞合产生的效果。下一章我再提供一些项链的例子。

在制作金链和击剑两个例子中，我已经说过，多数人的右手动作（右手掌心朝下，呈静止状态时）自然是离体转动手腕，最终达到掌心朝上的状态。在乘坐马车的时候，赶车人右手握缰绳，如路上遇到障碍，右手本能地驱马右转。尽管赶车人的座位位于右轮上方，但是多数国家的人对此都很满意，认为本应如此。然而，英国人一直保留着昔日的赶马车的习惯，即左手握缰绳，右手，即握剑手放空。因此，没事时掌心朝下，出现情况时，左手本能外转，掌心朝上。这个本能拉动缰绳的动作，使缰绳扭曲一下，促使马匹左转。因此，英国人仍然保持这个习惯，无论是驾车，还是骑马，都是靠左行，他们看到的多半是右边行进的车轮。这种左行交通规则在葡萄牙、瑞典、匈牙利和意大利的多数城市、瑞士的许多州以及奥地利的一些省很流行。交通规则竟然如此不同，真是奇怪。这么一来，那些国土辽阔的国家必须张贴告示，提醒司机什么地方实行右行制，什么地方实行左行制。为什么一个地区实行左行制、另一个地区实行右行制，看来并没有什么线索可供探究。在新制定的空中交通规则中，到底是实行左行制还是实行右行制，了解其结果是很有意义的。空中交通新规则肯定要比那些“老旧的道路交通规则”更加通用、更加固定。行人靠右行走这种习惯在伦敦看来已面临危险，但肯定要比马路上驾驶车辆的任何规则都古老。因为，在人们随身携带武器的时代，这个规则可是活命的条件。在那个时代，路上对面来人一定是左臂对着左臂，因为这个来人有可能是敌人。在那个时代，出手搏击的是右手，右手老要握着剑或手枪。可能还有

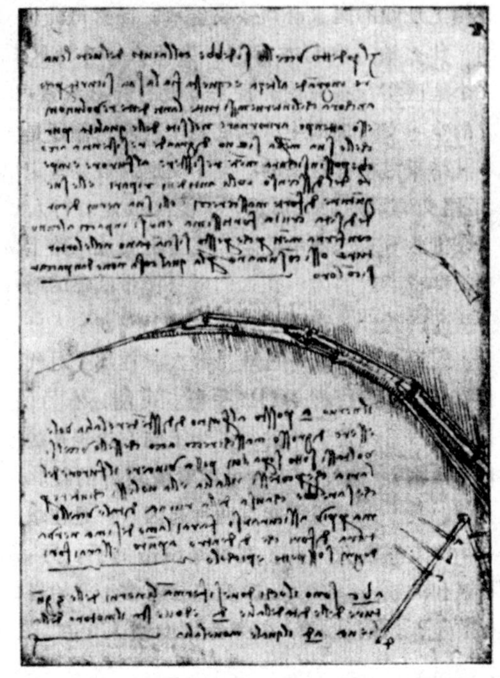

图279
达·芬奇关于鸟类飞翔的手稿之一页，说明他的习惯性书写方式。仿自达·芬奇关于鸟类飞行的手稿笔记。
这份手稿由皮乌马蒂（Giovanni Piumati）刊印，由莫利安（Charles Ravaisson Mollien）翻译。该文自右向左书写，对着镜子读最顺当。头二行文字的意思是：“上述的鸟在风的帮助下，飞到很高的高度，这对它是安全的，因为……”（Il predetto ucello sidebbe coll’ aiuto del vento levare ingrande alteza e cquesta sia la sicurta perche. . . ）

另一个理由，那是从遥远的岁月流传下来的，是为了向右边走来的人，举帽致敬（右手举帽）。这样，双方可以看清对方的脸。走路忽左忽右的习俗，我个人设想可能有两种起因。一是在拳击流行的时代，决斗双方纠缠在一起，左臂是出击的手。另一个原因，也是一个温和的原因，即女士改变以往习惯，开始经常与情人一起上街散步，她们往往让在旁侍候的情人走在“靠墙的一侧”，结果，男士习惯于靠外行走。此外，还有一个习惯，即男士以右臂挽着女士从起居室走向宴会厅，于是久而久之男士始终警惕用右手的力量保护女士。让女士挽着男士的右臂漫步几乎成为普遍的习惯［参见克罗雷先生（A. E. Crawley）1912年2月3日发表在《田野》的文章——《道路规则》］。若非战争中需要做出讨厌的反应外，这样的变化极为正常。和平，也许必然选择与战争反应相反的动作，以此来强调安全。

要确定左舵驾驶是英国人自己发明的还是从国外引进的，可是一个奇怪的问题。在有轮子的运输器具尚未普及之前，驮马和头马总是靠右，这样赶马者就可以处在马队和其他过路者之间。即使是头车率领一队马车，这个习惯也不变。这个习惯可能导致美国形成右舵驾驶的习惯，因为美国比英国本身更多地保留了古老的英国习惯和古老的英语。有人认为，只是在17世纪早期，马车比较普及之后，这些习惯在英伦三岛才发生了变化。许多细节问题，没有人进行编年史研究报道，这是其中之一，对此，我们除了尽力猜测之外，别无良策。事实上，如果驾驶规则真的到17世纪后期才起变化（本人对此有所怀疑，认为要早一些），那只能是在1835年制定道路规则的时候。到了1835年，马车和车队奔走得比以前快，而且，为了控制头马，不让它和后面的马走在一起，关键问题是握马鞭的手必须专一。大部分乡村道路的宽度（以往是，甚至现在还是）最多只能对行两部车，因此，赶车人必须清晰地看到自己的车辙，以免和对方过来的车队碰撞，避免出事故。这样，为了实用，他必须坐在右侧，左手赶车。要是需要超车，被超车的车辆就要原地站立，“让出道路”，而超车者必须从另一侧超越。

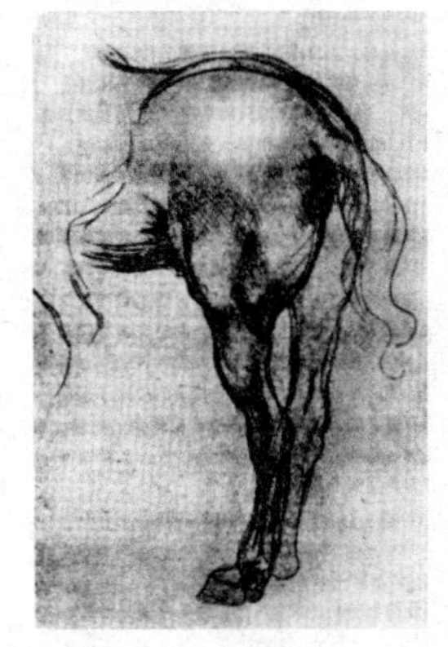

图280
阿拉伯马的后部
（仿自达·芬奇画稿）

探讨一下各种体育运动，出类拔萃的左撇子运动员的辉煌业绩是很有意义的。这里，笔者挑选出钓鱼、射箭、弹子球、木球、板球、槌球、英式墙手球、高尔夫球、草地网球、马球和射击作为典型例子。

钓 鱼

大部分钓鱼高手，只要可能，都是左右开弓的。马利亚特（George Selwyn Marryat）可以算是左右开弓的佼佼者。在当今的钓鱼对抗赛中，技艺最高超的甩杆高手要算穆伊尔先生（David Campbell Muir），他左手和右手一样运用自如。

射 箭

射箭运动员无论过去或现在，极少是左撇子。就笔者所知，至今只有两名左撇子男运动员，算是有过成绩，而左撇子女运动员则没有好射手。这两个左撇子男运动员开始时都是右手开弓，后来才改用左手开弓。有一天，布特（W. Butt）在约克郡圆形体育场有一轮左右开弓获得下列成绩：

100码		80码		60码		总分		
射中	得分	射中	得分	射中	得分	射中	得分	
34	134	28	122	21	105	83	361	右手
16	68	23	77	21	95	60	240	左手

他的最佳成绩是：

1864年									
2月8日	48	216	42	172	23	113	113	501	右手
1867年									
5月30日	44	206	36	154	24	138	104	498	左手

在公开的比赛场合，他从来没有得到过这么好的成绩，在全国大运动会中，他的最佳成绩是1870年的第7名，两天的比赛射中152环，得726

分。已经去世的阿斯顿（G. L. Aston）在公开比赛场合的最佳成绩是在1864年西部地区大运动会上获得的，两天比赛中射中190环，得838分，均右手开弓。在1876年的一场比赛中，两天射中176环，得740分，均左手开弓。而在全国大运动会上的最佳成绩是1893年获得第六名，射中155环，得669分。后来，他在1894年获得第七名，射中162环，得688分。

弹子球

在弹子房中，出类拔萃的左撇子选手很是罕见。大约在半个世纪之前，一般认为，巴切勒先生（Bacheler）是当代最佳金字塔选手，而到了18世纪70年代，莫里斯（T. Morris）和西莫斯（F. Symes）是最著名的职业选手，虽然两人连二级运动员都不是。也许我们曾经拥有过的真正技压群芳的左撇子运动员是麦克尼尔（Hugh McNeil）。他的“撞球”超群脱俗，毫无疑问，这为他成为冠军打下基础。然而，遗憾的是，没有人劝告得了他稍微注意一下自己的身体，终于在1897年11月27日弃世，终年仅32岁。我头脑里记得的，在过去的40年间，稍有名气的左撇子业余选手只有托马斯（W. Edgar Thomas）先生一人，他在威尔士获得业余赛的冠军。

木　球

在木球竞赛中，好几个最为成功的选手都是左撇子，下面的名单完全具有权威性：

1. 汉密尔顿（Andrew H. Hamilton），爱丁堡木球俱乐部会员和鲁顿地区南苏格兰俱乐部会员（S. S. C. Lutton Place，B. C.，Edinburgh），代表苏格兰参加国际比赛，六次为其俱乐部赢得冠军，两次荣获爱丁堡和利斯的冠军。现任苏格兰木球协会的秘书。

2. 邓禄普（C. F. Dunlop），格拉斯哥威尔克罗福特木球俱乐部会员（Wellcroft B. C.，Glasgow），于1910年代表苏格兰参加比赛，在著名的莫法特锦标赛中获胜，荣获威尔克罗福特和草地俱乐部（Steppe Club）的冠军。

3. 帕特森（Andrew Paterson），格拉斯哥卡特木球俱乐部会员（Kathcart B. C.，Glasgow），现年80多岁，是格拉斯哥有史以来的最佳木球运动员。

4. 克里斯蒂（James Christie），格拉斯哥王后公园木球俱乐部会员（Queen's Park B. C.，Glasgow），以他为领队的一方于1902年荣获苏格兰冠军。

5. 克勒兰（J. W. Clelland），百灵鸟大厦木球俱乐部会员（Larkhall B. C.）拉纳克郡（Lanarkshire）最佳选手，1911年代表苏格兰参加比赛。

6. 弗莱明（James Fleming），爱丁堡阿德米兰木球俱乐部会员（Ardmillan B. C.，Edinburgh），本俱乐部冠军，为一方领队，赢得爱丁堡冠军。

7. 米尔恩（Richard W. Milne），洛克比木球俱乐部主席（Lockerbie B. C.），于1910年在洛赫梅本公开友谊赛中获亚军。

8. 洛伊德（E. Lloyd），威尔士木球协会秘书（Welsh Bowling Association，该会由普利茅斯伯爵任主席），加的夫木球俱乐部会员（Cardiff B. C.），代表威尔士参加过7场比赛（国际）。

9. 考文特尼博士（C. Coventry），戴安娜包威士福特木球俱乐部会员（Diana Powis B. C.），1912年代表威尔士参加国际比赛。

10. 威金森（D. Wilkinson），戴安娜包威士福特木球俱乐都会员（Diana Powis B. C.），代表威尔士多次参加国际比赛；1912年任队长。戴安娜包威士福特木球俱乐部会员（Diana Powis B. C.，威金森先生失去右臂，是一个后天左撇子的实例）。

11. 哈金斯（A. Hutchins），彭希尔木球俱乐部会员（Penhill B.C.），1911年代表威尔士参加国际比赛。

12. 科尔（W.A. Cole），加的夫麦金托瑟木球俱乐部会员（Macintosh B. C.），多次代表威尔士参加国际比赛。

13. 爱德蒙兹（T. P. Edmunds），加的夫木球俱乐部会员，多次在俱乐部比赛中获胜。

14. 麦肯（John MaCann），贝尔法斯特奥姆奥木球俱乐部会员（Ormeau B. C.，Belfast）多次代表爱尔兰参加国际比赛。

15. 麦克隆恩（Joseph A. MaClune），贝尔法斯特奥姆奥木球俱乐部会员（Ormeau B. C.，Belfast），在1909年爱尔兰单手冠军赛中获半决赛权。他与麦克肯先生（本表第14号），在任奥姆奥联合木球俱乐部会员（Ormeau United B. C.）期间（该会在其两年存在时间内，屡战屡胜），于九场比赛中始终分别任第三手和队长。

16. 布朗（Franc Brown），贝尔法斯特木球俱乐部会员（Belfast B. C.），代表爱尔兰多次参加国际比赛，在1909年获得爱尔兰冠军队时，他在贝尔法斯特四分之一赛中获亚军，而且是铁杆后卫。

17. 麦克隆恩（John A. MaClune），贝尔法斯特北爱尔兰木球俱乐部会员（Ulster B. C.，Bellfast），与本表第15号为兄弟，是俱乐部中极其成功的主将，多次在单手冠军赛中获胜。

18. 亨宁（David E. Henning），贝尔法斯特沙夫兹伯里木球俱乐部会员（Shaftesbury B. C.，Bellfast），原为板球优秀选手，为该俱乐部最佳主将。

19. 泰勒博士（J. W. Taylor），贝尔法斯特木球俱乐部会员，曾为英国最佳橄榄球前卫和主击手，虽然相对是生手，但曾经代表爱尔兰参加国际比赛。

20. 戈隆顿（B. D. Godlonton），斯特拉汉姆宪章和杜尔维奇木球俱乐部会员（Streatham Constitutional and Dulwich Bowling Clubs），曾代表英格兰参加国际比赛。曾为板球郡际赛的萨塞克斯郡板球队11名队员之一。

21. 弗利兰（H. E. Freeland），伦敦曼斯菲尔德木球俱乐部会员（Mansfield B.C.，London），1909年，击败伦敦和南部诸郡木球协会的秘书托马斯，托马斯曾经击败现服务于赫尔恩希尔木球俱乐部的斯图伯斯。托马斯与斯图伯斯均为著名单手选手。

22. 瓦伦（W. E. Warran），伦敦布朗斯伍德木球俱乐部会员（Brownswood B.C.，London），1910年曾任本俱乐部主席，1912年任秘书，是一个左右开弓的好例子。在担任前卫时，他右手出击，担任后卫时，左手出击，两手技术一样娴熟。在本俱乐部是一名成功的领队。1909年，任本队领队期间，参加伦敦和南部诸郡木球协会与米德兰木球协会之间的年度对抗赛，获赢方最高分。他的手法别出心裁。

板　球

在一级板球运动中，左撇子投球员的作用引人注目。一个郡的板球队[6]11名队员中要是没有一名是左撇子就不能算是强队。回转球要比直攻球容易发出，这对于左撇子投球手来说是难以攻克的，因为，这会造成接球出界。因此，大部分的投球手均以慢速或中速奔跑，而且始终位于缓慢的三柱门中。偶尔会有快速的投球手在这方面得到自然强攻球。例如，埃塞克斯郡的投球手，已经去世的莫利（Fred Morley）和杨（Hirst Young）主要是投直攻球。最近，右撇子和左撇子投球手培育出了以头滑动球的本领。例如，兰开厦郡的迪恩（Hirst Dean）就可以用两种方式投球：慢回转球和快划球。击球手不如投球手普及。击球是通过“培训学会的”，教练鼓励用右手击球，其原因也许是认为左手击球姿势难看或笨拙。这种想法难以控制，在很大程度上，这种想法很可能是由于主观的自我感觉造成的。右手的动作，比如说漂球，如果是反射到镜子上看，则显得笨拙。巴德斯利（Bardsley）和希尔（Clement Hill）等击球手尽管都是左撇子，但其动作优美潇洒，如果再加上兰斯福德（Ransford），就可以组成澳大利亚最强的11人板球队，以其左撇子精英为显著特色了。南非努尔斯（Nourse）又是一个大英帝国殖民地中的左撇子精英。不过，左撇子投球手普遍出手潇洒、举止自然。由于上述解释的原因，即击球手是通过培训学习到技艺的，既可以用左手投球，又可以用右手击球的运动员随处可见，尤其是在业余板球队中，例如佛斯特先生（C. L. Foster）。然而，可以用右手投球，又可以用左手击球的运动员也并不是很罕见。最佳的例子就是汤森德先生（C. L. Townsend）。用左手投球优势极大。但是，奇怪的是左右开弓的运动员，可以用左手击球，又可以用右手投球者竟然不去培养自己专用左手投球和击球。现在，左撇子击球手得到选拔，因为人们认识到，他们的手法与右撇子的常人不同，会给对方的投球手造成麻烦。当然，他们在场上要比右撇子应付自如一些，他们的脚法要是换成右撇子的脚法则可能会折了腿，而且他们会往三柱门中不太习惯的一侧投球，但这种投球法（尽管现在流行）并非良策。而且，左撇子击球手如果和右撇子击球手联手，则球场位置频频变化，比赛速度会为此放慢。放慢比赛速度至关重要，不仅可以在需要时消磨时间，而且也可以制止“烂局”的发展。常胜队——澳大利亚的MCC队，拥有3个左撇子击球手和4个左撇子投球手，因此，左右开弓者比比皆是。诺斯科特先生（P. Northcote）是一位著名的俱乐部板球运动员，据说曾经在一局之中，左手击球100回合，右手也击球100回合。作者依稀记得，有一位大学的投球手，名叫布莱（E. Bray）大约在1870年曾经两手交替投球。大约在1880年，一位尤厄尔（Ewell）的中学校长习惯上用左手投低缓球，再换右手投快攻球。邀请左右开弓的选手加盟本队虽然极其有价值，但这样的风气却很少加以培养。肯特郡的欣克利（Edmund Hinkly）于1848

年在一局对抗英格兰罗德队（England at Lord's）的比赛中，左手投球10个三柱门全面获胜。

萨塞克斯郡的里利怀特（Jim Lillywhite）、约克郡的皮特（Peate）和皮尔（Peel）以及诺兹郡（Notts）的莫利（Fred Morley）和萧（J. C. Shaw）也都是值得编入这份清单的著名左撇子投球手。肯特郡还有一名第一流的左撇子板球运动员，即威尔舍（Edgar Wellsher），而诺兹郡的伍顿（George Wootton）则为又一名历史上的第一流选手。在曾经出现过的卓越的左撇子击球手中，纽兰先生（Richard Newland）应该算上一个，他率领英格兰队于1744年在芬斯伯里（Finsbury）的炮兵训练场与肯特郡队对抗比赛。其中费利克斯先生（N. Felix）和米尔斯先生（Richard Mills）是肯特郡的，桑德斯先生（James Saunders）、罗宾逊先生（R. Robinson）、包耶尔（John Bowyer）和格里菲斯（George Griffith）都是萨里郡的，理查德和约翰·奈恩（Richard and John Nyren）、苏埃特（Tom Sueter）、曼（Noah Mann）和"笨拙"的斯蒂文斯（Stevens，他左手投球，右手击球）均来自汉布尔顿。曼也代表萨塞克斯郡出场，上述的纽兰先生也一样，同时还包括汉蒙德（John Hammond）、E. 和W. 那帕尔先生（E. Napper）、古德（B. Good，来自诺兹郡）、西尔勒（W. Searle）、玛斯登（T. Marsden，来自谢菲尔德郡）和埃尔瓦德（James Aylward，汉兹）。埃尔瓦德是在三柱门加上第三柱时击球100回合的第一位球员。

左撇子板球队员，为了进行比较，只列出其中之佼佼者。这样的左撇子板球精英大概可以分成下列几类：左手投球手的代表人物包括福斯特（F. R. Foster）、迪恩（Dean）、乌利（Woolley）和罗兹（Rhodes），他们都是1912年英国11人板球队队员。还有赫斯特（Hirst）、布利瑟（Blythe）、米阿德（C. P. Mead）和塔然特（Tarrant），其中，第一个和第三个也是优秀的左撇子击球手。罗兹、赫斯特和塔然特右手击球。在同年的澳大利亚11人板球队中，惠提先生（W. J. Whitty）和麦卡特尼先生（C. G. Macartney）都是左撇子投球手，但麦卡特尼先生是第一流的右手击球手。在南非的11人板球队中（以此完成“三角”对比），理勒威林（G. C. Llewellyn）击球和投球都用左手。努尔斯先生（A. D. Nourse）是第一流的左撇子投球手和击球手。卡特先生（Carter）左手投球。在最著名的左手击球右手投球的运动员中，格洛斯特郡的塔翁森德先生（C. L. Townsend）是一个最佳例子，而萨塞克斯郡的奇利克（Killick）又是一个例子。其他优秀的左撇子击球手，我所能记起来的，还包括萨默塞特郡的休威特先生（H. T. Hewett，Somerset）米德尔塞可斯的福特先生（F. G. J. Ford Middlesex）澳大利亚的达令先生（J. Darling）、诺兹的斯克顿（Scotton，Notts）等人。

槌　球

在槌球运动中，第一流的左撇子槌球运动员为数有限，我所能想到只有比顿先生（R. C. J. Beaton，$-1\frac{1}{2}$）和布朗先生（H. Maxwell Browne，$-1\frac{1}{2}$）。后者有时用左手击球和滚球，用科尔巴利方式跑圈和投球，即球棍位于两腿之间，鉴于其左手较靠近于球棍头，笔者以为把他归入左撇子球手并不为过。其他的选手包括福德汉姆先生（0）（W. H. Fordham）、魏厄女士（$1\frac{1}{2}$）（H. M. Weir）和威塔克女士（$1\frac{1}{2}$）（W. Whitaker）。其他的左撇子球手难于归类，如高威尔小姐（4）（M. Gower）和高威尔先生（6）（R. P. M. Gower），他们分别为比顿夫人的姐妹和兄弟。

英式墙手球

我曾经见到过一位英式墙手球［英国公学中流行的一种用球击墙的运动，场地三面有墙，后墙敞开；比赛时，双方各有1名运动员，有时各2名，都戴手套，球小而硬，按一定比赛规则，采用五局三胜制[7]］运动员是左撇子，即1888年伊顿公学赛中的守门员达文波特先生（H. R. Bromley Davenport）。作为左撇子，他占了大便宜。在伊顿公学墙手球球场，由于墙位于左侧，因此在球跳到高于墙的时候，他可以比右撇子的球手更重，也更自由地击球。

高尔夫球

左撇子几乎没有真正知名的高尔夫球手，也没有专业的球手。然而，套一句老故事中的话说，专业高尔夫球手“魂不守舍”，但却赢得了比赛。在业余的左撇子高尔夫球手中，年轻的塔斯马尼亚人皮尔斯先生（Bruce Pearce），曾屡屡给对手和观众留下良好的印象，是一个毫不逊色的好手。要说是可能不如谁，那只能不如爱尔兰波特华的里德先生（H. E. Reade）。这位先生本来应该在1904年的冠军赛中刷出局的。他在打到第14杆时，立了两根柱，但此后一直没有出色表现，让对方赢得了所有的洞。简农先生（Peter Jannon）也是一个爱尔兰人，在欧洲赢得了无数次的冠军，而希龄先生（J. A. Healing），原先是格洛斯特郡槌球队队员，绝对是个好手。当瓦阿登（Harry Vardon）还在嘉顿（Ganton）的时候，他的队员们始终败在他的手下，尽管他一直大方地让队员获得成功机会，但他的队员还是输得相当烦了。后来，他进行了一项富有成效的尝试，白手起家，在艰难困苦中练成了左撇子，才缓和了这种单调的局面。人们很快明白，他应该在两个方面归因于左撇子。在这个问题上，看来左撇子和凯尔特血统有一定的关系，我们在前文已经注意到这一点。据说，左撇子高尔夫球手俱乐部主要分布在苏格兰的最北端地区。据报道，当地右撇子高尔夫球手占少数。

草地网球

可以编辑一份清单，列举左撇子草地网球运动员，其中最为典型的包括下列各位：美国的戴维斯（Dwight F. Davis），美国双打冠军（1899—1901），他的头上球相当凌厉，恐怕世界上没有比他更狠的了。美国的赖特（Beals C. Wright），美国单打冠军（1905）、双打冠军（1904—1906），代表美国参加在美国、英格兰和澳大利亚举行的戴维斯杯锦标赛[8]。和戴维斯一样，也是一手凌厉的凌空球，他推崇削球，但打得一手非常漂亮的低球。澳大利亚的布鲁克斯（Norman E. Brookes）1907年获世界单打冠军，1905年在温布尔登（Wimbledon）获单打亚军，1907年和威尔丁（Wilding）一道获双打冠军，代表澳大利亚参加在英格兰、澳大利亚举行的戴维斯杯锦标赛。他扣球凌厉非凡，名声昭著。他的头上球相对弱一些；他反手扣球时，指尖向着球网，与英国的一般习惯相反。已经去世的英格兰的奇朴（Herbert Chipp）在19世纪80年代声名昭著，人们认为他是当代的任邵斯（Renshaws）。他不按传统习惯反手扣球，但会快速地把球拍从左手换到右手，然后以右手和左手一样猛烈地出击。这一点和萨克尔小姐（Maud Shackle） 一样。萨克尔小姐是肯特郡冠军（1891—1893），她发得一手漂亮的球，就是最机警的对手也往往无法应付。英格兰的鲍威尔（Kenneth Powell），最近任剑桥大学六人球队的队长。他前几年的诺言——在网前保证赢球，基本没有兑现过。他本质上是一个以径赛能力见长的网球运动员（曾经在剑桥大学与牛津大学于1907年的跨栏比赛中，创下15分3—5秒的成绩）。已经去世的英格兰运动员派恩（F. W. Payn），于1903年获苏格兰冠军，他本质上也是一个左撇子网球运动员。一般而言，左撇子在扣球上比一般人多会一二招，但全面能力则并不显著。总而言之，上述的布鲁克斯、赖特和戴维斯扣球本领大于传球。参加英国草地网球国际赛的比米斯（A. E. Beamish）在草地网球赛中是右撇子，而在高尔夫球赛中是左撇子。这里还可以再介绍一位左撇子，诺伊尔先生（E. B. Noel）左手握拍赢得了冠军。

马 球

下列左撇子马球赛手已经正式在赫林江姆俱乐部注册，因此可以作为特殊运动的好例子：中尉贝克维尔（J. S. Bakewell）、皇家海军的贝尔顿（R. C. Bayldon）、贝尔威尔（H. A. Bellville）、德里斯科尔（T. A. Driscoll）、格雷斯（F. J. Grace）、格利沙（A. Grisar）、格温尼（W. P. Gwynne）、霍尔威（L. R. S. Holway）、拉利奥斯（L. Larios）、洛克特（G. A. Lockett）、麦克康尼尔（J. McConnell），小马丁（Bradley Martin）、德泽格瓦特男爵（Baron Osy de Zegwaart）、桑德逊（E. A. Sanderson）、罗伯逊（H. Scott Robson）、色姆尔上尉（A. Seymour）、苏里万（P. D. Sullivan）、瓦德—帕尔玛（R. Wade-Palmar）、瓦兹威斯（W. Craig Wadsworth）、威伯（Watson Webb）和威瑟少校（F. H. Wise）都是左撇子。

射 击

哈丁先生（Harting）告诉我他认识几位左撇子射击运动员，其中有不少优秀射手，但只有一名射手左右肩射击一样优秀，这就是已经去世的布鲁克斯爵士（Victor Brooks）。1885年的一天，在自家公园里，740只兔子丧生于他的枪下。他整整射出1000发子弹，一半是靠着左肩发射的，一半是靠着右肩发射的。最后一发子弹是靠着左肩发射的，射中了一只往回跑的山鹬。

左撇子艺术家

作者在本章的第一部分提到过两个左撇子艺术家的名字。兰德瑟尔爵士（Edwin Landseer）不仅左右手技艺一样娴熟，而且会同时创作不同的题材，在这方面是个好例子。这个事实证明，人类活动局限于一只手，真是损失巨大，损失了学用另一只手为自己造福的机会。两手并用是否具有某种反射作用的效果，有益于大脑的思维，这个问题已经超过了本书探讨的范围。显然，有史以来最伟大的左撇子天才，不仅是个炉火纯青的艺术家，而且是个世界曾经拥有过的天赋超常的知识精英。出于这个原因，本节专门探讨达·芬奇的绘画作品。

从技术的角度来看，就我们正在探讨的问题而言，这些绘画显示出明暗部分的线条差不多总是从左向右偏（参见图276和277等），其原因显然是受到自然的影响。温莎宫手稿中的签名（图278）迟迟未能确定作者，其原因就在于达·芬奇是用右手签名的。图279的自然笔迹不仅显得清晰、挺拔，而且还具有从右向左读（和希伯来语一样）的怪诞。因此，为了很快地看懂其含义，最好是对着镜子反读。

虽然一致认定是达·芬奇绘画作品者不足一打，但世人心目中的达·芬奇也就是个大画家而已。就总数而言，英国保存的达·芬奇的速写和底稿比世界上其他任何一个国家所保存的数量多好几倍，但是英国对这些速写和底稿的价值和内容的重视程度却不及其他任何一个国家。这些速写和底稿得到下列专家的研究：文图里（Venturi）、李勃里（Libri）、戈维（Govi）、李希特（Richter）、腊瓦松—莫连（Ravaisson-Mollien）、贝尔特拉米（Beltrami）、闵兹（Munts）、穆勒—瓦尔德（Muller-Walde）、乌其里（Uzielli）、萨巴其尼科夫（Sabachnikoff）、皮乌马蒂（Piumati）、杜瓦尔（Duval）、西爱勒斯（Seailles）和米兰手稿拓本编辑等，其他人则不一一列出。这些手稿，除了实际的绘画作品和研究杂记之外，看起来就像是一个无所不知的教授为一个异乎寻常的课程编写的讲义。手稿在文采和结构方面呈现出来的天赋远比不上激励人们去发现手稿的热情。由于这个原因，手稿作者的同时代人基本没有听说过这些作品，就是后人也没有对这些手稿表示欣赏。达·芬奇没有按照逻辑方式提出论据，读者难以了解其跳跃式的思维[9]。达·芬奇关于圣经中的大洪水和山顶上发现的化石贝壳之间的联系就是为数不多的例子之一，其中，他探讨的文学形式是完整的。因此，达·芬奇鲜为人知的文学生涯使得身后遗留的手稿，在相当程度上为人们所否定。达·芬奇有一句最喜欢的谚语：即一好百好（Se tu sarai solo，tu sarai tutto tuo）。

另一个不利因素是物质性的，达·芬奇的书法难以破译。到底是否由于到东方旅行学会了从右到左的书写方式，我们并不知道，但有一点是肯定的，他的文字最好是对着镜子反读（参见图279），而且这样书写对于左撇子来说并非难事。乌菲齐（Uffizi）的风景画[10]是公认的达·芬奇权威作品，创作日期是“1473年8月5日，于神圣的温柔的马利亚纪念日”，当年达·芬奇仅21岁。麦克科蒂先生（M'Curdy）指出，从签名的日期看出，达·芬奇早就采取了自右向左的书写方式。因此，我倾向于相信这样的理论，从右向左的书写方式是左撇子的自然行为，而不是到东方旅行后学习来的。如果他的绘画中的明暗部分没有揭示出这种特性，我们也一定会从他的朋友波齐奥利（Luca Pacioli）的言语中知悉，达·芬奇为他的著作《神圣的比例》设计了插图。

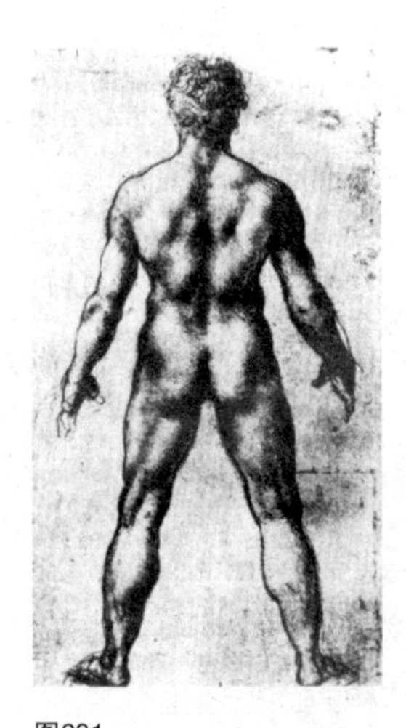
图281
达·芬奇的作品

这些理由部分说明，为什么一个在16世纪初，垂暮之年离乡背井的人，其秘密到了19世纪末才为人们所知。但是，在长期的淹没中，他的声名却日益远播。因为他建立或崇拜的法则已经独立地被发现，而且被证明是促进研究顺利进展的知识。他的继承者们依然声名赫赫，因为，虽然他们的发现发生在3个或4个世纪之前，一代又一代，各自获得了名声，而达·芬奇依然默默无闻。达·芬奇播种了思想种子，但却从来没有收获。在有生之年，他捍卫自己的思想毫不松懈，但他的思想在其身后很久，才得见天日。

就在我的书桌上，摆着大约500张认真拍照的达·芬奇作品。这些作品原先都保存在英国，我认为它们都是真迹。我希望有朝一日，这些作品能够得到完全的认定。虽然必须对所有作品进行鉴定，但其中只有一部分与本书研究的内容有关，而且从中只能挑选出极少的、现有的作品（如图280等），以便在论证中作为最简单、最本质的论据。我鉴定过保存在巴黎、威尼斯、维也纳和米兰的达·芬奇手稿。在米兰，塞里阿尼（Abbe Ceriani）考证了达·芬奇的宏篇手稿《大西洋书》（*Codice Atlantico*）的顺序，并用国家经费把全书复制下来。《大西洋书》包括风景画和人物画（显然是为研究绘画而作）、优美精致的解剖学画稿（图282）、植物学素描（图277）、建筑图、生物学札记、无数的工程学研究、许许多多的数学论证以及许多尚无法归类的在极度狂热中研究的内容。虽说有许多内容传世，但无论根据何种假设，都不能认为编写该札记的原意在于出版，但是，其他一些证据证明，达·芬奇不仅是为公众而撰写这些札记，而且很知道自己在文字上的缺陷。“啊，读者，千万不要怪罪我，”他在一篇笔记中这样写道，“要写的题目太多了，而我的记忆力又很衰弱，我写一段，要休息一大段时间……”

他的头脑中装满了美的图像，其中不仅包括所有在16世纪初已知的科学，而且还包括此后人们所获得的成就之一半，难怪达·芬奇要过着非常孤独的生活。随着岁月的流逝，人们知道他的思想日益从绘画转移到自然科学的问题，广泛地收集自然的物品。他的求索和歌德的浮士德一模

图282
达·芬奇的解剖学研究，
注意角落的书写笔迹

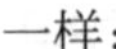

一样：

> 啊，看一眼地球的深处吧！
>
> 在地球深邃幽暗的基础上
>
> 生命的胚胎在诞生之前
>
> 在这里孕育……[11]

达·芬奇的天赋是不满足于一成不变的生活。他坚持要往深处挖掘。他在“飞行专论”中这样写道：“生活在梦幻中的人们乐于研究重大的未知事物，甚至乐于以调情式的复杂思维和理论进行研究，在这方面，其兴趣大于研究可靠的、自然的、兴趣较少的问题。”[12]他的理智既真诚又神圣。他满怀激情、不畏艰难，勇往直前地挖掘隐藏在深处的真理。他大声说过：“真理实在令人振奋，得到真理的赞许，连最微不足道的事情也变得高雅。”[13]他的工作方法和查理·达尔文不相上下，从分析问题入手，从不畏惧劳而无功；他把支离破碎的证据归类合并，最终发现了一条定理，或发现一个可以解释事实的假设。他的解剖学画稿，除了炉火纯青的画技之外，不仅包含着许多敏锐观察到的相关关系，而且富有启发性，这使得《物种起源》的作者非常高兴地顺着思路探索下去。例如，在其温莎宫手稿中，几幅画稿精心绘制了长在人体上的若干种动物变形的尾巴。有人告诉我说，赫胥黎的备忘录手稿充满着精致的插图，或换句话说，基本和达·芬奇的相似。达·芬奇的大部分手稿不为人们所知，据我们了解，查理·达尔文和卢斯金[14]都不知道达·芬奇手稿的存在，这也许是科学界和艺术界的损失。

达·芬奇完全知道科学的定义是“关于原因的知识”。他甚至敏锐地认识到，科学在很大程度上必须取决于推论、取决于假设、取决于想象力，这样的特征，米勒（Muller）在1834年称之为“幻觉”。对自然界提问的方式必须是答案就隐藏在问题之中。在探索还只是一根纤细的假想的线索时，研究者只能观察。我已经说过，正是螺旋形这根线索把我引导到本书各章节来。正是（请允许我重复）达·芬奇的手稿激励着我进行这样的探索。

第十四章注释：

1 世人本无右撇子一说，但为了行文方便，易于左右比较，所以生造了“右撇子”一词，希望读者理解并谅解。——译注

2 Hans Holbein，也译贺尔拜因或霍尔班，画坛名家姓荷尔拜因的是父子两人，名字同为汉斯，因此父为大荷尔拜因，子为小荷尔拜因。根据上下文，判断本文所指为小荷尔拜因。小荷尔拜因，1497—1543，德国肖像画家、版画家，素描精练，生动传神；木版画细致柔韧，富有韵律感，作品有《死神之舞》版画集、《依拉斯谟像》、《德国商人吉兹像》、《托马斯·穆尔》和《丹麦公主克莱斯提娜像》等。——译注

3 Gideon，由各教派俗人信徒组成的团体成员，他们的活动包括把《圣经》放在旅馆的房间里。——译注

4 Amalekites，据《圣经》记载，古代以色列人出埃及的时代，居住在迦南的南部卡德喜附近的一个强大的游牧民族，后来在海兹基时代被犹太人消灭。——译注

5 Benjamites，《圣经》旧约中译为便雅悯人。——译注

6 板球是双方用木板打球的游戏，通常是每方11人分布在一大块场地上，但主要是集中在相距22码的两个球门处，两个球门各有一个击球员守卫；击球员用木棒击打对方投手投的球。两个击球员若是能在击球后或在对方传球过程中快跑彼此交换位置就可得分，但任何一个击球员在交换位置时被杀出局就不能得分。——译注

7 原文为fives，涉及运动的含义有两个：一是篮球，二是英式墙手球。根据上下文，确定为墙手球。——译注

8 世界草地网球锦标赛优胜奖杯，1900年因美国戴维斯（1879—1945）在英美网球比赛时捐赠奖杯，故名。这个戴维斯即本节描述的击球猛手，他同时也是美国政治家。——译注

9 达·芬奇的笔记，国内三联书店以《文化生活译丛》的形式于1998年出版。书名为《莱奥纳多·达·芬奇笔记》，该

书由艾玛·阿·里斯特编著，郑福洁翻译。根据文字情况来看，本书所引用的达·芬奇笔记内容与三联版相当不同，本书可能另有其他版本。——译注

10 系指亚诺风景画。——译注

11 原文为：Das ich erkenne，was die Welt
Im innersten zusammenhalt
Schau'alle Wirkenskraft und Samen
Und thu nicht mehr in Worten Kramen.
——译注

12 Ma che vivi sogni，ti piace piu le ragion soffistiches e barerie de palari nelle cose grande e incerte，che delle certe，naturalis，e non di tanti altura.

13 这段话的前文为：Ed e di tanto vilipendio la bugia，che s'ella discessi be'gran cose di dio，ella to di grazia a sua deita；ed e di tanta eccellenzia la verita……

14 Ruskin 1819—1900，英国艺术理论家。——译注

其他：

左撇子和右撇子：布朗爵士（Thomas Brown）的著作《粗俗错误的探索》的第四册第五章（1658年第三版）关于左撇子和右撇子有不少的议论。他提到了一些偏方，说是“服用油炸刺猬左眼可以安眠，把青蛙的右腿包在鹿皮中治痛风。”还有，“好事往往从左边传给人们，因为，人们的左手尊重上帝的右手，从上帝的右手接受上帝给予的保佑。”但是，他最具有永久价值的言论是：其“左右”纯然取决于人类的习惯，据此，人们可以让男人和女人为同伴指出理智的方向，但这样说在自然界则不现实，而且在一个问题上也不现实：有些人的右手比左手有劲，而且灵活。有些人的左手和右手一样有劲、一样灵活。

关于左撇子的生存本领：参见杰克逊（John Jackson）的《双手》。

关于《圣经》中的左撇子：“F. M. M.”这样写道：“在希伯来文圣经《旧约全书》的“士师记”第三章和第二十章中，以笏和七百名投石手都被描述为“右手不利”。而在希腊文旧约圣经中，以笏和七百名投石手都是‘左右开弓’的，其含义看来与原义相左。上述内容是孤证，也许难以解释其所以然。

达·芬奇关于《鸟类的飞行》的笔记是他在1505年3月和4月在佛罗伦萨撰写的。1519年，他把手稿交给逝世于1570的弗朗索瓦科·梅尔佐（Francesco Melzi）。加瓦第（Lelio Gavardi）从莫尔兹位于瓦普里奥（Vaprio）的别墅中把手稿偷走。该手稿最终由荷拉西·梅尔佐（Horace Melzi）给了米兰的玛曾塔（Ambrosio Mazzenta）。玛曾塔把手稿传给了西班牙菲立普二世的朋友勒奥尼（Pompee Leoni）。勒奥尼的后代把它卖给了阿贡纳提（Galeazze Arconati），后者于1637年1月1日把手稿交给了米兰的安布拉瓦（Ambrosian）图书馆。手稿保存在该图书馆的情况分别于1748年和1798年之间由奥尔托罗奇（Balthasar Oltrocchi）记录，于1791年由伯西诺里（Bonsignori）记录。1776年，拿破仑把13份达·芬奇手稿都送到巴黎，其中，《大西洋书》送到国家版本图书馆（Biblitheque Nationale），其他12份送到法国科学院。在1815年，《大西洋书》送回到了米兰，其他的（由于差错）还保管在法国科学院，其中关于飞行的专题论述在1836年受到图书馆管理员的注意。里勃利（Jacques Libri）从法国科学院偷出了手稿。正如拉兰那斯（Lalannes）波迪埃（Bordier）在1848年说明的一样，该手稿在1867年流落到鲁戈公爵（Manzoni Lugo）的手上。鲁戈公爵在1868年里勃利逝世时购得该手稿。1892年，手稿被萨巴奇科夫（Theodore Sabachinikoff）购得，于1893年在巴黎出版。

左与右：来自克罗雷的信是这样写的：

世界上所有简单的相反中看来没有比左右更简单的了。如果只用左右来说明位置或直线，理解起来毫无困难。但是，一旦把左右用于曲线或圆形运动，无论是理解还是语言本身都出现困难。所有研究过植物或动物结构中螺线形状、球体的拐弯运动，或者是任何旋转的物体的人，甚至是被请去仲裁巴黎管理当局关于道路规则的结论中英国的“靠左行走”比法国的“靠右行走”合理的人一定都碰到过这个困难。如果是投球手说球从左边出去了或出界了，而击球手对同样的情况却说是从右边出去或出界了，这个问题是再简单不过了。但是就抛射体而言，抛射体在水平面上做曲线运动，在运动过程中可能向左也可能向右。抛射体在抛射的时刻是向左运动，但人们并不知道其后的运动是继续向左或者向右。“从左拐出，从右拐进”这句话足以说明第二种情况。但是模棱两可的情况不可避免，因此，首先必须明确话是在什么方位说的，是谁说的。例如，预言家对希腊人和罗马人都说，右面是幸运方位，但预言家对希腊人预言时面向北，而对罗马人预言时面向南，结果希腊人和罗马人的幸运方位完全相反。据说希伯来语中的“预言的方位”面向东方。这么一来，同一个幸运方位在希伯来比在希腊和罗马更让人迷糊，因为在希伯来语中，右边和南边是同一方位，前面是东，左边是北，后边是西。在梵文，古爱尔兰语（构成deasil[①]中的deas），和其他印欧语系中，右和南是同一方位边。人们早就“看到”，就在左与右和罗盘指针方向一致的时候，言者的方位与听者的方位，已经混淆不清。

左和右作为术语，其哲学含义极其奇怪有趣，但与目前我们探讨的问题无关。不过，在探讨大部分人习惯使用右手这个问题，以及左右相对立的术语的问题，其哲学含义又与目前探讨的问题有关了。人们早就注意到，其中主要的原因在于效率和方便。卡利勒（Carlyle）邀请读者考虑以下问题：有三个手握大镰刀的割草者，其中二人是右撇子，一人是左撇子，他们三人想合作割草，那么会发生什么结果？这里，他提出了一个有关右撇子社会团结的小问题。奇怪的是，派遣一批左撇子投石手的希伯来家族是本杰明，他是“右撇子的儿子”[②]。很可能在每一种语言中，和英语一样，“右”的本意仅仅是“直线的”、“直截了当的”，因此也是“正常的”；而“左”的本意并非与“右”对立，而是指“虚弱的”、“无效的”。因此，人类是先有左右的概念，后有两边的概念。“向右看齐”、“正道”和“真缎”等话语，就残留有“右”的本意。“左”的含义逐渐变成与“逆反”和“异常”等，而不是与“两边”相关的“对立”，例如，短语“over the left”在日常用语中是指取消讲过的话，或指意与讲过的话相反。从另一个角度来看，人们只要记住“right way on”（一路向前）和“right side up”（正面朝上）的真实含义，而从左撇子角度而言，他当然在这里不用“right（右）”，而要用“left（左）”。左撇子的“左”所表示的含义，对我们一般人而言，指的是右，是正确。

顺时针和逆时针（deasil和widdershins）是唯一一对源自英语的单词，这个事实本身很有启发意义。孜孜不倦于民俗研究的学者非常希望，但却不能从迷信的角度解释其起源。迷信（甚至在词源学中也表示）附带表明的意思是真实，而真实的意思是在之后。这真是令人惊奇，前人的思想和语言竟然早就注意到这一对词语。至今，这一对词语仍然比其他任何词语都更能说明静态和动态的曲线的两个方向。

在日常生活中，左与右的单纯反向意义可以从镜子映像（就文字含义而言）中看到。在阁下关于生长和美的原则的大作中，阁下注意到并在插图中说明了

---

① 意思为右。——译注

② 原文为the son of the right hand。这里right有两个含义，一为右，一为正确。若为右，则为前译；若为正确，则应译为“投石好手的儿子”。——译注

达·芬奇的左手书写习惯。发育期之前的孩子基本没有表现出右手着力的倾向，如果教育他们经常左右手更替书写，其结果形成与达·芬奇相同的书写习惯。希伯来语等左撇子语言的书写方式是自右向左，而散见于各地的，称为βυυστροφηδόυ的希腊语是现代的右撇子语言，奇怪的是，这两者之间存在一种中间状态。上述的希腊语书写方式是一行自右向左，下一行则自左向右，其原因看起来是免于两侧运笔，但肇因却在于免于换手，或者说免于换笔，这就像剪指甲。剪指甲是右手剪左手的指甲，左手剪右手的指甲。

在“艾丽丝穿过镜子”一节中，卡洛尔（Lewis Callol）放弃了研究出相反结果的机会（与书中“直角的愤怒”、“尖角和钝角的愤怒”及其他荒谬的几何学内容相适应的内容）。威尔士[①]在其《隐身人》中，把主要思想，即一个物体的右面是左面的“镜面映像”，通过原子分解的手段，结果与第四维空间联系起来。主人翁在返回时，也就是返回到我们的三维空间时，人们发现他的心脏长在身体的右边，肝脏长在左边。他左右不分，但却是个左撇子。

本书的许多读者可能都很熟悉一个简单的实验，其结果形成最简单的空间扭曲。取一条足够长的纸带，两端接起来，形成一个大小合适的圆圈。扭曲圆圈，再用胶水把两端连接起来。用剪刀顺着长度方向把它剪成两半。在分开之前，可以用铅笔顺着剪开的线画动，人们会发现，这条线的终点是在起点的“对面”。在剪开之后，人们得到一个环，其周长为原环的两倍，且为双扭曲。再按前法把这个环分开则得到一对双连环。对于开始研究第四维度的人来说，这个实验往往可以作为他的“急救措施”。同时，威尔士先生建议说，时间，即持续阶段，是物体的第四维。不过，在三维空间中增加了第四维，则这个第四维的最本质的条件是必须与其他三维形成直角，那么为什么不把物体在镜子中的映像作为第四维呢？

不过，新奇容易沦为荒谬。判断左右的有益做法是，按照日常习惯，把物体放在台上或就图画中的物体而言，从观察者的角度判断其左右。这样做的时候，我们已经接近了左与右的本质含义。首先，相互认可的判断左右的做法取决于一致认同的方位。在我与读者对面而立时，我认定的右，读者认定为左。在我们两人面对同一方位时，则我认定的右，读者也认定为右。现在，我们来考察第二点，即左与右涉及的并不仅仅是物体的两面问题，而是涉及左与右、前与后的问题。在所考察

---

① H. G. Wells，1866—1946，英国作家。生于小商人家庭。当过学徒、信差和教师。曾参加“费边社”，提倡改良主义。早年写作科学幻想小说《时间机器》《隐身人》等，后来曾发表反映出作者对法西斯势力日益猖獗的忧虑的长篇小说《巴海姆先生的独裁政治》《未来事物的面貌》等，以及《托诺一班格》《爱情和鲁维宪先生》《包里先生的经历》《世界史纲》等。——译注

的物体必须具有其正面与反面，即前与后，否则考察是没有意义的。这样，我们又回到罗盘的四象。迄今为止，我们探讨的问题都还局限在平面上。我们仍然在探讨既没有高度，也没有深度，绝对是个平面的物体。因此，我们应该加上第三个维度，假定一条有顶也有底的“长度”。在此，人们可以看到极性（反向性）是我们关于实用概念的最本质原则，其普遍性并不低于人类关于地球的概念。托马斯·布朗尼爵士认为惯用右手遗传自“上天”。我们可以建议，假定第四维空间可能存在或必须存在，这样的假定实际上取决于物体具有的垂直线及两个面，因为，左和右必须有一个“直立”的标准，还要有一个与直立标准成直角的观察点。

螺旋的定义问题涉及平面螺旋和螺线螺旋，如果螺线螺旋在定义上指的是圆锥形和圆柱形，以及其他“正在发展的”螺旋形，那么螺旋的定义问题就可以说明人们难于分辨左右的原因。在这里，由于引进了角动量的概念，分辨左右的困难更加大了，也就是说，我们必须使圆变成四边形。

描述螺旋的最简便方法是，按照观察者与螺旋长轴成直角的方位，称之为“左旋或右旋”。在螺旋楼梯中，该长轴为楼梯的中柱，这时观察者既不在楼梯内，也不在楼梯上。他的眼光看到螺旋的两个面——他所见到的楼梯的正面，以及它的背面，即反面。在这里，该楼梯是左旋或右旋，只取决于楼梯的正面。如果楼梯正面的曲线是从观察者的左面向右面旋转，则该楼梯为右旋楼梯。但是，在照片中，这样相当正确的常规观察方法却难以应用。正如你所渴望的，如果右撇子工匠制作的螺旋，由于这个原因，从来不被描述为右旋就好办了。当然，右旋螺丝刀刚好也是一个最适于右手的螺旋。不过，有人说，日本人习惯于使用与手势相反的螺丝刀。

只要螺旋上有顶下有底，那么，令人满意的做法是按照常规确定螺旋的方向确定其为左旋或右旋。螺旋形贝壳，螺旋形植物和螺旋楼梯的左旋或右旋的确定就是根据这种常规。其中，房子的门、植物的根和贝壳的厣是判断其左旋或右旋的基础。

魏斯纳（Wiesner）赞同查理·达尔文学派在研究植物旋转中按常识和通用术语区分左右旋的做法。但是，现代的植物学，本意是寻求精确，结果偏偏导致了混乱。比如说，用dextrorse这个术语代表“左”，比起查理·达尔文学派和一般人用“left-handed”代表“左”到底有什么好处？选用这个术语，以及与其相对应的sinistrorse，应该算是再糟糕不过的事了，因为，上一辈的植物学家林奈①和德堪多②在用这两词时，含义完全相反。对林奈来说，dextrorse的含义是"右"、"右旋"、（按照观察者的方位）从右向左旋转。对现代植物学家来说［参见斯特拉斯伯格（Strasburger）的教科书］，dextrorse的含义是"左"、"左旋"、（按照植物本身的方位）从左向右旋转。新用法的谬误竟然给啤酒花和金银花分别出腹部和背部、正面和背面。这是把观察者的方位混同为所观察物体的方位而导致悲惨谬误的好例子。如果用一根绳子把我自下而上缠绕起来，那么，外人看起来绳子是从右向左缠绕，但我本人认为，当然是从左向右缠绕。可是，要知道，缠绕的植物并没有前后之分啊！这个问题英国的植物学家把dextrorse和sinistrorse分别翻译成左旋和右旋时，麻烦就更大了。因此，伊万斯（E. Evans）先生在其《植物学入门》（*Botany for Beginners*，1907年版）中把旋复花（convolvulus）的右旋描述为反时针旋转，为左旋；把啤酒花描述为右旋。这样的命名法不仅不正确，而且引起混乱，再者，其中还包含着螺旋也有手法的意思。

贝类学家采用的术语是dexiotropic（右旋）和leiotropic（左旋），看来他们在术语的准确性方面达到完美的地步。在贝壳的底部或口厣部开始，进入贝壳的昆虫沿着螺旋向上攀升。如果螺柱始终位于昆虫的右侧，则该螺旋为右旋，反之亦然。植物学家也许可以借用贝类学家的术语，取代他们的dextrorse和sinistrorse。植物学家从中既可以获得好处，但也带来缺点。好处是他们与植物机械发育（原文为拉丁文：entwicklung-mechanik）的向性相一致了。缺点是在植物学书籍中与日常描述中的左右颠倒了。也许可以建议植物学家赋予dextrorse和siruirorse现代的含义，其原因相同于建议贝类学家赋予dexotropic和leiotropic的含义。但是，看来这个建议是行不通的。

---

① Carl von Linne，1707—1778，一译林耐、林内，瑞典博物学家，动植物双名法的创立者。壮年游学欧洲各国，访问著名植物学家，搜集大量植物标本。归国后任乌普萨拉大学教授。著作以《自然系统》为最重要，在1758年所印第十版中，和1753年出版的《植物种志》中初步建立了"双名命名制"，即"二名法"，把过去紊乱的植物名称，归于统一，对植物分类研究的进展，影响很大。又根据花的雄蕊数目和位置作了人为分类法，把显花植物分为23个纲，另总括隐花植物为一纲，创立所谓"林氏24纲"，一时也广为采用。至19世纪才为自然分类法所取代。林奈的分类有纲、目、属、种和变种五个阶元，但没有"科"，是一个缺点。林奈起初认为"种"是永恒不变的，但在《自然系统》最后一版中，删去了"种不会变"这一章，因为他已经观察到变异的现象。——译注

② Augustin Pyrame de Candoll，1778—1841，一译德康多，瑞士植物学家。他特别强调解剖学在分类学上的重要性。他的分类式发表在1819年出版的《自然分类基本原理》一书中，大体依据裕苏（Antoine de Jussieu，1748—1836）的系统，加以修正。植物分科数目，远较裕苏为多，但将蕨类与单子叶植物并列，是一大缺点。最主要的著作是《植物界自然分类长编》，亲自写作并出版七卷，死后由其子主编，各专家执笔，又续出十卷，实际是当时植物种志的鸿篇巨著。由于他扩大了裕苏的研究，到了19世纪40年代，他的自然分类法式代替了林奈的人为分类法式。——译注

一个中性的平面螺旋，比如钟表的发条。发条既没有顶，也没有底，既无左，也无右，说左就左，说右就右。说明中性螺旋的方法是把其一端先固定在底座上，然后再把另一端也固定在底座上，从其中心把螺旋拉起，然后再放下。以同样的方法处理钟表发条，然后，先从一端的底座看过去，再从另一端的底座看过去，那么看到的是两个方向相反的圆锥体。如果把两根互为圆柱体的发条底座对底座地围绕在一个双圆锥上，围绕着整个圆锥的螺旋就会在其底座连接处改变方向。

正如查理·达尔文所示范的，植物卷须发生的情况与此一模一样。植物卷须一旦发现了支撑物，就生长出两根螺柱（两套卷曲的数目一般均等）。这两根螺柱在“半弯”的位置连接在一起。

左撇子孩子：本章在开头要求读者参见图262（第十三章）。该插图示出所有内脏全面左右错位的罕见例子，其心脏生长在右侧而不是在左侧。

由于各种脑功能已经相当准确地定位，因此，在大多数情况中，控制右手运动的中枢无疑位于大脑的左侧，而靠近中枢的位置控制着语言。于是，我们可以合法地认为有这样的可能性，即在很少数的情况中，（成年男女左撇子）控制着力手的中枢位于大脑右侧，但是，在实际中，就大脑中枢的区位分布而言，的确发生过错位的情况，大致就像图262所显示的心脏错位。如果发生这种情况，我们自然可以认为，语言中枢就会发生类似的变化，同时也使着力手的控制中枢从左侧变为右侧。这样，如果受着力的手控制的中枢自然反应受到强烈的作用，那么对于相邻部位而言，错位的语言中枢就可能受到伤害。我无法证实情况是否的确如此。（不过，芝加哥大学的儿童研究专家，斯莫德莱（Smedley）教授进行的长期调查产生了有趣的结果。大量天生左撇子的儿童，在辛苦地培训他们使用右手之后，语言表达出现障碍，而且口吃。）这样看来，故意干扰儿童的天生癖好已经干扰了脑中枢的微妙平衡，结果不仅导致失去手工能力，而且肯定损害了语言能力。我们希望，继续深入进行的研究，在一定程度上，有助于人们了解“左撇子”的优缺点。莱玛莱（F. Ramaley）教授是美国的博物学家（1913年12月），他坚信，右半脑的异常发育导致了左撇子。

麦克尼尔：还没有另一位左撇子的记录超过这位漂亮的选手。但是，值得注意的是，在1914年业余弹子球锦标赛中，至少有5位左撇子参加了比赛。他们的击球方式不同凡响，球杆运动自如，而且很有力度。

Chapter 15

Artificial and conventional spirals

· 第十五章　人为螺线和传统螺线

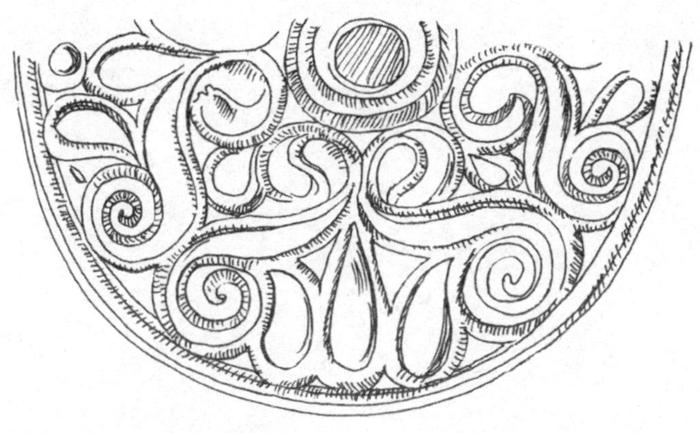

美的东西显示了自然界的秘密法则，美的东西如果不自我显示，则永远得不到揭示。当自然界开始向人类揭示其秘密的时候，人类就有一股不可抑制的冲动，需要找到最佳的解释者，即艺术，来解释自然界的美。

——歌德

在本章，我们将会看到达·芬奇对以螺纹结构为核心的问题特别有兴趣。关于达·芬奇的广见博识，笔者将在最后一章中极尽绵力予以描述。如果我们考虑到达·芬奇既是炉火纯青的艺术家，又是殚精竭虑的博物学家，我们就一定会知道达·芬奇不可能不沉溺于螺纹结构的研究。但是，许多天然物品呈现的形状各异、涵义深刻的螺纹显然在达·芬奇生前的时代已经深深地印记在智者的头脑中了。在本章中，我希望根据艺术史的清晰记录，证明螺旋形在远古时代就已经印记在人类头脑中了。无论如何，史前人类虽然不能欣赏自我呈现的螺纹结构在自然界、工程学、建筑学，独特物品中的功能价值，但是，毫无疑问，他们肯定不仅朦胧地意识到螺纹结构的重要性，而且绝无例外地知道这类物品表现出来的美与健康和力量有关。因此，在本章里，我挑选了若干日常应用的螺纹结构（主要是平面螺纹）典型的例子，这些现代物品显然发源于历史上神秘的装饰品（很可能是具有魔力的装饰品），而且在我们发现其存在之前，就已经具有了神秘的意义。

令人极其惊奇的是，所有这些物品的形式都表现为平面螺纹，例外的情况极为罕见。因此，我能够按照历史的进程归类描述。罕见的例外指的是螺旋柱一类的结构，其中包括我在左撇子一章中探讨的古代螺旋项链，也包括权杖。这类螺旋柱结构在用于日常生活时，如果其体积很大，比如说像一根大柱子，为了讨论的方便起见，归入建筑一类进行探讨。

在我们的探讨中，有必要首先对人种的进化有一个清晰、简洁的认识。因此，我在本章中把人种进化分为两个阶段，远古阶段，参照兰克斯特（Ray Lankster）爵士的最新断代观点；近古代，即青铜器时代和铁器时代，则参照大英博物馆的正式出版物。

“第四纪”是地质学上的一个年代，相应于蛮荒时代的初生纪、第二纪和第三纪。第四纪还有另一个名称，即更新世，其特征是在河流的沙砾中、洞穴的沉积物中和冰川碎屑中发现了人类的遗迹。粗糙的燧石虽然砍削出形状，但却没有打磨。根据这些特征，演化出同一地质时期的第三个名称，即旧石器时代，与之相对应的是新石器时代。新石器时代具有打磨的工具、坟墓周围竖立石块形成的大圆圈、石环和湖边住所。

在旧石器时代的早期，英伦三岛依然与欧洲大陆连接在一起，这里遗留下极其大量的人类部落的遗迹，他们吃烤兽肉，通常居住在洞穴里。这里生活着大量的人类种群，他们在这里繁衍了千百万年。在旧石器时期的冰川时代或冰期，这里生活着称为尼安德特人（Neander）的人种[1]。尼安德特人无下巴、低额、个矮、外八字脚、臂长，与熊、狮子和鬣狗争夺洞穴，在冰川的边缘猎杀猛犸象。他们的遗迹，除了制作的燧石以及自身的骨骸外，已经荡然无存。曾经有人认为他们是早期人类的代表，而在冰期之前不存在人类，或者也可以说是没有人类的踪迹。但是，在海德堡的一个前冰期沉积物中，人们发现了一块没有下巴的颌骨，其年代要比刚挖掘到的尼安德特人古老；而曾在肯特郡发现的经过打磨的燧石可以说明，在后冰期时代的更新世的沙、土和河流砂砾出现原始人遗迹以前，在温暖的前冰期，人类已经生活在英伦三岛的土地上了。

我们现在要探讨的就是后更新世的后冰期人类。在驯鹿漫山遍野，在无数的野马群为人类提供肉食的时候，现代人类的第一个亚支，即现在称为“奥瑞纳西人”（Aurignacians）的人种出现了，该人种得名于奥瑞纳西这个地名。奥瑞纳西人以其艺术技巧而著名，这是他们最为奇怪的特性。有记录的第一代奥瑞纳西人制造出了最令人惊奇的马头（参见图283）。这是一件“完整的雕刻品”，其大小取决于用以雕刻的骨头。他们的后代生产出第一批传统平面螺纹饰品（图284），对此，我可以找出各种权威的论断。但在深入探讨这种螺纹之前，我最好结束关于旧石器时代人类的探讨。在奥瑞纳西时代之后是苏罗屈安人（Solutrian），得名于苏罗屈安这个地名。苏罗屈安人之后是马格德林人（Magdalenia），本书第十章的贝壳项链（图199）则取材于这个文化。同时取材于该文化的还包括迷人的图画《三只红鹿》，兰卡斯特爵士在1911年5月13日的《田野》上给予发表。到了这个时代，温度逐渐上升，因此驯鹿被迫迁移到较北部的地区，而在法国南部，红鹿开始大量地取代驯鹿。在马格德林文化洞穴的墙上和屋顶上，许多漂亮的彩色图案还栩栩如生地表现出猎人和猎物。而连接马格德林人与新石器时代之间的第四分支，称作阿齐利人（Azilian）。虽然初看起来，用当地地名来区分不同的人类分支并不合理。但人们发现，史前不同形式的艺术具有鲜明的特征。它们说明，这些在法国古代沉积物中出土的四个分支和英国、比利时、德国和奥地利现代沉积物中发现的文物具有同样的可辨认性。所以，这里所给予的总名称是广泛得到承认并被普遍认为是科学的。

必须记住，上述的冰期尼安德特人的骸骨与生长完好的马格德林人中

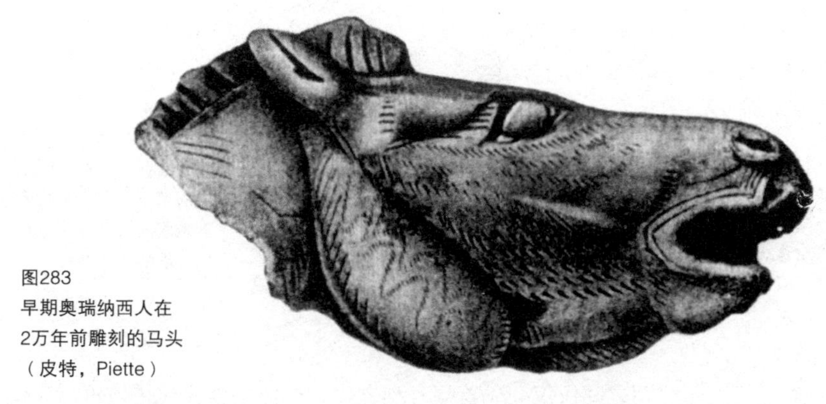

图283
早期奥瑞纳西人在
2万年前雕刻的马头
（皮特，Piette）

的克罗马农人（Cromagnard）具有极大的差异，其差异程度高于澳大利亚的丛林人与现代英国人的差异。事实证明人类甚至在冰期之前就会打磨燧石。因此，要发展到这样的阶段需要漫长的历史时期也是可以理解的了。再者，这样人们也许容易认识到，奥瑞纳西人雕刻出图283的马头和图284的螺纹并不如人们想象的那么“原始”，当然马格德林圆柱体就更不可能那么“原始”了。

产生出图284螺纹的奥瑞纳西文明是从一种具有黑人（negroid）特点的人种进化来的［在法国芒通（Mentone）发现的骨骼证明了这个观点］，他们可能与南非的丛林人属于同一人种。南非丛林人关于在岩石上和洞穴中的追逐与他们史前的祖先非常相似。拉兰尼（Lalanne）博士最近在多尔多涅河沿岸（Dordogne）的洛色尔（Laussel）石灰岩峭壁之下发现了浮雕程度很高的奥瑞纳西人雕刻作品。该作品绘出了一个手持野牛角、具有强烈的丛林人特征的妇女，以及一个正在拉弓射箭的男子。强调与丛林人相似的种种外部特征，是因为现代野蛮人的美学发展过程丝毫不会比奥瑞纳西人的发展过程逊色。事实上，这正是现代艺术与几千年前同一种属人类的艺术标准相脱离的表现。现代野蛮人根本没有必要回溯那么久远，完全一样可以清清楚楚地看到这个脱离。因为，奥瑞纳西文化与新

图284
驯鹿角的断片，发现于上更新世的沉积物中，是大约2万年前的第三个旧石器时期晚期奥瑞纳西人雕刻的
（皮特，Piette）

石器时期之间仅仅间隔着阿齐利文化、马格德林文化和梭鲁特文化（均属于更新世或旧石器时期），但除了常见的平面螺纹的应用之外，奥瑞纳西文化中没有任何一件艺术品流传到新石器时期。一直到公元前500年的希腊时期，没有任何人发现过图283那样的马头。在从奥瑞纳西文化到阿提卡半岛（Attica）文化，从阿吕迪的城堡（Les Espelunges d'Arudy）到雅典卫城（Acropolis of Pericles）的代代相传之间，只有螺纹起到联系作用。

对这些年代久远的史实，无论是做出何种断言，难免都会有一些胆怯。因为自从德切勒特（Dechelette）出版了《考古学手册》（*Manuel d'Archeologie*）和皮特[2]出版了《史前时代》（*Age du Renne*）以来，重要的文物陆陆续续被发现。因此，我们经常听说又发现了某种典型文物，因而又要修订断代史。同样，在断代学中，人们往往难于断代。这里存在一个显而易见的事实，即新石器时代至少延续到公元前7000年的瑞士湖畔居住者为止；在这个时期之后，出现了断代，难以连接下去。于是，我们只好用晚旧石器时期的最后一个年代组，即阿齐利组来填补这段时期。假如我们认定奥瑞纳西人生活在2万年以前，那么这个认识符合上述的断代，那么奥瑞纳西人可能就代表着5万年的时期。如果我们认为中更新世和早更新世要经历漫长的岁月才能进化到奥瑞纳西人的时代，那么这个人类黎明曙光就曾把其燧石工具（rostro-carinate flint implements）埋藏在红崖（Red Crag）之下，埋藏在最古老的更新世地层之下。在事实上，人类从来没有准确的“年代表”，因为即使是计算阿尔卑斯山的冰川涨缩也只能得出相对的结果。如果，我们不能描述奥瑞纳西文明，即使诗歌那样缥缈的语言也难以描述，那么，从其主要的艺术表现形式来看，我们看来就只好按照雷纳克[3]的说法，承认这是难以形诸文字的了。笔者认为，传统螺纹本身已经流传下来了，因此，这种图案的起源一定要比许多作者所想象的要久远得多。因为图284中的驯鹿角雕刻证明，在远比埃及文明古老的岁月里，螺纹就已经在西欧得到应用，而且爱琴人（Aegean）也以螺纹为蓝本，联想出许多装饰图案。人们发现，凯尔特人（Celtic）艺术中的简单螺纹和双循环螺纹就是按照奥瑞纳西工艺清晰而又深刻地刻制的。事情的真相可能是，在其他的地方，在不同的年代，可能会发现以平面螺纹作为传统饰物的现象。但是，在迈锡尼时代（爱琴海的青铜器时代），我们在地中海东部、南欧和斯堪的纳维亚地区都发现了螺纹。螺纹分布地域广袤，但其起源的一致性却从来没有因此而模糊，人们难以否定其在时间和形状方面的相似性。因此，很可能青铜器时代是从旧石器时代的奥瑞纳西人那里通过加夫里尼斯（Gavr inis）和纽格兰奇（New Grange）的新石器时代继承了螺纹。关于这个问题，我们将在后文加以探讨。

在结束这一命题的讨论之前，我必须提醒读者注意，本书在第十章已经强调了迈锡尼和米诺安时代对自然物品的偏爱，及其模仿自然物品制作艺术品的倾向。在许多情况中，正是贝类和乌贼激发出了模仿螺纹的动机，最终逐渐使这种模拟动机转变为普遍的行为。不过，形状的传统化往往需要漫长的发展过程，往往要比自发模仿某些活体生物滞后很长一段时期，这就是为什么阿吕迪城堡的奥瑞纳西艺术家创作的传统工艺螺纹（图284）如此不同凡响的原因。这些仿制品证明了一个事实：人们始终认为毫无抽象思维能力的原始文明，其艺术品却表现出抽象思维的内涵。我们

图285
米斯郡的新格兰奇古坟石头上雕刻的螺纹
（仿自德切勒特）

不必偏执地说其中闪烁出数学概念的曙光，因为把一粒贝壳锯成两半或者压扁都可以形成扁平螺纹，极其符合数学原理（该现象已在第四章讨论过），模仿这样的螺纹进行创作的艺术家再无须发挥想象力，只要忠实地模仿自然界就可以创作出奇妙的曲线。不过，在图284中，这样的螺纹还是传统的。由此创作出来的抽象图形，其美丽显然一目了然。事实上，螺纹已经激发起美感，关于这一点，我已经在第十三章中进行了讨论。这样的美感重在力度，重在某种结构的力量和适度，因此，可以作为生活和美的一种形式。螺纹是迈锡尼装饰的有机组成部分，在施列曼（Schliemann）的《迈锡尼》一书中有许许多多这样的例子，因此完全没有必要在这里重复，不过我在本章的注释中收集了一些评述。

科菲（George Coffey）在1912年精心编著出版的专著中描述了米司郡（Meath）的新格兰奇的古坟。它代表了我要阐述的螺线形艺术故事的又一个联结点。德切勒特曾经以此为例，说明在青铜器时代之前，从未在斯堪的纳维亚半岛发现过新石器时代的饰物样品。联结式螺纹，双联甚至是三联螺纹，非常清晰地雕刻在图285和286的石头上。而考虑到同样的螺纹仅出现在布列塔尼的两块石头上（图287给出了一个实例），我就不敢相信这个符号是从莫尔比昂（Morbihan）流传到爱尔兰的。科菲先生绘制的地图表明，这些螺纹在现代英国地区的分布，显然是从苏格兰的最北端沿一条路线分布到都柏林的西部，其最南端分布到北威尔士。这种分布似乎说明，爱尔兰螺纹可能是从波罗的海，而不是从布列塔尼流传来的。如果有人不相信，图284中的这些作品是奥瑞纳西象征的正宗嫡传，那么我们应该记住，在早期的文明交流中，海上的交流要比陆上的交流容易得多，而且，在法国沿岸航行的航海者更可能沿着海岸线向东北方向航行，而不是向西或者向西北方向航行到茫然不知的海域去。因此，很可能在南方的贸易商发现康沃尔（Cornwall）的锡矿之前，第一代的商业航海者就已经从东北方向登上了这些海岛，沿着一条斜线，向着西南方向前进。根据这样的思路，人们就不难理解，为什么在爱尔兰的石头上发现的

图286
新格兰奇的博因河沿岸的旧石器时代的界石
由青铜器时代的人们雕刻，两条大螺纹相连，中间上下各隔着一个菱形，其图案和公元前600年的米兰花瓶上的图案相似。（仿自科菲的《新格兰奇》）

螺纹，在斯堪的纳维亚却只见于青铜器。爱尔兰青铜器上的螺纹严重残缺不全，许多早期的记录还有待于发现。显然，青铜制作工艺在斯堪的纳维亚要比在爱尔兰发展得快，用简单的办法在石头上垂直地雕刻曲线，要比人们所想象的更难以湮没。

我倾向于相信图287的卡夫里尼斯的螺纹要比纽格兰奇的螺纹古老，部分原因是这些螺纹在法国仅发现于独石（Monolithic）纪念碑，其工艺水平要比爱尔兰的粗糙；另外，它让人们联想起旧石器时代洞穴中比比皆是的“指纹”。很可能，纽格兰奇的雕刻和爱琴文明的前迈锡尼的雕刻一样新，它们一直到公元前2000年的迈锡尼或青铜器时代才消失。在这个时代，我们可以从12世纪的埃及王朝蜣螂[4]上的螺纹追踪到公元前3000年的克里特岛，从这里往北沿着“琥珀之路”流传到胡特兰（Jutland）和斯堪的纳维亚。我们发现了时髦的双螺纹，双螺纹绘制在米诺安时代的彩陶花瓶上，这是伊万斯（Arthus Evans）在克诺索斯发现的（参见图288）。这个双螺纹只是比著名的迈锡尼螺纹有了微小的进步。图289示出了丹麦凯尔特人的青铜凿[5]上的螺纹装饰。该装饰引起人们极大的注

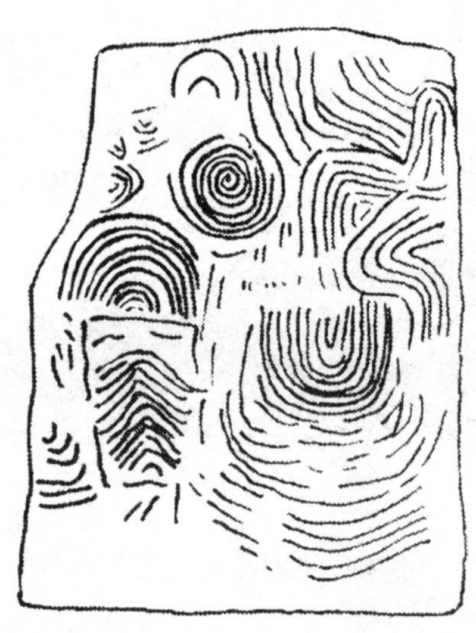

图287
卡夫里尼斯岛（莫尔比昂）暗道中雕刻的石头，说明指纹和顶上的一条螺纹（仿自德切勒特）

图288
来自克诺索斯的米诺安彩陶花瓶
（伊万斯收藏，承蒙雅典英国学校委员会允许复制。）

意，其原因在于它证明了埃及螺纹创意流传到北方。同时流传的还有缝连环，这是对天花板莲饰图案的回顾。德切勒特把上述的米诺安和迈锡尼的螺纹与卡夫里尼斯和纽格兰奇的螺纹联系起来，其论据是后者制作于新石器时代的后期，而前者是青铜器时代最时髦的图案。但是，正如在前文说过的，我大胆地支持这样的观点：虽然加夫里尼斯的螺纹较为古老，纽格兰奇的螺纹是从北方和东方学习来的，而不是从南方和西方学习来的。为了支持这个观点，科菲先生指出，在青铜器时代，斯堪的纳维亚青铜器上的螺纹图案除了斯堪的纳维亚半岛，在欧洲其他地方都没有出现过，但却与纽格兰奇发现的螺纹图案的的确确完全不同。实际上，同一种影响在这两个地方起到样板的作用。在一个地方，它只存在于青铜器时代，而在爱尔兰则只存在于石头上。斯德哥尔摩博物馆保存着一块精美的青铜板，表明图298中的联结螺纹一圈又一圈连绵不断（参见雷纳克的《太阳神》一书）。

图286示出的石头是一块发现于纽格兰奇墓地北部的界石，明显地表示出连环的同样用途，与波迪埃（M. Pottier）从罗浮宫收藏品中选取的

图289
丹麦凯尔特人青铜凿的细节部分，表明在北方存在有埃及螺纹设计图案（仿自科菲的《新格兰奇》一书）

埃特鲁斯坎（Etruscan）花瓶上的图案（图290）相似。这种图案显然一直延续到公元前6世纪，而且有一个证据表明纽格兰奇图案的年代要比卡夫里尼斯的巨石（megaliths）离现代近很多。有些权威人士认为，这是一种太阳崇拜的象征，太阳崇拜可能是现代欧洲最为流行的一种崇拜。

图案是自我发展的，并非凭空想象制造的[6]。图案是从图画演变来的，是从最经常出现，也最容易模仿的图画演变来的。在这样的图案中，古埃及莲饰图案是至今所知道的最重要、最神圣的图案。最早期的图案并不是为了绘制而绘制，也并不作为"艺术品"。绘制图案是传递某种"思想"，甚至是为了保持某些原始的神力和品格。因此，莲饰不是某一尊神，而是所有的神的象征；不是某种神圣的动物，而是所有动物的象征，其中包含着无限的流行于古代的象征。毫无疑问，广泛流行的螺纹装饰图案就因为与莲饰有关，因此是原始神力或能量的象征，是太阳的神力和神性的象征，是太阳从湿气中诞生的象征，也是生活中许多神圣现象的象征。莲饰首先在1902年用以作为西斯敏斯特大教堂英国王位的装饰品。人们一定会看到，现代的研究大多认定这是一种源于信仰，而非源于知识的象征。勒萨比（Lethaby）教授指出，迈锡尼"宝库"大门上方的三角形开口原先填满了深红色大理石条，石条上雕刻着螺纹装饰图案，其中有一块石条现在藏于大英博物馆。在同一座刻有锯齿形装饰的建筑物的柱子与柱顶之间也雕刻有平面螺纹。施列曼展示了一幅精细的双螺纹图案，该图案出现在特兴宫（Tirhyns）的壁画上，与图298的“双环饰针”非常相似。

在迈锡尼“第一陵墓”的陶器上，在公元前3900年埃及王朝的蜣螂像护身符上，以及在史前瑞典的青铜斧背上，施列曼都发现了涡卷饰。巴尔弗（Henry Balfour）先生处理过许多采集自牛津皮特·雷维尔斯博物馆（Pitt Rivers Museum）的标本。在莱登（Leyden），具有马来半岛特点的标本很是独特。华盛顿、罗马和阿姆斯特丹的民俗学收藏品也有许多类似标本。总而言之，同源理论总算有了基础。历史和传统的发展规律殊途同归。古德塞教授曾经非常仔细地调查过塞浦路斯花瓶上的莲饰几何图案，并在这个领域开展了全面的研究。他的研究说明，所有的阿拉伯和伊斯兰螺纹都发源于拜占庭希腊人，它绝对不可能在不开化的非洲发现。但是，另一方面，它们是马来饰品的基础，随着佛教传播到阿拉斯加州，

图290
埃特鲁特坎花瓶上的两条螺纹的大连环
（仿自波迪埃的《罗浮宫的古花瓶》）

沿着埃默里（Emory）峡谷，穿过雅库茨克（Yakutck），传播到阿留申群岛。人们只要认识到，古埃及艺术品上的装饰图案5/6是以莲饰及其衍生的螺纹为基础的，那么就会更容易地理解到底有多少螺纹结构从尼罗河畔传播到全世界。衍生于莲饰的最古老的螺纹发现于埃及陵墓的天花板上。希腊人和亚述人因袭了莲饰图案，进而把其推进发展到登峰造极的水平。亚述人把一个个的莲饰图案通过曲线有机地连接起来，终于形成旋涡饰。亚述人的这种图案设计传播给希腊人，希腊人立即天才地发掘出其中尚未发挥出来的美学成分，不仅赋予其新的生命，而且开拓出无限的空间。希腊人的棕叶饰[7]承袭自埃及莲饰，这一点，所有的权威人士均无异议。图291中的横饰带[8]取自古希腊雅典卫城的帕特农神庙。该神殿在公元前480年被波斯人在泽克西斯一世的率领下摧毁了。这个横饰带表现为低垂的棕叶饰和变形的莲饰交叉排列。图292为诺拉（Nola）地区希腊花瓶上的棕叶饰。该棕叶饰没有底座，表现出公元前330年之后希腊衰败时期的设计形式。我之所以在本书复制这个棕叶饰，是因为其中包含了两个卐。卐是古代广泛流传的代表太阳运行的符号，对此，本书第十章的末尾作过描述（同时也请参见第二十章的注释）。但是，这两个卐都不代表“幸运”，也就是说，十字臂并没有顺着船舶进港或顺着出牌的方向，即顺着太阳旋转的方向，呈左旋，而是与上述方向相反，即逆着太阳旋转方向呈右旋，也就是千百年来人们认为倒霉的方向。“幸运”的卐是最常见的。它同样发现在瑞典的青铜剑鞘上，发现在特洛伊石制锭盘[9]上，发现在菩萨的脚印中，发现在美洲印第安人的毛毯上。不过，有兴趣详细了解的读者，我必须向他们推荐阅读威尔逊（Thomas Wilson）先生的专著，该专著由美国史密森氏学会出版。而且，我在这里还要加以说明，图292中示出的“倒霉”的卐也发现于小亚细亚的某些陶器印记中，发现于美洲青铜器针的针头上，发现于施列曼博士在特洛伊史前废墟之下的石球上，发现于布兰登贝格（Brandenburg）的古代矛头上，发现于阿尔及利

图291
毁灭于公元前480年的古帕特农神庙中绘制的横饰带

图292
来自诺拉（Nola）地区的一个公元前330年前后的绿色花瓶上的螺纹图案

图293
公元前560年的涡卷饰，装饰于以弗所（Ephesus）地区狄安娜神庙的爱奥尼亚柱子（现藏于大英博物馆）

亚的废弃的罗马柱子的底座上。为什么它也会发现在出土于诺拉的希腊花瓶上呢。我还不能做出解释。关于它的起源，读者可以在附录中找到答案。

在希腊艺术的鼎盛时期，传统螺纹发展到更高水平，超过了当年在奥瑞纳西文明中昙花一现的光彩，而在爱奥尼亚的柱头装饰中，我们见到了登峰造极的螺旋形装饰图案。图293复制了爱奥尼亚柱头的涡卷饰照片，该图案见于以弗所狄安娜古神庙的一根爱奥尼亚柱子上，该图案现藏于大英博物馆。显然，在这个地方设计螺旋形饰并不是出于结构或功能的考虑，而是因为它是一种传统的图案，是从最古老的时代流传下来的一种象征。该螺旋形饰非常精巧地搭配在这个地方，而螺旋形的这种特殊的用途使我们想起雷维尔斯（Rivers）博士在1912年的英国科学促进会[10]会议之前深入探讨的论文。在该论文中，雷维尔斯博士指出，在传统形成过程中，要探讨其具体的发展方向，应该从多种文化的融合中寻找其渊源，例如从曾经产生过最辉煌的希腊文化的文明中寻找到某些渊源。当然，产生出爱奥尼亚涡卷饰的“传统化”并不仅仅是一种为了节约劳力，或者由于复制不准确，或者由于表面处理或者材料处理存在困难等原因而采取的权宜之计（相对于自然界中原始形式的线条变化）。因为，没有任何东西会比我在图293和294中复制的涡卷饰能够更好地保存古代建筑的韵味。

在第二章中，我复制了一幅线条图（图44）。该图首先是弗莱彻（Banister Fletcher）先生绘制的，目的是为了说明可以利用化石纺锤螺（Fusus antiquus）来描述爱奥尼亚涡卷饰。涡卷饰起到转轴的作用，围绕着涡卷饰，一条逐渐延长的线条从螺顶（在螺旋的中心）向上散开。我在当时就指出，希腊涡卷饰的美正好表现出与任何一种自然物品具有数学准确性不同的成分。在弗莱彻先生绘制出该图之后，已故的彭罗斯（Penrose）先生发表了一篇论文［见1903年《皇家国际生物学会志》（*RIBA*）第21页］，再次抨击希腊涡卷饰的数学定义这个老问题。这位学业有成的作者最值得自我祝贺的成就是自己推导的新公式极其准确，实际应用于各种具体涡卷饰"基本不出误差"，就整体而言，至多出现一个非常微小的"边缘误差"。非常凑巧的是，图293和294选用的两个涡卷饰都是数学文物商挑选来做展示用的。在该展示中，引起我注意的并不是微小的"边缘误差"。事实上，没有一个数学公式可以准确地解释贝类的生长，更不可能准确地解释涡卷饰。就作者而言，显然希腊的建筑师在头脑中已经有一条相同的天然曲线（不管它是仿自活体陆地螺类，菊石化石，或者是仿自地中海的鹦鹉螺）。当然，实际的情况也是，涡卷饰一直到16世纪中叶还被叫作"蛞蝓"或者"蜗牛"，因为布罗姆菲尔德（Reginald Blomfield）先生引述了让·马丁出版社出版的《维特鲁威传》[11]书末的"读者须知"里的一段话。在这段话中，古戎[12]写道："涡卷饰的螺形，也称为蜗牛，并没有得到足够明确的解释。"他继续写道，除了画家丢勒以外，再没有哪一个人这么全面地理解涡卷饰的真正理论。在此，我没有必要说明，对我而言，涡卷饰的真正起源更应该由丢勒或达·芬奇这样的艺术大师来解决，而不可能由文物商建筑师通过数学手段来解决。文物商建筑师对希腊帕特农神庙的涡卷饰珍品进行了仔细的丈量，从而证明涡卷饰最美妙的表现形式在于各种不规则性的设计中，而不在于其线条和角度的完美准确。我在以后的章节中还要探讨丢勒在这方面的研究。彭罗斯先生的调查无可抗拒地提醒我想起英国剑桥大学数学考试一等荣誉学位获得者、天才的瓦尔克（Gilbert Walker）

先生对澳洲土人飞来去器[13]的数学结构的研究。他的研究得出极其精确的结论，即根据一个公式，他就可以制造出一个飞来去器，只要正确地把该飞来去器投掷出去，它就会在空中按预定的方式飞行。澳洲土人已经得出同样的成果，不过，那是他们的祖先时代进行实验的结果。这样的实验与生物进化的每一个步骤不相上下，终而达到适者生存的结果。他们的线条或角度没有一个是准确的，自然也说不出其中的道理。但是，正如发展过程一样，他们却“成长”起来了。瓦尔克先生有趣的数学只能产生出一个关于真实事物的大致的定义，当然，根据隐含在土人工艺中的数学公式，瓦尔克先生可以制造出其他形式的飞来去器。同理可知，我认为隐含在鹦鹉螺中的对数螺线可以成为制造爱奥尼亚涡卷饰的基础。

图293示出公元前560年的涡卷饰，从中人们会注意到螺旋是由单根伸出的曲线线条形成的，即该线条从柱顶的“卵形和尖形装饰”之下的线条向内弯曲到中心形成的。艺术家雕刻这条螺旋曲线所采用的技术与图284中奥瑞纳西安人的手法同出一辙。从数学角度说，当然，要是按照下列方法说明就更为准确：螺旋是从较靠近涡卷饰的中心偏左的某点开始向外旋转，一直旋转到顶点的直线。要把这个说法同上面讨论的联系起来，人们就会注意到，在这个亚洲的实例中，莲饰形成了涡卷饰中部分装饰形态。然而，在厄瑞克忒翁神庙[14]发现的时代较近的柱子（图294）中，涡卷饰曲线由三个螺旋构成，组成螺旋的曲线是不仅从“卵形和尖形饰”之下的直线直接开始，也从切入卵形和尖形饰的两条曲线形图案开始。这样造成的结果，不仅要比以弗所（Ehpesus）的涡卷饰更全面地覆盖住石头的表面，而且使每一条曲线都显得更宽、更优美。这种设计存在一种困难，即从三条曲线往外旋转，其中心点难以标记。解决这个问题的做法是，在涡卷饰的卷紧的部位分别雕刻上一个盘状物，非常漂亮地解决了这个困难。这个部位面积很小，难以雕刻螺旋，而且因为面积很小，从远处也绝对看不到螺旋。而且，盘状物本身的位置和比例在整个装饰图案中

图294
厄瑞克忒翁神庙东耳殿的爱奥尼亚柱上的涡卷饰
［仿自斯图亚特（Stuart）和列维特（Revett）的《雅典的古董》］

得到明显突出。在图295和296的螺纹中可以看到同样的中央盘状物。莲饰，虽然在形式上有所变化，但仍然保留在围绕着柱颈的棕叶饰上，其位置就在涡卷饰之下，是一条镶嵌宝石的带状雕刻物。毫无疑问，作为一个整体，这样的设计使得传统螺纹在建筑装饰中得到最精巧漂亮的应用。对此，我想再一次指出，这种设计的主要魅力在于忽视了数学的准确性，这与阿提加人创造出任何艺术很久之前，奥瑞纳西人从蜗牛激发出艺术热情时忽视数学准确性，具有异曲同工之妙。勒萨比教授在其《希腊的建筑物》［巴茨福德出版社（Batsford），1908年版］一书中讨论了这个问题，并提出了非常有意义的建议（参见该书第59页、61页、170页和180页）。

尽管希腊人的数学天赋很高，但是，我并不敢把展现贝类螺旋，尤其是鹦鹉螺的对数特征这样的技巧，也归功于希腊人。莫斯利展现过这样的技巧。但是，中国人的科学，保存在远古历史文物中的科学，随着我们对其了解不断增多，就越来越显示出其惊人的成就。中国的古代艺术家们根据鹦鹉螺的对数螺线绘制象征和符号，其才能真是非同寻常，对此，我在附录四中专门进行讨论。

迄今为止，我们在追述螺旋的道路上走过了漫长的道路，从旧石器时代到新石器时代，穿越过爱琴文明的青铜器时代到达真正希腊文化的顶峰。现在，我们应该讨论一下铁器时代了。铁器时代继铜器和青铜器时代之后，在历史编年表上大致位于荷马时代之后。铁器时代主要（和旧石器时代相同）根据挖掘出代表性文物的地名来命名，因此，铁器时代的断代名称在奥地利的蒂罗尔州（Tyrol）和泰内（La Tene）称为哈尔斯塔特文化（Hallstatt），系指纳沙泰勒（Neufchatel）湖北端浅水区的栏居村落。哈尔斯塔特时期可以认为开始于公元前850年，终结于公元前400年，其中以公元前600年为界，分为“早”“晚”两期。据预测，泰内文化分为三个时期，即早期从公元前400年开始，中期从公元前250年开始，晚期包括罗马人第一次侵占大不列颠的时期，即从公元前150年左右到纪元开始。对于历史年代，我只能讨论这么多了，因为已足以说明本章图示的螺旋形装饰。

图295
在匈牙利发现的青铜臂钏，其末端为螺线
（摄于大英博物馆）

图297示出的浮雕金盘来自奥弗斯（Auvers），出自塞纳—瓦兹省（Seine-et-Oise）地区。金盘上栩栩如生的希腊棕叶饰图案充分说明起源于古希腊，对此本文无须着重介绍。其中的变异也易于理解，因为在那个时代，希腊古典主题（motives）甚至已经成为当时高卢首饰工匠的公共财富，而且对希腊图案的吸收消化在各地的凯尔特（Celtic）工匠中已成为时尚。在这张金盘上，我们发现在整个法国、在莱茵河畔、在瑞士的西部地区，人们已经用相同的方法在陶器上绘制出完全同

图296
18世纪德国小提琴的琴头

图297
高卢工匠制作的金盘上的涡卷饰图案

样的图案。这是公元前450年典型的泰内艺术，它自由地选择希腊和埃特鲁特坎的创意主题。奇怪的是，同样的图案如果出现在公元前1世纪的布列塔尼或英格兰的陶器或木器上时，则都是雕刻上去的，而不是绘制上去的。

图298和299示出了典型的哈尔斯塔特文明的饰针。早期的饰针称为“眼形针饰”，是用两个青铜螺旋环（有时是铁环）按照与雕刻在奥瑞纳西断片（图284）、新格兰奇石头（图286）和米诺安花瓶（图288）一模一样的方式连接在一起形成的。同样的图案还发现在波斯尼亚（Bosnia）陶器上，发现在朗根勒布隆（Langenlebron）哈尔斯塔特时期的双体陶器上。雷奇霍尔德（Reichhold）对卐给出的例子说明具有同样图案的陶器分布到中美洲这么遥远的区域。他们还发现于意大利南部的大希腊（Magna Graccia）地区。图299的饰针是同一种图案的双重变化，而且与本章描写的卐的“倒霉”形式有某些相似。

正如在附录中可以看到的，曲线组成的卐非常可能具有有趣的起源，这可以在对数螺线的基础上，通过两条曲线的简单联合形成。中国哲学家早就把这种螺旋曲线用来表示无限，传达深奥的象征意义[15]。

图298
哈尔斯塔特文化中青铜制的双螺旋饰针

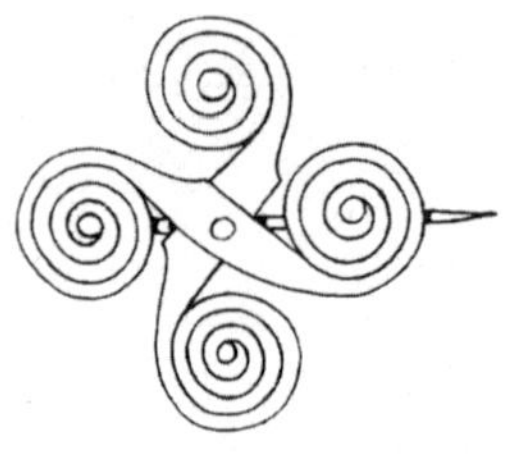

图299
来自哈尔斯塔特的四螺旋饰针

非常碰巧（正如牛津皮特·雷维尔斯博物馆漂亮的插图一样），现代尚未开化或开化程度相对低的民族制作的艺术品或工艺品，往往展示出已经消失的史前艺术的风格。在此，我还要再举一些例子。这些例子可以说是原始或相对原始的民族对传统螺纹饰品的现代应用。大家都知道，有些中世纪的僧侣会在玉米地里祷告，目的是逃避魔鬼的追踪。毛利人在脸上纹出螺纹，在一定程度上可能也是为了迷惑魔鬼，虽然也可能天生就适应这样的传统饰品。毛利人对螺纹的爱好表现在特殊的装饰上，这是同心圆永远也达不到的。螺纹也发现在不同种族的装饰艺术中，如新几内亚土著（尤其是受到美拉尼西亚人的影响者）、婆罗洲人、古代秘鲁人和中非人。有时，在制作陶器或编制篮子时采用螺纹，其原因肯定是物体的结构线条引起的。螺纹往往被天才地用来表现出艺术情感或神奇的构想。但无论如何，任何一个未开化的民族制作出抽象的图案，其根源一定在于自然界，其中一定经过若干传统变化，这是确定无疑的。例如，波利尼西亚的所有螺纹形式都可以回溯到一个马来中心，该中心的装饰图案则来自印度或菲尼基。但是，我们必须牢牢记住，正如雷维尔斯（Rivers）博士已经指出的，饰品的传统变化并不可以用纯心理学或技术学来解释，其整体效果往往应该从不同艺术表达形式的吸引力，或文化融合中去寻求。

在图300展示的最精细的例子是新西兰船艏的饰

物。该船艏饰实际是由两块木板组成，分别固定在船艏两侧。但是，照片中两块一模一样的木版隐藏着一个事实，即同样的木板面对面固定在船艏，看起来只是一块。纹身以及事实上所有的雕刻品，都代表着某种海洋动物的颌骨，据说它们都是用玉制工具雕刻的，因为在制作船艏的时候，毛利人还没有任何金属。这是1860年第50步兵团进攻一道墙时缴获的，后来传到军需官阿努特（Allnutt）中尉手上，再流传到伍德加特（W. B. Woodgate）手上。图案中所谓代表海洋魔鬼鼻梁的曲线和雕刻据说是部落性的，而且可以推测出大约在英王查理二世[16]的时代制作的（阿努特中尉对此言之凿凿）。这些船艏饰据说曾经被看作是部落的标识或徽章。在没有战争的年代，要从战船上搬下来，小心地存放在陆地或者是部落当时生活的地方。难怪这个古董被发现于内陆，是部落退避外侵的地方。

1882年水产展览会展示了一些类似的船艏饰，其中最引人注目的是一具属于当时的爱丁堡公爵的船艏饰。不过，爱丁堡公爵的这具船艏饰要比本书示出的这具现代多了，因为显示出用金属工具凿制的痕迹。事实果真如此，这就可以把它同相对现代的毛利人的历史联系起来。该图案实际上具有螺纹特征，这是新西兰艺术品中的普遍现象。为此，我再举两个例子予以说明。一个是图301的门板，另一个是图302的用人类颅骨雕刻出来的颈饰。我认为，它们可能表明该图案是非常古老的，而且流传到了现代依然基本不变。复制在图303的婆罗洲门板和图304的西藏黄铜饰针表

图300
毛利人作战时乘坐的独木舟的木制船艏首饰，为伍德加特（Woodgate）先生的财产，用玉制工具在17世纪雕刻而成

现了同样的整体效果。拉辛那特（Racinet）从一艘澳洲的独木舟上复制到了具有同样图案的绘画作品。

13世纪的哥特工匠要比他们的希腊前辈更热衷于沿用螺纹增强装饰整体效果。在巴黎圣母院西大门的铰链中，有应用螺纹热潮中的最佳铁制件（图305）。他们把生物螺线极其精巧地应用于石头的雕刻中，图306示出了法国埃罗省的圣吉亨教堂（St. Guilhem Le Desert）古老回廊上的雕刻。读者可能会记得蕨类叶片在生长成熟的过程中逐渐舒卷开漂亮的小平旋（第二章，图61）。根据蕨类叶片舒卷的形态，威克姆（Wykeham）的威廉（William）在1400年制作了权杖，该权杖现藏于新学院（New College），而且，13世纪早期，由雨果（Hugo）兄弟制作的更自然化的形式也显示了同样的整体效果（见1912年《建筑评论》8月号，第72页）。

本章对传统平面螺旋的艺术应用进行了简单的描述，在结束这个描述之前，我不能不再举一个可爱的例子，即小提琴的琴头。承蒙希尔先生的允许，我复制了最著名的小提琴制造者阿尔巴尼（Mathius Albani）在1674年制作的小提琴的琴臂两面观图（图307和308），从这两幅图，人们马上可以辨认出图293和294中的爱奥尼亚螺旋形饰。在螺旋形饰的中心出现的同样的“眼睛”整体效果同样可以在图295示出的匈牙利青铜臂

图301
新西兰的雕刻门过梁
（大英博物馆藏品）

图302
新西兰颈饰，用人颅骨雕刻而成
（大英博物馆藏品）

图303
婆罗洲的雕刻门板
（大英博物馆藏品）

图304
西藏西部妇女佩带的
黄铜饰针
（大英博物馆藏品）

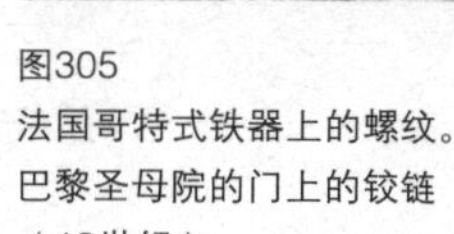

图305
法国哥特式铁器上的螺纹。
巴黎圣母院的门上的铰链
（13世纪）

钏中发现。

柱形螺旋由于自身形态特征，在所有的年代中，都没有像平面螺旋那样，在传统装饰图案中得到广泛应用。但是，我们经常在那些也许应该采用单纯的管状或柱形装饰的地方发现了螺旋饰。伦敦城的权杖是安格鲁—撒克逊工匠制作的，权杖的柄上镶嵌宝石，一条螺纹牢牢地深嵌进其中的黄金和水晶饰物中。对此我们在前面已经做过讨论，也许更确切的需进一步阐释。但是，此外，这条螺纹也许只是右撇子工匠扭曲了一根绳索，或者扭曲了一条软金属扁带造成的。大部分的金属项圈都有这样的扭曲，充其量也就是一种柱状螺旋而已。图309示出一个五圈左旋的金臂钏，实物藏于大英博物馆。图310是一个高卢工匠制作的青铜项圈，是一个完整的圆圈，用一个简单的铰钉固定。在库尔蒂索斯（Courtisols，马恩河地区）的一座高卢妇女的坟墓中发现了同样的项圈。奇怪的是，项圈并没有佩戴在该妇女的颈部，而是作为冠帽戴在她的头上。

图306
法国哥特式石器上的螺纹
埃罗省13世纪的回廊上的雕刻

图307
意大利蒂罗尔地区小提琴制造者阿尔巴尼在1674年制作的小提琴的琴头

图308
阿尔巴尼小提琴的正面观

把这种螺纹结构作为贵重的装饰品当然和伯沙撒（Belshazzar）承诺把金项链当作奖赏一样古老，迦勒底[17]把它称为Meneka，在旧约圣经的希腊文古译本中直译为Μανιάκης（Dan. v7）。这种形式从迦勒底传播到波斯，而现在藏于那不勒斯博物馆中的庞培彩色镶嵌路面，代表着大流士和他的部下在阿伯拉（Arbela）战斗中，身披项链，可是项链的尾穗不是常见的圆锥，而是蛇头。

罗马曼利乌斯（Manlius）家族的纹饰起源于曼利

乌斯·托卡图斯（Manlius Torquatus）的勇猛，他在一次战斗中击败了高卢人，从高卢人手里缴获了来自迦勒底，作为高卢人国家尊贵象征的项链，这个项链再以各种各样的形式传给英伦三岛的督伊德教徒[18]和凯尔特人，因此这样的项链如今才会在他们的坟墓中出土。时至今日，在嘉德骑士、金羊毛骑士甚至在省长、市长之间，项链本身（虽然不是其螺纹形式）依然是尊贵的象征。实际上，英语中短语“戴项链的日子”（collar day），指的是宫廷仪式的一项内容，可以从国王侍从长在喜庆之日的着装规定中见到。“戴项链的日子”也可指教会适用祷文的特殊日子、念颂新约《使徒书》经文的日子，是在圣餐仪式上吟唱《福音书》的日子，或者是法官在法庭上穿红衣服的日子。现代职位标识与凯尔特项链的唯一不同之处，只是失去了原始装饰物的螺纹赋有的意义。

其他的较大型的传统柱形螺旋，一般是围绕柱子旋转雕刻的，将在本书的下一章探讨，因为，这样可以成为建筑学发展的导言，建筑学在其发展中应用螺旋作为预应力结构的真正功能性部件，而不再仅仅作为装饰或符号，即本章的主题了。

图309

Glamorganshire

来自格拉摩根郡边境的五环金项圈（大英博物馆收藏品）

图310

大英博物馆中的高卢青铜项圈

图311

威斯敏斯特主教堂附近泰晤士河中出土的青铜项圈，晚青铜器时代文物，现收藏在大英博物馆

第十五章注释：

1 据现有研究成果，人类进化分为四个阶段：早期猿人、晚期猿人、早期智人、晚期智人。早期智人生活在约30万年前至4万年前之间。尼安德特人属于早期智人，人类学家也称之为古人或尼人。最早的智人化石是1856年在德国杜塞尔多夫城附近的尼安德河谷发现的。中国的马坝人、丁村人和长阳人也属于早期智人。——译注

2 Piette，法国史前学专家。——译注

3 Salomon Reinach，1860—1928，法国历史学家。——译注

4 古埃及人以蜣螂雕像为护身符。——译注

5 palstave，一种通常设计成有鱼尾柄的凯尔特人使用的凿。——译注

6 图案的自我发展与诗歌有异曲同工之妙。它们均源于生活，又高于生活。“雨打芭蕉”、“梧桐夜雨”和本书附图都是明证。根据穆斯林教义，艺术家如果在作品中有类似生命的东西出现，便是侵犯了阿拉的领地，是不允许的，因此艺术家就用图案，也就是把生命形式转化成数学形式，用镶嵌、旋转、变形、对称等形式来表征。这可能是古埃及艺术中充满这样的图案的原因。——译注

7 即棕榈叶，系指由花和叶组成一簇辐射形的装饰，一般为扁平状，装饰在浮雕或绘画中。——译注

8 古典建筑柱石横梁与挑檐之间作为装饰用的横条。——译注

9 纺纱机械或织造机械中锭子下部呈鼓状的物体。——译注

10 British Association，全称为The British Association for the Advancement of Sciences。1831年创建，通过讲座、展览、散发小册子等方式促进科学的发展。——译注

11 Vitruvius，维特鲁威系公元前1世纪时罗马建筑家及工程师，其《建筑十书》为古罗马建筑学重要著作。维特鲁威在比例方面贡献很大，特别是在第三书中把建筑与人体比例等同看待。神庙的布局由布局决定。……它是由比例得来的。比例通过使用一个确定的模数而构成，在每一特

定情况下，无论在建筑的局部还是在建筑的整体中，均衡的方法都得以使用，因为，如果没有均衡与比例的运动，就不可能有神庙的平面布局，这恰如姿态优美的人体，应当有一个精确的比例在起作用一样。实际上，自然就是这样对人体进行模塑的，人的面部从下颚到额上发根处是人体高度的1/10……其他肢体也有各自的比例权衡。正是利用了这一切，古代画家与著名的雕塑家们才博得了伟大而永久的赞赏。同样，神庙的各个部分，也应该使其各自尺寸与整体的量度相对应。对人体而言，自然的中心点在脐部，如果人仰天而卧，四肢伸展，用圆规以人的脐部为圆心画一个圆，他的手指与脚趾就恰好落在圆周上。同样，也有可能将人体正好充满一个正方形。因为，从脚底到头顶的高度，恰好与两臂伸直时的宽度相同。……因此，如果说自然在塑造人体时，使人体各个部分与整体形成一种比例的关系，那么，古人就有足够的理由来设定一种规则，即在一座完美的建筑物中，各个不同的部件必须与建筑整体保持一种精确的均衡关系……”维特鲁威关于人体形式对于所有比例的权衡具有根本重要性的思想，是文艺复兴时期建筑的一个基础，并使文艺复兴建筑与哥特建筑有了显著的差别。——译注

12 Jean Goujon，1510—1565，法国文艺复兴时期的雕塑家和建筑家，擅长浮雕。作品有《无罪者喷泉》及罗浮宫室内外装修。——译注

13 亦称飞镖。——译注

14 Erechtheum，雅典卫城北面由希腊建筑家菲狄亚斯等人建筑的一所建筑物，其中有著名的女像柱。——译注

15 这里指的是太极图。我国古典哲学认为有生于无，进而二仪、四象、八卦。那么反推回去，则世界万物均开始于无，即无限。——译注

16 1630—1685，英国斯图亚特王朝国王（1660—1685），查理一世之子，反对英国资产阶级革命，1646和1651年两次逃亡国外，1660年复辟，继承王位，全面复辟专制统治。——译注

17 迦勒底王国，波斯湾沿岸古国。——译注

18 凯尔特族的不列颠人和高卢人的宗教。——译注

其他：

奥瑞纳西人的传统螺旋：以下的信件来自“B. R.”：

图312

Acavus phoenix

锡兰的蜗牛

你说奥瑞纳西人的传统螺旋可能是从蜗牛学习来的。你的读者可能因此希望看到引发史前螺旋的锡兰蜗牛（Acavus phoenix）的形状（图312）。不过，是否可能是蛞蝓引发的呢？法国古建筑家曾经在探讨爱奥尼亚柱子上螺旋饰时提到蛞蝓。

丢勒和涡卷饰：古戎的原文如下：

原文准确地描述了所有爱奥尼亚柱头的数量和尺寸。就严格的外形测量而言，涡卷饰的旋转或盘旋似乎解释得并不十分清楚。我们不难从测量的外形看出，虽然在中途停靠处不必要把外形盘旋成圆形螺饰，以引人注目；但是现代设计迄今为止都无法做出这样的形状。我承认，没有人能够根据丢勒对维特鲁威的理解做出这样的形状。而这位画家却巧夺天工，仿制成功，还有费兰德先生（Philander）在其拉丁文注释中根据阿尔伯特（Icelluy Albert）的测量也成功地进行了仿制。

要进一步了解有关丢勒涡卷饰的材料，请参见第十九章。

涡卷饰和莲饰：参见古德塞教授的《莲饰章法》［*The Grammar of Lotus*，萨姆逊罗出版社（Sampson Low）伦敦版］和《建筑记录》1892年12月31日，第2卷第2期。在这个方面，另一本较好的参考书是安吉鲁奇（Angelo Angelucci）的《意大利的螺旋形饰品》（*Gli Ornamenti Spiraliformi in Italia*，都灵1876年版），在大英博物馆中其出版物编号是7704，g，17（5）。

迈锡尼涡卷：在施列曼的《迈锡尼》［约翰穆蕾出版社（John Murray），

1878版］一书中有非常大量的涡卷饰的插图。其中第82页是一块墓碑，上面雕刻着24条相互连接的螺纹，形成一整条浮雕带，覆盖住墓碑的上部，其中具有完全可以与著名的匙状装饰品相媲美的网络（以其直线形式）。这些墓碑在墓碑类中相当独特，在没有雕刻人类或动物的位置，往往用多层漂亮的螺纹装饰，大部分是模仿（据施列曼说）“所谓装饰性花瓶上的图画”，不过没有表征希腊工艺的植物状装饰。

地球上人类的年龄：道森（Charles Dowson）先生称在1908年发现了著名的皮尔当人[①]，其两颗磨牙和人类的磨牙并无差异。但是，史密斯—伍德瓦德（Smith-Woodward）博士重建的大脑证明其颅腔仅为1100立方厘米，而基思（Keith）博士的重建却得出相当不同的结果，证明颅腔为1600立方厘米，或比现代人的普通颅腔还大。后来，在1913年夏季，道森先生和一位法国解剖学家，到发现皮尔当人头盖骨的原坑搜索了一通，找到了一枚头盖骨下颚上失落的犬齿。这颗犬齿出人意料地证实了史密斯—伍德瓦德博士［早先得到史密斯（Elliot Smith）教授的支持］的观点，即根据该颅骨，其大脑容量不会比容量最小的现代大脑大，虽然它比最大的类人猿的大脑差不多大二倍。该头盖骨被命名为皮尔当人（Piltdown man），而且显然属于既不是尼安德特人，更不是现代人的直系祖先，这种人种远在早更新世时期就已灭绝，因为其大脑发育还相当原始，这可以从颚部和牙齿具有某些类人猿的特征看出来。另一种已经灭绝的人种是爪哇人（Pithecanthropus erectus）。再往后则出现的尼安德特人（Homo neanderthalensis），尼安德特人同样也难以生存下来。毫无疑问，还有许多人种，在人类（Homo sapiens）出现并最后发展成现代人的祖先（虽然不像现代人，但却确实是真正的人类）之前，就已经销声匿迹了。问题是其中要经过多长岁月才发展出奥瑞纳西艺术。

爱奥尼亚涡卷饰：参见彭那托那（John Pennethome）的《古建筑中的几何学和光学——以底比斯、雅典和罗马的古建筑为例》［1878年由威廉斯和诺加特（Williams & Norgate）出版社出版］。

---

① Piltdown man，1908年在英格兰的Uckfield郡皮尔当砂砾坑中发现的头盖骨，曾被认为是古人类头骨，但在1953年证实为骗局。——译注

Chapter 16

The development of the spiral staircase

· 第十六章　螺旋式楼梯的发展

原始创作的最佳标志即在选取一个物品，充分地加以发展，最终使人们都承认自己不可能发现更多的美。

——歌德

在上一章中，我们看到古希腊大师从传统的平面螺旋演进到爱奥尼亚涡卷饰的过程。爱奥尼亚涡卷饰可能是最适用、最美丽的建筑装饰图案了。奇怪的是，古希腊建筑师都不采用圆柱体作装饰图案。以圆柱体作装饰图案，只是近代和现代建筑师的手法。纪元之前采用圆柱形螺纹作为柱子的装饰品，我只发现一个实例，即来自塞浦路斯的恩科米（Enkomi）的一段断柱，现在保存于大英博物馆的早期花瓶室（Early Vase-Room）。勒萨比教授在其《希腊的建筑》（巴茨福德出版社，1908年版）一书中把该断柱绘制为插图（图313）。这可能是大理石迈锡尼灯柱的一部分。在帕莱卡斯特罗（Palaicastro）的另一个灯柱与之非常相似，可能都是纸莎草花的传统演化。柱子在迈锡尼艺术中占有重要的位置，因为狮子门（Lion Gate）的宏伟设计体现了柱子的神圣，竟然要由两只狮子守护，这是“大厦之柱”、迈锡尼之柱。

在研究平面螺旋的时候，我已经议论过火炬或笏等较小的物品。在这里，我也没有赘述圆柱形螺旋的类似用途，如栏杆扶手、床柱或其他家具等。对于那些更有吸引力的现象，我们要关注更大的、建筑学上更加完整的方案，如圆柱，以便更加容易发现美观的、竖立于罗斯林（Rosslyn）教堂中被人们称为“普林提司柱”（Ptentice’s Pillar，参见图314）之类的物品。这根柱子的主要魅力在于从基部的两点开始，两条不交叉的右旋螺纹形成苗条而漫长的曲线，在柱子上盘旋攀升。柱子本身非常艺术地刻着一道道的直形槽。这根柱子的所有价值就在于缠绕柱子的装饰。

图313
大英博物馆中迈锡尼灯的一段大理石灯柱

图314
罗斯林教堂的“普林提司柱”

我在前一章中提到的撒克逊（Saxon）笏的重要之点就在于其上行的左旋螺纹。在1022年希尔德斯海姆（Hildesheim）的圣奔旺德柱（Bernward）上也雕刻着同样的左旋螺纹。在威尼斯圣马克教堂高耸的祭坛背后的四根大柱子也雕刻着左旋螺纹。如果为了对称，两根柱子雕刻右旋螺纹，另外两根雕刻左旋螺纹，那它们就失去了魅力。可是，这四根柱子都雕刻着左旋螺纹，左旋螺纹是罕见的，由此形成的价值就在于，这种图案来源于耶路撒冷的所罗门神庙。格林威尔（Greenwell）博士在其于达勒姆郡（Durhan）教堂的演讲（1886）中，注意到歌坛和回廊的支柱上的螺旋与“大多数常见螺旋的方向相反”，也就是说，呈左旋。我还不知道，还有哪一座建筑物拥有这么多的左旋饰品。

我们已经注意到天然物品，如地面上生长的植物，其较常见的曲线是右旋，其旋转方向与罗斯林圆柱的方向相同。显然，不难想象，自然界中罕见左旋，在人工构造中也同样罕见。即使我们现在想否认这类左旋螺纹中可能存在神秘的含义，我们也应该承认，鉴于建筑总是自下而上进行，由于设计师和建筑师普遍不是左撇子，因此，完全可以想象，建筑物中出现右旋螺纹的概率要远高于左旋螺纹。不是左撇子的设计师或建筑师，要设计或建筑出左旋螺旋是要做出很大努力的，因此，唯一的原因只能是建筑的要求，或者是某种较罕见的标志的需要。倘若我们知道该建筑物的设计师或建筑师本身就是左撇子，当然则另当别论了。

在坎特伯雷大教堂[1]地窖[2]中的圣无辜者礼拜堂[3]有一段短柱，柱体4英尺高，上面精雕细刻着向上右旋的扁带饰。奇怪的是，在同样的地窖［在圣安瑟伦塔楼（St. Anselm's Tower）］之下的圣加布雷尔礼拜堂（St. Gabriel Chapel）也有一段有趣的圆柱，柱体高5英尺。柱体雕刻槽饰，下半部的槽饰为左旋螺纹，但在中部开始，也就是从不规则地镶嵌着宝石的扁带饰开始，槽饰转为右旋螺纹，似乎是石匠在雕刻中突然发现原设计错了，因此在半路修正错误，改变了螺纹的旋转方向。该教堂是在1103年建筑的。到了1121年，人们就可以在同一座礼拜堂看到螺纹装饰又有了新发展。如果站在圣埃努尔夫地窖（St. Ernulf Crypt）的圣母礼拜堂（The Lady Chapel）前面，向西看到下面的中央甬道，人们就可以看到八对圆柱，其中第二根、第四根、第六根和第八根圆柱上都雕刻着槽饰。第一对圆柱上下都精雕细刻着右旋螺纹。第二对圆柱上的扁带饰，先是交替雕刻着左旋与右旋螺纹，最后雕刻着波纹状直槽饰。左旋的纹饰从来都不允许独立存在，据此，我们可以推测，如果石匠中只有一位是左撇子，那么其他的工匠就要始终注意不要让他的设计出格。沙特尔主教堂的北堂门廊上的细长柱（图315）几乎全部雕刻着右旋螺纹，即使在需要雕刻左旋螺纹的地方也没有雕刻上左旋螺纹。

在任何建筑物中，螺旋柱绝不仅仅起到悦目的装饰作用。正如我们在学者柱和沙特尔雕像座所看到的，其中的表现作用、支撑作用以及应力作用，无论在艺术设计还是在自然界都是本质因数。例如，哥本哈根伦托尔（Rundthor）楼梯、要比当地的铜制螺旋形屋顶、法兰克福附近盖尔恩豪森（Gelnhausen）的螺旋形屋顶或者詹纳达克大道（Rue Jeanne d'Arc）附近鲁昂（Rouen）司法局屋顶的石雕螺旋，更能说明问题的本质。有人告诉我，切斯特菲尔特（Chesterfield）螺旋屋顶的内部衬着木头，外部铺上金属片，其原始形式并不是螺旋形的，后来由于木头腐烂或脱落，才扭曲成现在这种螺旋形。因此，我们要认真区分因为偶然事故引起的还是原始设计有意采用的建筑形式。同样的，刻意模仿外表，不考虑其中结构的需要，实际上从来都是没有意义的。

图315

Chartres Cathedral

沙特尔主教堂的回廊旋柱雕塑基座

当然，建筑师首先关心的是设计和建筑中面临的技术问题，而不是什么隐秘的标志问题，甚至也不是美学效应。虽然说，建筑师有时对后两者的考虑要比工程师多花一些心思。实际上，工程师有时太执著于实用性的考虑，往往没有考虑到建筑物是否美观。必须指出，笔者在这里只是讨论结构形式的问题，既没有讨论装饰的问题，也没有讨论色彩的问题。不过，巴尔教授在英国建筑学会1912年年会的演讲对此是个安慰。这位建筑界泰斗首先在演讲中引用了达·芬奇的一句话，然后从技术权威的角度阐述了一个理论，该理论在本书的许多章节中也反复得到阐述。这个理论使人们相信，无论是人工制品还是天然物品，形态的“丑陋”必然表明其功能的缺陷；拥有完美的必要功能的物品必定同时拥有

图316
钢筋混凝土的螺旋形楼梯（由穆彻尔合伙公司承建）

"美"的外形。因此，笔者并没有必要进一步强调巴尔教授讲演中的意义：工程学效率始终与美学相得益彰。不过，笔者在此追加一个推论：凡精巧之建筑，其设计基础无不意味着纯结构之美。我们一直在研究贝壳的形态，经过认真的考察认识到，许多引起我们美学遐想的主要原因就在于贝壳的美丽外形，不仅是贝壳中的生物对定点生活适应的结果，而且其精巧外形更能履行特殊功能的结果，从而没有像其他形态那样被历史所淘汰。同理可知，一座宏伟工程，无论其体积大小，在拥有必要功能的同时，一定会激起微妙的美学情感。在这个方面，它与可爱的花朵或贝壳所激起的美学情感是一致的。

我们应该记住，隐蔽的建筑功能，不仅眼睛看得见，而且往往是巨大的工程建设。只要看到它的形态，我们就不可能不认识到它的存在，正如横越美洲的大铁路。凡是在这条铁路上旅行过的人们，笔者无须提醒，一定都知道如果铁路没有设计出众多的逐渐攀升的螺旋隧道，任何人也不可能乘坐火车越过落基山脉。不过，螺旋的用途不仅仅在于逐渐攀升，也可以在垂直方向或平面空间都有限的地方设计出易于攀升的方案。图316的楼梯就是一个实例。图中可以看出，高度看来没有什么限制，但是，可资利用的平面空间显然是越狭窄越好。这个楼梯是钢筋混凝土结构，其照片承蒙穆彻尔合伙公司（Messrs. L. G. Mouchel）的罗宾逊（Robinson）先生提供，该公司系著名的民用建筑设计公司，设址于威斯敏斯特区的维多利亚大街。与具有同样结构、几百年历史的安东主教堂（Cathedral of Autun，图317）相比，该楼梯的线条毫不逊色于教堂的精巧砌造工艺，而且表现出左旋螺纹。伊利主教堂（Ely Cathedral）的唱诗班席位北回廊具有与该楼梯相同的设计，其外侧是雕塑件组成的六面形屏风。

正是由于楼梯这种建筑形式，建筑学摆脱了仅具装饰作用的涡旋或圆柱体，在最佳功能表现上首先与贝壳联系起来。现在，我们应该简短地回顾螺旋形楼梯从其实用开始，而最终进化到美观的过程。螺旋形楼梯的起源要比人们一般认为的久远，因为在公元前6000年的巴比伦建筑中，我们已经发现在高大的塔形建筑物的外侧，如特约（Tel-lo）的建筑物，螺旋状（非螺旋阶梯状）地围绕着斜面。勒萨比教授在讲述到希腊人时曾经说过“螺旋状楼梯是希腊人的发明”。这句话的权威程度如何，本人并不知道。罗马人的进步程度，当然不仅足以让他们把阶梯安排在螺旋面上，而且进而把螺旋安排在塔形建筑物内，图拉真[4]柱即为实例。在庞培城的灰烬中人们也发现了罗马人磨制的螺旋轮廓，虽然看起来，他们当时并没有足够的机械学知识来制造结构相同的螺丝，而且维特鲁威（Vitruvius）在螺旋形楼梯的设计方面保持沉默，在一定程度上阻碍了人们对罗马建筑师到底对何种建筑形式熟悉的研究。

图317
安东主教堂北堂交叉通道的旋梯

第一批大广场或圆形的封建堡垒都修建起极其厚实的外墙，因此其中住房的空间就大大地缩小，因此在房子内，无论是为了家庭成员还是为了警卫，几乎都没有空间建造伦敦式的楼梯。但是，人们需要（有时还要秘密地）轻轻地、迅速地从一层走到另一层。如果有一位夫人和一群士兵居住在同一座楼房里，在那个尊严远比体面还要重要的岁月里，她就会要求为自己建造一个专用的楼梯，比如从闺房通向大厅的楼梯；同时，在房子的对角再修建一个楼梯，供这批地位低下的士兵上下。如果在同一间房子里建造两个伦敦式的上下通道，则造成空间的严重浪费，出现的问题甚至比现代压抑的建筑布局更要命。以笔者本人的想象，最初解决问题的方法，可能是房间靠门口的角落，在厚实的墙里竖起一根柱子，连接上下两层楼房。可是，从楼上到楼下的人不可能，像包裹顺着柱子往下滑，而从楼下爬到楼上更不可能没有支撑物。这样就需要辅以直梯，但无论是木梯，或者是绳梯，面对着墙壁的直角要上下仍然会有危险。于是，他们就开始在支撑柱的底部塞上一块砖或石板，这就像在墙体上打一个深洞，往洞中塞入一块圆形的石块，石块的大小足以踏脚。石块就安放在地板上一英尺的地方，紧靠在门口的右侧。这样，人们可以正常地往上运动，此时，你又会在再高一些的地方再放上一块石块，而且继续这样安放下去，也就是说，围绕着柱子，一直安放到需要到达的楼层。照此办理，顺着右旋螺纹，石块一层一层往上塞进柱子，一路到达最顶端。经过一段实践，调整螺旋的角度，最后，这个螺旋的末端就正好对着上层的门口。墙壁作为支撑，一直位于右侧，但是在左侧有一个幽暗的凹槽，一脚踩空，就让人顺着砖块林立的支撑柱一路跌到底。为了避免出现这种现象，在下一次试验中，就会采用较长的石块，从而也排除了危险因素。但是，最终总要发展到难以再延长的阶段，因为，尽管一端紧紧地嵌入墙里，但另一端却悬空，承重难免使之全面移位。于是，需要建筑直径大的支撑柱，这时建筑师面临着关键阶段。现代的一些建筑师却拒绝相信会有工人往墙上插入阶梯，而阶梯之下却毫无支撑。现在来看这个问题，拒绝相信也许是对的。但人们必须记住，我在这里讲述的是某种石头阶梯的起源，而石头阶梯的建筑者非常有可能从早已消失的木头阶梯建筑者那里学习到经验。实际上，根据某些情况，我们可以相信，在一些古老建筑物的中空圆柱形石柱，原先插有木块，这些木块现在已经消失。一旦需要，这些木块总会被原先使用木块的人销毁（或取出）。同时，我们也应该记住，雷恩[5]在圣保罗大教堂[6]建造的著名的“螺旋阶梯”（参见图342）中，其阶梯的内端是插在墙内的，而且是唯一的支撑点。这个例子完全与我的上述假设一致。在多佛海峡坚硬的石灰石峭壁上，人们还可以发现灵巧地以螺旋柱体作阶梯的三个著名例子。这三个阶梯分别为从城里到港区后面的来福枪旅古兵营去的官员与平民提供通道。

鉴于第一代封建堡垒中的原始连接柱体非常小，我认为，真正能解决问题的方法很快就会出现。以直径6英尺的圆柱为例，如果所有的踏脚石伸出墙体3到6英寸，那么这些踏脚石很快就会相互重叠。第一个重叠现象可能是偶然发生的，但人们很快就会发现，这种建造方法完全掩盖住了前面提到的螺旋中心危险的孔。而这点一旦实现，所有的伟大发现就一下子水落石出了。因为，随着阶梯越走越高，沿着右旋螺纹走上阶梯的人就会在左侧看到中央柱也越升越高（图318）。逐渐地，石匠们学会了切割石块的方法，使这个中央柱不仅砌上了一层层的石块，而且还起到支撑这些石块的作用，这时石块本身，在末端和边缘两个方面相互重叠。到了最后，右手的外墙就转化成真正的，只起到保护性作用的外壳，而中央柱随着阶梯成扇状展开，在整体中起到最主要的作用。

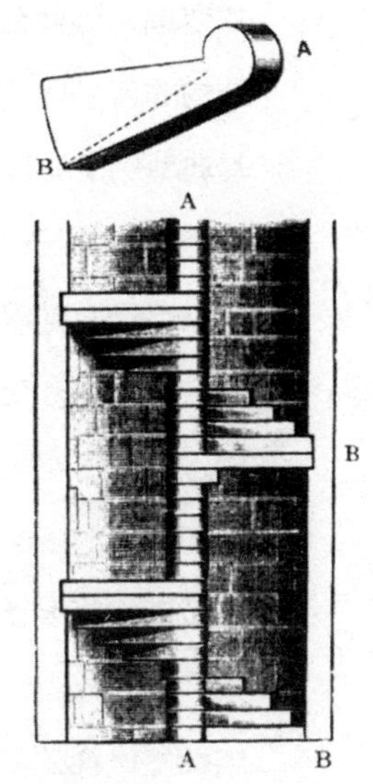

图318
原始的螺旋阶梯之一阶，以木块为台阶

为了解释这个原始的真正的螺旋阶梯（大部分的灯塔和伦敦塔都具有这样的结构），我在本书复制了维奥莱·勒·杜克[7]绘制的阶梯图，图示了阶梯的全面旋转，而且图示了包括中央柱在内的步幅的一个完整过程（图318）。人们一定会注意到，这时建筑师还没有意识到楼梯要加上扶手，想到的只是便于室内通行，完全还没有想到装饰。过了不久，人们就发现必须在楼梯的左侧配上扶手，而最初出现的扶手可能是绳索替代的，其上端牢固地固定在楼梯最上部的铁环上，顺着楼梯的旋转一路连到地面，中间用几个钉子固定，使绳索保持一定的高度。逐渐地，绳索在墙上勒出一道凹痕，于是，扶手显然不仅成为楼梯的有机组成部分，而且肯定为楼梯增添了美化作用，成为楼梯的装饰品。

一旦支撑柱（即楼梯扶手处的中柱）的本质特征越来越明显，随后的发展就越发加快，由于构造尚受到限制，一些柱身过于狭窄，可能在加大尺寸和改进构造两方面着手。从中轴到墙壁，螺旋斜面成为低穹，而顶部却变扁，因此台阶的位置原来仅有一块平板，现在可容纳2—3块。这种结构的著名例子，就在科尔切斯特城堡，现绘制图示于图319。我相信，其典型例子就是圣吉尔教堂的螺旋楼梯（Vis de Saint-Gilles），我本人曾经在普鲁旺省著名教堂的圣堂废墟北廊见过。关于它的结构，读者可以想象自己面对着楼梯的中柱，门口的拱顶被左边的柱子顶起，台阶随着中柱旋转上升，交替支撑，并掩盖了台阶的旋转上升。这个台阶顶拱已经破损，说明在连续切割和铺设螺旋石块的过程中，需要极其精确的测量。科尔切斯特的楼梯是砌砖结构，表面全部抹上灰泥。这是一个左旋的例子，和威斯敏斯特大教堂的彩画室（图320）一样。不过，后者更像是维奥莱·勒·杜克绘制的原始图案，而且每一级台阶的中心都没有支撑物。采用螺旋楼梯的哥特式拱顶（图321）有一个好例子，即林肯主教堂。本人荣幸地从伊万斯漂亮的相册中复制出这个图案。

在中世纪的生活条件下，螺旋楼梯对于封建建筑师来说具有特别的价

图319
科尔切斯特（Colchester）城堡的阶梯

图320
威斯敏斯特大教堂彩画室的楼梯

值，因为这样一来，随着台阶的旋转上升，门就可以向着台阶开到任何高度。楼梯在开始时结构简单，可以快速建造，也易于修理。只要有几个人守在楼梯口，就可以抵御上百个敌人的进攻。楼梯把楼顶和楼底连接起来；而楼梯的斜度可以根据自己的意愿设计。

当然，在伦敦的楼房中，我们早就摒弃了这种既实用又美观的螺旋楼梯。伦敦楼房的螺旋楼梯就像封建堡垒一样又陡又窄，难以把家具和其他笨重的家庭器具沿着螺旋楼梯搬上搬下。可是，按这样的建筑方法，我们却可以在楼房内建造两个螺旋楼梯。在同样的地方，要是建造一个狭窄楼梯和一套无用的楼梯平台，在空间上就不够用。如果其中一个螺旋楼梯是用阻燃材料建造的，或者建造在楼房主墙的外侧，那么火灾的危险肯定要大为降低。在牛津的赫特福德学院（Hertford College），建筑师可能参考了16世纪的建筑模式，但是却未能找到按照16世纪设计图纸施工的工匠，结果建成了不古不新、不雅不俗的楼房。

奇怪的是，螺旋楼梯的现代用途（在英伦三岛）几乎完全由灯塔看守人独享，因为这样的楼梯只发现在灯塔中，而居住在马尔泰洛（Martello）沿海塔楼中住户少而又少。边境“堡塔”[8]，例如坎伯兰（Cumberland）的达克里（Dacre）城堡或者诺森伯兰郡（Northumberland）的贝尔塞（Belsay）城堡，它们的建造目的就是为了防御。在爱尔兰，螺旋楼梯流传得要久远一些。在布拉尼（Blarney）城堡的旧城，建筑城堡的石块并不是像图318加工成全圆形，而只是加工成半圆形，其结果是每一层台阶的中心的柱子都是半圆柱形的，外表呈扁平状。不过，我在这里看到一个非常奇怪的现象。在布拉尼城堡的整座旧楼中，每一级台阶都是左旋，说明（主人）强者科玛克·麦卡锡（Cormack M’Carthy）非常乐于利用这种结构，使自己的右手空出来，随时袭击上楼的敌人，他的左手可以能用于抵御。在诺斯伯威克（North Berwick）附近的坦塔隆（Tantallon）城堡中有一座红道格拉斯（Red

图321
林肯主教堂西南部塔楼的螺旋楼梯

Douglas）堡垒，其楼梯也是左旋的，目的可能与布拉尼城堡一样，出于军事的原因。

随着乡村居民的增多，原先只是出于安全，现在也逐渐为了舒适而建造塔楼了。例如建造在萨默塞特郡（Somersetshire）的楠尼（Nunney）城堡、伊普斯威奇（Ipswich）附近的弗里斯顿（Friston）塔楼、诺福克郡（Norfolk）林恩（Lynn）附近的米德尔顿（Middleton）塔楼，后者是砖土结构。至今（我相信）还没有人居住。不过，在英国的这一类塔楼中，就我所知，最为有趣的当推林肯郡的塔特沙尔（Tattershall）城堡。这座城堡也是砖土结构，其身份不低于威斯敏斯特大教堂主教韦恩弗勒特（Waynflete）的威廉（William）所设计的城堡样式。这座城堡是温切斯特（Winchester）的比索普（Bishop）爵士在1433年到1443年间为英格兰的克伦威尔（Cromwell）爵士、财务大臣拉尔夫（Ralph）修建的。拉尔夫在故乡为自己建造了一座庄严辉煌的楼房，正如法国的财政总监托马斯·博希尔（Thomas Bohier）修建的舍农索府邸（Chenonceaux）或者阿塞·勒·丽多府邸（Azay le Rideau）一样。显然，他的家族与托马斯（Thomas）家族的祖先没有关系。托马斯家族有两个谱系，一个是马勒乌斯·莫纳乔鲁斯；另一个则更为有名，即奥利弗（Oliver）。在现在的下议院中，许多壁炉都是仿制自塔特沙尔城堡建造的，但是，我想强调的是其中壮观的175级楼梯。该楼梯位于东南面的塔楼，连通到48个房间，其中4间非常宽敞。

石制楼梯扶手，深深地嵌入砖墙，式样漂亮，为行人提供牢固的扶手。这座楼梯的设计应属于原创，而且是独一无二的设计。在这座长87英尺、宽69英尺、高112英尺的楼房中，这是唯一的楼梯。整个楼梯差不多全部采用来自佛兰德地区（Flanders），也有人认为是来自荷兰的小彩砖修建的。这座光辉灿烂的楼梯是罕见的左旋结构，柱身直径22英尺的大厚墙。同样嵌入砖墙的石制楼梯扶手还发现于1572年在巴金（Barking）建造的伊斯特伯里领主宅邸大楼的螺旋楼梯上。

在图322中，我列举了一个木制螺旋楼梯的例子。这座螺旋楼梯发现于罗滕堡的圣沃尔夫纲教堂中。在萨塞克斯郡的肖勒姆（Shoreham）和汉普郡（Hampshire）的惠特彻奇（Whitchurch）教堂中也可以发现同样形式的木制楼梯。不过，我们现在更关心的当然是石砌的螺旋楼梯。

图322
罗滕堡（Rothenburg）的圣沃尔夫纲（Wolfgang）教堂的橡木楼梯

图323
法维城堡中巨大的楼梯

在英国，最为壮观的石砌中柱楼梯是法维（Fyvie）的利斯（Leith）爵士城堡的楼梯，这座楼梯也是左旋构造（图323）。《苏格兰古代男爵的生活和风俗》一书的作者比林斯（Billings）认为，这表明法国的影响在这个60年前建筑的福克兰（Falkland）宫殿中也有反映。可是，无论是细部结构还是总体特征，法维都不能说具有法国风格。每一级台阶都由两块石块组成，在石块和中柱连接的地方，其直线轮廓则加工成半圆形，不过设计和工艺都比较粗糙。围绕着中轴，在旋转上升1/4圈位置，一个圆拱就支撑起一级台阶，中轴每一圈都装饰着带状雕刻，但却从来没有浮现出来，这和最佳的法国例子不相上下，只是拱顶修建方法有些笨拙。楼梯顶上雕刻着“1603年”字样，可能是指竣工的年份。带肋拱顶的较佳例子是林利斯戈（Linlithgow）宫殿，它的确具有法国风格。

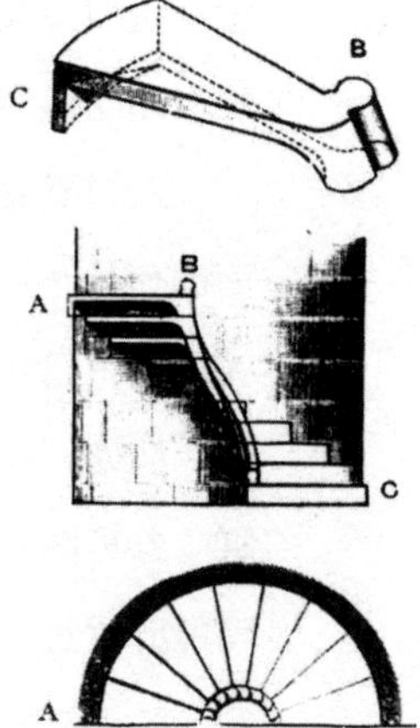

图324
精巧的螺旋楼梯，其砌石工艺有所改善

法国建筑师在第一次认识到螺旋楼梯不必深嵌进内墙的砖石结构中，而是可以由贴附在墙体的穹隆来固定，或者甚至可以建造成独立的结构（参见图317），这样不仅有用，而且增强了主体建筑的装饰效果。在这类楼梯中，最早的一座修建于卢浮宫（Louvre）（后来坍塌消失了）。坦普尔（Charles Raymond du Temple）认为，在1365年，巴黎的采石场不可能及时地打制出一批长达6英尺以上的石块，于是就从英诺森家族墓地（Churchyard of the Innocents）中选用石块。我料想没有什么建筑材料会比这种“墓志铭易位”更莫名其妙的了。这么做，就是巴黎圣母院里的鬼怪也会暗自发笑，真的，还有什么材料比墓石更适合于建造通向地狱的台阶？即使确切的证据证明路面铺石并不是来自墓地又有什么两样呢？

人们很快发现，把整个楼梯建筑在楼体之外，在自由出入和采光两方面都有益处。布卢瓦的“楼梯”即为一例。建筑师认识到了这一点，他的建筑思想已经明显大有进步，而承建的石匠也掌握了现今已全面佚失的技术。例如，单块石块的精确测量，以及我从维奥勒特·勒·杜克复制的楼梯（参见图324）的全面螺旋，对于没有经历过这样建筑过程的人，就不可能欣赏其成就。因为，人们会注意到，每一级台阶都轻便而坚固，每一级台阶与中柱和扶手相联系，而整个建筑极其轻巧，其中，坚固的中柱由于是空心的，因此重量减轻，但强度增大。虽然每一级台阶都平衡固定到位，但是从楼梯顶上滚下的石块却可以一直滚到底，沿途毫无阻碍。

人们很快就发现了这种建筑法的美观效果。但是，人们对几何热情走向了令现代工匠绝望的极端境界。这种现象，部分地解释了封建城堡中的生活一定乏味无比，而上述精巧的楼梯无异于上帝送来的宝贝。我还想在这方面多给一些例子，但是许多这样的建筑却已经不复存在。可是，图赖呐地区的香波城堡[9]，仍然有一座螺旋城堡（tour de force），具有真真实实的螺旋楼梯。这座楼梯有两个螺旋，互为表里。这样布局的目的是，如果一个人要上楼，而一位女士要下楼，虽然脚步声和讲话声互相听得见，但两人却互不照面，各走各的楼梯。时至今日，这样的建筑吸引着一代又一代，一批又一批的游客。也给居住在塞勒玛（Thelema）的加纲土安大修道院（Gargantuan Abbey）中的弗朗索瓦（François）一世的朝臣们带来乐趣。弗朗索瓦一世，在马德里的黑暗岁月之后，把堡垒、跑马场和娱乐场综合在一起，其中的乐趣最好可以描写为布朗托梅（Brantome）的快乐故事或者是拉伯雷式（Rabelais）的精彩而夸张的故事。

建筑学中的这类具有两种用途的几何结构，在巴黎的贝尔纳迪（Bernadines）教堂用较为简单的方法得到解决。该教堂是教皇贝尼迪克特（Benedict）12世期间开始建筑的。根据绍瓦尔（Sauval）在1724年出版的《巴黎的古董文物》的记载，这座教堂具有双螺旋楼梯，布局为椭圆形，左旋螺纹和右旋螺纹相结合，因此，采用两根中柱，而不是像香波城堡一样只采用一根中柱。基本相同的双螺旋楼梯还可以在位于皮埃尔丰（Pierrefonds）的贝弗利大教堂（Beverley Minster），以及在伦敦斯特兰德区（Strand）淹没在现代建筑群中的新法院找到。英国有一个简单的好例子，即塔姆沃斯（Tameworth）塔楼的双螺旋楼梯。这里两条左旋螺纹巧妙地交叉，因此，上行的人可以走101级台阶，下行的可以走106级台阶，而不打照面，两个楼梯共用一根中柱（图325）。我现在的目的不是详细地探讨有关螺旋楼梯本身的问题，要探讨的是建筑美学问题，且不仅仅是奇特的外观。但是，它们可以用来表明螺旋的一些可能用途，以及螺旋对建筑结构设计的魅力。读者对于我在本书所挑选的楼梯插图都呈现左旋会感到有兴趣。

在本节探讨告一段落的时候，最好要引述一段巴尔教授的讲演。前面几章，巴尔教授的研究已经有过引述。这位1912年英国科学促进会工程分会主席说道："至少对于某些人士，我们应该表示感谢，他们不仅在工艺美术领域取得了巨大进步，而且在建筑艺术方面也取得了伟大的成就。我们认为，米开朗基罗、拉菲尔和达·芬奇等在其声名昭著的领域是大师，在建筑艺术领域也是大师……任何一种具有实际用途的建筑，必须具有与其服务目的相适应的美观，应该显示出真实。唯须真实，无须其他……我们的作品，就像是大自然最伟大的创造一样，应该是美丽而不是美化……为了提高效率，赛艇的设计者被迫减轻重量，全面删除原有的装饰品，结果设计出了式样漂亮的船体、简易的桅杆、宽大的船帆。我们几乎想象不出还有什么比这样的建筑艺术更漂亮、更大方的了。这些例子强有力地说明，最高的效率就可以赢得最高级的艺术成就。"现代的一个好例子是布鲁那尔（Brunel）在梅登黑德（Maidenhead）的著名铁路大

图325

塔姆沃斯教堂塔楼中的双螺旋楼梯

桥，该大桥选用了优质的砖块和精妙的曲线，保证了至高无上的效率，正如每一个人都可以看到的，结果取得了“最伟大的艺术成就”。

基于以上想法，我在下一章建议，在规划阶段只要有设计大师参与，多少精巧绝伦的螺旋楼梯都可以建造出来，以此来证明建筑结构的线条和自然物品的线条之间有一定的相关性。

第十六章注释：

1 建于英格兰东南部古城坎特伯雷，在坎特伯雷大主教贝克特（Saint Thomas Becket）遇害后，该城及教堂则成为中世纪的宗教朝圣地。——译注

2 crypt，教堂主层地面以下的部分，通常带有小礼拜堂或墓；也指隐蔽在地下的一个或一组房间。——译注

3 The Chapel of the Holy Innocents，根据《圣经》，为纪念于12月28日被希律屠杀的无辜婴儿。以此为主题的艺术创造包括后文的无辜者喷泉。——译注

4 Trajan，罗马皇帝，98—117年在位。——译注

5 Wren，1632—1723，著名建筑师。——译注

6 始建于17世纪末、18世纪初，原为一座哥特式大教堂。毁于1666年的伦敦大火。现有建筑是雷恩花了35年才建成的。其大圆屋顶顶尖高111米，造型严肃，气势磅礴。教堂内的低声廊更具特色。该教堂为伦敦最著名景点之一。——译注

7 Viollet-le-Duc，1814—1879，法国建筑师、理论家。他修复了许多中世纪建筑，如巴黎圣母主教堂（1845）、圣丹尼斯教堂（1846）、亚眠主教堂（1849）、卡尔卡松堡（1852年）等。——译注

8 修筑在边境，具有瞭望哨作用的城堡。——译注

9 Chambord，亦称为商堡，和舌农索府邸及阿塞·勒·丽多府邸并称罗热地区的三大建筑。——译注

其他：

螺旋楼梯：参见罗特里（G. C. Rother）著作的《楼梯和花园的台阶》（*Staircases and Garden Steps*）以及戈德弗莱（Walter H. Godfrey）著作的《英国的楼梯》（*The English Staircases*），书中示出的最漂亮的螺旋结构表明，在里士满（Richmond）的光辉大楼（Sheen House）的大厅里，一

座由亚当（Adam）兄弟建筑的最漂亮的乔治风格[1]楼梯结构是最典型的例子，使得每一部分都附属于螺旋上升的金光闪闪的平面。书中的插图还展示了埃塞克斯郡的赫丁哈姆（Hedingham）城堡和林里特戈宫殿的石头螺旋。和法国的建筑相比，他们多少有些笨重。西欧画界称这种画风为“蓝紫色的黑暗”，伦勃朗的著名作品《哲学家在冥想》中的楼梯从另一个角度表明，这是一座18世纪以前的楼梯，不仅在英国，就是在英国以外的欧洲其他地方，也找不到比法国所建造的这座螺旋结构的楼梯漂亮。

① 乔治风格（1714—1830年英国国王乔治一世、二世、三世、四世统治时期的建筑和装饰风格，将文艺复兴、罗可可、新古典风格等诸因素结合起来，有时古典主义占主导地位。——译注

Chapter 17

Spirals in nature and art

· 第十七章　自然界和艺术品中的螺线

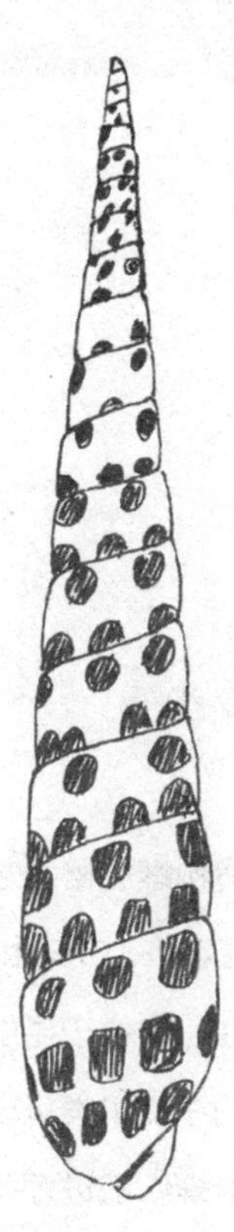

哲学就是去探寻存在中的一切陌生和可疑的事物，寻找至今为止被道德禁锢的一切。

——尼采

在贝类学家的心目中，贝类和螺旋楼梯之间早已经建立了联系。向右边旋转的贝壳称为右旋贝类是因为一只昆虫从贝壳的壳口爬向壳顶的时候，一定要向左旋转，这时螺柱一定位于昆虫的左侧，贝类的外壳一定位于昆虫的右侧。同样地，罕见的左旋贝类呈现出左向旋转，在从壳口向壳顶运动时一定要向右旋转，顺着螺纹前进才可以达到壳顶。贝类学家在他们的著作中进一步阐明了贝类和艺术之间的相关性，把各种各样的梯形结构的贝类命名为大轮螺（Solarium maximum）（第二章图36）或梯螺（Scalaria scalaris，第三章图85）等。

然而奇怪的是，尽管我在上一章一直想说明螺旋楼梯的起源和演化，可是，螺旋楼梯的起源和发展纯属实际问题，而且所解决的也是实际问题。完美的螺旋楼梯经过能工巧匠的设计，其中的美学特征则越来越接近于某些贝类的形态。这些贝类不仅生长出最适合生存的体态线条，而且在演化过程中也发育得异常美丽。因此，无须任何暗示，建筑设计和贝类形态这两个学科之间可能存在某种可以对应的成分，即一个建筑师已经自发地以某种自然物作为其设计某座楼梯的具体模型。如果贝类的形态激发了建筑师的设计构思，那么，同样的，楼梯形状也一定使人们联想到贝类的形态，因为他们可以从意大利等地的经典建筑物的命名中得到启示。

例如，在菲耶索莱（Fiesole）的圣多米尼哥修道院，有一道八级的楼梯，通向修道院的回廊[1]。这道楼梯的设计极其精巧，与贝类形态浑然天似，为此，取名为“贝梯”（Scala della Conchiglia）。威尼斯的孔塔里尼府邸（Palazzo Contarini，图326）的例子更为著名，该建筑靠近“博爱红衣主教会议”[2]（第4299号），可以从曼宁广场（Campo Manin）边上的维达街（Calle della Vida）进入该建筑的楼梯。其形态使其赢得了“博瓦洛楼梯”（Scala del Bovolo）的名称。我一直在想，这个左旋建筑物的一道精巧螺旋上升的采光拱廊，会不会使人们联想起与之极其相像的梯螺（第三章，图85）。梯螺的壳口随着壳内软体部分的生长一圈一圈地长大，在生长过程中留下一根小小的螺轴，这样一直生长，最终形成楼梯口的形状。楼梯在形态上酷似梯螺。

孔塔里尼府邸的建筑师肯定没有见过梯螺或者在设计中仿照了梯螺的线条进行设计。在这个问题上，没有人比我更能有所理解。不过，无论是孔塔里尼府邸还是梯螺，关键的问题在于产生了美。孔塔里尼府邸的美是因为建筑师采用了最佳，而且也最合适的建筑形式；梯螺的美是因为生长出了最佳也最适于生存的形态。我认为，所有循序渐进阅读本书的读者，基本都可以在下一步的探讨中接受这个事实，不管他是贝类学家，是建筑师，或者仅仅对贝类学和建筑学有兴趣。果真如此，那么他们在进一步了解其中微小的巧合后，也许会更加高兴。这种巧合说明楼梯的主人并非对美学和贝类的故事不熟悉。至少，贝里尼（Bellini）曾经这么认为，因为他为孔塔里尼家族绘制的“讽喻画”[3]中有一幅现藏于威尼斯美术馆，其中绘制了本书图26的贝壳。

建造螺旋楼梯，不仅要求位置完全适中，而且要求实用，这就需要灵巧的布局。土尔（Tours）的崔斯坦隐士（Tristan l’Hermite）大楼砖砌得笨拙，以及同一城市中某修道院的左旋石头楼梯的失败均可为证。在上述两个例子中，楼梯的台阶既不直也不艺术。但是，博瓦洛楼梯却干得漂亮，巨大的中轴，嵌入了一级级的台阶，从地面直达屋顶，地面上的柱廊到屋顶的柱廊都是平行的，中间经过5个完整的螺旋拐角，雕刻的楼梯扶手安放在栏杆柱上，而栏杆柱外柱的背面全部雕刻上均匀的曲线。读者还可以在笋螺（Terebra semiplicata，图327）中看到一列列细螺旋（coils），但是，其开口处呈上旋拱形，白色，衬着暗色的背景。博瓦洛楼梯却是外柱，纤细的外柱支撑了采光的拱形，这是整个建筑物中最美丽的部分，因为它们竖立于高低有序的石基上，连绵的栏杆柱与其下面和外面的破碎线条（broken line）形成奇妙的反差。与一个仅仅由许多圆圈重叠而成的结构（即使用同样的栏杆柱拱形重叠而成的结构）相比，上升的螺旋结构到底可以一直旋转到多细的程度？把博瓦洛楼梯（图329）的整个高度和比萨斜塔（图330）进行比较就可以得出结论。

图326
威尼斯孔塔里尼府邸的螺旋楼梯

比萨斜塔高183英尺，偏离垂线至少15英尺。斜塔最底下三层离心程度较高。第三层以上，采取了一些微妙的措施，使之返回垂线，改变下部支柱的斜率，同时稍微提升同一侧展廊[4]的高度。采取这些措施的原因，多少有些是对瓦萨里[5]在《生活杂志》（*Lives*）中的关于比萨斜塔成因的解释缺乏深思熟虑造成的。瓦萨里在文章中把比萨斜塔的成因归结为比萨土壤对这座建筑物承力不均。他断言说，在1174年他们努力控制地基的沉降（控制地基沉降发生在斜塔的第三层刚竣工的时候），想让斜塔回复到垂线位置。

图327
Terebra semiplicata
笋螺

我不能接受瓦萨里的解释。因为，现在古德伊教授关于所谓“对称逆反”研究的著作已经出版。瓦萨里写作的时代在比萨斜塔建成之后400年左右，也就是意大利文艺复兴已经向“哥特式建筑独尊”投以蔑视目光的时代，也就是图斯坎尼（Tuscany）公爵小姐的结婚是以粉刷佛罗伦萨大教堂的哥特式壁画的形式来庆祝的时代。即便我们在比萨斜塔问题上接受了瓦萨里的理论，那也解释不了现代建筑中出现同样的问题。主教堂的浸礼所（The Baptistery of the Cathedral），从1173年开始，也偏离出垂线17英寸，而基石也逐渐地均衡倾斜，整整倾斜9英寸。圣尼伏罗（S. Nicolo）钟楼［由皮萨诺（Nicolo Pisano）修建］以同样的方式前倾，而且也折回垂线。比萨大教堂的正面，以及唱诗班的席位，在建筑的时候就已经向前倾斜，但也折回垂线。这类倾斜，古德伊教授已经证明是和技术并行不悖的。

事实上，钟楼的倾斜并非意外。它原先建筑的就是现在这个样子，是希腊—拜占庭（Greco-Byzantine）的精妙艺术和中世纪的纯化艺术在那个时代的结合。在那个时代，人们所欣赏的阿雷佐（Arezzo）弯曲的柱子，拉韦纳（Ravenna）的公众塔楼（Torre del Pubblico），或者是博洛涅（Bologna）的嘉礼圣达塔

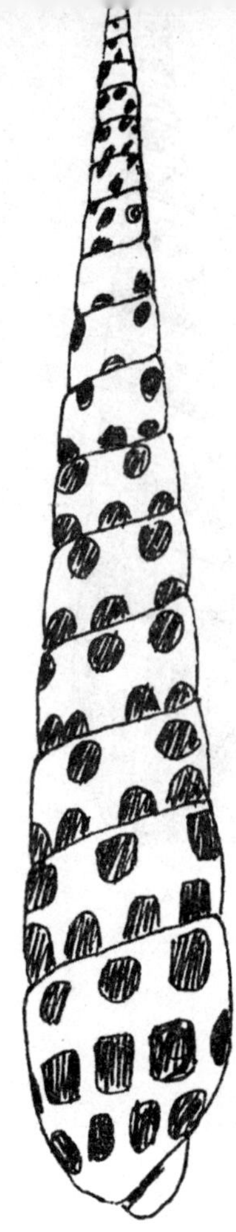
图328
Terebra semiplicata
笋螺

楼（Garisenda Tower）。该塔楼高163英尺，倾斜出垂线10英尺。

歌德关于斯特拉斯堡大教堂（1773年左右）的散文是真正地对中世纪美学原则的再发现，认为比萨斜塔是故意建造成倾斜的，以便在比比耸立的一般性圆柱形建筑群中吸引游客的注意。如果我们相信图德拉的本杰明（Benjamin de Tudela）关于比萨街头有1万座塔楼式建筑的说法，那么比萨斜塔的设计是可以起到这个作用的，也就是说这个观点是正确的。

我认为，现在我们应该认定比萨斜塔是故意这么建造的，且不管建筑者的动机是什么。从第三层开始，各根栏杆柱的长度有所变化，直到最高一层，也就是面积最小的一层，这样的变化更明显。可以认为，这样的变化是为了控制地基沉降导致的意外倾斜，从而使建筑物返回到原设计的垂直状态。这样说来，塔楼的底部原设计必须是垂直结构才行。可是，事实并非如此。经仔细测量证明，在外表倾斜度大的地方，楼梯下部的拱顶高度稍为增高，向下倾斜的布局使塔身悬空部位不承重。如果建筑师的原意是建筑一座与地面垂直的塔楼，那他完全没有必要这么做。而在关键部位以上，上述的预防措施却一点也没有采取。如果曾经出现过意外，在其下部就不可能见到任何预防措施，而在其上部则必须非常小心地调整。但是，事实正好与此相反。值得研究的是，如果外部的栏杆柱曾经设计为螺旋状，倾斜构造涉及的数学问题就一定是极其棘手的了。因此，尽管内部已经有了螺旋楼梯，而建筑师还故意在外部建造一圈圈轮箍，原因之一就是为了解决这个难题。建筑师肯定是牺牲了美观的外部螺旋，而在设计上留下悬念。

现在，我既不能继续赞扬比萨斜塔层层圆圈层层相叠的结构，也不能继续赞美比萨斜塔的离心倾斜结构了。就本人所知，这是在建筑中故意避免精确的一个最理智的例子。这种故意的行为被夸大了，因此，失败了，而帕特农神庙却造成更奇妙的效果。不过，帕特农神庙的宏伟壮观明白地说明，古代的建筑师故弄玄虚，从而努力实现生活的原貌。它也说明，基本能量的规则是难以限制的。它还说明，生物法则使鹦鹉螺的形态与对数螺线极其相似，但并不准确地复制对数螺线。

图329
威尼斯孔塔里尼府邸的博瓦洛楼梯

图331复制了罗宾逊先生（H. C. Robinson）制作的三根镟木棒。中间镟木棒的螺旋制造美观，是完全对称的。我相信，罗宾逊先生肯定创新改造了机械，使之制造出更有吸引力的不规则螺旋（左镟木棒）和奇怪的凹陷形螺旋（右镟木棒）。左边的镟木棒较小，形状奇特，活生生就是一株攀缘植物，其主要的魅力在于造型的不规则，与植物生长具有异曲同工之妙。另外一个例子具有同样微妙的不规则性，表现在最漂亮的徽章上，其图案的底盘几乎总是不平行的，其边缘的厚薄不均可以很容易地说明这一关。古希腊徽章制作工匠，以及意大利工艺高手都熟悉这种制作方法。现代的例子则包括玛肯纳尔（Bertram Mackennal）为1908年的奥林匹克运动会制作的奖章，以及德布瓦（George Depuis）为制作的巨大头像。在现代，由于硬币必须可以按面额整齐堆码，因而使得铸币业难以采用与制作徽章同样的工艺。仅仅制作徽章，当然就没有这样的困难。不过，我们可以用最近英国国王爱德华七世加冕典礼的徽章为例。图案的底盘极其

图330
比萨斜塔

平整，整个徽章看起来就是贴在薄盘上的邮票一样，几乎没有明暗层次。看来我现在已经说跑题了，应该马上言归正传。

图331
镟木棒实例，左右两根镟木棒的螺旋离心，中间的镟木棒螺旋正规

在建筑师的优秀规划和大自然的奇妙线条之间存在紧密的联系，在这方面，我们有一个更令人高兴的例子，即在沙特尔发现的称为“贝莎王后的楼梯”（Escalier de la Reine Berthe）的楼梯（图332）。这座楼梯设计精巧，由外而内，左旋上升，与笔螺顶部的形态出乎意料惟妙惟肖（第三章，图81）。如果把幽暗的门口位置与笔螺开口处的阴影进行比较，则两者之间的相似就明显了。楼梯位于一座外塔楼中，内螺旋通过木板曲线和层拱外缘朝向外面。其表面也由无数的垂直梁分成两半，大部分垂直梁架设在层拱木上。可是三根主梁却自上而下，贯通36层台阶。台阶围绕着中柱旋转攀升。

图332
贝莎王后在沙特尔的楼梯

在笔螺的开口处，可以看到三根螺线从这里开始向内延伸，这表明笔螺的内部结构与其外部结构都一样给人许多启示。借助于X射线摄影，可以看到一条非常漂亮的螺线贯穿整个壳体。这种尖形的贝类在南方海域到处可见［参见第三章，图62，笋螺（Terebra）的X光摄影照片］。这种启示得到跟踪研究。第三章图示的望远镜螺剖面（图73）实际上揭示出造型优美、结构紧凑的单根螺线（右旋），围绕着支撑整个壳体的螺轴上旋。这个现象一下子使我想起一座螺旋楼梯，即多年以前在布卢瓦府邸旧楼中的楼梯（图333）。该楼梯位于更著名的弗朗索瓦一世侧厅的前面。举这个例子，我绝

对不是说16世纪的建筑师在头脑中有意识地把这个设计和贝类进行过比较。其中，强有力的理由在于，这座楼梯的曲线和漂亮的螺旋围栏（上楼的人左手可以扶住围栏）都对建筑学做出简单的阐释。因此，关于这个比较，我现在想谈的内容就是，建筑的线条是正确的，完全满足其建筑目的，节约空间、减少应力、支撑有力。因此，其结构就很可能和大自然造物主在贝类身上创造出的线条一样和谐。我还需要举出更多类似的例子，才能让人口服心服地认为，他们相互之间还可以相互借鉴。在另一方面，我也不可以否定这样一种可能性，即在开始的时候，这种想法可能是荒谬的。因为建筑学从自然界大量抄袭了这样的设计，每一种结构的美化都无可回避需要艺术创新。蛮荒时代结构简单的住房也有同样重要的启示作用，辉煌的宫殿就是从这里发展起来的。如果说埃及的柱子模仿亭亭玉立的莲花，那么形状奇特的摩尔人和阿拉伯拱形建筑就仿制自狂风中的帐篷。阿拉伯贝督因人的帐篷，顶上呈圆锥形，下边用木桩固定，四周显得膨胀。

从布卢瓦的弗朗索瓦一世侧厅建筑的开放式楼梯（建筑于1517到1519年间），我们还可以看到更多的相似性。比如，这座楼梯的内部结构（图334）在这里可与涡螺的剖面图（图335）进行比较，而其外部结构（图336）与涡螺的上旋螺线及同一贝壳的向外螺柱（图337）进行比较，也有很多相似性。有关这方面内容，我在下一章将进一步详细地探讨。在本章只想对大自然中没有得到研究的优美形态和这个最佳创造

图333
布卢瓦府邸旧侧厅中的楼梯

图334
布卢瓦府邸中弗朗索瓦一世侧翼中螺旋楼梯的中柱

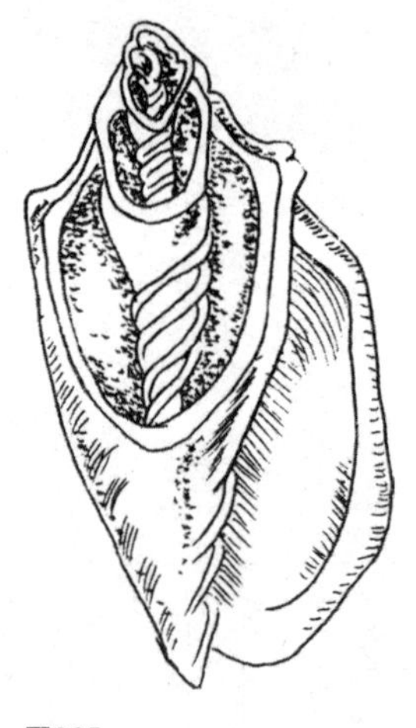

图335
Voluta vespertilio
蝙蝠涡螺
普通形态（剖面图）

性艺术大作进行典型的比较，从而结束本节探讨的内容。凑巧的是，这座开放式楼梯（图334）的建筑年代正好是达·芬奇的垂暮之年，当时他就居住在昂布瓦斯（Amboise）。在昂布瓦斯，塔楼中楼梯的斜面是众多城堡的特色之一。从昂布瓦斯，沿卢瓦尔河而上（Loire），几英里的地方就是布卢瓦。图333中的这座曲率很大的螺旋楼梯，在当地城堡的古老建筑中，是一个最美观的构筑。而且，威尼斯的博瓦洛楼梯和菲耶索莱的楼梯也正好是同一年代。如果这些建筑早已声名远播，那么一定会在达·芬奇的笔记本中看到激发他对自然物品结构研究的想象力。事实当确实如此。这是一座达·芬奇可能见过的建筑物，任何人只要用心认真观察其细微结构，就一定会深刻地感觉到细部的差异和整体的和谐，在这些方面，大自然是最好的范本。

帕特农神庙的“直线”（图338）实际上是细微的曲线。而最近的研究（由古德伊教授进行的研究）已经发现帕特农神庙与哥特式大教堂在建筑尺寸上具有同样的奥妙。在根据植物生长的法则研究最美观的拜占庭拱形位置和比例的时候，可以发现关于花朵和叶子的研究对其具有显著的影响。植物生长法则所取决的细节部分是多么细微，又多么精妙，没有人能比研究和表达人体外形的画家认识得更透彻。表达人类外形的线条极其精细，因此其中产生的效果只有真正的行家才看得出来。眼睛对那些“视而不见”的物品的感觉，要比对“明显可见”的物品更敏感。在不屑于欣赏美的人们面前，美隐藏起了美的渊源。这就是美的本质。

关于一些美学的渊源和理由问题，有必要在这里予以说明，因为虽然是好多年以前，人们才第一次知道它们的存在，但他们却从来没有受到大众的赏识。无论如何，大众总是建筑风格的最终裁判员；而且，大众总是和我们现在最感兴趣的达·芬奇的方法紧密相连。

建筑学理论史，是古典理想主义者复兴的历史，也是“哥特”式复兴的历史。其中，对古典理想主义的复兴无疑更为宝贵。因为英格兰形成“尖顶式”建筑风格和伊尔—德—法兰西（Ile de France）诞生“哥特”式风格的社会条件已经一去不复返了。而社会条件却是建筑学家化理想为现实的基本条件之一。但是，两大对立的学派恰恰都忽略了这个重要问题。真正的“哥特”派保留了建筑对称中的某些精美的原则，这表现在古希腊建筑师砌石工艺的曲线和不规则性；而“复兴”派摆出一副回归古希腊和古罗马理想的样子，不过即使看到，根据经验，他们也不会欣赏那些除了行家，一般人看也看不懂的稍微偏离（slight divergence）。同样的，反对哥特派的派别，对现代生活发生的激烈变化视而不见，想入非非（企图做一些根本做不到的事）。由于忽视了中世纪艺术中较精细的精妙之处，因此注定要进一步地全面垮台。我们无法证明两者各自缺乏欣赏力，唯有根据对立两派各自的产品——建筑物来证明。除了维特鲁威[6]和建筑家荷讷库（Wilard de Honnecourt，1250）的《建筑学札记》（*Notebook*），我们基本没有建筑学原则发展过程的真正现代记录。后来有关稍微偏离的理论就完全失传了。即使是维特鲁威的只言片

图336
布卢瓦开放式楼梯的栏杆

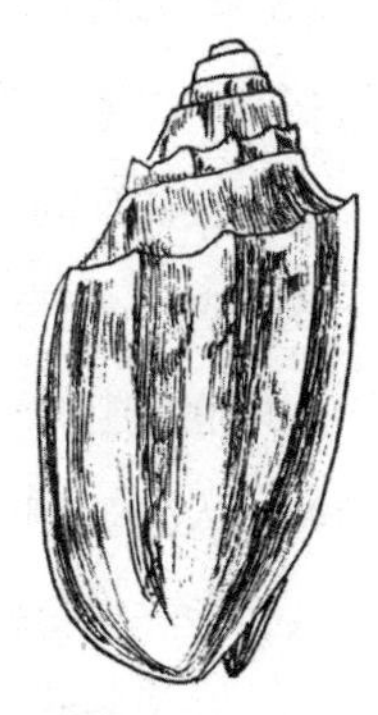
图337
蝙蝠涡螺的常见形态（外观图）

图338
帕特农神庙图

语，可能也是直接说明稍微偏离的，在19世纪之前，也没有人看得懂。而真正看出其中真谛者，那就微乎其微了。建筑结构之精妙的消失，并不仅仅因为没有记录流传在世，致命的原因是公众失去了足够的鉴赏能力。虽然，在事实上，它们是现存的最优秀的古建筑美的真正渊源，其魅力主要来源于建筑师深厚的技巧，而并不在于当时友善的人们。当建筑学发展到在设计中已经并不需要这样的技巧的时候，甚至在建筑学发展完全准确地模仿古建筑的时候，这样的建筑根本谈不上美，即使时间的流逝也并不能给它们带来美。尼姆（Nime）的麦松・卡雷[7]就是一座丑陋的抄袭，该建筑物被称为巴黎的街头野妓；现代伦敦的许多烟熏火燎、令人恶心的建筑物也是丑陋的抄袭。

在现代，劳动分工降低了艺匠的能力。机器制造出的物品千篇一律。人们的眼光习惯了缺乏艺术感和千篇一律的装饰细节，而且也摧毁了自己掌握微妙建筑效果的能力。古代在建筑教堂时，石匠和建筑师，艺术家和艺匠往往是同一个人。到了15世纪，佛罗伦萨的阿尔伯蒂[8]，把建筑师和建造者区分开来。在英格兰，琼斯（Inigo Jones）是第一个始终坚持要求为他施工的木匠和石匠必须照他的设计施工，而不能任由他们各自的爱好的人。他们两个人，独立地看，都很了不起，但是他们之中没有一个人，曾经感觉到从此一个巨大的不幸已经降临到他们热爱的艺术之上。

在古希腊，甚至到古埃及，发现曲线的历史说明，建筑既浪漫又有趣。1500年之后，每一个人都已经研究过维特鲁威关于建筑的论说。斯图亚特（Stuart）和雷维特（Revett）在1756年测量过帕特农神庙的尺寸。埃尔金（Elgin）爵爷的工匠却什么也没有发现。在1810年，科克雷尔（Cockerell）已经在事实上创建了圆柱收分线[9]，而在1829年，唐纳德森（Donaldson）亲眼看到了斜柱。可是，在1812年，威尔金斯（Wilkins）翻译的《维特鲁威传》对此却只有一个注释："这种伟大的精美之作……看来在古代还没有进入到实用阶段。"显然，翻译者从来没有想过在对此做出一般性议论之前，有必要对“古代的作品”进行一下测量。最后，到了1833年，彭内索恩（John Pennethorne）先生在梅丁特哈布（Medinet Habo）的底比斯（Theban）神殿第一殿建筑中证实的确存在微凸的建筑曲线。此后4年，他就站在帕特农神庙（图338）前，思索着《维特鲁威传》中的有关段落，观察着这些精妙的不规则性。在茫茫的无知年代中，人们对这些精妙的不规则性视而不见。大约在同一个年代，两位德国建筑师，霍赫（Hofer）和绍贝特（Schaubert），也看到了这些精妙的不规则性，于是于1838年在（《维也纳建筑报》）上发表了他们的发现。彭内索恩把他的发现保藏在私人小册子里，在1878年之前从来没有公开过，虽然，在1851年，彭罗斯（Francis Cranmer Penrose）在艺术爱好者协会[10]的帮助下，以《雅典建筑的原则》为名出版了他的测量结果。

彭罗斯的测量表明，在这座建筑物中，两根相邻的圆柱顶大小不同，柱子的直径不等，柱子间间隔不一，排挡间饰的间隔宽度各有千秋，所有见得到的垂线没有一根是真正垂直的，所有的柱子都倾向建筑物的中心，侧墙也倾向建筑物中心，壁角柱前倾，而框缘和壁缘却后倾，主要结构水平线呈曲线，两侧向中心抬升成垂直面，而且这样的曲线竟然相互不平行。古德伊教授对彭内索恩在梅丁特哈布的调查进行了研究，发现麦松·卡雷具有同样的曲线。显然，如果把明显易见的不规则性回避了，那么，毫无疑问，其中自有缘故，计算证明回避在某些部位会产生一定的效果，准确的比率或者数学相关性也应该回避。这些偏差并不是工匠施工错误的结果，也不是几个世纪的岁月造成的意外变化。彭罗斯的计算清楚地说明，在帕特农神庙，就相关线条的设计而言（如两端的线条），其最大偏差小到1英寸的1/50；而砌石的结合处偏差却极大。因此，组成大台阶的石块在所承载的柱子的重压下，实际上已经同步下沉。事实上，这样的不对称性是难以解释的，难以用施工误差的理论来解释，难以用采自不同地方的材料的差异来解释，难以用建成之后出了事故来解释，也难以用连续几代的施工者缺乏准确性来解释。因此，古德伊教授已经发现了帕特农神庙的建筑原则。该原则不仅存在于埃及、希腊和罗马的建筑中，而且也存在于意大利—拜占庭、拜占庭—罗马，以及哥特式建筑中，尤其存在于拜占庭影响较大的地方。而在古典文艺复兴风格盛行的时候，法律规定该原则不能实施。于是该原则的执行差不多全面销声匿迹了。

“大量的时间已经花费，”勒萨比教授这样写道，“企图阐释希腊比例，其中的大部分时间浪费了……曲率的改变和希腊石匠所做的其他调整使得它变得不一样。在这里，我们看到一些实质性，甚至还是熟练的工艺……这样的调整在趣味高超的建筑学派中是最为自然的事，因而也不需要解释。”在1913年，阅读这段认可古德伊教授研究而发现的真理，真是令人耳目一新。但是，我难以同意“这种调整［我倒愿意称之为升华（Refinement）］不需要解释”的说法，因为，它们在我的头脑中构成了一个主要的原因，为什么古希腊建筑要比后来的所有仿制者更优秀？

再次，在探讨法国哥特式建筑时，勒萨比教授指出：“独创是对本质性和必然性的透视。比例是努力和训练的结果。这是被发现的结构法则，（在这里，我认为是发现了生长法则）”“人们可能奇怪，除了需要赋予的生机之外，还有什么可以成为比例的基础。建筑中伟大或真实的内容看来都不是纯设计的概念所能发明的。”（那么，为什么他要提到希腊石匠的“调整”呢？）“对于艺术来说，美可能是一种愉快的行为——美必须自然而然地发生，美不会屈服于任何直接的打击。”毫无疑问，这里的含义不会比最伟大的天才是天生，而不是培养的更高明。但是，面对帕特农神庙这样的天才建筑，分析它与别的建筑不同的风格，是不是“浪费时间”呢？而如果我们认为能发现其中的一些特征，那么，如果我建议说，新建筑应该考虑这些原则，而不是看不起或者忽视这些原则，是否也是

“浪费时间”呢？

勒萨比教授说：“在建筑学中，比例意味着建筑严格遵循相互关系或者功能性适应。”当然，如果我在这里阐释的理论有价值的话，比例一定意味着“功能性适应”。有机生物的条件之一是可能具有轻微的变化，使其功能适应于环境。美的条件之一是对精确性的巧妙变动。在彭罗斯进行测量之后，去否定巧妙变动对帕特农神庙起重要作用是徒劳无益的。当古德伊教授研究过哥特式建筑之后，同样也不可能否认这座教堂的魅力很大程度上是因为相同的原理。而在这两个例子中，偏差是经过深思熟虑的、有预测的、也是计划的，纯粹不是因为形成整体复杂建筑的困难造成的。

在指出建筑应具有“明显的特征品质”和“经久耐用、宽敞自在、井然有序、做工考究，以及其他的品质”之后，勒萨比教授说：“没有什么美能够超越思维的阐释和灵魂的诱惑。”对此，本人完全赞同。但是，他为什么要这么严厉地反对分析阐释呢？为什么我们不能经过努力，在一些结构问题上，总结出一些通用原则，一些言辞简单的原则，来帮助我们理解呢？为什么他认为“美的大部分动机在于破坏呢？”除非公众的鉴赏能力的修养水平达到一定程度，否则，没有什么比现代的建筑学只反映其草率更能让人确信了。伟大的希腊艺术和伟大的哥特艺术都是由一个对建筑呈现的各种原则具有最深刻悟性的民族创造出来的。每一个时代都应有其标志性建筑物。

像世界上其他奇迹一样，帕特农神庙[11]对每一个参观者所产生的吸引力都不一样。但是几乎有一半这样的吸引力总是取决于它坐落在阿提加明快壮丽的环境中。这是块“钟灵毓秀”的地方，不同的人格都要受到陶冶。就我所知，雅典卫城的“灵秀”比其他任何地方都更经久不衰（你会觉得神殿凌空而起）。“你几乎可以听到神殿震动翅膀的声音。”这样的效果是地形环境所做不到的。虽然在这里，正如在同样的例子中一样，周围环境看来与建筑神品相辅相成，相得益彰。这并不取决于时间的偶然性。因为帕特农神庙和其他伟大的艺术作品一样，向我们共同人性的原始纤维发出其本质性的呼唤。由此，各个时代的艺术大师，向全世界的人们发出各自的呼唤。不过，既然除了帕特农神庙之外，没有其他任何建筑物能够对所有参观过的人，造成相同的效应，那么，帕特农神庙实际上极其高尚而成功地把其建造者所要阐释的含义万世传播。因此，这里值得问一下，起初看起来只是一种大理石直线的布局为什么能够在其创造者的某些思想中阐释出这么丰富的内容。假如，对此有什么答案，这个答案肯定也回答了一个屡屡提出的问题：为什么此后那么多的建筑在当时及后代只是毫无意义而又令人生厌的东西？

现在，我们必须说明一个常识问题，以后就不再说明了。如果建筑不能充分地反映当时的年代和生活，则在任何年代都会令人失望，也都没有吸引力。如今，对自己的时代和国家表现悲观成了一种时髦。对于一个有思想的人来说，如果没有悲观情绪，那么，他一定会认识到，无论是时代还是国家，现状要比以往复杂得多，要比200年前的任何一个国家的情况都复杂得多。在历史的这个短暂时期，边界已经消失了，人种和民族相互渗透或者在战争的熔炉中改变了各自的气质，距离缩短了，时间和空间的局限基本消失了。政治以相互妥协的形式出现。爱国主义色彩开始模糊起来，而民族只是一种反映血统的遥远联系，而这种联系随着通婚显得越来越淡薄。如果难以吸引公众的一致关注，要解释包括鲜明个性的怪异结构就更困难了。在20世纪，没有一座建筑风格可以解释或反映出时代和生活气息，在这方面，并不单单英国建筑家要受到抱怨。

在16世纪早期的辉煌时刻，所有的知识都可以贮藏在达·芬奇脑袋中的时代已经一去不复返了，与之相似的情况再也不会发生了。知识现在必须分割成不同的学科。一个学科的专家在自己的研究领域中开拓自己的事业，基本不需要参考其他学科。所以，现代生活或思想基本没有统一性，而建筑概念在统一的生活或思想中才能得到最佳的发挥。在希腊，生活的统一与和谐是本质的特征。由此，当地的居民希望帕特农神庙蕴含着统一与和谐。莱斯这样写道：“希腊的神殿，对人们起到安慰和鼓舞的作用，在人们心里激发起一种力量，去赢得一切。神殿的整体或每一个细节，都充满着无与伦比的典雅。一根根柱子跳跃着，就像是活的一样，就像是一棵树木，树液轻快地流向枝干，所有向上流动的精华像潮水一样分散到柱顶线盘中，然后再像退潮一样和谐地融入线条之中。屋顶以宽阔的山形墙，笼罩着、包容着整座建筑物，它那宁静的身长，安详的影子，是整个世界的符号，满足而祥和。”

山门西濒雅典卫城，是用长凹槽的陶立克柱建造的。希腊庞特莱寇斯山（Pentelic）大理石砌成的巨大台阶，其中搭配上一块深蓝色的埃留西斯古城（Eleusinia）的石块，通向顶端。隔着台阶，有一块烘烤土铺成的斜坡，点缀着大理石碎片和石灰石，向上延伸。顶部稍偏右，耸立着山门。站在长达22英尺的巨大的大理石之下，眼睛可以看到大门口一根接一根的大柱子，一根根柱子之间的明暗对比都不一样。卫城位于另一侧，它那漂亮的线条，与庄严肃穆的建筑群全面形成反差。

对精确性的巧妙变动贯穿在古希腊建筑群中。除了我已经提到的以外，还有许多故意微妙地偏离于数学精确度的例子，这样的偏离给帕特农神庙带来栩栩如生的美。因为生命和生长的本质规律并非一成不变，形式也在不断变化。就一棵树而言，枝干的生长角度就不可能一模一样，也不是每一朵花从地里生长出来后都正面向着太阳开放。因此，伊克蒂诺斯[12]和卡列克拉蒂斯[13]在公元前447到438年之间建筑了一座雅典人顶礼膜拜的神殿，那永恒的大理石组成的线条，精雕细琢，形成了他们所热爱的本质的美。

虽然几乎每一丝的装饰都剥落了，甚至结构骨架也散落了，但是，帕特农神庙依然永不消退地放射出创新光芒。就像是一座破碎的雕像，放射出惊世大作的完美光辉。帕特农神庙废墟放射出线条的魔力，给每一个心领神会的人留下幸福的任务——愉快地填补线条之间的空白。废墟更能动人心弦，因为，它并不是曾经花团锦簇，而今花叶飘零的女士；也不是曾经满腹经纶、神力孔武，而今潦倒落魄的男士；也不是某些英雄人物万千感慨的余韵；也不是精灵神怪自得自满的遗迹。这不过是一座建筑物，一座按照人类自己的设计图案，为了人类的自身目的耸立起来的建筑物而已。

帕特农神庙的魅力，在本质上得益于自然环境。面对着周围环境，登上这座层次分明的神殿、这座臻于完美的天才建筑的观光者，平添了无穷的共鸣和欢乐。在金光灿烂的落日余晖中，长凹槽的立柱投下的阴影，显得那么深邃，周围山峦草原与积雪辉映出来的灰色和蓝色完全消失了。帕特农神庙呈现出某种“摒弃了肃穆的神韵”，传递出一种只可意会难以言传的缥缈之感。

当科学就在身边敲打着生死之门的时候，谁可以说我们至今所知的有机物的最高形式就没有接受一些我们至今仍称之为有机能量的印记？讲到底，我们既无法定义，也无法描述。关于人类的存在，关于人类自己的个性，可以用最确定的口气描述的，就是人类的意志，人类的选择能力，就是一种满足感，即曾经被称为“无法给出合理解释的满足感”。这是一种基本的元素，保证为人类带来美好的未来，把人类从过去的专制中解脱出来，也从钢筋混凝土的数学结论中解脱出来。这就是生活，是困惑所有有机生命的因素。艺术精品的美和生活一样令人困惑，令人捉摸不定。艺术精品是一个链环，通过艺术精品，人们可以想象，可以看见，可以像菲狄亚斯（Pheidias）、伊克蒂诺斯（Ictinus）和卡利特瑞特（Callicrates）一样，看见了活生生的帕特农神庙。实际上，这是唯一的提示，从中我们至少可以在理解其含义方面达到最小的成功。

艺术的最高形式是对艺术家情感的解释，通过这个途径，我们也就理解了艺术家情感以外的世界。艺术家看到周围的人和物，在心里引起激情，而只有把这样的激情传递给人们的艺术家，才是不仅仅属于他自己时代的艺术家，才是不仅仅属于他朋友的艺术家，才是所有时代的艺术家，才是世界万古不朽的艺术家。因为在人类社会消失之前，艺术家解释激情的方式，都和人们认同的解释情感方法一样。我们能够解释这样的情感，是因为艺术家和观众都有同感，凡是人类都继承了这样的基本能力，自从地球上有了生命以来，我们就共享着这样的特性。

艺术，虽然可以在人类的各种手工作品中见到，但并不存在于其他形式，而且只有通过感性认识这类共同的渠道才可以发现。感性认识渠道在最强壮和最健康的生物中是最为有效的沟通渠道。所以，艺术与疯狂、颓废或堕落毫不相干，而且也和道德品行毫不相干。对于一个疯子来说，与其他人直接沟通的渠道已经堵塞，接受和做出反应的身体与创造的思维之间的平衡已经受到破坏。因此，他艺术魅力的可能性已经泯灭。最伟大的艺术家几乎无一例外拥有最完美的体格，他们是最健康的工作者。

我们可以想象，真正的艺术家，是能够用眼睛自由观察、用耳朵自由倾听的人。感觉迟钝的人既不能用眼睛自由观察，也不能用耳朵自由倾听；真正的艺术家是以与世人相同的方法，把感受到的情感再传递出去的人。但是经过真正艺术家传递的情感在旋律上更微妙，与深层的共鸣更和谐。对于真正的艺术家来说，四面八方的山丘会回应，生长着浓密高粱的山谷会欢笑、会歌唱。火焰与冰雹、雪花与蒸汽，无限的苍穹是太阳的神殿，“太阳从宫殿里出来的时候像一位新郎，像一个巨人在苍穹中呼啸驰奔”。在真正的艺术家心里，这些情景引起更加敏锐的感悟，真正的艺术家在领悟事物的内涵方面，比起所有年龄段的常人，更全面、更快速，他们能够更深刻地领悟大自然对于人类的意义。因此，他们发现了自然运行法则并构筑了一些与之相通的原理，以此形成自己的创作主题。他们并不仅仅复制所见到的美的东西，他们为宇宙中美的东西增添了自己的技巧和艺术。

因此，这就是为什么伟大的艺术创作，并不为某个时代，而是为所有的时代创作；并不为某个人，甚至也不为某个阶级的人，而是为整个人类而创作的原因之一。这也是为什么帕特农神庙这类建筑物拥有某种永久不衰、变幻莫测的自然魅力的原因之一。这样的魅力我在山冈、在森林、在河流、在海洋，在晨曦的辉光中，或者在晚霞灿烂里，都看到过。这是自然界最本质的特征，它：

> 给予海洋和日暮的天空，
>
> 永恒的惊人的美。

世界上还没有其他的建筑物曾经获得过这么确实、这么永恒、这么完美的结果。

许多今天仍然保留下来的非常美观的古建筑中，人们可以看到前文所描述过的微妙的偏差。在古教堂中，人们普遍见到过斜板。在塔姆瓦斯（Tamworth）教堂，圣坛严重地北倾，从中殿画一条直线，基本碰不到圣坛。同样奇怪的情况也出现在鲁昂的圣欧文（St. Ouen）教堂、里奇菲尔德（Lichfield）大教堂，和旺塔奇（Wantage）的教区教堂的唱诗班拱门。这座拱门的变形据说是为了对应耶稣头部在十字架上的位置。然而，这样的例子具有比建筑线条更粗俗的性质。这一点是我要首先加以强调的，这样的情况可以在威斯敏斯特大教堂中殿的墙壁看到。正如莫尔（Julian Moore）先生所指出的，这里的墙壁从大致与拱顶石一样高的地方向内弯曲，而在这一高度的上下两侧都向外弯曲。时至今日，它们不仅在结构上最完美，而且整体建筑也要比英国各地无数仿制的现代教堂美观得多，尽管这些仿制品在尺寸上分毫不差。据埃维林（Evelyn）的“日记”记录，旧圣保罗礼拜堂（Old St. Paul）具有同样一种对精确性的巧妙变动。他在1665年7月27日的日记中写道：“注意到主建筑退缩，奇奇利（Chichly）先生和普拉特（Ptat）先生认为，这样异常的建筑是为了在对应高度上形成透视效果。但我和雷恩博士 [克里斯托弗（Christopher）爵士] 的看法与他们不同。所以，我们就走了进去，在好几个地点用铅垂测量了立柱。”

这段记录说明两位17世纪的英国建筑师证实当时存在有一座建筑物，而且为了光学的目的，这座哥特式主教堂的中殿垂线向外偏离，最大程度地显示出哥特式建筑的风格。但是对于埃维林和雷安这两位文艺复兴时代的斗士来说，古老的教堂“只不过是哥特式”建筑。尽管他们眼光敏锐，但他们忽略了某些东西，而两位小人物偏偏记住了这些东西，而且，我们在后文会看到，雷安并没有把“哥特式”特征明确地纳入他的新圣保罗大教堂的文艺复兴计划中。根据精确测量，威尼斯的圣马可大教堂存在同样的偏差，几乎每一位参观者差不多同样忽视了这样的差异。中殿的扶壁和上部的墙壁向外倾斜，两边偏离垂线均多达18英寸。这样的偏差如果是事故性的，或者是建成后发生的，那支撑拱顶的拱形结构早就散架了，镶嵌图案早以毁坏，整个建筑物也早已崩塌了。还有，在米兰的圣安布罗焦教堂（Sant’Ambrogio）的唱诗班席位，左右两侧的主墩也向外倾斜，两侧差不多均偏离垂线6英寸。在阿雷佐的圣马利亚大教堂（S. Maria della Pieve）也可以看到同样的偏离，其中唱诗班走廊柱子奇怪的弯曲，是一个引人注意的例子。这些例子说明了由于憎恶数学的精确性而偶然发展起来的变幻莫测的离心建筑形式。

“只不过是哥特式！”这句话在20世纪听起来就像是晴天霹雳。还有什么比“哥特式”更好的名称，能够在13世纪，在原始力量形成的不可征服的荒野上，以如此强烈的反差把法国建筑与文雅沉静的帕特农神庙分开来呢？可是，帕特农神庙的确是对歌德极其偏爱的“冰冻音乐”的公开和声，这是激情的努力，是天才的躁动。高昂的拱顶，强烈地、可怕地膨胀着，重压在长廊的墙壁上，中殿的拱形结构，平衡着长廊的墙壁。其他的拱形结构都是为了与该阻力抗衡，一层层的拱形扶垛上，重压着雕刻的哥特式小尖塔。拱形顶住膨胀出来的弓形曲线，最后八个拱形一起交叉平衡在一根纤细的墩上，就像是从能量巨大的柱式喷泉喷射出的激流。所有的一切看起来都是相连接、相对抗的。这里可以看到，力与力对抗，就像是在某些怪异动物身上所见到的一样。人们几乎可以听到汗流浃背的摔跤手在喘息，一副活生生的生命，紧张地搏斗着，既不休息、也不停顿地搏斗着，力求脱开身子。每一块石头看起来都向上涌升，像螺旋的叶片升空一样，一直涌升到上方的涡线消失在云层中为止。这就是“只不过是哥特式”的建筑，一种在生活中努力的建筑，一种充满着生活的差异和偏差的建筑。

指导希腊建筑师的原则，在根据艺术大师级的石匠徒手绘制的设计图施工的阶段结束时也寿终正寝了。甚至到现代，仍然没有哪一位画家会用尺子和圆规在画稿上绘制门的位置。他知道，心领神会的设计，可以巧夺天工，这是任何器具的帮助都做不到的。古代的埃及人和希腊人知道这一点，甚至在完全靠尺子完成设计图的时代，以及一些炉火纯青的石匠已经习惯于有所偏差的时代，这样的传统也在一些砌石建筑中得以延续。正如我们已经看到的，两位17世纪英国的建筑师认识到建筑中存在着自由性和不均衡性。一直到18世纪，这些原则都起着主导作用。伦敦公寓大楼（Mansion House）的“驼形”人字形山墙可以为证。即便在当代，茅屋的屋顶也没有盖成平面形的，而是盖成斜面形的，这样可以少蓄一点雨水，同时还产生了数学绝对不具有的美观。

古老的街道充满着美丽的曲线，这不能归因于纵横交错的街道易于抵御敌人的说法，也不能归结为房屋建造无计划的结果。上面这两个理由，无论哪一个都不能解释伦敦牛津街的美观，解释不了坐落在自成四边形的玛达肋纳的玛利亚[14]塔楼的三角地的美观，解释不了摄政王大街和皮卡迪利大街与维多利亚大街或爱埃奇维尔道组成的超级道路网络的美观。“散弹的发射”把现代的巴黎组合成一座线条直来直去的城市，而下一步该是棋盘式的美国城市了，那里道路四通八达，没有哪一条路只通向某一个特定的地点。一旦把建筑奇异和道路布局的奇异几乎抛之脑后时，构成建筑和道路布局的原则就只能存在于建筑的内部形式，即家具和室内装修。在齐彭代尔[15]、赫普怀特[16]或者喜来登[17]的最美好岁月，人们会发现楼梯上的每一级台阶都稍微向外弯曲，或呈波浪形。人们也会发现最漂亮的房间的墙壁在垂直方向和水平方向都稍呈曲线。人们还会在沙发椅、靠背椅和屏风上感觉到手工制作的细微差异。但是，现代“装修师”看来极其偏爱欧几里得，因此，直角和平行四边形的欢呼声淹没了大自然的魅力。人们忘记了即使是日常生活中非常普通的物品（比如人面孔的两侧），也有所不同。

对人类来说，幸运的是，在绘制人类面孔的超级大师达·芬奇的有生之年，这样的原则还不像现在这样已经被人类完全抛弃。达·芬奇实际上是文艺复兴的画师。文艺复兴影响了他一生，影响了他的整个艺术风格。不过，达·芬奇首先是一个人，秉性使他挣脱了任何一种风格的束缚。达·芬奇完全认识到了后人惠司特勒（Whistler）说过的话：“大自然包容了所有基本的图画色彩和形式……艺术家的生性就是从中精心挑选，然后结合科学，其结果则可能是美丽的。”达·芬奇研究大自然，他认识到大千世界的歧异要比其复制品更重要。他甚至绝不退缩地认为，一个理解深刻的人，其创造想象力和大自然比起来是无穷无尽的。在下一章中，读者就可以看到他做出的设计。

第十七章注释：

1 cloister，四周环绕拱廊的方院，或院落周围具有屋顶的步廊。——译注

2 Congregaziones di Carita，罗马教廷所辖的一种行政机构。——译注

3 Allegories，也称寓言画。在建筑学中，该词指寓义造型，即用象征的手法来描述事件或意义的绘画和雕刻。——译注

4 gallery，建筑室内或室外的长形通廊；带有天顶采光的、用于展示艺术品的房间。——译注

5 Vasari，16世纪意大利建筑学家、建筑师传记作家，全面介绍了1400—1550年意大利建筑理论和实践。——译注

6 Vitruvius，公元前1世纪罗马的建筑师和工程师。——译注

7 Maison Carree，位于法国南部的古罗马建筑。——译注

8 Leon Battista Alberti，1404—1472，意大利文艺复兴初期佛罗伦萨建筑家和雕塑家。擅长装饰，作品精致。——译注

9 柱上的微凸线。——译注

10 Dilettante Society，1734年成立于英国的一个旨在促进艺术发展的社会团体。——译注

11 雅典卫城的帕特农神庙是古希腊建筑的典范。它坐落于阿提加半岛上，岛上原有的陶立克建筑吸收了爱奥尼亚式的某些因素，形成了独特的阿提加风格，帕特农神庙就是这种风格的杰出代表。雅典卫城是一个军事工程，就像我国的长城，用以抵御外敌入侵。它位于雅典西南的一个险要的山上。随着雅典城邦的日益强大，其军事防御功能逐渐丧失，慢慢地变成宗教、政治和文艺活动的场所。帕特农神庙、伊瑞克提翁神殿、胜利女神神殿和卫城山门是其中的四大建筑。它们散布在不规则的山顶平地上，以帕特农神庙为中心，整个建筑群雄伟宏大，气象不凡。帕特农神庙又称雅典神殿。其基坛宽30.88米，长69.50米。神殿正面有8根列柱，两侧各为17根。柱子比一般的陶立克式柱显得细长些，形状优美、洗练。帕特农神庙的装饰雕刻

具有令人惊异的“视觉矫正”效果。根据彭罗斯的测量，整个神殿的外廓直线极少，在正面列柱中，除了中间两根是垂直的，其他都向中心微微倾斜，然而却给人以一种稳定感。神殿的基石也不是水平的，正面中间的基石与侧面的相比，落差有5厘米之多，但给人的视觉效果却是水平的。这种根据人的视觉特性，巧妙矫正外形的高超技艺，不能不说是建筑史上的一个神话。——译注

12 Ictinus，古希腊建筑师。活动时期约在公元前450—430年，和卡列克拉蒂斯一起建筑了帕特农神庙。——译注

13 Callicrates，公元前5世纪的希腊建筑师。——译注

14 Magdalen，亦作Mary Madgdalen，《圣经》中人物，原为一罪恶的淫荡女子，后悔罪得救。古代绘画题材。——译注

15 Chippendale，1718？—1779，英国家具设计家。——译注

16 Hepplewhite，？—1786，英国细木匠及家具设计家，其所设计的家具以曲线优美著称。——译注

17 Sheraton，1751—1806，英国家具设计家。——译注

其他：

贝壳和楼梯：下述信件来自“P. E.”：“你谈到在贝类学家和一般人头脑中都会把贝壳和楼梯联系起来。你是否记得列奥尼（Leoni）是怎么说的？我引述其译文如下：

> 螺旋楼梯也称为贝壳楼梯，有些是圆形的，有些是椭圆形的，有些中间有中轴，有些是开口的，尤其是需要空间的时候……意大利把贝类称为Vinca（长春花）。这个说法令人奇怪。
>
> 楼梯（任何形式）总是引得人们浮想联翩。楼梯使我想起皮拉那西（Piranesi）描写的景象，其中一个人在登上顶部已经破烂的楼梯。但是，另一个人（同一个人）却出现在裂口以外的上一级台阶上。再往上，越过第三个裂口，第三个人正在往天上攀登。所有美观的楼梯都“激发”出人们的激情，好像往上攀登是一件轻松自在的事。

Chapter 18

The open staircase of blois

· 第十八章　布卢瓦的开放式楼梯

语言并不是文学，不押韵的诗歌并不是文学。完全的形似并不能形成风格，精于复制绝不能表明天才。

长期以来，布卢瓦府邸庭院中的开放式楼梯一直为人们所欣赏。作者认为，这是世界上设计最为美丽的楼梯之一。但是，关于这道楼梯的设计者和建筑师的直接证据却无从寻觅。这道楼梯建筑于1516到1519年间，有关这段时期的布卢瓦建筑的所有文件统统丢失了。本章收集的证据证明该楼梯的设计师是达·芬奇。其中的论据可以总结如下：

1. 达·芬奇居住在意大利期间学习过建筑学（图339）并和伯拉孟特[1]合作过。

2. 人们认为螺旋式楼梯既不可能是文艺复兴时期建筑师设计的作品，也不可能具有文艺复兴时期建筑物的特征，而据伯拉孟特为梵蒂冈以及雷安为圣保罗大教堂设计的螺旋式楼梯证明是可能的。

3. 布卢瓦的开放式楼梯，虽然也许是从司空见惯的圣吉尔教堂（见第十六章）发展来的，但却具有许多第十七章所示的特征，而且其本身还具有若干明显的变化。

4. 楼梯内部的螺旋柱（图343）与蝙蝠涡螺（Voluta vespertilio）的内部结构（图78）相似。

5. 楼梯外部的栏杆与蝙蝠涡螺的外部形态类似。

6. 蝙蝠涡螺产自意大利的西北沿岸海域。

7. 楼梯为左旋。这是因为仿自罕见的左旋蝙蝠涡螺抑或出自左撇子设计师之手？

8. 楼梯中轴上雕刻有一粒贝壳的图像。

9. 阶梯呈叶状双曲线（图346），而不是像城堡（图347）等地方那样呈直线状。

10. 综上所述，假定正是因为贝壳的形态激发了该楼梯的设计，那么这位意大利设计师就必须研究过贝壳和叶子，必须是一位左撇子，必须是皇家建筑师，必须在1516到1519年期间居住在布卢瓦或其周围地区。

11. 达·芬奇研究过叶子和植物的曲线（图348）以及水中波纹（图349和350）、灰尘（图351）、兽角（图352）和贝类（图104、105和353）等的结构。达·芬奇来自意大利的西北部地区，又是左撇子，而且具有绘画左旋曲线（图354、355和356）的嗜好。

12. 达·芬奇是法国的皇家建筑师。

13. 达·芬奇设计过方形楼梯（图357和358）。

14. 达·芬奇设计过一座塔楼的螺旋楼梯。

15. 达·芬奇在1516到1519年期间，居住在而且逝世于距离布卢瓦只有几里之遥的昂布瓦斯（图360和361）。

16. 有文献证明达·芬奇在布卢瓦进行过建筑（与喷泉有关的）工作。

17. 史料证明其他的意大利人也在法国工作过。

18. 法国作者曾说达·芬奇建筑了香波堡，但却没有找到证据，可法国人却从容地认为这很可能是达·芬奇的作品（图362）。

19. 从达·芬奇的手稿中推论出来的一般事实可以说明，作为那个时代的建筑师，他本人可能曾经利用贝类形态激发出创作楼梯的灵感。当然，插图要比这里综述的证据更有说服力。

从1519年开始，人们就知道索尔多（Jacques Sourdeau）是法国国王弗朗索瓦一世在布卢瓦的建筑大师，其中最具特色的作品便是开放式楼梯。人们也知道，唯一的历史记录保存在拜伦（Jourasanvault Baron）的档案中，其中包括一份布卢瓦地区的建筑施工师菲力普（Raymon Phelippeaux）于1516年7月5日签字的票据。票据上说明这是地方财政官员维亚特（Jacques Viart）支付该施工师3 000里弗尔，作为他根据弗朗索瓦一世的命令，对楼梯进行维修的费用。因此，从1516到1519年，极可能就在这几年间，设计出了这个开放式楼梯，由于历史档案的丢失，人们既不知道建筑师是谁，也不知道是什么日子设计的。城堡庭院一侧在外观上非常简单，只有三列互相重叠的壁柱，明显地表现出在建筑上迈出的新步伐，而且已经设计出了舍农索府邸（Chenonceau）和朗热城堡（Langeais）。它表明了一种局限的重力，一种含义微妙的比例，它为居于它们之间的开放式楼梯这个建筑界的鸿篇巨制准确地形成了恰当的背景。首先，该楼梯看起来独树一帜，线条大胆突出，挣脱了循规蹈矩一路到底的直柱。其顶端由于主墙的檐口宽阔而崩塌了，但是，无论从什么角度观察，主墙与主建筑都协调一致。

我希望读者注意到这一点，其原因在于它说明了楼梯的某些细节问题，而且进一步证明以下的假设：即原有的设计确定了建筑群以及楼梯的位置之后，一位建筑师设计了与它们相分离的楼梯，而其中许多雕刻装饰的细节更是在其后才添加上去的。事实上，整个建筑可能经过很长的时间才竣工，因为其中许多石块在很长期间内还只是坯石，显然是当初砌入楼梯后，并没有石匠前去雕刻加工。石块是后人雕刻加工的，可以在其内部找到证据，这就是主轴周围的小柱子之间乏味的、莫名其妙的文艺复兴时期的薄雕涡形装饰。在外部，最令人怀疑的附加物是第一道斜坡栏杆上方的柱子上的柱顶塑像。古戎（Jean Goujon）出生于1510年，比上述推想的楼梯设计时间晚了一年，而正好在该年楼梯实际开始建设。不过，其竣工时间很可能延后了25年。任何一位知道无罪者喷泉（Fontaine des Innocents）的人一定难以相信这些塑像竟然不是出自古戎的雕塑刀下，或者至少是出自强烈受到古戎个人风格影响的人的雕塑刀下。

布隆菲尔德先生已经表明由于卢浮宫的设计归功于莱斯科（Pierre Lescot），古戎应该也有功劳，而马尔丹（Martin）（在《维特鲁威传》中已经引述）已经称古戎为“建筑师”。在法国，古戎实际上既是建筑师，也是雕塑师，而已经丢失的“伽法罗骏马”（Cavallo）的设计师显然是在意大利。古戎于1565年逝世于博罗尼亚，其逝世的地方与他家的距离和先于他逝世的达·芬奇大致相同。伟大的艺术家达·芬奇长眠于昂布瓦斯。

达·芬奇的天才世人皆知，因此我觉得没有必要再去证明，在意大利他除了研究许多学科外，曾把注意力集中在建筑学上。虽然没有什么传世的建筑物被认定或一直认为是达·芬奇的业绩，但是，里奇特（J. P. Richter）的研究本身已经得出证明达·芬奇建筑技巧的大量证据。在1490年，达·芬奇给米兰公爵写了一封信。信中写道：“在和平的时刻，我一定和其他人在建筑方面为您效劳。”大约在同时，卡梅利提斯（Carmelities）的副将在写给曼土亚公爵夫人埃斯特的伊莎贝拉（lsabella d’Este）的信中提到达·芬奇：“他在数学方面的研究吸引了

图339
达·芬奇设计的教堂的素描

图340
达·芬奇设计的教堂的素描

他的大量注意力，以至于他基本没有时间拿起画笔。”卡斯蒂利翁（Sabba da Castiglione）也有同感，写道：“在他应该集中全力于绘画的时候，毫无疑问，他如果这么做，一定会成为再一个阿佩利斯，[2]可是，他却完全沉浸于研究几何学、建筑学和解剖学。”重要的问题是在1472年和1499年之间，我们发现伦巴第的许多完美的重要建筑物都是由无名氏设计的，因此，如果认定它们是达·芬奇与其他建筑师合作完成的很可能并非空穴来风，达·芬奇具有与人合作的习惯。帕维亚主教堂（Pavia Cathedral）和米兰的感恩圣玛利亚感恩（Santa Maria delle Grazie）教堂[3]的建筑风格充分反映出这种传统，我们只能希望将来在保存在米兰的达·芬奇手稿中能找到证据。

从保存在法兰西研究院的达·芬奇手稿中，我复制了两幅达·芬奇设计的教堂素描（图339和340）。这些很可能要（除了其他的证据外）归功于伯拉孟特的追随者。而合作的想法强烈地影响了两位玛塞尔-雷蒙德（《美术杂志》，1913年6月号，德文名为Gazette des Beaux Arts）。因此，正如我在后文所说明的，他们以香波堡的平面图和罗马圣保罗大教堂平面图的相似性为证据，说明达·芬奇建筑了香波堡。不过，这样的证据不可能说明问题，因此我没有必要也以此为证据来支持我的观点。况且，在本章我主要集中于研究达·芬奇在意大利的建筑成果。

与达·芬奇同时代的建筑大师一直想掌握建筑学的比例问题。比例应该反映出仿效自然界生物的结构和生长的法则。达·芬奇以其开拓性和完整性的秉性，在这方面进行了探索。上一章中认定的达·芬奇的许多研究，在很多方面都是根据他的手稿确定的。他遗留下的素描包括模仿铰接的树枝，以及拱门饰与柱子的相互铰接。他遗留下的素描还包括绰约多姿的多花蔷薇和仙客来等花卉。这些只是他在分析或描绘树木或山冈的生长和结构时顺手准确地描绘下来的。他不间断地收集和观察，不仅为了自身的需要，而且为了融会贯通，创作出新设计，创作出内涵丰富而又整洁的设计。

达·芬奇深入地研究了各种材料的拉力和抗力。首先提出了墙壁裂缝的耗散理论。在图351中，我复制了一幅精细绘制的建筑物废墟中烟尘形成的螺旋结构图。达·芬奇撰写了许多关于拱形的特征以及压力对拱形作用的文章。其中，肯定有一些结构的问题进入他的视野，他一定会抓住不放，而且力求解决其中的问题。在伦敦发展成大都会之前的很长一段时间里，意大利城市里繁忙的交通已经是一个难题。达·芬奇建议建设高低错落的道路系统来解决这个难题，其样子就像现代的切斯特（Chester）地区，以及人们建议在伦敦斯特兰德地区附近的街道系统一样。

正因为达·芬奇和文艺复兴大师伯拉孟特的合作，使现代的建筑师难以接受达·芬奇是个非常具有哥特式建筑特征的旋梯设计者。不过，伯拉孟特本人并没有感到这是难事。大约1444年，他在梵蒂冈建造了一座旋梯，和望景楼[4]连接起来。正是在这座孤立的塔形建筑物上，它的阶梯非常宽，非常好走，就是骑着马也可以顺楼梯走上去。这座楼梯的建筑时间要比布卢瓦开放式旋梯设计思想早70年左右出现。雷安也没有发现什么困难。圣保罗大教堂，大约是在布卢瓦旋梯之后70多年建成的。雷安在从回廊到主教的图书馆之间（参见图341和342）设计了一个美丽的真正哥特式的旋梯。从这些来自哥特式建筑对意大利建筑影响的断言中，人们完全可以想象，博瓦洛楼梯或贝梯等结构从来就没有在意大利出现过。如果有人认为旋梯只出现在意大利的哥特式建筑中，我则要以伯拉孟特引述过的

图341
圣保罗大教堂中，从回廊通向图书馆和南部艺术品展览室的螺旋楼梯的下部素描图（雷安设计）

图342
圣保罗大教堂的南塔楼中雷安设计的“螺旋楼梯”的前面27阶（仿自斯科特的绘图，见《建筑评论》，1910年7月号第26页）

例子来说明，这个例子就是布罗隆尼尼（Brorronini）设计的罗马巴贝里尼（Barberini）宫的椭圆形大旋梯。整个宫是莫德纳（Carlo Moderna）为教皇乌尔邦（Urban）七世设计的。即使没有别的理由，传统的顽固性本身就可能使这种楼梯直到16世纪末才在法国出现。但是，有大量这样的楼梯实例表明法国的建筑学发展有多么稳健，又是多么缓慢，最终才发展出新的设计方法。而且应该记住奥尔梅（Philibert de l’Orme）于1548年从塞利奥（Sebastiano Serlio）那里接手枫丹白露之前，任何与这种现代“建筑”（整个建筑的设计者，监督所有的计划和细节）相关的内容都不存在。布卢瓦府邸北翼建筑实际上是弗朗索瓦一世于1515~1520年开始建筑的建筑群之一。因此，它自然而然地让人想到这种结构上的“异常性”只是门面开放的楼梯附属结构。实际上，螺旋的设计，在达·芬奇逝世之后，一直延续了好几个世纪。我们可以在确定布卢瓦的未知设计师时不考虑流派和风格。

布卢姆菲尔德先生是我的朋友，学识卓越，为我提供了许多非常有价值的实例。不过，他却完全不同意我的结论，即不同意我关于这个建筑物的设计出自达·芬奇之手的结论。他对法国的文艺复兴，尤其是其后的发展，具有深入的研究。可能就是由于这个原因，他低估了这座在专业设计出现之前很久就已诞生的哥特式建筑物。而这座建筑对我来说，却是引人入胜的独立世间的原始创作。比如，他认为布卢瓦的开放式旋梯与中世纪的不朽古董“圣吉尔教堂”差不多，他认为前者是后者的延续，只不过前者在角支柱（angle piers）之间而不是在牢固的外墙之间开口。本书读者诸君如果回顾一下本书第十六章中论述的旋梯的发展过程，一定会记得他的含义是什么。在回顾中，读者可以看一下科尔切斯特（Colchester）城堡的绘画（图319）或者是威斯敏斯特大教堂的彩绘室（图320）。如果读者还没有看明白这样的建筑与布卢瓦开放式的旋梯之间的异乎寻常的发展，那么笔者就难以企望读者根据个人的艺术修养悟出其中的联系。是的，当中的中柱、流畅的拱顶以及螺旋扶手等都可以在各地发现，甚至在同一座城堡中就可以找到，譬如在旧侧厅古老楼梯上（见本书图333）。布卢瓦楼梯经过大师的手处理得多么细致入微啊！在其他什么地方，我们还可以见到对扶手这么细致入微的处理，竟然使之完全相似于涡螺螺轴的螺旋呢？在其他什么地方，我们还可以看到阶梯处理成如此令人惊奇的双曲线呢？笔者早已经说过，圣吉尔教堂砌石工艺真是炉火纯青，而这个开放式旋梯的石块切割工艺更是巧夺天工。这只能出自法国建筑业中久经磨炼的石匠流派之手，这只能出自第一流的设计师之手！因为其中饱含着高贵的发明，是一种创新、一种生命力的显示、一种破旧立新的思路、一种在司空见惯的结构模式上增添了令人无限遐想的和微妙的艺术瑰宝。这里显示出美的比例、美的制约，显示出独特的美、个体的美。不过，如果要看看比朗[5]“学院派”艺术何以堕落到暮气沉沉的雍容华贵之中[6]，我们不需要看这个开放式楼梯，只要去看看离其不远的曼萨德（Mansard）耳廊的线条就足以令人扫兴了。

大约在1884年左右，有一天我正陪同几位尊敬的生物学家在牛津大学就餐。他们在餐桌上谈笑风生，或者相互切磋，或者展示成果。本人学识粗浅，无论他们谈论什么问题，我总是听得满头雾水，茫然不知。到了最后，我才斗胆拿出一张16世纪早期在布卢瓦地区由无名氏建筑师建造的某个楼梯的照片向各位生物学家请教。我当时结束了对卢瓦尔河沿岸的长期考察，刚刚回到牛津大学。这幅小照片被宽容地接受了。当斯图亚特（Charles Stewart）大声地宣布他认出其中的螺旋曲线时，拥有这幅照片的敝人简直高兴得昏了头。对建筑问题他们没有发表什么意见，但是他拿着螺旋楼梯照片对在座的宾客宣布说，楼梯的中柱完全和蝙蝠涡螺（Voluta vespertilio）螺轴一模一样。

图343
布卢瓦开放式旋梯的内部结构，图中示出雕刻在中央柱和拱顶上的螺线

我感到羞愧，但却兴趣盎然。我表示自己对蝙蝠涡螺一无所知。马上有人把蝙蝠涡螺取来了（图335）。我依然不明就里，一副无所动心的样子。最后，学识渊博的东道主非常同情我的无知，把涡螺从纵向切割开，露出了螺轴上的四层螺旋（参见图335）。

大家很快开始谈论别的议题，可我却除了涡螺之外完全不想别的东西。尽管大家在议论涡螺时的兴趣和责任并不相同，但是我把它看成是前所未有的一次发现。如果一位生物学家一看到一座法国楼梯是模仿螺壳建造的，马上就辨认出其中隐含的螺线，那么该楼梯的建筑很可能就是看到该种贝类才激发出设计灵感的。无论如何，对我来说，一座楼梯的形状和结构如此惟妙惟肖于贝类，让人一下子联想到自然界中的贝类，其设计者一定学贯生物学和建筑学，而不会是个涉猎不广的建筑师。实际上，这座楼梯的设计很可能出自艺术大师兼建筑大师之手，他为了艺术的目的曾经研究过自然界，曾经深入地探讨过其中的奥秘，并以此作为其他研究的原则。

当然，艺术是一门科学，而自然科学又是另一门科学，这是老生常谈。但是，仅仅生搬硬套自然现象，不论其模仿得如何惟妙惟肖，永远也不可能创造出艺术品。建筑结构和其他一样，说来说去，也往往是建筑本身直接造成的。但是，我毫不迟疑地说，建筑设计只能依据一般原则，其成果对常人的吸引力，应该比对严格的建筑专业人士吸引力更大。建筑师显然认为只能按照实际需要设计楼梯，如果设计不能达到要求，客户就会拒绝付款，以示惩罚。于是，贝类形态就变成众望所归的模式，因为楼梯建筑者必须满足某些实际需要。在另一方面，虽然自然形态没有经过雕琢，也不受什么限制，但却永远不可能成为建筑的元件。不过，人们也大可不必墨守成规，矫枉过正地应用曲尺等工具，因而完全抛弃自然美的魅力。实际上，只有欣赏自然界的不规则性，人工设计才能尽善尽美。

语言并不是文学，不押韵的诗歌也不是文学。完全的形似并不能形成风格，精于复制绝不能表明天才。建筑师必须站对位置，必须站在所有艺术之上，唯有如此，建筑学才能清晰地显示出人类包含在创造之中的神赋天分。创造的思维并不仅仅与事实相关，更多的是与想象力相关。创造的思维并不仅仅关心事实本身，建筑学探讨的是科学知识的材料，探讨的是隐藏在现象中的因素，从而使自身形成新的结合。

本书的最后一章指出这座楼梯和蝙蝠涡螺之间存在着相似性。第一个发现其相似性并向我说明的是（正如前文描述的）已故的林奈学会的主席斯图亚特（Charles Stewart）教授。现在，读者诸君在对图335和334进行比较后，一定会注意到该贝类（是该种贝类的一种常见变种）呈右向螺旋，而楼梯无疑是左旋。可是，如果观察一下图78中罕见的蝙蝠涡螺（Voluta vespertilio），读者马上就会看出其中极其突出地显示出图343的螺轴。仔细察看该建筑的平面图，可以说服并使任何一个持偏见的批评者相信，如果这座楼梯的螺线是右旋的，那么这座楼梯不仅方便于其中的居住者，而且可能对于一般的工匠来说，也较易于建造。但是，在事实上，楼梯的外部和内部曲线都是强烈地左旋的。因此，我们可以公平地推论，如果楼梯是仿制于贝类，那么它很可能仿制于罕见的左旋蝙蝠涡螺（Voluta vespertilio）并加以定型。在另一方面，如果其中的相似性只是天才的工艺和大自然的和谐线条之间的问题，那么，就很可能是左撇子艺术家首先绘制出设计图。让我们先分析贝类吧！

图344
卢瓦尔河地区布卢瓦庄园开放式楼梯的外部图像，该楼梯建造于1517到1519年间

如果贝类被有意识地作为设计的模仿对象，模仿者就不太可能是法国的设计师，因为几千年来蝙蝠涡螺并不分布在法国海域。分布有蝙蝠涡螺的离法国最近的海域是意大利西北部曲折的海湾，即热那亚湾，以及热那亚湾以南的海域。因此，如果有人在这段海域采集生物标本，而且收藏涡螺的标本，那么他基本不会选择普通的涡螺，只有孩子们才会把它当宝贝捡回家去。他当然要收集罕见的，也就是准确地呈现出我们所知道的楼梯那样左旋的蝙蝠涡螺。如果，以左旋涡螺为模仿对象，显然他要考虑在外表上要怎么模仿，内部怎么模仿。关于内部结构，我们已经很明白了。

现在，我们研究涡螺的外部形态（图78）与表面竖立成行的明亮的柱子以及对支撑在图344中楼梯和围绕楼梯外面的栏杆的阴暗线条进行比较。同时，请注意这些横向栏杆的角度并不相同，其中一个明显比其他两个低，而且其中没有两个是完全平行的。贝壳外部的横线也具有同样的特征。

现在，我们来比较一下图343和图344。如果读者已经看明白的话，请告诉我，楼梯外部希望能出现图345、346和334中显示的惊人的构筑，它们所显示出来的难道不是和图335中隐藏在贝壳的外表之下的结构一样令人惊奇吗？可以很确定地说，如果完全模仿贝类，那么，他就会注意到明显的外表，也肯定会注意到隐藏在内部的结构。但是，在16世纪早期（甚至在19世纪也没有很多人），并不是所有的人都能够专心地把贝类切割开来观察其内部的结构，从而揭示其内部的生长秘密的。因此，如果有人完全模仿贝类，那么这个人一定是观察入微的博物学家，习惯于进行解剖研究，而且热心于研究螺旋结构的。

我相信，布卢瓦楼梯的设计是由贝类的形态激发出来的，拥有并利用这个贝类的人一定不仅是建筑师，而且还是个结构大师，因为穹棱和阶梯的拱顶（图343）也是整个建筑物引人注目的部分。而且他一定是个高层次的装修艺术家。只要注意观察楼梯的内部结构，读者就可以从不同角度看到大量的证据。

虽然我对结构线条比对装修细节更关心，但是我不可能忽视那套沿着中轴上升的小柱子，以及位于螺旋柱顶之间的精致雕刻的贝壳。我希望读者特别注意这些，因为它们如果是被贝壳形态激发而放在这里的，那么它们的处理方式就会与任何一种装饰物都不相同，最终被一个艺术水平不那么高的人以不那么高的激情摆放在这里。事实上，这正是我们在这里所发现的。这些贝壳被广泛地雕刻，上面既有光线，也有阴影，并不仅仅具有准确的形状，而是具有让它们位于正确位置的细腻感情。

现在我们来考虑每一级台阶的轮廓（图346）。楼梯向上盘旋，一层又一层的台阶围绕着精致的中轴，就像花朵的萼片一片片地围绕着花蕊一样。台阶上的每根线条，精心规划的双曲线呈现出新奇而漂亮的生命力和生长力。因为，这些台阶和布卢瓦过去的楼梯（图323）不一样，并不呈直线，也和笔者在前两章描述的大部分普通的楼梯不一样，和本文用于比较的另一座庄园的楼梯（图347）也不一样。它们的外表雕刻成突然形成的小波纹，好像是从支撑架上弹跳出来似的，好像花朵是从花柄上萌发出来似的，周围衬托着精致的叶子。

这样的曲线只能是仔细研究过叶子的形态和研究过叶子在叶柄上的排列方式的人设计出来的；只能是深知自然界没有直线，深知所有的自然曲线都是由凹凸形状微妙地交叉排列的人设计出来的。原来有过一个艺术法则，其中人体曲线完全是凹进去的。很可能就是为抗议这个错误，因此，霍加斯（Hogarth）在自己的画像之下以美的线条为名绘制了双曲线。但是，这些台阶的设计更加微妙精巧，我只能坚信它们是由一位熟悉植物形态学的人设计出来的，对此，达·芬奇无疑在其手稿中进行过研究和描述。

读者应该注意到布卢瓦楼梯的设计者并不会囫囵吞枣地全面复制贝类或叶子等自然物品。他研究自然物品形态的成因，即其解剖学的精神实质。在巴黎古老的布尔戈尼（Bourgogne）旅馆中，螺旋楼梯的中柱线条（14世纪）代表着一棵橡树的躯干。在这棵橡树上，树枝从楼梯的下部开始一路往上伸展开来；来自莫尔莱（Morlaix）的15世纪橡树楼梯（现保存在南肯辛顿博物馆），雕刻在外中柱下部的菱形槽口，随着不断升高，变得像天然叶子的重叠。这可不是布卢瓦大师，即达·芬奇的一贯做派。达·芬奇会利用贝类，研究其美

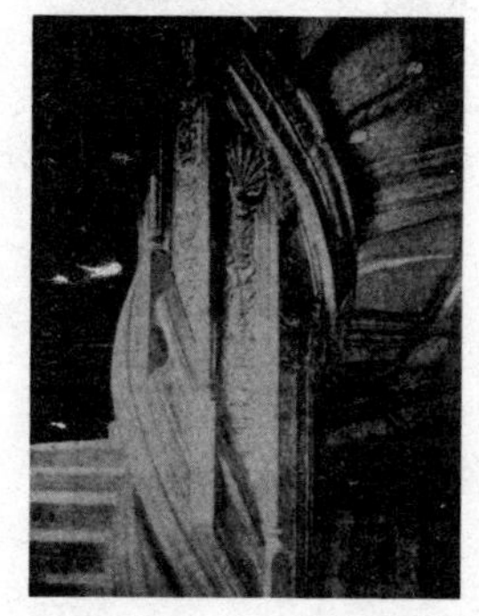

图345
布卢瓦开放式楼梯中轴的侧面观，显示出小柱子之间雕刻的贝类图案

学的秘密，再根据其美学原则，创造出新的形式。对于贝类本身，达·芬奇并不重视，他只会如本书所述，在中柱上的小柱子之间进行特殊的处理。当他需要这样做时，他就会以精巧的技艺准确地从果实、花卉和叶子中提取螺旋形，如同他在绘画巨作《最后的晚餐》中的装饰品一样，对此，卡文纳（Signor Luigi Cavenaghi）作了揭示性描述。但是，我们完全可以假设，即使对于这样忠实于大自然的例证，他也是宁愿对自然的美丽进行深入的分析。

图346
布卢瓦开放式楼梯
台阶上的曲线

图84的梯螺当然是在布卢瓦楼梯建成之后若干世纪才得到这个名称的。但是，这个楼梯的设计者选择的“楼梯贝类”要比“蝙蝠涡螺”（Voluta vespertili）的形态精致多了。如果它的四层螺旋本身吸引了他，他很可能选择涡螺（Cymbium）作为模仿对象。但是，从蝙蝠涡螺身上，他认识到其内部结构比外部结构更加隐蔽、神圣，因为他建议采用柱子支撑向外斜突的阳台。他在布卢瓦楼梯的设计中利用了这两点。马奇（March）（对他本人后文还要引述）在1912年《建筑评论》10月号上指出，我们正在认真考虑的问题。所有合理的建筑形式都必须包括实用性，如果建筑形式仅仅为了装饰，那么，任何一座建筑精品的主要结构线条更应如此。埃及建筑的柱子（例如在底比斯的建筑物）显然是在模仿一捆纸莎草，在顶上设计了一朵莲花的花蕾。但是，建筑师没有能力（很可能没有思想）解释这个柱子的结构功能，所以他只不过获得了“模仿尼罗河植物”的荣誉而已。它的基座“萎缩”了，它的“顶

图347
法国文艺复兴时代一座庄园中
普通右旋楼梯的直线式台阶

部”要比其中轴窄小。人们建筑出来的柱子不可能既没有力量，又不成比例。但是，“某些隐含在模仿莲饰之内的比例，是刚好和支撑柱子的功能相关的比例”。埃及的建筑师从来不想自找麻烦，他们对自然物进行观察，从来没有想到要寻找其中的比例。稍微考虑笔者在上一章中复制的帕特农神庙的柱子，读者就会明白其中的道理。帕特农神庙的柱子与埃及柱子之间的差异，表现出完整建筑设计的所有理念，这正是布卢瓦楼梯的设计者成竹在胸的理念。因为，一件自然物品只能是大自然所创造的有限物品，而对自然物品的形态，人类可以做出创造性的解释。这种解释在艺术领域是没有止境的。不满足于仅仅模仿自然是艺术大师的最主要象征和标记。研究自然是为了发现自然的本质元素，从而为自己设计出新的美学产品。

布卢瓦楼梯这个艺术精品的线条只是解决了建筑学问题吗？是否可再用作实例，说明完美的工艺与自然线条之间存在相关性？它们肯定是由与其非常相像的自然物品，由某些形状罕见的左旋于海上安琪儿[7]的形态激发设计出来的。事实果真如此，那这就不是一般的模仿。这是一种复制，是一种在建筑学上经过深思熟虑，形成的惊人的、合乎逻辑的又具有永恒差异的复制。

事实上，这是艺术精品的一个例子。它稍有差异地模仿了最伟大的模式，反映出设计者的力量和个性；它抛弃了繁琐，保留了本质；它非常热爱知识，无畏于新颖；它认识到各种有秩序的事物总存在例外，也认识到研究例外的价值。它把设计和事实联系起来，把原始

图348
达·芬奇对花朵生长的研究（引自温莎堡收藏品）

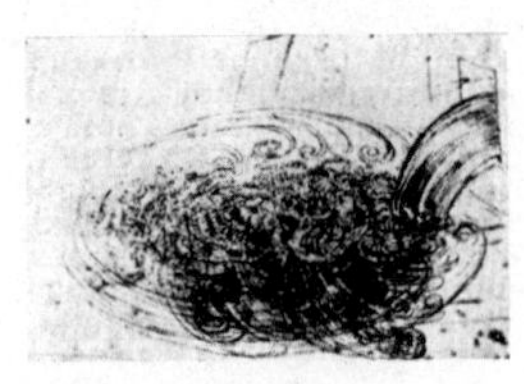
图349
达·芬奇对涟漪的研究

图350
达·芬奇对螺旋状旋涡的研究

创作和真实性联系起来；它发现了自然的美并不在于相同，而在于相异。

这里简单小结一下前文。我们已经假设布卢瓦楼梯无疑是由某种贝类所激发出的设计热情，其建筑师是一个意大利人。我们进一步发现，这个建筑师必定仔细地研究过贝类和叶子，希望从中发现它们生长和美学的秘密；这个建筑师是一位左撇子；这位建筑师曾经被任命为法国国王的皇家建筑师；而且这位建筑师在1516年到1519年之间曾经居住在布卢瓦或其近处。

就笔者的认识而言，迄今为止，这些都是合理的推论；现在，我们必须研究一下推论和事实到底差距多少。

在温莎堡以及欧洲各国首都收藏的达·芬奇手稿中，我们发现了这位艺术大师孜孜不倦地研究自然物品的许多证据。图348绘出了花朵的生长状况，其中具有许多相似于布卢瓦楼梯台阶的双曲线。

水，以及水的形状对达·芬奇具有强烈的影响，这就像是青山绿水营造出“蒙娜丽莎”（La Gioconda）的背景所产生的影响。温莎堡的收藏品全面地表达了他为了绘制大洪水而对波浪进行的异常深入的研究。一种元素对另一种元素的激烈反应对达·芬奇来说，并不仅仅体现为圣经般的梦想。达·芬奇研究过潮流、旋涡和涟漪，从中获得大量的创作素材。深入的观察带来了想象力，掌握了其中的法则和原则，从而推动了想象。在图349和图350中，我复制了达·芬奇进行认真研究的实例，其中他研究了水中螺旋的形成。达·芬奇的绘画包括许多水中曲线的研究以及潮流对大陆和岛屿沿岸作用的研究。在这些研究中，达·芬奇预见到科学的进展，但是他却没有足够精密的仪器予以证明。达·芬奇反复申明自己对阿基米德的景仰，对阿基米德这位伟大发明家发明的著名的螺旋，他把水管围绕着直杆左旋来提升水。

图351显示了笔者在本书提到的达·芬奇的一幅速写，其中他研究了倒塌的建筑物腾起的灰尘和烟雾上升形成的涡旋，这幅插图是达·芬奇对楼房的开裂和缝隙认真研究的一部分。

在图352中，达·芬奇绘制了兽角的螺线（参见笔者在第十二章进行的分析），显然是想把兽角编织成一种常规的装饰图案。

我早已提及达·芬奇对贝类，以及对他的“丽达”（Leda）的头部研究情有独钟。人们难以回避他所知道的菊花石的扭曲回旋（请同前文已经引用过的图104和105进行比较）与妇女把漂亮的头发扭曲编织成发髻，在另外一篇手稿中，达·芬奇把女人的卷发与旋涡的回圈进行比较。在图353中，达·芬奇绘制了菊花石的螺旋。在他所有散落各处、内容广泛的手稿中，他对远离海洋的意大利山上贝类化石的解释最具有文学特点，也最完整。这可以从麦克科迪先生的卓越译文中看出来。麦克科迪先

图351
达·芬奇对于灰尘和烟雾涡旋的研究

生在把达·芬奇的手稿真实地介绍给现代读者方面做出了最大的贡献。对此，我在下一章中还要进一步描述，同时也要描述丢勒的工作。

我早已经说过，达·芬奇是一位左撇子。在图354、355和356（均选自达·芬奇的手稿）中，我就其中的一个结果，举出了一个有趣的例子。正如我们所知道的，他从右向左写，因此他的手稿应该对着镜子才能看明白。但是无论何时，当他绘制旋柱（例如绳索或者螺丝钉）时，他总是绘制成左旋形，例如图356的螺旋，图343中布卢瓦的楼梯中轴的螺旋。

1516年，就是在这一年，布卢瓦楼梯修理的第一笔付款记录在案，而就是在这一年，达·芬奇应弗朗索瓦一世的要求，从意大利西北部越过阿尔卑斯山。弗朗索瓦一世把克鲁堡给达·芬奇居住。达·芬奇出生于1452年，是比埃罗·达·芬奇和卡特琳娜（Caterina）的私生子，于1519年5月2日逝世于昂布瓦斯。布卢瓦1516年到1519年之间的档案缺口在一定程度上可以由一位工程师的工作弥补起来。该工程师对布卢瓦的引水工程的研究仍然存在。这个工程师就是达·芬奇。在达·芬奇的埋葬证明书（藏在昂布瓦斯圣佛罗伦萨皇家礼拜堂中）上，被描写为“皇家首席画家、工程师和机械师”（premier peintre et ingenieur et architecte du Roy，mechanischien d'estate），我必须强调这些不同的称号。上文说明，古戎兼有雕刻家和建筑师的称号。在此前，法国人德洛姆（Philibert de L'Orme）在枫丹白露被描述为“波洛涅市的画家和建筑师塞利奥”（Bastinnet Serlio，peintre et architecteur，du pays de Bologne），显然，“建筑师”这个称号和其他称号相结合在那些年代（在1550年之前）是非常普遍的，因为当时建筑这个专业尚未独立存在。

从1516年到1519年，达·芬奇是法国国王的皇家建筑师，在布卢瓦庄园建筑了北翼建筑。不过，早在1506年，达·芬奇的天才就已经为路易十二所知道。法国国王在给米兰总督昂布瓦斯（Charles d'Amboise）

图352
达·芬奇对山羊角螺旋的研究

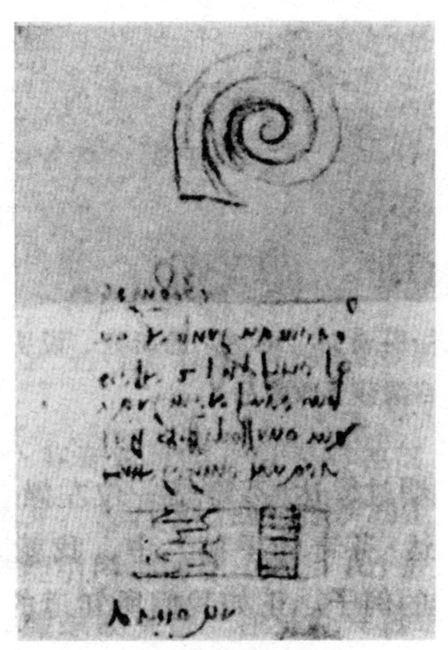

图353
达·芬奇对菊花石平旋的研究

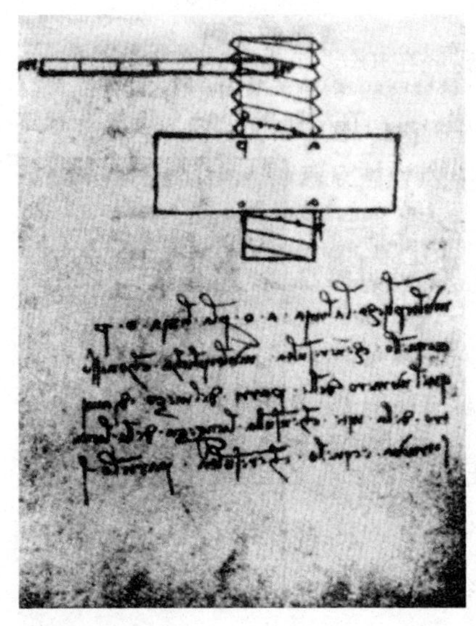

图354
左旋螺丝钉图像
（现藏肯辛顿博物馆）

图355
左旋螺丝钉图像
（选自达·芬奇保藏在肯辛顿博物馆的手稿）

的一封信中建议，即使在那一年，达·芬奇就已经得到法国国王的正式任命了。这封信是在1506年12月16日写给索德里尼（Gonfalonier Soderini）的，要求把达·芬奇继续留在米兰，为法国国王效劳。这封信讲到：

> 达·芬奇历经实践检验，才华出众，在各领域均有精深造诣，这是有口皆碑的。不过，他在绘画方面更是超凡脱俗，名闻朝野，这使得他在其他领域中显得相对逊色。令人感到欣慰的是，达·芬奇能够进行各种创作，满足人们的任何需求。在其完成的作品中，例如为我国进行的建筑设计等，为我们带来了沁人的美感，值得称道。

假如达·芬奇曾经在10年以前在米兰受到法国国王的雇佣，这只能是达·芬奇在法国的时候，他的“建筑设计”受到法国国王的赏识。

图356
达·芬奇绘制的左旋扭曲
（选自达·芬奇保藏在温莎堡的手稿）

我已经说过，在意大利，达·芬奇是一位足以与伯拉孟特合作的建筑学家。我还可以证明，达·芬奇曾经专门研究过建筑，对此我大胆地把它归功于达·芬奇在布卢瓦，除了一般性的证据之外，达·芬奇留下的成百上千的手稿也是证据。广泛研究是达·芬奇的一贯作风。实际上，他遗留下来的完整的作品非常稀少，其原因就在于他的研究往往超出他的成就。在这个例子中，我们可以在这两个方面都给予证明。

否认达·芬奇曾经在法国或意大利担任过建筑师的

专业评论家显然对已经发现并保存下来的大量达·芬奇手稿并不熟悉。但是，为了撰写本书，笔者详细阅读了其中的大部分手稿。人们往往认为，已知是达·芬奇亲手绘制的“唯一的楼梯”出现于收藏在乌弗齐美术馆中的“博士来拜”（Adoration of the Magi）的速写中。对此，我可以给予合适的解释。总是有人指出，该速写基本没有表现出建筑的感觉，而且其中根本没有螺旋曲线。实际上根据记录，这并不是达·芬奇唯一的楼梯速写。如果我们考虑到达·芬奇对每一个吸引他的问题都进行大量的准备工作，那么，达·芬奇只有这么一幅关于楼梯的速写就是非常奇怪的事了。我在这里复制了收藏在法兰西研究院的达·芬奇手稿B部分中的第69页的正面、第68页的反面和第47页的正面的速写，这些是我要提出的论点的重要论据。这些速写在1913年6月版的《美术报》（*Gazette des Beaux Arts*）上提到过，但就作者所知，此前从来没有在英国出版过。

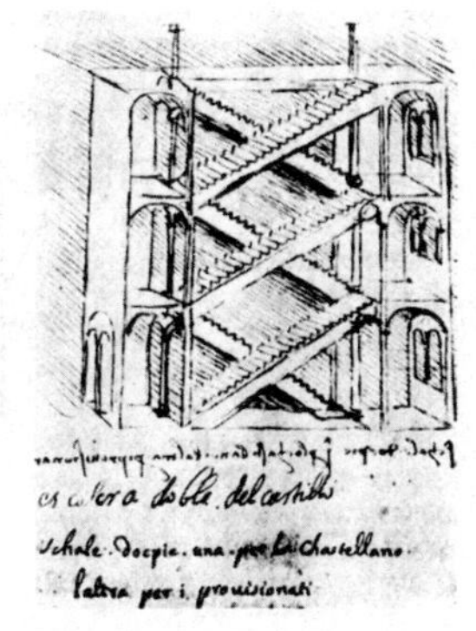

图357
达·芬奇关于楼梯的速写

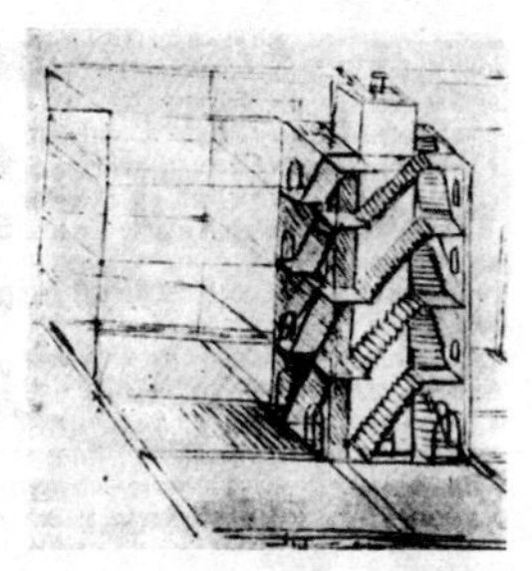

图358
达·芬奇关于楼梯的速写

图357和358是“方形”的楼梯，不过，图358中的楼梯由于围绕着中央建筑体修建了许多阶梯步级，因此具有螺旋的迹象。

但是，我们需要发现的是塔楼中的螺旋楼梯。我认为，任何一个看到图359的人，不认为绘图者竟然不熟悉布卢瓦地区所需要的建筑设计形式。这位“伯拉孟特在文艺复兴时期的研究者”已经在图中显示出比布卢瓦北区的任何建筑都更具有“哥特式”风格。他的设计基本上是封建式的，而且并不满足于一个单独的螺旋，他在同一根轴上设计了两个螺旋，以便区分主人和仆

图359
达·芬奇设计的塔楼螺旋楼梯

图360
昂布瓦斯附近卢瓦尔河沿岸克鲁堡庄园的大门，达·芬奇从1517年起在此居住，1519年5月2日逝世于此

人，或当地的士兵和商人的通道，使两类人互不见面地上下楼梯。对我来说，这样的速写完全证明，达·芬奇不仅研究过直线楼梯可能存在的复杂性，而且已经研究出螺旋楼梯更为简洁，也更具有美观的魅力。实际上，在没有别的直接证据的情况下，我必须声明，对这个布卢瓦的楼梯，图359的速写是唯一能证明达·芬奇不仅在建筑学上有造诣，而且在美学上也是有造诣的。

但是，我还要证明，达·芬奇可能在建筑该楼梯时已经到达布卢瓦了。

法国国王弗朗索瓦一世赐给达·芬奇居住的克鲁堡的庄园，就在昂布卢瓦附近，在布卢瓦的卢瓦尔河下游不到20英里的地方。达·芬奇应该在1517年就已经居住在这里了。虽然，就笔者所能发现的，他的第一封发自昂布瓦斯的信件是在1518年6月。他肯定经常走过的门道示于图360。在图361中，我复制了达·芬奇居住在昂布瓦斯期间所作的一幅新奇而迷人的速写。但是，所有从卢瓦尔河的对岸见过这个景色的人，只能透过镜子的反像认识这个地方，因为这是左撇子达·芬奇速写的，就像他的书法一样，从右向左画，因此，他所看到的左边的景色，在他的速写中位于右边。

某些夸大其词的报告中提到了该图画的弱点，也许卢浮宫中的《施洗约翰》这幅画是达·芬奇绘制的。不过，对我们的研究较为有用的是，达·芬奇肯定规划在索尔德（Sauldre）和莫拉

图361
昂布瓦斯景色，复制自达・芬奇画集

丹（Morantin）河口会合处修筑运河。该运河沿途建有水闸，而且他还规划把卢瓦尔河与马孔（Macon）的索恩（Saone）河用一条庞大的运河连接起来，以此打通欧洲南北的商业通道。达・芬奇关于卢瓦尔河及其支流的水道测量图现保藏在米兰的昂布卢瓦图书馆的《大西洋档案集》中。达・芬奇全面现场考察了谢尔河（Cher）和卢瓦尔河的整个流域，他的地图标出了图尔（Tours），昂布瓦斯，布卢瓦和蒙特里夏尔（Montrichard）等地方的相对位置。热穆勒（Henry de Geymuller）男爵也出版了达・芬奇为弗朗索瓦一世制定的“罗莫朗坦”（Romolontino）的排水计划。达・芬奇为在昂布瓦斯建筑一处新的皇家离宫绘制了草图，其中“护城河宽达40英尺[8]。在城堡的右边，设计了一个大水池，用于划船竞赛”。

在所有现代进行的这类研究中，也许能够证实达・芬奇与布卢瓦具有直接联系的最为有趣的证据，存在于《关于进一步改善管道系统，通过虹吸原理把水排放到卢瓦尔河等的规划》和素描手稿中。该管道系统于1505年由维罗纳（Veronese）的建筑师乔贡多[9]修建。

乔贡多于1497年跟随查理八世来到法国。他在意大利设计了桥梁和水利工程。在1500年到1512年间，为数极少的意大利人在法国设计了建筑，其中之一是位于蓬特的巴黎圣母院。这个设计很可能出自乔贡多的手下。他在达·芬奇生前逝世。和他一起为查理八世服务的伙伴之一是巴加尼诺（Paganino），即为亨利七世设计威斯敏斯特大教堂纪念碑的“巴加尼师傅”（Master Pageny），他在1516年离开了法国。不过，在这个“第一发明”中的第三位意大利人对我们的论据更为重要，就是科托尔纳（Domenico Barabi di Cortona），也被称为博卡尔多（Boccador Ⅱ）。他从来不是一位“建筑施工监督”（deviseur de bastiments），也从来不是一位“建筑师”，但却被亨利七世的官员赞美为“细木师傅和宫廷建筑师”；在1523年，他进而获得“皇家细木师傅和王室侍从”的称号。“宫廷建筑师”指的是他制作了图尔奈（Tournay）、昂德雷（Ardres）和香波城堡等地方的木制模型。根据记录，他由此获得了收入（900利弗尔）。除了达·芬奇之外，他是唯一被提到的在1531年之前图尔奈国王所雇佣的意大利师傅。费利比安（Felibien）在其《备忘录》中描写的很可能就是博卡尔多制作的香波城堡木制模型。[10]在1531年之前，除了这些模型之外（根据他人的设计制作的），在博卡尔多的名下没有其他的作品，尽管人们知道他在1512年在布卢瓦拥有一座房子。在1513年之后，他负责在巴黎建筑新的城市旅馆（Hotel de Ville），人们认为他为此不仅进行了设计，而且制作了模型。但是，该旅馆在风格上与布卢瓦北翼的所有建筑物风马牛不相及。该旅馆原有建筑未完成的部分再由瓦列（Marin de la Vallee）于1628年竣工。该旅馆在巴黎公社期间被毁坏。如果博卡尔多曾经在布卢瓦受雇为建筑师，那他也只进行过与“细木工师傅”这样的称号相应的装饰细节等工作。不过，对其本人我们知之不多。关于他所建筑的城市旅馆以及他与乔贡多一起建筑的巴黎圣母院，我们详细研究了1535年之前由意大利人在巴黎设计的所有建筑。

把达·芬奇的名字与任何一位法国建筑师联系在一起的想法在英国都受到极其强烈的谴责。因此，我一直对勒萨比教授认为达·芬奇建筑了香波城堡的看法很感怀疑。但在法国，把香波城堡的建筑归功于达·芬奇的趋势却很明显，两位玛塞尔—雷蒙德在1913年6月版的《美术报》（*Gazette des Beaux Arts*）上深思熟虑地证明达·芬奇设计了香波城堡。我在这里提到这点，并不是说我认为这有可能，甚至是事实，而是因为看到这么权威的人物如此轻率地相信一种假设感到很有趣。我自己也同样在扪心自问。

玛塞尔—雷蒙德出版了保存在法兰西研究院中达·芬奇手稿，其中有一幅城堡的速写（图362）。他规划的这座城堡的尺寸几乎与香波城堡的一模一样。于是，他们更进一步认为，达·芬奇是伯拉孟特的弟子[11]，香波城堡（图363）在规划上和罗马的圣彼得大教堂（图364）有亲缘关系。就我这个外行看来，它们之间并没有什么共同之处。但是，他们的理论价值并不在于类推法。很遗憾的是，这方面可资佐证的事实要比布卢瓦楼梯的多。例如，在达·芬奇的有生之年，香波城堡甚至还没有开始兴建。在1519年9月6日，就在达·芬奇逝世后的4个月，弗朗索瓦一世要“根据（国家预算的）拨款命令和（工程）概算，为了对布卢瓦大公表示敬意，建造一座宏伟壮观的府邸，以取代香波城堡”。这句话说明，皇帝是一位对任何专业都富有热情的业余建筑师，要把1519年的古老的狩猎场改建成1539年的“加尔加图宫”。这种好大喜功的全面改建

图362
达·芬奇速写的城堡图
（仿自法兰西研究院手稿）

绝对难以与达·芬奇天赋中的勤勉有机地联系在一起。即便它那双螺旋楼梯也只能表明没有任何一条曲线（即使是左旋曲线）足以与布卢瓦的古典巨作相媲美。除了意大利风格的细部装饰外，香波城堡在设计上完全是法国式的。而那坡维（Pierre Nepveu，即Trinqueau），一位名声昭著的法国建筑师，仅在1538年“受委任为上述建筑管事”。所有在卡普拉罗拉（Caprarola）见过那座奇怪的五角城堡的人中，没有一个人会马上联想到其设计师（尽管其中也有螺旋楼梯）会与香波城堡有关，除了巴拉齐（Giacondo Barazzi）［称为维诺拉（Vignola Ⅱ）］在1540年来到法国这一点以外。事实上，根据记录，我们所知的香波城堡的唯一设计就是其木制模型（作为图尔奈和昂德雷模型的附加模型），为此弗朗索瓦一世付给博卡尔多900利弗尔。而且，布卢姆菲尔德先生也证明，在1525年之前，法国没有一座大型建筑物足以称为现代“建筑”。他还指出，法国的石匠大师家族，例如詹比热（Chambiges）家族，布勒顿（Le Bretons）家族，巴切里尔（Bacheliers）家族和格拉宾（Grappins）家族，只做实际的建筑和砌石工作，而把装饰、制模、绘画和雕刻等杂活（travaux de choix）交给乔贡多、巴加尼诺或者博卡尔多等意大利人去做。这些人都是查理八世带来的，都用于在法国的石匠活上添加上意大利的细节部分或偶然地参与规划。像布卢瓦、肖蒙（Chaumont）或者舌农索府邸（Chenonceau）这样的建筑物在合同中实际上规定了详细的规格。但是，规划必定是不正规的，因为，规划都是以古老的建筑物为蓝本，而且像国王这样的“业余设计师”在工程进展过程中还经常进行干扰。即使弗朗索瓦带来了罗索（Rosso Ⅱ）或者普林玛蒂齐奥（Primaticcio）这样的大师，完全按皇室标准付给薪金，也只是在1548年德洛姆从塞利奥手中接手枫丹白露（Fontainbleau）工程之后，真正的详细设计才开始，才体现了比特（Jean Bullant）等真正建筑师炉火纯青的建筑技巧。

昂布瓦斯的圣佛罗伦萨回廊毁于1808年，因此这里没有达·芬奇坟墓的踪迹，虽然豪萨耶（M. Arsene Houssaye）在克卢堡找到两块石碑，上面依稀可辨“LEO……INC……”这样的字母。达·芬奇的遗嘱应该立于1519年（虽然签署日期为1518年）。在遗嘱中，达·芬奇将他所有的手稿和便签等无价之宝都留给了他的弟子和忠实的同事、遗嘱执行者和遗产继承人——梅尔佐，从这些手稿和便签中，本书获得了许多实例。只有在对达·芬奇的手稿亲自进行认真研究之后，人们才会相信，对达·芬奇成就不断增加的评估永远不会夸大其词。因为这些是达·芬奇的观察、预言和成就。达·芬奇的解剖学画稿非常引人注目，亨特（William Hunter）的赞扬从来都不过分。鸟翼的下划动作本来是照相机快速曝光才能做到的新发现，达·芬奇却自己发现了，这幅画稿就好像是与他同时代的目光敏锐的日本人画出来的一样。达·芬奇预言说人类将学会飞翔，其根据就来自他自己的研究。其中，我也复制了一幅插图。而且，达·芬奇还进行了大量的研究以促使人类飞翔成为可能。

开放式楼梯对人产生的主要印象是螺旋结构。因此，很可能开放式楼梯的建造者会特别注意到自然界的螺旋结构。目的是发现其中的原理。把这样的原理应用到（楼梯等结构的）实际设计中去。这些我们在达·芬奇的手稿中都发现了。我想，手稿可用以证明这是达·芬奇非凡的创造力和天赋所研究的问题之一。而在我所收集到的许多天然螺旋结构中，我还要重申，每一件、每一桩最初的启发都源自达·芬奇的笔记手稿。

考虑到这种类似结构的研究可能要占用大设计师的休闲时间，人们很自然地要寻找直到他生命结束时为止的具体实践结果作为证据。在他的一生中，忙碌的活动一定会把这样微妙的想象往后推移，一直到岁月带来更多调查研究的机会为止。达·芬奇到达图尔奈的时候，已是垂暮之年，已经结束了终生忙碌的创作活动。有生以来最紧张也最富有创造性的生涯结出了圆满的果实，进入了成熟的秋季。这颗成果丰硕的头脑思考了许多问题，其中有些还从来没有得到解决。我想，如果顺藤摸瓜，最终发现了一

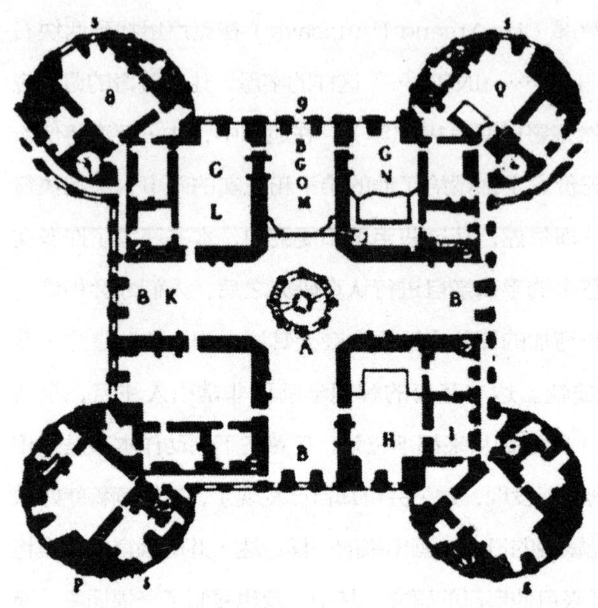

图363
香波城堡规划图

项无法归功于任何一位记录在案的建筑师的天才创造，那么其中最主要的原因就是，在大自然之外的领域中，还没有足以与其媲美的人工作品。

这座非凡创造的布卢瓦给人们的主要影响是一种不可抗拒的、本能的、整体同步上升的运动。行走在这里的一层层阶梯，是一种与生俱来的美的呼吸，丝毫不会感觉到双脚的粘滞。那些波浪形的线条像鼓风机吹动的火焰一样往上涌升，因为在它们之中，存在一种至关本质的魔力。这种魔力和大自然的神奇是一样的。大自然的神力就像彩虹从其诞生地池塘向上拱起，就像波浪涌向礁石，卷起千堆雪。

那个创造了所有这一切的人，那个拥有首先应用螺旋曲线的人，一定是一位具有巨大原创力的建筑师，是一位具有非凡想象力的艺术家；他具有世间罕见的和谐比例的感觉，这样的感觉是他从多种艺术的熏陶和多门科学培养中获得的；他肯定研究过生物学，收集了自然标本，决心深入研究生物标本中美的真谛；他和当代最伟大的雕塑家吉尔伯特（Gilbert）

一样，研究过鱼类的骨骼结构，从而设计出曲线优美的盔甲和美丽非凡的装饰物。具有这样广博的学识、深刻的审美能力的人在人类历史的任何阶段都是凤毛麟角。在1500到1519年之间，肯定有这么一个人拥有这些能力，这就是艺术家、建筑师和生物学家达·芬奇。达·芬奇出生在分布着蝙蝠涡螺的地中海沿岸。他沉浸于研究艺术与自然的内在联系。在15世纪，达·芬奇在这方面做出的贡献实际上比吉尔伯特以至于19世纪的任何一位艺术家都要大。就在他逝世之前，达·芬奇向法国忘恩负义的僧侣们展示了他的建筑天赋。

对于达·芬奇来说，科学只不过是模拟性和创造性艺术的女侍，只是一种工具。利用科学这种工具，他把自己的想象转化为现实。达·芬奇的作品强有力地显示出知识的力量和精妙，是人类各种最佳才能的综合和均衡。这就是为什么他的创作表现出一种难以捉摸的品质。这种品质是自然主义与理想主义，理智与激情、灵魂与肉体的相互融合。在达·芬奇的身上，艺术家和科学家和谐共处，而且也同心协力地创作。在达·芬奇的时代，没有一个人曾经这么敏锐地观察世界，没有一个人能超越达·芬奇，

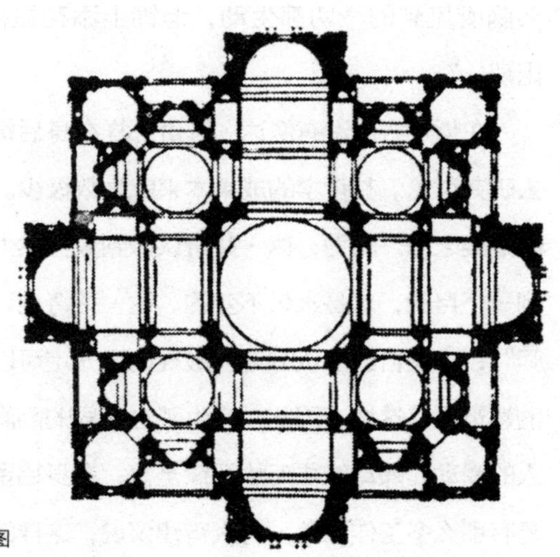

图364
罗马圣彼得大教堂规划图

能更加客观地解释所观察到的世界。达·芬奇的艺术并不顺从于模仿。他既有想象力，又有创造力，因为他拥有无穷无尽的原材料，从中可以塑造崭新的形式。塔索（Tasso）说过："只有上帝和艺术家才是创造者。"但是只有像达·芬奇这样的全才能够证实伟大的格言："自然的物品是有限的，但是眼睛可以指挥双手制作的作品却是无限的。"达·芬奇创造性的想象力创造出来的一件"作品"在他的垂暮之年的确保存了下来，为了表达这件作品，他选择了建筑学这种"夫人艺术"（mistress-art），他知道，其他所有艺术都只是侍女。

要是世界上没有达·芬奇这样的天才，貌不惊人的曲线就会宁静地、心满意足地发展成大圆圈。但是，达·芬奇挑选了最富生命力的生长曲线，它可以从物体最本质的原则飘浮扩散到无限的外部宇宙空间去。正如米开朗基罗在其十四行诗中写的："从最高最高太空的星辰上降落下了那个辉煌，而对着这些，它吸引住了心灵的愿望。"从这样冒险的高处，天才们带来了一些回声，使人们毫不犹豫地接受为证据，因此也就弥补了他所承受的一半的痛苦。正如莱斯优美地指出的："甚至有创造性的生活也受到想象中的锦上添花的烦扰，锦上添花的形状比任何一颗麻木的头脑所见到的一切都生动，但锦上添花往往在已经取得的成果之后才出现。"

在哲学方面没有像达·芬奇那样在身后留下的这些作品那样引发人们去研究讨论。其哲学的成果本来就为数极少。像楼梯一类的创作是他的实际成果之一。因为，达·芬奇认识到大自然力求完美。力求完美则总要达到一个目的，这是永久不变的。达·芬奇也认识到"人类要比鸟类或蜜蜂强"，人类自己承认的这种最高境界一定可以找到，美术是这样，最美观的建筑也是这样。因此，产生了对变异的高尚热情，变异是天才人物的超人的躁动，躁动往往无法至臻至善，在身后留下尚未完成的事业，因为老是有那么多工作要做。有人曾建议说，这样的情感要在达·芬奇声名远播的《蒙娜丽莎》的面部表情上才能找到。并不是所有的人工艺术品上都写着这样的字眼："看那，这可是非常棒的！"因为，人类世世代代孜孜不倦地寻求世界上隐秘不露，但最终会被揭示的更高层次的东西，人们在这种精神驱动下的探索中前进。

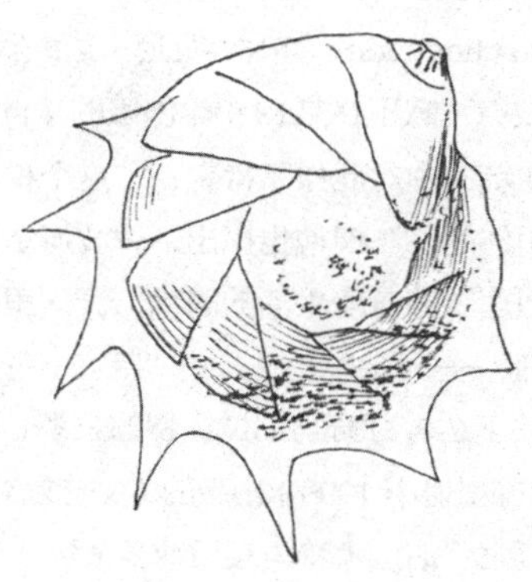

第十八章注释:

1 Donato Bramante，1444—1514，意大利建筑家。关于伯拉孟特与达·芬奇的关系，读者可以参考《世界建筑史——文艺复兴建筑》一书的《伯拉孟特与达·芬奇》一章。——译注

2 Apelles，亦译阿培里兹，公元前4世纪后半期的希腊画家。擅长肖像画。据传所画的《维纳斯女神从海上涌现》，可透过海水看到淹没在波浪下的身体。——译注

3 达·芬奇的《最后的晚餐》即为该教堂而创作。——译注

4 Belvedre，一座有几百英尺长的建筑物，基本由一个古典的圆形剧场和一系列弓形开间组合形成，把梵蒂冈宫和罗马教皇因诺森八世在一座小山顶上建造的望景楼别墅连接起来。——译注

5 Jean Bullant，16世纪中期的法国建筑师。——译注

6 比朗曾经在入口门廊的设计中直接照搬罗马万神庙的入口门廊设计方式。该设计尽管华贵，但给人的印象是仅仅作为墙的装饰物。是法国“手法主义”建筑师的代表之一。所以作者有这样的评论。——译注

7 即指贝壳。——译注

8 意大利的一种长度单位，约等于15—39英寸。——译注

9 Fra Giocondo，亦称乔瓦尼·达维罗那。——译注

10 彼德·默里在其1978年出版的《世界建筑史——文艺复兴建筑》中对此作了肯定：“这个模型显然是由博尔卡多所制作的。”但他也指出，香波城堡的“设计也许可以追溯到达·芬奇所生活的时代”。这里可以印证本书观点的正确。——译注

11 关于达·芬奇与伯拉孟特的关系，读者可以参考中国建筑工业出版社1999年出版的《文艺复兴建筑》一书的第49—65页之“伯拉孟特与莱昂纳多·达·芬奇”一节。——译注

其他：

达·芬奇的《三博士来朝》[①]：根据上述的论据，这幅绘画的价值并不在于某个具体细节，而在于这是青年达·芬奇，于1482年到米兰及其他地方之后，向许多问题挑战之前，在佛罗伦萨的创造生涯中留下的绘画精品。达·芬奇对这幅画的研究，尤其是对透视绘画技术的研究，是达·芬奇亲手留下的对建筑学的最早贡献。在这个例子中，无论对该画的设计有什么评论，也无论是阿尔贝尼（Leon Battista Alberi）或者是乌塞罗（Paolo Uccello）都不能更科学地进行这项技术工作。人们知道，达·芬奇从1473年，也就是他21岁的时候开始用左手自右向左书写。在达·芬奇的同代人中，雕塑家卡斯蒂利翁和蒙特鲁坡（Raffaele del Montelupo）也是这样书写的。卡斯蒂利翁和帕齐奥利（Luca Pacioli）都叫达·芬奇为“左撇子”。达·芬奇的手稿（以此与其绘画的速写本相区别）开始于1483年，提斯博士在1913年出版的《达·芬奇传》一书详细地列出了手稿的清单。这些手稿汇聚在一起，形成了一个在艺术史上无出其右的伟大而和谐的人性。

达·芬奇的出生和家庭：乌菲齐美术馆的档案已经说明，达·芬奇家族可以追溯到1339年，且这个家族至今依然存在。达·芬奇父亲的家庭更能说明问题。达·芬奇是一个私生子，父亲结过四次婚，婚生孩子11个。达·芬奇的父亲叫比埃罗·达·芬奇，和达·芬奇的祖父一样，他也在佛罗伦萨当公证人。他在乡下芬奇村有一座房子。芬奇村位于阿诺山谷的佛罗伦萨区，就在比萨平原的边上。就在芬奇村，比埃罗·达·芬奇在他25岁那年遇见了卡特琳娜，并向她求婚。卡特琳娜，在1452年生下达·芬奇后，和同村的德尔·瓦查（Acchattabrigo di Piero del Vaccha）结婚。卡特琳娜在生育了一位最伟大的思想家之后就从历史上消失了。小达·芬奇由他父亲的第一任和第二任妻子养育，她们两人都没有生育。在1469年，比埃罗·达·芬奇已经是一位有名的公证人了，而且还是美第奇（Medici）家族的法律顾问。从此，他定居在佛罗伦萨。但是，最令全世界幸运的是，比埃罗·达·芬奇并没有坚持认为达·芬奇是卡特琳娜的私生子而不予抚养。在他娶了第三任妻子的时候，就把房子留给了她，于1469年把英俊的少年达·芬奇送到好朋友委罗齐奥（Verrochio）的画坊，三年之后，这位少年就已经

① 亦译为《三王礼拜》，以马太福音中东方三贤人礼拜耶稣的故事为绘画题材。——译注

名列世人瞩目的画家行会的“红簿子”。达·芬奇性格温柔、英俊、聪明，又是著名的驯马师，双手漂亮而强壮，他肯定有不少的朋友，但其中没有一个人（这是我们的臆测）开始认识到在他的复杂的人格中蕴藏着多么巨大的能量！

提斯博士的《达·芬奇传》的短处在于随意归属因果，甚至把一些相当普遍接受的事实弄得十足混乱。对于佛罗伦萨乌菲齐美术馆（Uffizi）收藏的42幅达·芬奇的画作，虽然他只承认其中7幅是真品，不过他也正确地指出，只有经过沙里淘金的过程，达·芬奇才能获得真正的名声。手稿和笔记已经使人们了解的关于达·芬奇的知识超出了可靠的范畴。但是，提斯博士的批评还是减少了达·芬奇真品的数量，而达·芬奇的传世画作本来就为数不多。

我认为，作者的态度产生了一种更为可贵的结果。他坚持说，艺术鉴定者首先必须是艺术鉴赏家。艺术爱好者必须成为艺术评论家。对达·芬奇艺术作品的研究受益最大，因为这是顶级品质的艺术。我打心里讨厌康德关于“艺术是艺术家的艺术”的说法。伟大的艺术作品必定属于全人类，而正是这样的书籍为人类拉开了艺术的神秘窗帘。

“建筑学”一词的应用：即使到1746年，这个词的应用在英国显然还不严格，因为在埃弗斯利（Eversley）教堂，雷安爵士的职员詹姆士（John James）的墓志铭上记录着：“这里埋葬的是约翰·詹姆士，他是牧师约翰·詹姆士先生之子，于1724年在本教区建筑了名为瓦布克（Warbook）的房子；他是本郡斯特拉菲尔德图尔日斯（Stratfield Turgis）教区的教区长，他是伦敦圣保罗大教堂各教堂、圣彼得教堂、威斯敏斯特大教堂、50座新教堂和格林威治的皇家海员医院的建筑师。他逝世于1746年5月15日，终年74岁。”这个墓志铭由牧师迪奇菲尔德（P. H. Ditchfield）于1902年记录在5月号的《建筑评论》杂志上。

没有文件证据：布卢瓦的建筑没有档案记录，既没有法国记录，也没有意大利记录，这是事实。这个事实并不能证明这个无可解释、令人遗憾的缺漏是国人对外国人的嫉妒造成的。就达·芬奇而言，可能的事实是他接受的是薪水，而不是计件工资，因此当地的艺术家在账本上可能都有记录，而达·芬奇的名字就很少出现。不过，事实上，这些问题的最高权威“皇家建筑师的出纳”（Comptes des Batiments du Roi）（记录）迟至1528年才开始，尽管它一直延续到1571年，但却离我们寻求的证据的岁月迟了10年左右。它于1880年出版，而费利边注释的珍本就保存在布卢瓦到香波堡之间的舌维尼（Chevemy）。

“蝙蝠涡螺（Volute vespertilio）”楼梯：

没有一个建筑师会相信有人曾故意模仿贝壳建筑——你所指的楼梯，即使有人承认达·芬奇可能设计了这座楼梯。但是，只要你不强行把这类相似物作为设计者或起源的证据，我就没有理由说你不可以把一个建筑设计精品的美同“自然物品”的美进行比较。不管怎么说，某些基本原则可能同时为美丽的贝壳和美观的楼梯都提供适用的解释，其中，贝壳和楼梯均与你强调的简单数学有微妙差异。从不同的物品中都可以看到美，因此美是没有差异的，那么，为什么美不能像在“自然物品”中一样，出于同一艺术设计原因呢？我提出了这个问题，显然得不到答案。唯一的答案是：美既无定型也不孤立存在。美只是人们心里涌起某种情感的主观肇因。我们只能说的确感受到美，美在一个方面证实我们自己的存在。这种说法相当模糊。在大作的最后一章中，你能对此做出较完美的解答吗？

F. R. B. A.

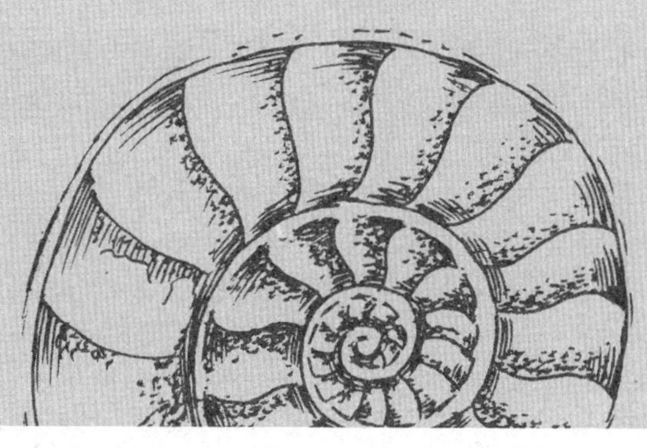

Chapter 19

Some principles of growth and aesthetics

· 第十九章　生长和美学的若干原则

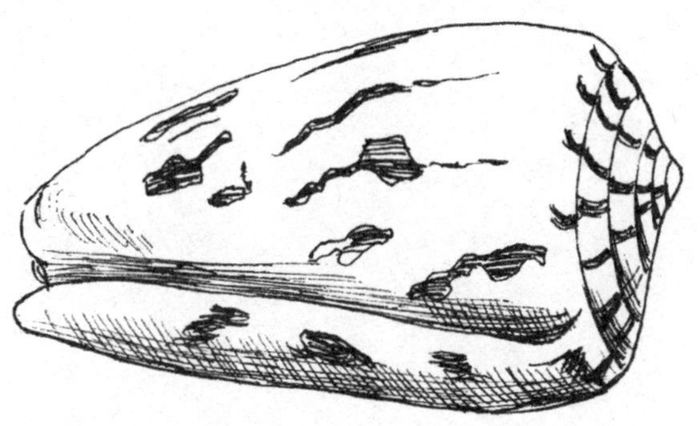

自然界，这份博学多才的手稿，是全人类共有的，始终不断在所有人的面前展现。

——托马斯·勃朗

著名的法国雕塑家和建筑家古戎曾经说过一句话，这句话曾让布罗姆菲尔德先生（Reginald Blomfield）引述过，即：“除了丢勒之外，没有一个人这么全面地理解涡旋（rondeur de limace）的真正理论。”本书的一些读者可能会奇怪地发现画家的名字竟然与建筑联系在一起。读者只要考虑一下19世纪之前的伟人们共有的特点之一就明白了。这个特点就是，他们对科学和艺术拥有广博的知识，他们迫切地研究世界显示的一切，勇敢地敲响知识的每一道大门。我已经以歌德和达·芬奇为例说明古人的广见博识。但是，由于时代的进步，人类面临的研究问题越来越多，分工越来越精细，广见博识的人也越来越少了。不过，丢勒也许可以作为第三个例子，虽然其成就不可与歌德和达·芬奇同日而语。丢勒大约晚达·芬奇10年逝世，而且可以确定地说，丢勒以达·芬奇佚失的“伽法罗骏马的画稿”为模式，绘制了他的《骑士、死神与魔鬼》中的骏马[1]。

雷纳克首先把我的注意力吸引到沃尔弗林（Woefflin）非常有趣的理论上来的。但在本书中，限于篇幅，我只能对达·芬奇佚失的弗兰西斯科·司伏萨（Francesco Sforza）的塑像素描和丢勒著名的雕刻进行比较。本书示出了两张素描，图365是经过清绘的素描。但在第二张素描（图366）中出现了非常有趣的巧合，其中，达·芬奇显然在画到马的右腿近处出现了难以下笔的困难。丢勒的雕刻出现了同样的问题，因为他可能在雕刻版改变了同一马腿的位置，而他的修改在清绘的图画中依然清晰可见。丢勒在1512年之前对《骑士、死神与魔鬼》进行了创作研究，其中的马腿与出版于1513年的雕刻的马腿相当不同。本章结尾的一个注释稍微详细地介绍了这个非常引人注目的比较。但是，在本节，我的责任是说明丢勒在其他方面追随着达·芬奇的研究。

图365
对伽法罗马的研究
（仿自达·芬奇手稿）

图366
对司伏萨骏马的研究
（仿自达·芬奇手稿）

在其一本书中，丢勒在探讨有关爱奥尼亚螺旋和叶子形状的问题时，已经非常接近于螺旋理论了。他撰写的一个主题为骏马的比例问题，先于圣贝尔[2]对骏马的研究。他还研究音乐、民用建筑、防御工事、击剑、地形和色彩，而他的《青年画家的盛宴》则充满着宝贵的格言。在1525年，他出版了一本关于光学和透视的著作，而在1528年，他有4本关于《人体比例》的著作问世。在他去世10年之后，他的著作《数学测量指南》最终“为了所有热爱艺术的人而出版”，其中“为了让工艺师能认出他的真迹”，插图“都是他本人绘制的”。该书的插图，我从大英博物馆的版本室（Print Room）复制了好几幅，其中，包括他关于机械透视绘图法的

图367
丢勒绘制的
《骑士、死神与魔鬼》

图368
丢勒雕刻的自己发明的透视绘图机

发明（图368绘制于1925年）。但对于本书中最为有趣的内容是很具有数学特征的图案，这些图案紧紧模仿达·芬奇的著作，其中达·芬奇笔记中的许多细节内容都可以在丢勒的计算中发现。比如，在本书第二章中，我说明了如何把平面螺旋改变成圆锥形螺旋的方法。丢勒就用另一种方法做了同样的改变（图369）。

在第十五章，我认为主教的牧杖仿自“美丽的蕨叶小平旋的逐渐舒卷”。在丢勒标记为图13的图件中，他也画了一根牧杖的数学图，是从螺旋上曲线三角形逐步提高曲率形成的。在这幅图件之下，他绘制了一片叶子的双螺旋，达·芬奇把该图案极其精确地施用于布卢瓦开放式螺旋楼梯中。这两幅图本书示于图370。

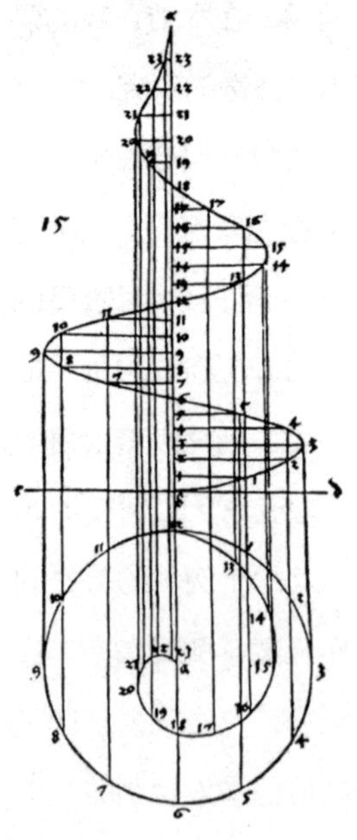

图369
丢勒关于把平面螺旋改变为圆锥形螺旋的计算

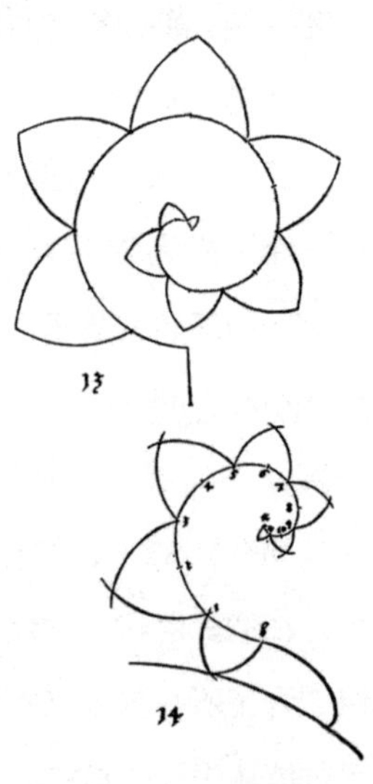

图370
上图说明丢勒设计的螺旋形牧杖；下图丢勒称为“叶子的线条”

在描述该楼梯时，我要强调以下的事实，即楼梯的设计师一定研究过许多自然物品，尤其是贝壳。在图371中，我复制了丢勒称之为“Muschellinie”即“贝壳的线条”的精致曲线。在这里，更令人惊奇的（图372）是丢勒在其“圆锥形螺线”（Schneckenlinie）中，以圆圈为基础，绘制出螺旋柱，以自下而上围绕圆柱体绘制出尺寸齐全的螺旋楼梯。在丢勒的图中，曲线当然不是结构性的，曲线只是顺着图318中的阶梯的末端旋转。它表示出螺旋曲线的侧面，形成的是波浪和谐运动的正弦曲线，用于设计螺丝的侧面螺旋。在这之后，它基本不需要参照涡旋。古戎对于涡旋推崇备至，认为与爱奥尼亚涡卷相关（图373），以此证明丢勒真的研究过建筑的细节问题。这真是异曲同工，因为本书的主题就是丢勒徒手绘制的对数螺线（图374），这显然是根据某些自然物品绘制的。然而，尽管有达·芬奇的手稿，还有丢勒的研究为证，仍然有一些现代的建筑团体否认画家竟然有可能同时是建筑师，或者他们竟然会关心自然物品的形状。即使达·芬奇和所有的16世纪先知们全部起死回生，也未必说服得了这群学究。不过，有一件事，是我们大家可以相信的，即在1500年到1550年间，最伟大的人物都不满足于获得二手知识。他们力求自己研究出拯救世界的方法，自己计算出透视的方法，自己进行辛苦的解剖，用自己的眼睛研究自然界的宝库。我在前一章中描述了达·芬奇所采用的研究方法，显然对于丢勒并不陌生。丢勒关于研究方法做了下列说明：

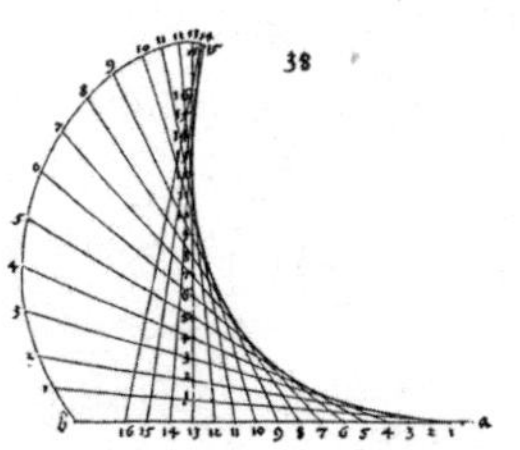

图371

丢勒绘制的“贝壳的线条”图

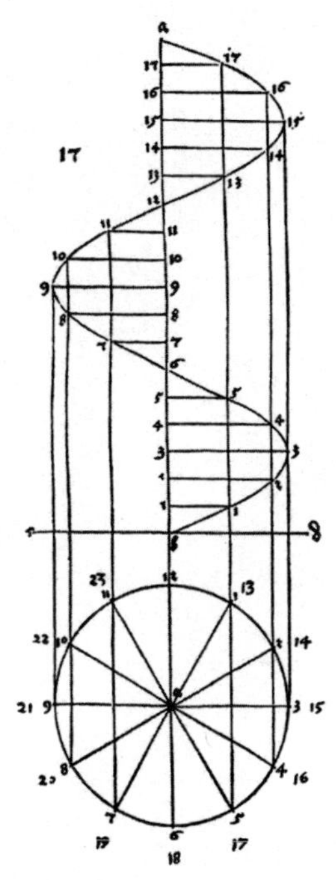

图372

丢勒规划的螺旋柱楼梯图

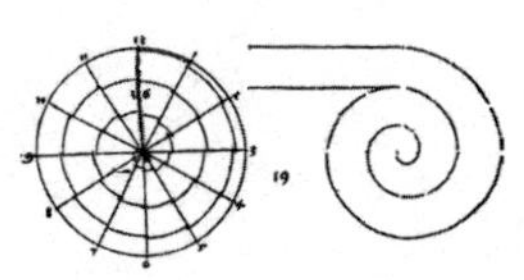

图373

丢勒设计的爱奥尼亚螺旋

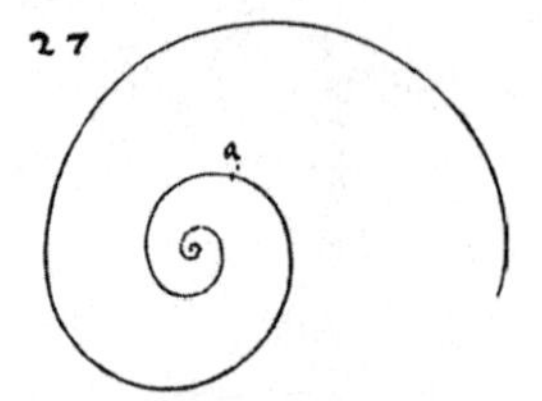

图374
丢勒徒手绘制的对数螺线

任何人除非进行过大量的研究，全面充实自己的头脑，否则他注定不可能凭空想象，制作出美丽的图形。因此，美丽的图形就不能算是他自己创造的，艺术是后天的，是学而知之的，艺术要播种、栽培，然后才能收获果实。于是，心灵中收集、储存的秘密瑰宝才能以作品的形式公开展示，心灵中的新颖创造就以物体的形式出现。

人们可以大致认为这样的说法代表了实验法，我可以宣布，是达·芬奇及培根或其他的哲学家，荣幸地奠定了实验法的基础，这正像他在哥白尼之前就宣布“太阳是不动的”，在哈维之前就提出血液循环一样。读者可能会记得（为了认识到这里的含义），就在达·芬奇完成他的《最后的晚餐》的那一年，萨伏那洛拉（Savonarola）被烧毁了。同一年，达·芬奇写道：“我的论据完全是从实验推论出来的，实验是所有证据的源泉，是真正的科学的母亲之一，也可以说是唯一的母亲……仅仅引用权威的论断做论据是没有用处的，那样证明不了聪明，而只能证明记忆力好。”正如柏拉丹（Peladan）指出的，这样一个句子中含有的营养要比宗教裁判所的所有柴火都多。而要说哪一个更值得欣赏并非易事，是这样一种独立的知识呢，还是其中起作用的秘密手段？因为只有结合提出学说的历史背景来考虑，才能得以充分理解学说的价值。他们关闭了尘封的图书馆的大门，他们蔑视经典教科书和神学教条，他们呐喊，要从经院哲学的桎梏下解放出来，他们要求人们在大自然面前证明最高层次的知识。在达·芬奇的年代，没有什么比与整个精神相反更容易想象的了。我已经指出，达·芬奇的手稿在他有生之年不受重视，在他身后长期淹没，其中具有某些合理的原因，这与丢勒的“Bilderbuch”（图画册）在消失了200年之后，才被冯·德肖（von Derschau）男爵购买到的道理是一样的。如果这些手稿为达·芬奇的同时代人知道，达·芬奇的著作一定会把其作者送上火刑柱，这完全是事实，我怎么强调也不过分。

在达·芬奇之前，世界迎来了但丁；在达·芬奇身后，世界得到了歌德。没有一个诗人像但丁一样可以称得上时代的政治思想家。也没有哪一个哲学家或神学家像但丁一样称得上最伟大的诗人，而且还是站在学术和科学前沿的政治思想家和诗人。当时是路易九世和阿奎那[3]的时代、是契马部埃[4]和乔托的时代、亚眠和威斯敏斯特的时代、佛罗伦萨旧宫的时代、比萨圣地的时代。在但丁有限的生命岁月里，他知晓所有可以得到的文学作品，所有当时的科学知识。他的作品把研究者引导到各门各科的调查研究中。在这方面，其作用与达·芬奇的手稿难分伯仲。而它们也等待了很久很久，才等到已故的学者巴特勒（Authur Butler）以其漂亮的文笔解释说明了日积月累、充满神奇创造的大批材料。

米契勒（Michelet）用一句最具特征的话把达·芬奇描述为“魔鬼浮士德在意大利的兄弟”。不过，在意大利的浮士德（即达·芬奇）和浮士德的伟大的创造者、“欧洲聪明绝顶者”——歌德之间存在更多的相似性。因为，这位德国人的天才不仅闪耀在诗歌和散文方面（在这方面，他是公认的大师），而且也闪耀在骨骼学、植物学、地形学、解剖学、光学以及建筑学等方面。在其中某些领域中，歌德的大名将和他在语言学方面创造的不朽业绩一样永垂不朽。和达·芬奇一样，歌德主要是以艺术家的大脑开始探索所有的科学问题。在歌德的时代，由于错误和手段的不合适，科学还存在许多没有解决的问题。歌德洞察、预见的科学问题在他的时代从来没有被人们所理解。但是，这些预见一旦成为历史，它们本身的价值才水落石出，清晰地显露出其真正的伟大，使曾经蔑视它们的芸芸众生显得渺小。因为，“领导世界者并非智者，而是智力”。正如阿诺（Matthew Arnold）所描写的：

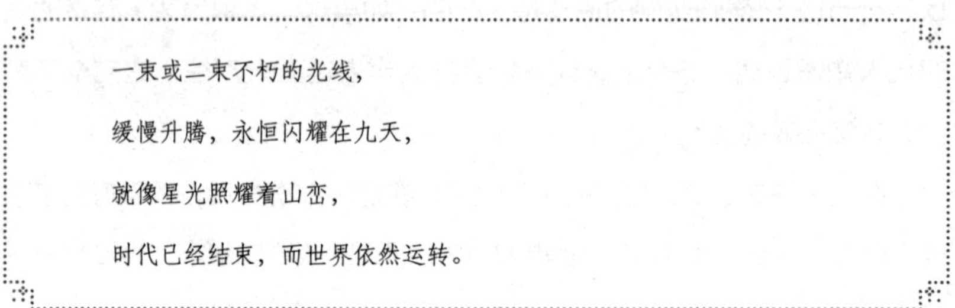

一束或二束不朽的光线，

缓慢升腾，永恒闪耀在九天，

就像星光照耀着山峦，

时代已经结束，而世界依然运转。

达·芬奇的思维异乎常人，具有歌德称之为“有魔力（Das Damonische）”的大师级的头脑，具有创造思想、改变思想的魔力，具有活跃的、创造性的能量，这样的能量在同化并吸收了当代的思想之后，就自我冲锋到未来去了。

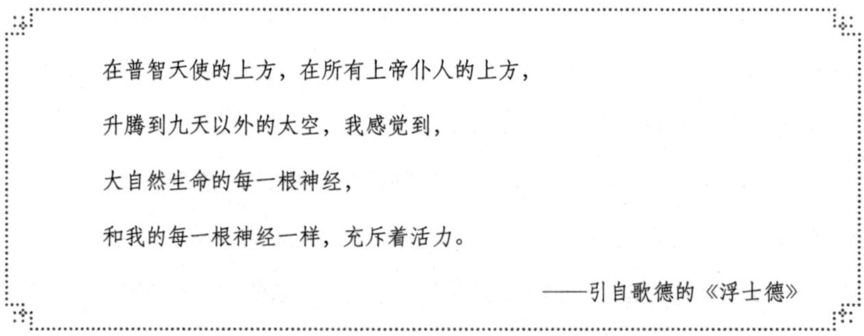

在普智天使的上方，在所有上帝仆人的上方，

升腾到九天以外的太空，我感觉到，

大自然生命的每一根神经，

和我的每一根神经一样，充斥着活力。

——引自歌德的《浮士德》

人们一定要记住，达·芬奇生活和创造的时代是可以称之为“科学意识”的时代。当时的科学水平远远低于现代。在当时，芸芸众生对于后来出现的印刷术、照相机和电报或许一无所知，或许不感兴趣。在他的图书馆中，生物学的代表还是老普林尼[5]、曼德维尔（John de Manderville）。但是，他提出了眼睛的理论，该理论从达·芬奇到开普

勒（Johannes Kepler），再从开普勒到赫尔姆霍兹[6]，缓慢地得到阐释。

他写道："生命在于运动。"此后400年，克利福德（Clifford）教授指出："活动是发展的第一条件。"达·芬奇首先建议把动物分成脊椎动物和无脊椎动物。达·芬奇猜测到血液是循环的，但却解释不了血液循环的机理。他写道："心脏是一块强有力的肌肉……在心脏再次打开时，返回心脏的血液和心瓣闭合时的血液并不是同一批血液。"

远在帕利西（Bernard Palissy）诞生之前，达·芬奇就研究过山顶上的化石贝壳，而且指出："大洪水与化石贝壳毫不相干。"化石贝壳是活体生物的残骸，是水退了以后遗留下来的。"大自然的御者"，在地球表面的长期变化中，以化石的形式揭示了遥远的过去曾经存在的环境。

我在这一章的插图中（图375和376），插入了两幅向贺拉求来的贝类图，虽然我担心这位严谨的贝类学家未必肯认为它们是正确的。在本章中，我还插入了伦勃朗蚀刻的漂亮的贝壳（图377），该蚀刻曾展览在科尔纳几先生（Colnaghi）和奥巴奇（Obach）先生的画廊中。在印刷时，该贝壳是反向的，因此，我在图378中示出原螺，以便比较。

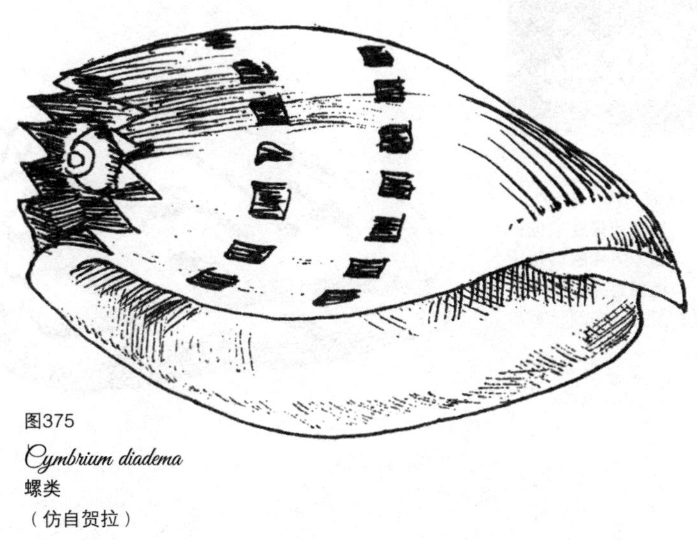

图375

Cymbrium diadema

螺类

（仿自贺拉）

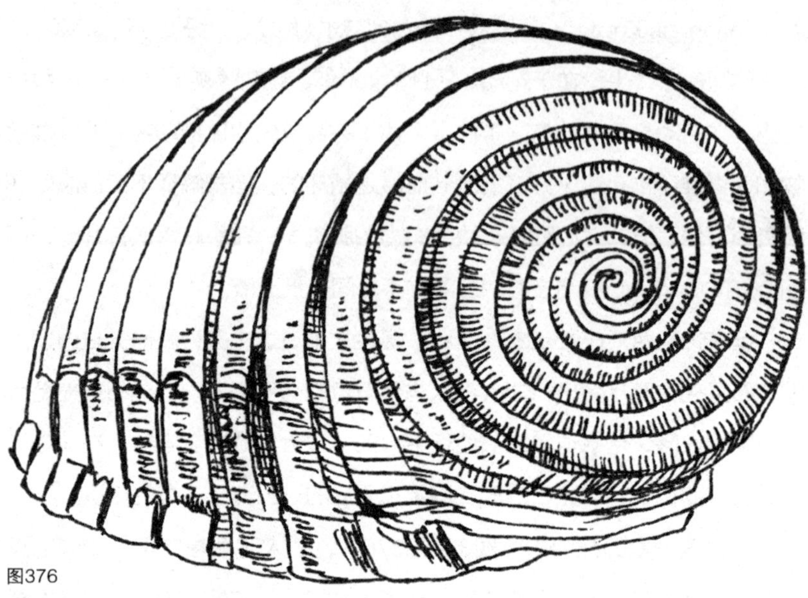

图376

Dolium galea

鼓螺

（仿自贺拉）

图377

伦勃朗蚀刻的贝壳（1650）

复制品，原件为居住于伦敦新邦德大街168号的科尔纳几先生和奥巴奇先生所有。（该贝壳图反向印刷，与原件不同）

图378

Conus striatus

锥螺

达·芬奇认为，“阿特拉斯山以外的沙漠”曾经“淹没在水下”。他根据海底一直在上升，有时快，有时慢，预计居维叶（Cuvier）就是这样由碎屑的长期淤积而成的。他指出，亚平宁山的岩层揭示出它曾经受到拉蒙纳（Lamona）河的浸没。他认为波河的淤积作用发生了20万年。在地质学研究中，他的调查从另一个角度直接预兆了赖尔[7]的研究。赖尔通过说明与造就历史相同的地质成因正在造就着未来，从而建立了地质学这门学科。在这方面，他与查理·达尔文异曲同工。查理·达尔文不仅解释了古生物学，而且还解释了生物未来发展的方向，并且正确地建立了自然界的各种生物的进化位置。

除了建立解剖学外，达·芬奇是第一个研究植物结构分类的人，而且，研究了叶子在枝干上的分布格局，而且也奠定了后来在17世纪其他人各自独立发现的科学规律。他解释了物体悬空的原因，而且除了解决至今仍忙于解决的飞行问题外，还在不同的高度实验了空气的一致性。“太阳是不会动的（Ⅱ sole non si move）”，达·芬奇的这句话为哥白尼创立地心说奠定了基础。达·芬奇还为与他同时代的教条主义者们解释了“上帝具有的至高无上的智慧引导着他选择这些天体运行规律，这些规律与主观主义的、形而上学的论点最为接近”。

达·芬奇奠定了流体运动和平衡规律的基础，这方面的研究后来由帕斯卡、达朗伯[8]、伯努利[9]等人完成。他证明了两个相通的器皿中的水一直处于同样的高度，这是1653年的液体压力学理论。他难以抵抗《圣经》中的大洪水这个实际问题的吸引，达·芬奇花费无数的纸张，研究了在这种突然发生的大灾难中水的运动状况。伦巴第（Lombardy）地区早年建有运河和水利工程，达·芬奇应用其水力学知识，对运动和水利工程进行了巨大的改进。而米兰人到17世纪末还在利用他所发明的机械装置。他的研究最终导致“暗箱照相机”的发明。他首先提出了色彩的互补理论，切伏柳依尔（Chevreuil）继承了该理论，继续开展研究。至于达·芬奇所

图379
薏米
（仿自达·芬奇画稿）

发明的无数机械，只要提到下列发明就够说明问题了。他设计了用蒸汽发射炮弹的后膛炮；他发明了船用明轮；他建议使用降落伞；他建议在直轴上装上螺旋桨，形成空气推动力。我利用本章的图379、图380和图381进一步说明他对自然形态的研究。对于有同感的读者来说，问题变得越来越明白，达·芬奇会这样度过一生是很自然的事。他和提香（Titian）一样，在垂暮之年，也就是在临终前的几个月中，竟然还进行了大手笔的建筑设计。达·芬奇就是一个莱斯（Compton Leith）在其《塞壬女妖》（*Sirenica*）最优美篇章中所描写的寄快乐于创造的人：

图380
达·芬奇笔记之一页

> 他们的生命之树不应该缓慢地锈蚀出晦暗的斑斑锈色，而应该汇入秋天的森林，辉煌地闪烁，终而形成一束明亮的火焰，就好像它不会死亡，而只是散发出辉光后消失了。头脑在紧张地思维的时候，躯体和灵魂紧密结合在一起，永远不会散开，而且还在做不无动情的梦，灵魂也应该随着不灭的火焰加快升华。只要眼睛还有光，心灵就还希望有爱情，犹如壮年时代那火光熊熊的岁月。而在不远的地方，绝对肯定还会闪烁出爱情的眼波，这样的眼波只有一半的年轻人会感觉到。对于看不到但并非绝望的事情，应该马上停下来等待它的到来。闪光不愿离去，会在原地徘徊。坚定的目光一定可以感觉到。

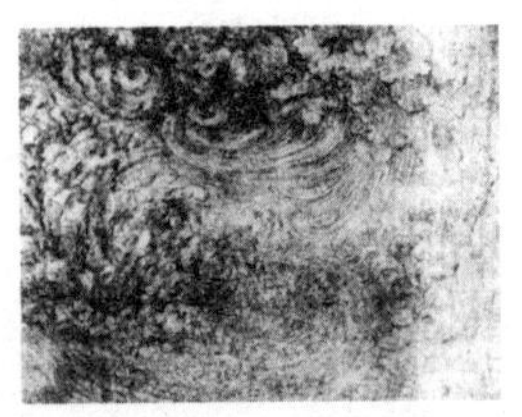

图381
达·芬奇对云的研究
（仿自达·芬奇的素描《大洪水》）

达·芬奇的研究非常广泛，上文只是稍微加以综述，就可明白看出这些研究并非心血来潮的结果。这些研究有一个明确的目的，就是收集素材，以便构筑崭新的基本原则，这样的原则用之四海而皆准，是人类的所有创造发明所必须遵循的原则。把某座楼梯的设计归功于达·芬奇，生物学家对此不感兴趣，建筑学家对此则难以置信。在没有发现任何文件证据（支持或者否定的证据）的前提下，要赏识甚至享受这一被证明是可能性的过程，并不一定非要是专家。不过，应该承认，达·芬奇进入建筑领域的过程和雕塑家古戎、画家丢勒一样。这两个人是在达·芬奇身后，也就是16世纪的前半叶那硕果累累的岁月中进入建筑领域的。古戎对马尔丹（Martin）版的《维特鲁威传》的贡献足以说明他的真才实学，尽管布罗姆菲尔德先生证实，古戎馆藏卢浮宫的作品的实际技巧并不优于达·芬奇或丢勒。伯拉孟特在成为建筑师之前研究过绘画，他也是一名军事工程师，先于达·芬奇5年逝世。确实，在那个年代，只要在某个领域声名昭昭，他一定在获得成果之前在许多领域进行过探索。而且，他们每一次成功的努力都为他人奠定了基础，这是毫无疑问的。

达·芬奇写道："美在生活中已经消失，但在艺术中却永不消失。"我们可以假定达·芬奇从研究生命和生长的原则入手，主要目的是从中发现美的原则，进而以美的原则指导自己进行艺术创作。因此，我们的文章必须包括达·芬奇所遗留下来的熠熠生辉的若干理论。

现在，我们可要注意措辞。"美"差不多和"螺旋构造"一样，是人类传统和主观的产物。实际上，美包含着人性，我们说一件自然物品"美丽"，因为在我们的心目中，它的形态赏心悦目，结构线条充分满足了功能需要，就好像橙子和柚子的每一道美丽的曲线，都说明其味道甜美一样；就好像骏马的每一条曲线和肌肉，都表示它的力量和勇气一样；就好像端庄的女士使丈夫相信，她会是一位好妈妈一样。但是，我们不能说，任何自然物品的某一部分或品质都可以称为美，我们更不可以说，植物是有意生长出人类称之为螺旋的结构。我们只能说，这样的物品使我们在美感的刺激下，在心里激起一种愉快的情感。美感是人类祖先遗传下来的感觉，而不同的人，对美的感受千差万别。不过，作为人类，我们并不满足于享受大千世界中现有的、司空见惯的美。人类在不断努力创造出新颖的美，人类的这种希望可以追溯到希望和奥瑞纳西时代。在2万年之前，就为人类保留下了第一道艺术冲动的曙光。到了古希腊文明的时代，这样的希望在艺术的细节上达到登峰造极的地步，令后来者望尘莫及。最高水平的艺术技巧到底是什么？最高水平的艺术技巧并不仅仅模仿心目中认为美丽的自然物品。最高水平的艺术技巧是研究自然物品，从中发现其之所以美的奥秘。我们赞赏艺术大师的作品，并不因为他们专心致志于探索美本身，而是因为他们具有厚积薄发的美感，在微妙的美感激发下，对美的物品的诠释，因为他们有感而发的情感（用油漆或大理石来表达）在我们的心目中激起了美的回声、美的反光。

即便本书的一些章节也教会我们一些有关大千世界的知识。先哲华莱士在信中告诉我："我认为，原子和亚原子是构成自然界精美形态的基本条件，它们从来不会生成直线，总是生成变幻万千的曲线。原子和力的绝对不均匀性很可能导致了直线、真正的圆或其他封闭式曲线的形成。不均衡性产生了曲线，而生长一旦趋异出直线，则几乎可以肯定一定会生成最美丽的曲线，即螺线。"不过，在竭尽全力要用数学语言定义自然物品的时候，人类已经达到某一水平了。这时，所有有关美的知识都静止了。鹦鹉螺基本呈对数螺线，但并不全等于对数螺线。而且，没有哪一幅叶序图曾经证明植物的生长是符合数学规律的。真实的情况是，虽然对数螺线在研究中可以很好地定义贝壳或植物的生长，但是它实际上并不可能成为最接近生长过程的公式。在本书最后一章，就螺线问题，我们充其量只能说对数螺线仅在数学上精确地定义自然现象，对数螺线提供了一个标准，据此，我们可以按照其中的偏差大体地定义出自然现象。即使数学家希望用数学公式来表达美，他也只能到此为止，再也不迈进一步了。换一句话说，自然物品困惑人类的因素在于它的生命，在于其有机体的生长。原创艺术的困惑因素在于它的美，这是一种与生命本质一样复杂的品质。因此，尽管简单的数学可以帮助我们鉴赏和归类所研究的现象，但并不能完整地表达生长。这说明，仅仅根据实际经验和数学构筑的物品一定不会完美。因为，完美和自然生长一样，隐含着不规则变化和微妙的差异。

顺着这样的思路，也许我们可以比较理智地解释模糊但又十分重要的品质，即“艺术修养”。有些人具有艺术修养，这是天生的；有些人则根本不知艺术修养为何物。艺术修养是普遍存在的，否则，对古希腊人的生活就会无法理喻，衡量艺术修养的尺度也会丢失，最现代化建筑将成为噩梦。唯有清醒，我们才能从中解放出来。艺术修养一定同生命和生长现象有关，也一定与生命和生长现象具有同样深切的感受，因此，在一定程度上，艺术修养拥有生命和生长的品质。这说明了古希腊人普遍具有艺术修养的原因，也说明了现代人普遍缺乏艺术修养的原因。在现代，机器制作的物品风靡世界，设计师往往迷信数学，公众什么都不要，就只要复制品。因此，“艺术修养”的主要表征之一是要认识到美与生命和生长一样，并不主要取决于准确的模仿，而是主要取决于创作方案的微妙变化，正如我们所知道的，美也遵循着物种起源和适者生存的自然大法则。

人类可以看出一粒贝壳的美丽，但是栖息在贝壳里的生命并没有意识到这一点。贝壳形成这样的形状是为了给壳内的生命提供最佳生存环境。它的“美”绝对是与功能相伴而成，是无数次微妙地背离于数学规律的结果。因此，如果要在自己的手工制品中创造美，不应该忘记正确的做法要像希腊人那样偏离数学的精确度，希腊人在帕特农神庙的线条和柱子中非常小心地偏离出数学的准确性。我们应该认识到，无论是艺术还是自然界的，美的一个重要因素也在于微妙的变异，它从生命存在之日起一直在塑造着生命的形态。

丢勒曾经说过："绘画艺术是为眼睛而存在的，因为视觉是人类最高尚的感官。"无论是谁，他的艺术品都要在人们见到时，才能引起人们的注意。因此，曾经有人错误地认为，希腊人分析并提出了视觉法则，后来就把视觉法则当作艺术法则；又因为视觉法则是固定不变的，因此对希腊艺术的崇拜也应该是固定不变的。这样两个结论及其前提均经不起检验。人们可以把贝多芬的交响乐章解释为是根据声学法则谱写的。人们还可以说，通晓声学法则的人可以创作出和舒曼（Robert Schumann）一样的乐章，但人们肯定不会一错再错地认为，巴赫（Sebastian Bach）是在通晓声学法则之后，才谱写出他最伟大的赋格曲的。即使希腊人曾经能够分析视觉法则，而视觉法则是雅典沦陷16世纪之后才为世界所公认的，希腊人也绝不会想出这么一套理论的。希腊人真正认识到，一个艺术家的所有作品唯有通过人类的古老感官才能引起注意，通过不断地感染内心的每一根纤维才能达到。在这方面，艺术家和观赏者并无二致。自从人类成其为人类的那一天起，情况一直如此（尽管其中有素质之差异）。

正如丢勒所指出的，"人类创造出的物品"的形式表现了创造者与该物品的关系，就像是自然物品的形态反映其功能一样，因为发挥功能的水平越高，形态发育也越美。因此，正确表现功能的建筑物一定是美的。笔者已经指出，帕特农神庙的陶立克柱要比埃及底比斯的柱子美丽多了，确切的原因是希腊工艺把柱子的主要功能，强力稳定的支撑功能表现得淋漓尽致。按照严格数学的观点来看，直线确实可以在这方面起作用。希腊的雕塑家把"视觉法则"掌握到炉火纯青的地步。他们的眼睛看的是完美垂直的柱子，而进入大脑的信号却是瘦骨嶙峋、弱不禁风的柱子，根本什么也承担不住，他们认识到问题之所在。这就像是笔直的水平线，其中段却软弱地倾斜一样。正如我们已经见到的，希腊人建造的帕特农神庙台阶自下而上稍显曲线，非常美丽，其设计的目的只有一个，即台阶要牢固，结构要美丽。完全出于同样的原因，希腊人在柱子上发明了微凸线（一圈误差不到一英寸）。看到这样的柱子，觉得美丽，因为柱子显得牢固，足以发挥其功能。从这两个例子中，我们审慎地认识到一个实质性问题：任何伟大的建筑作品，各个构件的设计不能仅仅为了牢固，而应该是“恰如其分地表现”出来足够牢固。为达此目的，为确保赢得观赏者的喝彩（否则他们就是白辛苦），希腊的建筑大师毫不畏惧地放弃了科学真理，使希腊艺术百尺竿头，更进一步。实际上，希腊人认识到了本书许多章节中探讨的差异问题，即活生生的艺术和僵化的准确性之间的差异、有机美和简单数学之间的差异。

然而，上述关于艺术和美的理论，在探索生长和能量的有机形式的漫长道路上，只不过是一条小路或僻径，但已经消耗了达·芬奇一生的大部分光阴，也占据了本书的大部分篇幅。本书的最后一项任务，就是要根据上述的探讨，尽力总结出较为科学的结论，并以此为前提，就所探讨的科学方法提出一些建议。因此，我必须简洁地考虑一些科学理论的例子，从以上章节的例子可以引导出一些宝贵的结论，并产生出更多的、更辉煌的成果。克利福德（W. K. Clifford）教授引用过一个例子，这完全是一个说明思维过程的例子，我希望能引起读者的关注。透过冰洲石[10]观察纸上的一个点，人们看到的不是一个点，而是两个点。已故的冰岛皇家天文学家，哈密尔顿（William Rowan Hamilton）爵士，既知道这个现象，也知道弗雷斯内尔（Fresnel）对此的解释，预言说从一定的角度，透过晶体观察物体，一定可以看到连续不断的圆圈，而洛伊德（Loyd）先生的确看到了这样的圆圈。

前文提到古德伊教授根据莫斯利对贝壳形态的调查做出的（对数螺线的）推论。在这里，我可以补充一个同样的例子，一个从英国赛马史得出的例子。18世纪著名的外科兽医及解剖学家圣贝尔非常仔细地检查和测量了埃克力帕斯[11]的身体和骨骼。根据这些检测结果，推导出了一系列标准和比例，并在《英国赛马史》一书中发表。这些标准和比例成为过去100

年间英国纯种赛马发育比较研究的方法，而且还从纯数学的角度，解释了赛马的速度和耐力的原因，该解释把速度和耐力完全归因于埃克力帕斯惊人的解剖结构。圣贝尔最有趣的研究结果最近才出现，其中，他用数学方法证明埃克力帕斯的四腿一定具有一些没有人能见到的动作。只是到瞬时照相术发明和应用于赛马场之后，赛马腿部的动作才在照片中得以昭示。

科学的发展在很大程度上取决于对事件发生的预见能力。牛顿取得《自然哲学的数学原理》这样成果的过程可以分解成两个步骤描述。第一步是假设（以纯抽象的理想运动概念为基础）行星的运动就像是系在绳端的球一样做回旋运动。第二步是科学地抛弃这个假设，只以此研究行星运动的特征。这个过程导致了光学和热力学规律的发现，也导致了根据理想流体力学抽象概念进行的假设。也是根据这个过程，我们在前面章节中探讨了贝类和植物的生长，从中推论出对数螺线是最初生长的抽象概念，并以此研究有机生命和能量的性质。一旦这样的性质在连续的研究过程中越来越清晰的时候，我们就可以像牛顿总结太阳系运行法则一样，为生命和能量归纳出明确的法则。这些关于螺旋结构的研究是通向这个目标的第一步。

显然，我们也必须提出某些可以测量变异的标准，否则只强调变化的价值是不会有什么好处的。本书的最后一章将提出一些标准，供大家考虑。

第十九章注释：

1 1843年，达·芬奇在米兰期间，给米兰公爵罗督维科·依尔·莫罗写了一封信，信中列举了他可以为公爵做出的一些贡献。莫罗掌权之前，就有个计划，要雕塑一座骑马的青铜像以纪念他的父亲——一位军事冒险家弗兰西斯科·司伏萨。因此达·芬奇在信中说："此外，我能铸青铜骑马像，以显示殿下的父亲司伏萨公爵的不朽的光辉形象和司伏萨家族的荣光。"为铸好青铜像，他到处寻找作为模型的马，最后终于在莫罗的女婿加里亚佐·迪·圣·西维雷诺的马厩中找到了他所需要的马。他为该马作了素描，并在素描稿上作了如下记录："马里亚佐先生的西班牙产大马；西西里马的大小、后脚、前脚提升等。——译注

2 Vial de St Bel，英国18世纪著名的外科兽医和解剖学家。——译注

3 Thomas Aquinas，1225—1274年，意大利神学家。——译注

4 Cimabue，1240—1302年，意大利佛罗伦萨最早期画家之一，据传是乔托的老师。其作品《圣母和天使》等已带有世俗情味，为意大利文艺复兴时期艺术的前奏。——译注

5 Plinius，公元23—79年，古罗马作家，生于科蒙骑士之家，历任骑兵指挥、海军司令等职。公元79年8月维苏威火山爆发，亲往救援和调查，中毒窒息而死。有哲学、历史、修辞学等多种作品。今仅存一部百科全书式的著作《自然史》，三十七卷，包罗生物、天文、地理、医药、艺术等门类，为研究古罗马科学史的重要文献。——译注

6 Helmholtz，1821—1894年，德国物理学家、生理学家，对眼睛的光学结构、色觉学说和乐音的性质等的研究，有很多贡献。1847年发表有关"能量守恒和转换定律"的重要论著《论力的守恒》；此外，对热力学和电学也有贡献，特别是首先把热力学原理应用于化学。——译注

7 Lyell，1797—1875年，英国地质学家。——译注

8 D'Alembert，1717—1783年，法国数学家、作家和哲学家。——译注

9 Bernouilli，瑞士物理学家和数学家。——译注

10 一种双折射的透明方解石。——译注

11 Eclipse，死于1789年赛马会的骏马。——译注

其他：

达·芬奇的伽法罗骏马和丢勒的骑士：在日期上难以实证两人的关系，但也没有证据说明他们没有关系。达·芬奇生于1452年，逝世于1519年；丢勒出生于1471年，逝世于1528年。

丢勒或者是见过伽法罗骏马的模型，或者是看见过达·芬奇关于骏马塑像的一些草图，这样说并非没有可能。从芒兹（Eugène Müntz）著的《达·芬奇传》和提斯（Thiis）博士1913年出版的鸿篇巨著的目录中，人们一定会想象到达·芬奇为此描绘了无数的草图。达·芬奇有许多画稿在1500年之前已经散失。即使在达·芬奇定居于法国之后，我们也难以十分确定地说艺术家们就见不到达·芬奇的速写了。丢勒1490年在威尼斯，之后从1505年到1507年也在威尼斯。即便他在第一次访问威尼斯时没有见到达·芬奇的作品，那他在第二次访问威尼斯时，肯定听说过一些达·芬奇的作品，因为，就在这段时间，在1493年11月30日，为庆祝比安卡·玛丽亚·司伏萨（Bianca Maria Sforza）与马克西米利安（Maximilian）联姻，米兰举办过盛大的庆典。我们可以坚信，人们长期议论不休、最为著名的这次庆典地点也就是达·芬奇乔居的齐奥维亚（Porta Ciovia）城堡前面的凯旋门下，用石膏塑造了司伏萨大公的骑马雄姿。关于这座塑像，除了创作者的一些速写外，现在早已找不到一丝儿踪迹了。关于这段历史，古拉佐（Louis Courajod）、巴那费（Bannaffe）、穆勒—瓦尔德（Muller-Walde）等人进行过探索研究。

弗兰西斯科大公（Duke Francesco）逝世于1466年。在1472年，他的继位人加里亚佐·玛丽亚·司伏萨（Galeazzo Maria Sforza）决定为他树立一座纪念碑。在称为莫罗二世（Moro Ⅱ）的罗督维科·司伏萨（Ludovico Sforza）得到达·芬奇的保证：在1493年把凯旋门石膏塑像竖立到位，曾有好几位艺术家希望承担这份工作。奇怪的是，不仅这座塑像没有遗留下一丝丝的踪迹，而且罗督维科本身后来也被囚禁在罗切斯（Loches）的地下监狱中。这个地方离克鲁堡（Clos-Luce）很近，两地都在卢瓦尔河的河谷地区。达·芬奇就逝世于克鲁

堡。根据卡斯蒂利奥尼（Sabba di Castiglione）的说法（撰写于1546年前），法国国王路易十二的格斯肯尼（Gascon）弓箭手用弓箭把塑像射得粉碎。在1501年，费拉拉（Ferrara）公爵还很有希望可以得到塑像[①]。过后，该塑像就消失得无影无踪了。这是非常不幸的事情。在达·芬奇的众多画稿中，其中许多已经复制在本书，我们可以明确地说明鲁本斯（Rubens）、瓦拉斯开兹（Van Dyck Valasquez）等著名画家都对这匹史诗般的骏马情有独钟。即使丢勒，尽管人们认为他的思想非常有异于常人，奉行严格的现实主义，也一定受到这位比他更伟大的意大利巨匠想象力的影响。当丢勒于1512年成为马克西米利安皇帝的宫廷画师的时候，皇帝是否还向他提起过那座辉煌的骏马塑像？因为那是他19年前在米兰的结婚庆典中，献给妻子比安卡的最动人心弦的艺术品。提出这样的想法，也许是幻想多于现实。不过，如果真的发生过这样的事呢，那么我们就可以理解为什么丢勒这么突然地改变了他1512年之前对骑士骏马的第一次研究，而在1513年出版的骑士骏马（复制于本书）研究中，他改变了与第一次研究非常不同的构思。改变的原因何在？

达·芬奇没有骑士的骏马线条图（图365）也许与丢勒雕刻的骏马最为吻合，两者之间只有一点不同，达·芬奇画稿中两条抬离地面的马腿比较高，因为丢勒的骑士的骏马显得疲劳。在我们研究达·芬奇的第二幅骏马图（图366）时，这一幅有人骑在马上，我们发现了马匹把两条腿抬离地面的可能原因。在达·芬奇关于伽法罗骏马的原始速写图中，骏马的前腿下方有一个倾倒在地的水罐，在其后腿的下方有一只乌龟，两件物品在这个特殊画面均具有象征意义。不过，这也形成了牢固的结构，支撑住重量巨大的塑像的四条腿。读者会注意到达·芬奇的速写给他带来了一些小麻烦，因此，他至少修改了两次。无独有偶的巧合，抬离地面的后腿也给丢勒带来了一些小麻烦。因为，就我所知，丢勒一生处理金属失误不多，这个雕刻则为其一。他大胆地把这个失误留给世人，一点也不担心这会泄露出他原先设计中的没有把握。现在，读者依然可以看到，丢勒随意地改变了原稿中骏马的双腿和双蹄的线条。雷纳克先生也指出，骏马鼻部的皱纹和张开的口，继承自古代风格，这在设计中是常见的，也出现于达·芬奇的伽法罗骏马速写中，也出现在丢勒的雕刻成品中，但并没有出现在丢勒关于骏马研究的图件中。这是达·芬奇许多关于战马的速写图的常见特征，这个特征也许在1512年

① 根据里斯特编著的《达·芬奇的生活道路》，1497年11月17日，罗督维科在政治事件的压力下，将原先准备浇注达·芬奇设计的大马模型的青铜装船由波河运往费拉拉铸造大炮。所以本文有这个说法。——译注

之前和丢勒对骑士进行了第一次研究之后，让丢勒知道了。当然，也许两者本来就只是巧合而已，但我们却夸大了其中的意义。不过，本人认为，至少丢勒在头脑中具有达·芬奇速写的图像，因此在绘制这匹步履艰难地一步步走向未知命运的病马的时候，它就定型在和达·芬奇的骏马一样的地方，只是病马的腿抬离地面的高度不如骏马，因为这是一匹不堪重负、体力疲惫的病马，而达·芬奇的骏马是凯旋的战马，驮在马上的是胜利者。骑士骑在马上，肩上扛着长矛，透过傍晚清明的光线，把人世间的欢乐留在身后，坚定而宁静地走进黑暗的大门，也许是阴影密布的峡谷口。幽灵“毁灭”骑在马上，迎面而来，所有的邪恶匍匐在地面，围绕在他的周围，似乎他的马和狗都注意到这些魔鬼的存在，而骑士依然无所退缩、无所畏惧地骑在马上，一步一步地往前走去。

毫无疑问，与达·芬奇相比，丢勒在深情地研究事实、不悔不懈地追求细节表达方面走得更远。毫无疑问，丢勒在他的作品，比如说著名的《苦闷》中，一定程度上夸大了这种原则，以过多角度的细节过分强调了这样的概念。但是，没有疑问，丢勒完全明白怎样从其他艺术家的思想和作品中吸收养分，这一点也许在我们现在进行的探讨中具有重要意义。在罗马的巴尔贝里尼（Barberini）收藏品中，有一幅关于少年耶稣和博士辩论的图画，这个题材达·芬奇和丢勒都画过，达·芬奇对此进行最具特征的研究。人们一直认为，丢勒就是在达·芬奇研究的启发下才选择这个题材的。

当然，丢勒受到达·芬奇影响的这类小例子，在研究评价这两位伟大的艺术家时，并没有什么重要的意义。不过，我鉴赏过丢勒对其骑士马匹的原始研究，并把它与丢勒的铜版雕刻进行了比较，而且把它们与达·芬奇的伽法罗骏马以及本书复制的达·芬奇的其他许多作品进行了比较，我必须承认，其中存在很大的可能性，这一点得到雷纳克的支持。

“恰如其分地表达”：我认为首先以此作为美的定义的是冰岛国家美术馆的馆长阿姆斯特朗爵士（Walter Armstrong），他分析入微的著作为现代艺术评论做出重大贡献。

柱子的微凸线：参见菲利普斯（L. March Phillipps）的文章《结构形式的起源》（1912年10月号《建筑评论》）。该文以非常有趣和独立的方式证实了本章得出的结论。

下列信函都是在本章第一次发表在《田野》期间收到的。

“稍微趋异与微妙差异”：我知道你根据下列原则，发现了一种艺术理论：对数学而言，自然界从来就没有正确过，因此艺术家必须同样稍微趋异于准确性才能创造出美的形式。这样说也许是对的，这些差异主要引起高智商观察者的注意，它们甚至也吸引了我的注意力。但是，我欣赏这样的差异，难道是因为它们缺乏完美的准确性吗？事情并非如此，真正的原因是它们极其接近于完美，其中只要有一点点差错就会暴露出艺术家功力不足。你是否认为意大利人欣赏乔托①的徒手画圆圈因为它们就像是完美的圆圈？本人并不以为然。他们欣赏乔托是因为他徒手画出的圆圈就差那么一丁点就是完美的圆圈了。他们欣赏乔托是因为从就差这么一丁点认识到他手法之高明。我承认，这样说并没有响应你的理论。这只是说明本人对阁下主要论点的感觉。

B. S. M.

“稍微偏离”：倘若阁下的艺术理论是正确的，假如艺术家的成就源于偏离法则，那我就要说，阁下正在探讨一种危险的理论。因为这个理论除了宣扬误差光彩之外还有什么呢？我听说过这么一种说法：犯错误是人类进步的主要原因。动物不会犯错误，因为一犯错误就要付出生命的代价。同理，植物也不会犯错误。但是，人类除非冒着有时失去文明的风险，否则永远不会进步。我认为，我们已经为“适者生存”理论付出了代价，这个理论对我来说是邪恶地强调了死亡的价值。不过，有时候，我们战胜了这个理论。而且我认为什么也不干的人才不会犯错误。就犯错误而言，只要不是有意识地犯错误，那你的理论就对他不起作用。

Q. T.

“艺术家的创作”：也许还有其他人，但就本人所知，在达·芬奇所熟知的艺术原则的教育中，没有人比得上朗特里教授（Edward Lanteri）。例如，我可以引用一些朗特里教授的著作，来说明他的思想与你提出的理论是多么接近。他说：“为了发展艺术家的智力，艺术家必须以最大的真诚从自然界开始研究，模仿花卉、模仿叶子，甚至模仿自然界的一切，其中要极其认真地研究其特征和形式，因为自然界只向以热恋的眼光研究它的人敞开秘密。这样，研究者才会发现

① Giotto，1267—1337，意大利文艺复兴初期画家、雕塑师和建筑师。是第一个探索用新方法作画的艺术家，人物造型较有立体感，注意空点效果，构图重点突出，对意大利艺术发展有很大影响。作品有《出埃及》、《犹大之吻》和浮雕《人民生活图景》等。——译注

谋篇布局的本质，世上没有什么能比一朵花、一片叶子，以及人体更和谐、更对称的了。从这样的布局中，人们可以发现美的所有法则。而模仿它们的研究者，根据自己的气质和个性，认真地吸收消化其中的法则，创建自己的思想，然后再应用于自己的谋篇布局中。”

A. R. A.

“科学和艺术”：你一再强调艺术和数学的差异，一再地强调艺术和科学的结合，而艺术和科学的结合正是达·芬奇的巨大天赋。于是，我担心你的读者会因此看不到数量和质量之间的差异，数量和质量的差异说明了为什么达·芬奇可以让科学成果传世，却不能让任何人复制他的图画。

“达·芬奇敲钟，听到钟声在其他的钟中回响；达·芬奇拨动诗琴的弦，引起另一把诗琴同步发出和声；这样的事情，达·芬奇的同时代人可能都做过。这就和现代化学实验室中最笨的学生一样，他的起点知识要比拉瓦锡（Lavoisier）所知道的还要多，并且能够重复最伟大的前人所做过的所有实验。但是，在达·芬奇的同时代人中，没有一个人能够画出《蒙娜丽莎》，现代也没有一个人能够像达·芬奇那样用铅笔速写人头像。换句话来说，实验本身是定量的，一代人的实验变成下一代人的遗产，代代相传，成为文明进化过程的行李。正因为这样，科学在不断地进步。但是，艺术在本质上是定性的，是人格化的产物。艺术的出现和消失就像太空中明亮的流星，既不受时间的限制，也不受空间的限制。而最勤奋的艺术研究者也复制不出导师的个性，即使是一粒原子那么大的个性。”

A. S. F.

“适度表达”：“虽然我不相信有人能够用数学图形或公式准确地说明自然生长，但是，这样的努力，无论如何，可以给人们一种用以同植物或贝壳进行合理比较的图形或公式。在进行这样的讨论时，我们有义务采用图像或符号语言，因此，我们可以简明地把鹦鹉螺描述为在‘生长过程中努力达到对数螺线形，使其形态更完善’。其中，这样描述的真正含义是，经过认真地测量大量的成年鹦鹉螺标本之后，我们得出结论，对数螺线是一种数学约定，一粒完美的贝壳具有最清晰、最容易辨认的对数螺线，于是我们的头脑把这样的贝壳归为一类。生物学过程可能有实例证明，所有形态上没有接近对数螺线的鹦鹉螺已经绝种了，较完美地发育出对数螺线形态的鹦鹉螺存活了下来，并且生儿育女。于是，我们就得到了与‘无限级数’相同的概念。每一代都完善一点，但是，就完善一点，永远也达不到特定环境中特定生物完美形态的阶段。在这个方面，提出下列的观点当然要冒一点风险：菊石的螺线圈较小，它难以适应地球表面发生某些变化后的环境，因此，菊石就绝种了，到现代成了化石了。我们并没有足够的资料说明，在现代，鹦鹉螺被迫，或者在一定误差范围内，尽可能接近对数螺线，或者也断子绝孙了。我们可以肯定地说，一粒活体鹦鹉螺从来没有形成精确的对数螺线，其原因在于对数螺线的数学约定能满足人类的思维，但并不是活体鹦鹉螺努力实现的准确目标。实际上，我们也可以说，鹦鹉螺并不想用精确的数学'表达自己'（如果允许我使用这个说法），其根本原因就是它是活体。因此，这就在我们心里激起称之为'美感'的喜悦，因为，我们认识到鹦鹉螺正在越出准确性的轨道，正在准确地发生微妙变异，其中记录下它为达到理想状态的努力，而且表明努力过程中发生的误差并没有严重到致命的地步。我们也同样赞赏这样的观点，因为'美'是'适度表达'。也就是说，鹦鹉螺战胜了许多时代的弱点，生存了下来，因为它是'最适者'。鹦鹉螺从发生开始始终繁衍不息，就因为它成功地适应于环境，为适应环境，在形态和结构上发生着细微的变化。"

"顺着思路，我们从自然界转移到手工作品（甚至是艺术品）上来。考虑一下黑橡木的折叠桌，这样的折叠桌一直是简单茅屋或村屋的家具之一，是起居室的装饰品。但是，黑橡木折叠桌现在已经难以满足需要了，因为样式太陈旧。从另一个角度来说，黑橡木折叠桌能够成为旧式家具，因为它们是满意的手工制品。木匠着重于把折叠桌制作成圆形或大椭圆形。虽然这样的线条在数学上未必正确，但已经基本完美地满足需要。木匠把橡木板一块块连接成主面板，但是这样形成的表面远远不是数学概念上的平面，不过，这样的表面已经可以牢固地摆放杯子和盘子。黑橡木是硬木，手工制作困难不少。我们看到了制作成的桌子，对克服了这样的困难，在误差范围内制作出桌子的木匠表示同情。如果超出误差范围，这桌子就显得丑陋、不牢固，也没有用处。从桌子身上，我们看到了'适度表达'的手工制品。我们觉得它美，因为它适合于古人的用途，因为我们愉悦地感觉到它是世界的组成部分。这与单纯的不规则性毫不相干。人们可以用机器制作出成千上万对称的茶盘，然后叫一个工人用锤子把茶盘敲打成不规则形。这样形成的茶盘并不会产生出美感的喜悦。这是毫无用处的，就像南肯辛顿的唯美主义者说的话毫无用处一样。他们说，曲线之所以美就因为它是弯曲的。也许除了认为自然物品（或者工艺作品）只有严格符合数学规则才是最美丽的观点以外，其他不会有什么离真理更远的了。"

K. B. C.

Chapter 20

Final results

· 第二十章　结　论

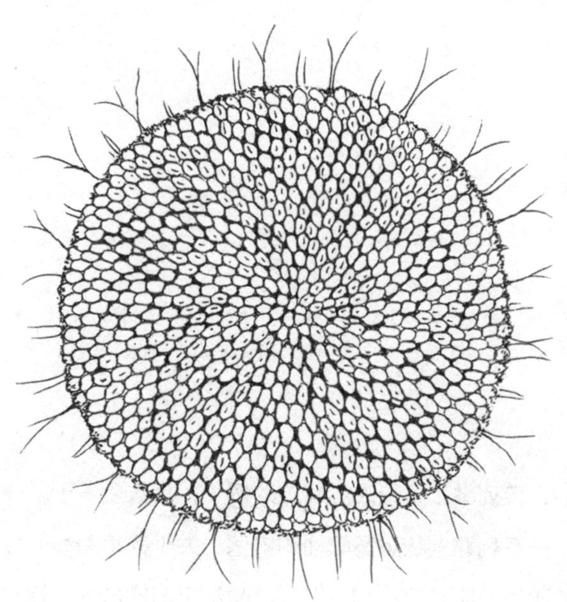

从最高最高太空的星辰上降落下了那个辉煌，而对着这些，它吸引住了心灵的愿望。

——米开朗基罗

在本书中，我列举了大量天然螺旋的例子，其数量多于以往同类书的收集和插图。一系列螺旋状贝类螺柱的实例、关于兽角曲线的分析、人体解剖学螺线的比较，所有这一切，以其最微不足道的形式，旨在为奠定科学理论探讨的基础做出贡献。在我们已经研究的螺旋结构，其中有些可能就是因为把长形器官挤压在有限空间造成的，另一些则因为两侧生长快慢不均造成的（原因各不相同）。我们也发现，有些螺旋形成的目的显然是为了通过常见的机制把积累其中的液体弹射出去或者是为了保留住外来物质，以便从中提取出最后一点好处。有些螺旋结构，正如我们所见到的，是为了利用螺旋作为动力，在地面或水中飞翔或进行其他形式的运动。我们在自然界无数的实例中发现了同样的结构，小到有孔虫，大到太空中的涡旋星云。我们有时倾向于这样认为：天体的生长可能就表现在涡旋星云中，这与完全具有重量、作圆形运动的行星相反，行星由于遵循永恒的万有引力，始终沿着固定的轨道运行。在整个研究中，我们形成这样一种看法：抗力作用下的能量和生长是螺旋结构的成因。而且我们已经发现，不仅古代中国哲学家，而且古老到2万年前的奥瑞纳文明，都把螺旋形作为传统装饰。附录四有趣地说明了传统标志是从鹦鹉螺的对数螺线发展而来的。我们也已经探讨了人类应用自然界相同的原则，把艺术应用在工程学和建筑学领域。我们也到处发现，把抽象的数学概念应用于叶子或花瓣的排列以及贝类的生长等自然现象的极端事例。

人们常说，螺旋是一种传统术语，利用这个术语，人们可以对自然界中的某些结构，甚至某些思维过程进行归类和描述。看来，我们有必要强调这样一个事实，即许多可以归类为螺旋形的自然结构并不能证明源于设计（有一个学派持有这种观点），也并非动植物有意生成的。螺旋形仅仅是一种极其有用的大标题或者公式，人们只可将其用于某些现象的归类或其共同特征的研究。再者由于螺旋形并非一般的数学约定，因此，我可以正确地坚持说，数学本身的应用实际上并非目的，而我也已经在前文中从许多方面说明自然界“憎恶”数学的精确性（如果允许我使用这个词），而且，只懂得2加2等于4的人绝对没有艺术。人们认为，世界上除了高等数学之外，还没有其他的手段可以让人从纷纷扰扰的现象中梳理出其中的同类项。在这一方面，本书的叶序图（图387和388）完全可以说明，笔者可以根据丘奇的著作对叶序进行描述。

物理学作为精密科学发展到现在，也难以揭示本书前面各章所描述的叶序呈螺线排列的深层含义，甚至也揭示不了最敏感的无线电晶体测量器，若与黄金点连接，则使黄铁矿圆锥形断裂形成螺旋槽这样奇怪的问题。也许出于偶然，植物的对称生长结构（图387），从对数螺线的角度来说，与等位线的分布图相吻合，而且也与导线中电流的流动途径相吻合。再此外，植物的对称生长结构（图388）还与等压线和理想流体中涡旋的流动途径相一致。当然其前提一个是静态，另一个则为动态。但是，一些比相似性更为重要的事实是，在明显不同的物体中却证明最终产生了类似的结构。说真的，这样一种想法一定始终敲打着没有偏见的观察者的心灵：在所有这些例子的背后，肯定有一种更本质的法则在起作用，这样的法则可以用同样的数学形式来表达，也可以用生物的生长和无生命的能量（例如星云）中自然出现的同样的螺旋结构来表达。

威尔逊山太阳系观象台的费思（Arthur Edaward Fath）博士出版了一本书，很好地总结了半个世纪以来人类关于天体构造奇观的研究成果。梅西耶（Charles Messier）创立了星云星团表，把天空中103个无法归类的静止物体列入星云星团表，并把它们称为星云。利用直径4英尺的反射望远镜，赫歇尔（William Herschel）爵士发现了更多天体物体。他和他的儿子约翰爵士（John Herschel）共同发现了5097个天体物体。1845年，罗斯爵士（Rosse）利用直径6英尺的反射望远镜发现了梅西耶星云星团表上的第51号天体呈现出明显的螺旋形状（参见本书图1），这是该年度最重要的天文学发现。1864年，惠更斯（William Huggins）爵士利用分光望远镜证实天龙星座的行星星云是一个发光气旋。1888年，罗伯兹（lssac Roberts）博士利用干版照相术，说明大仙女座星云（图382）是一个巨大的涡旋，使可见光偏振。从1899年到1900年，利克天文台（Lick Observatory）的基勒（James E. Keeler）博士指出，太空中存在着12万个星云，几乎全部具有涡旋结构。星云的涡旋结构是什么样

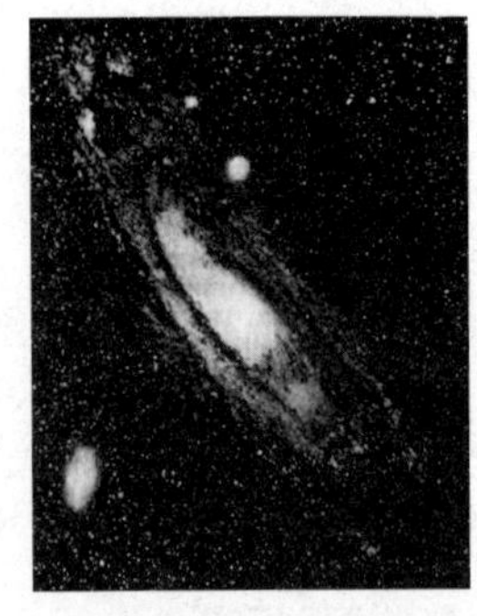

图382
美国叶克斯天文台40英寸望远镜拍摄的仙女座星云，曝光时间4个半小时

子，读者可以从图383大熊星座的涡旋星云得到印象。大约在同一时期，波茨坦的谢纳（Scheiner）博士和惠更斯爵士通过分光望远镜进一步发现了大仙女座星云的内部结构。从1907年开始，法思博士已经发现了大仙女座星云中的14条消光线，认为大仙女座星云的体积应该比太阳大4000万倍。换一句话来说，在望远镜无法分辨的遥远的太空中，在远离太阳系恒星的地方，在我们所不知道的太空中，有许许多多的太阳组成了另一个宇宙。如果有办法从中辨认出螺旋结构，至少可能说明太阳系原先也是螺旋状的，许多天文学家的研究成果也证实了这一点。因为，虽然相互吸引和围绕核心进行旋转运动可能会改变原先的位置，但是，许多明确的迹象证明了原有的螺旋结构，这一点可以从正在形成的大仙女座星云中观察到。在这个巨大的螺旋体旋转过程中，凝聚过程发生了，最后在中心形成了一颗巨大的恒星（或太阳），周围围绕着许多小星，它们缓慢地冷却形成行星和卫星，而剩余的星云物质则以流星或彗星的形式从太空消失，或者参与形成了黄道光。我已经注意到，波茨坦的谢瓦茨齐尔德（Karl Schwartzschild）教授具有另一种观点。他认为，如果用海王星代表太阳系最遥远的太空，那么根据演化关联理论，可以预测，在开始形成的时候，我们的太阳就要比迄今为止发现的天体都小，也就是说，他难以接受上述的太阳系形成理论。更有甚者，他还认为涡旋星云既然已经形成现在这种形状，那么它未必可以说明天体系统的起源。图384示出的非常奇怪的结构，既呈平面螺旋状，也呈圆柱螺旋

图383
大熊星座的涡旋星云
（利克天文台反射望远镜拍摄）

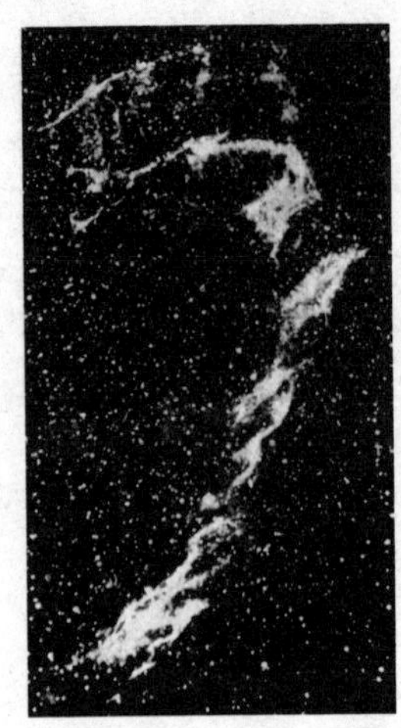

图384
天鹅星座的涡旋星云
（涂银玻璃反射望远镜拍摄）

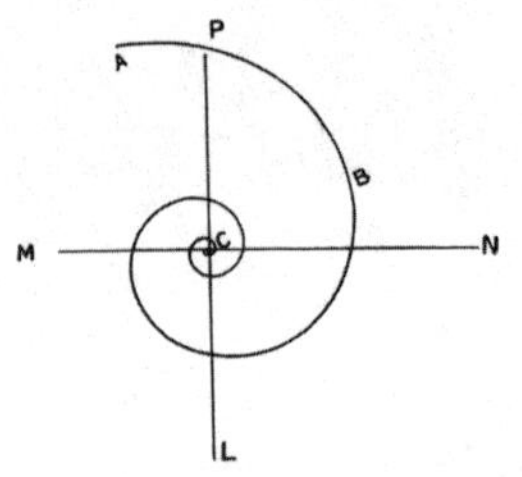

图385
带半径的对数螺线

状，这样当然需要一些特殊的解释。再者，按现有的知识水平，只要迫使他承认天空中可见到的最佳螺旋形接近于对数螺线就可以达到我的目的，我也就心满意足了。

根据这个观点，我们也许可以说，螺旋结构是一种宇宙结构。如果事实果真如此，那么，组成宇宙的要素也应该是螺旋形的。在1869年，门捷列夫（Dmitry Mendeleyev）发表了元素周期表，奠定了化学元素分类的基础。在门捷列夫元素周期表问世前若干年，也就是1863年，纽兰兹（John Newlands）曾经指出，如果元素（其中不包括最轻的元素氢）按照其原子量排列，第一个元素、第八个元素、第十五个元素，实际上，比原子量最低的一组元素高7个单位的任何一个元素，都基本上是第一个元素的重复，就像是音乐八度音符中的第八个音符一样。这仅是螺旋的另一种形式。在1888年，斯通尼（Johnston Stoney）博士向皇家学会递交了一份《论原子量的对数法则》的备忘录，不过，该备忘录并没有全文发表。雷利爵士阅读了原始手稿并做了摘要和评论（见《皇家学会志》A版，1911年，第85卷，第471页）。斯通尼博士绘制了原子量分布曲线图，希望有所发现，但他的许多努力都劳而无功，随后，他发现可以利用容量与原子量的比例进行这样的研究。于是，他得出了一种图形（参见图385），该图形显示为对数螺线，非常明确地证实了怀疑。换一句话来说，所有已知化学元素之间的相互关系基本可以准确地用对数螺线来表达。如果已知的化学元素的相互关系是这样，那么，尚未发现的化学元素也一定具有这样的相互关系。因此，1888年以后发现的新化学元素，就可以在斯通尼博士绘制的螺线图中找到正确的位置。这个重要的过程自从1869年门捷列夫元素周期表公布之后，就已经出现了。这个过程也出现在螺旋系统中（其中包括门捷列夫的元素周期表以及对该周期表的再证实），事实最有力地证明了螺旋系统不仅是一种正确的假设，而且是一种基本法则。截至1912年，已经发现的化学元素大概是83种。1888年在斯通尼的螺线图上，有6种元素还没有发现，即位于氢和锂之间的6种元素。拉姆塞爵士[1]在1895年发现了氦，刚好填补了空白，虽然其数学位置未必准确。可是，在第十六条的半径上，还有一个更重要的验证任务。在这个位置，在一价负电子元素（如氟、氯、硼和碘）与一价正电子元素（如锂、钠和钾等）之间还有一段空白。这段空白被填补上，以绝对合适的元素，即惰性气体元素填补上了。1894年，瑞利爵士和拉姆塞共同发现了氩，1895年和1898年，拉姆塞爵士发现了氦、氖、氪和氙。这5种新的元素既填补了螺线图上的空位，也满足了门捷列夫元素周期表的需要。

螺旋形，作为一种想象的概念，其主要的美在于总是在成长，而且从来不会重叠覆盖，因此，它不仅解释了过去，而且预示着未来。它在定义和说明已经发生过的事情的时候，也同时不断引导人们去进行新的探索。因此，这就是大自然始终贡献给最忠心情人的“永不衰竭的惊人的美”，虽然大自然的运转绝对服从于某些宇宙法则的庄严的和谐，而且对此我们难以知晓。这是一种神奇的、最基本的魅力，引起了世界上最古老的一位诗人的注意：“尔能否把握七姐妹星[2]甜蜜的影响，而失去俄里翁之束缚？尔能否携带十二宫到其季节？尔能否引导牧夫星座之大角星及其儿子？”

在数学上，我们拥有最充分、最精确的手段。利用这样的手段，人类可以在思维中归类、标记、定义自然界中千变万化的物体，其中，把各种结果或所有的结果，用眼睛可见的曲线形式表达出来，是一种价值珍贵的习惯行为。这个方法对于生长的问题或对数螺线，也许是各种研究方法中最重要的。因为，它不仅可以用于生长和能量曲线的研究，从生命起源一直延伸到外部空间的研究，而且可以定义沿着半径的生长过程。例如，图385是一条从中心C向B生长、最终结束于A的曲线（作者暂定A为终点）。但在这个图上，还有许多半径，可称为CP、CL、CM、CN，每一条半径都与从C到A的曲线在三个点上相交。读者一定会注意到，线条CP上的三个切点（以点C为参照）在位置上与线条CL上的三个切点不同，CL的与CM的不同，CM的与CP的不同。于是，我们看到曲线CBA从任何一点开始都可以无限旋转延伸，其中观察A点比观察C点容易领会，因为可以看到半径。因此，这个数学概念就在事实上包含无限的分级，并且以非常美丽和宝贵的理论解释了无限级数。螺旋曲线在半径上的韵律节奏与无限级数理论直接相关，这是巴尔先生向我说明的。

数学公式或数学图形表达的无限级数并不是螺旋状的。但是，只要存在一系列正则生长的数学项，我们就可以把连续项认定为是一个螺旋沿着半径向外的连续“抛掷”，从而形成螺旋概念。这绝对不是把不同的事物以无用的方法胡乱建立起关系，因为，我希望说明螺旋概念的背后包含着大量进行成功分析的方法论。

如果我们希望表达一种生长概念，其中生长速率必须用生长的量来衡量，我们就可以得到包含在ε中的美丽的项级数：

$$\varepsilon^X=1+x+x^2/2!+x^3/3!+x^4/4!+\text{无限}$$

当然，式中的4！指的是阶乘级数4，即4×3×2×1。

这里没有螺旋，但是，这个数学公式表明一个事实，即为了得到固定的，即静态的值，例如ε_i（ε_i=2.71828……），我们就必须通过一系列的步骤或“抛掷”，应用渐进和节奏生长的概念，一路进行下去，直到最后获得该值为止。

不过，还有一个更好的例子可为我所用。圆周率并不完全是直径的三倍，而是直径的3.14159265979……，这是事实，但还有一个数值比这更肯定，这就是数学家认定的π。阿基米德在想象多边体连续按级数递减时发现了π，现代数学家用无限级数来表达π，如π/8=1/1.3+1/5.7+1/9.11，直到无限。这个级数给出非常确定的结果，不过，它还多了一个眼睛看得到的魅力，表明在按项对其结果进行解释时，它准确地产生出一种我称之为螺旋的韵律节奏。而正是这种韵律节奏或“抛掷”揭示了π的所有内在神秘。

然而，我这时却听到觉醒的学生在嘀咕：“π并不生长。”好了，经过辛苦的分析之后，重要的问题是要分清具体形式和相对形式。若把生长认定为实际连续增加的过程，而且用级数的形式来说明这样的生长事实，即具体（或客观）的分析。如果把静态物体认定为周长与直径成固定比率的物体，那么，人们就会发现，分析这样的事实（因此要确定π的固定值），唯一可行的方法是用级数分析之间的关系，即相对（或主观）的分析。这到底是怎么回事呢？静态事实也需要级数的连续不断的“抛掷”，就好像是螺旋的节奏韵律一样呢？在这个现象背后的思维中，人们可以得到一个基本的事实。这个事实就是在某些方面我们所有的思维概念都与节奏“抛掷”相关。即使是考虑静态事物，我们也必须认识到其中存在感觉的流动。看起来是死的、无机的、静止的、等于零的物体，而为了“分析的胜利”，必须想象成活起来，并且是在有节奏地连续地增长。正如已故的詹姆斯（William James）所指出的，人类的思维往往太跃跃欲试，难以强行把连续法则应用到可以认定熟悉的、固定事实的阶段，因此，由于忽视了相似性，人类想学习的内容实际上并不是知识。詹姆斯说：“我们应该寻找的并不是相似性，而是‘永不停止’”。那么，用我自己的话来说，这就是“我们要寻找的并不是固定的法则，而是微妙的差异”。因为这样的差异就像是级数的轻微“抛掷”，根据这个差异，工程师车床上的闭合螺旋往往在加工过程中失去重复，总是比刚刚加工过的位置（在同一条线条上）稍微高一些向上旋转。德·斯达埃尔女士（Germaine de Staël）以闪烁着罕见的直觉火花的语言写道：“人类总是不断地进步，总是不断地螺旋式前进。”

如果条件得到充分了解，而且数学公式足够复杂，那么自然界的任何物品都可以用数学形式表达。这里真正的困难在于选择一个基本的概念，这个概念在引进新的因素时，允许做出相应的修订。笔者已经用事实证明，对数螺线正是这样一种概念。但是，任何一位数学家都会告诉你，对数螺线的无限数局限于直线和圆圈内。因此，这就有必要选择最适合于我们探讨的形式。我们必须弄清是否有一种对数螺线形式（如果有，是什么形式）能够更准确地适合我们的需要，也就是说要比本书第五章和第六章中描述的，丘奇所建议的植物螺旋生长的理论更准确的对数螺线形式。

为了让读者进一步了解笔者所探讨问题的范围，我在图386复制了一

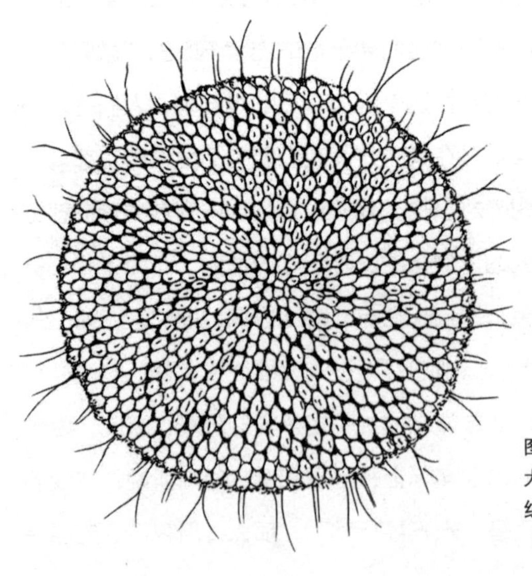

图386
大葵花花盘，显示出葵花籽排列组成的螺旋曲线
（照片提供：《皇家杂志》）

幅巨大的向日葵花盘图（承蒙《皇家杂志》的执行编辑允诺借用，该图在1912年11月首次发表于该杂志）。对图中葵花子排列形成的曲线应该非常认真地加以审视。这样的排列特点当然对我的论据具有重要的意义，而如果想象还有多少种排列方式，那么人们马上就会想到，必须为相交曲线的方法加上一个非常特殊的数值，这个特殊数值在葵花上清晰可见。

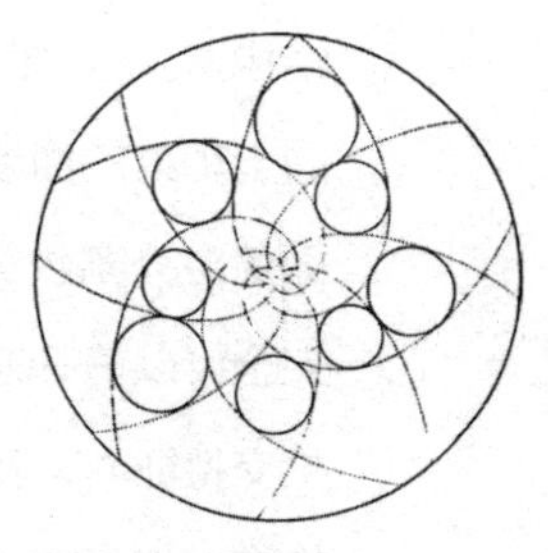

图387
5+8标准曲线系统图

在其宝贵著作《叶序的原则》一书中，丘奇示出了两幅线条图，本书把它们复制下来，以进一步说明本书的论据。

图387显示了植物系统，其中曲线从中心点向外辐射，5条朝向一个方向，8条朝向另一个方向，形成了同序相交。即使是极其轻微地趋异出中心，也会产生非常不同的结果。图388是旱金莲（Tropaeolum）的离心

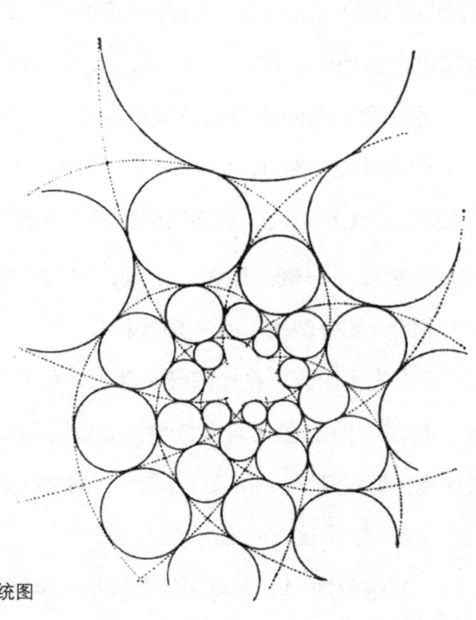

图388
5+8离心曲线系统图

结构图。这幅图似乎建议解释相交曲线系统的唯一正确方法是按照各个方向上辐射的曲线数。这样的曲线数总是以斐波那契级数列（Fibonacci，即黄金分割数）1，1，2，3，5，8，13，21等的数字出现。黄金分割数完全可以精确地满足丘奇先生的各种探讨。在用数学方法探讨螺旋特征或相交特征时，我们不需要进一步扩大范围。但是，在纯物理学领域中，显然存在相似的结构，我相信，这样的相似一定可以发现，而且可以借助对数螺线加以阐明。

前面的章节对此作了解释，其中我提到黄金分割数，1，1，2，3，5，8，13，21，34，55，89等等，显然，此后的每一对数字的比率都是基本恒定的，而且，越往后，级数的比率越接近于极限，极限实际上是$\frac{\sqrt{5}-1}{2}$。把$\frac{\sqrt{5}-1}{2}$旋转360度，则为137° 30′ 27.951″。因此，如果植物的叶子围绕着垂直的干茎生长，相互间趋异角度为137° 30′ 27.95″，就不会发生两片叶子准确重叠的现象，而这一般是理想的状态。据此，我们可以推论，按照这样角度排列的叶子，其相互重叠的几率最低，其中营光合作用的叶子获得光线的几率最高。这样排列的叶子可以用黄金分割数表达。最后，可以进一步指出，数字1，1，2，3，5，8，13，21等绝不是偶然的。一朵矢菊花盘上的曲线可以分割成两块，一块13，另一块21。向日葵花盘小花的排列是一块34，另一块55，甚至高达89和144。文章写到这里，我们难免要做出结论说，螺旋结构在植物系统中出现这样的数字说明它们与黄金分割数$\frac{\sqrt{5}-1}{2}$确实相关。于是，我们就必须重复前文已经描述过的丘奇先生的大部分理论（81—102页）。

上述推论（经过丘奇先生审阅）在《田野》杂志才发表若干天，我就收到斯库陵先生的一封信，指出在几何级数中，如果任何两个项之和与下一个项相等，该比率的数值则为（$1+\sqrt{5}$）÷2= 1.61803398875（近似值），或者（$1-\sqrt{5}$）÷2=−1.61803398875（近似值）。

这些根的和是+1，其乘积为−1，而其中的差异是$+\sqrt{5}$或者$-\sqrt{5}$。

这是唯一的用一般方法通过相加或乘以公比所能得出的连续项的几何级数。

巴尔先生向斯库陵先生建议说，这个比率由于下列的理由应该称为Φ比例。取该符号为公比，则公式：

$\Phi^{n}=\Phi^{n-1}+\Phi^{n-2}$

$\Phi^{2}=\Phi^{+1}$

$\Phi=(1\pm\sqrt{5})\div2$。

在我们的探讨中，关于Φ级数的最重要事实是它给出了双黄金分割数，而在Φ级数中，任何两个连续的数字的比率不仅近似，而是完全相等，因为比率常数是Φ=1.618034。

因此，Φ中的双黄金分割数表示为：

$\Phi^{2}=1+\Phi$

$\Phi^{3}=1+2\Phi$

$\Phi^{4}=2+3\Phi$

$\Phi^{5}=3+5\Phi$

$\Phi^{6}=5+8\Phi$

……

这个比例选用符号Φ部分原因在于它的发音与π相关，部分原因在于它是菲狄亚斯名字[3]的第一个字母。在菲狄亚斯的雕刻作品中，在所有突出的两点之间均存在这个比例。由于其中具有Φ的例子这么多，因此Φ真应该称为“菲狄亚斯比率”。

找一个身高68英寸比例合理的人，若以10英寸为测量单位，则该比率为Φ^{4}，因此从地面到肚脐的距离是42英寸，或者为Φ^{3}；从肚脐到头顶的距离是26英寸，或者Φ^{2}；从头顶到双乳连线为16英寸，或Φ；从双乳连线到肚脐是10英寸，或测量单位，或1，或Φ^{0}。

Φ中具有许多宝贵的比例。例如，丘奇先生在说明植物生长的螺旋结构系统与黄金分割数的关系时指出137° 30′ 27.951″是“黄金分割角度或理想角度”。根据上述对Φ比例的讨论，可以看出这个理想角度能漂亮而整齐地表达为圆的测量公式：$2\pi/\Phi^2$（或2π除以Φ的平方）。

我现在只好让斯库陵先生到附录去解释其他许多有关Φ极其有趣的事实。因为，现在足以说明，用Φ计算出的结果，在自然生长的研究中，要比丘奇先生极力推崇应用于植物学研究的黄金分割数更为准确；而在艺术领域，则比费希纳（Theodor Fechner）在1876年出版的美学专著《美学导论》中提出的理论更接近于事实。我还可以进一步建议，从两个角度对其用途进行研究很可能会得到事半功倍的结果。因为，在数学领域，它可以表达为二项式系数，而且也可以作为基础，大大促进对数的计算。在几何学和三角函数领域，它的性质在附录二中进一步得到解释。

这里还应该加上一点。如果一个对数螺线的半径矢量为Φ级数比例，其结果则不仅是一个具有奇异特征的螺旋，而且还具有其他的特征，即在任何一条半径上，任意两条连续螺线的距离的和相等于在同一半径上达到下一条曲线的距离（参见图389）。这样一种Φ螺旋与第二章中把纸带从贝壳上舒卷开获得的螺旋（图44）具有极大的相似性。

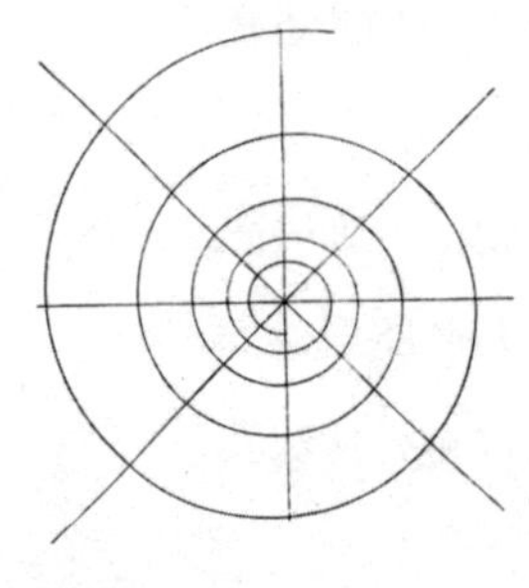
图389
菲狄亚斯螺线

从另一方面来说，艺术领域一定可以证明Φ不仅在比例领域有用途，而且在简单的线形测量方面也有用途。因为，正如前文已经说明的，Φ在本质特征上是级数，由于它在任意一条半径上都给出Φ的比例，它也就

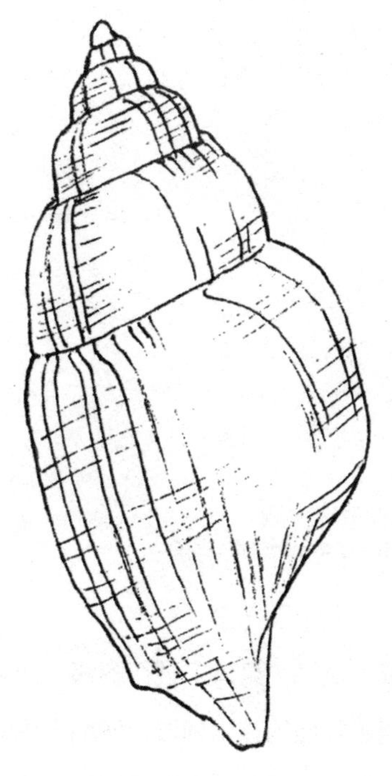
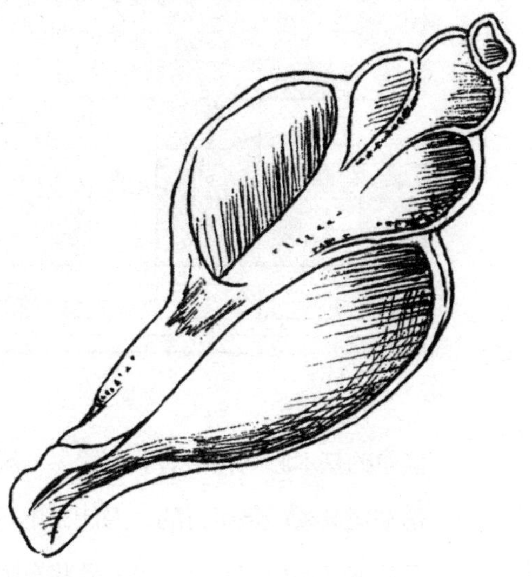

图390
贝壳空间的逐渐（按Φ比例）增大

应该可用公式，以计算半径之间连续面积或空间的比例。我认为，这样形成的空间的增大应该与图390中示出的贝壳剖面各“小室”相同，也应该呈Φ级数，而且与其外部的螺旋直接相关。

在建筑空间研究中，Φ比例的价值可以简单地用图391的丩图来说明。图中，所有直角均呈与人体均衡发育和贝壳线条的Φ比例相同。不仅如此，图中8个Φ^5的面积和5个Φ^4的面积正好填满了一个正方形，其边长为Φ^5，因此，其面积为Φ^{10}。可以表示为：

$$8\Phi^5+5\Phi^4=8\times 11.090+5\times 6.854=88.72+34.27=122.99=\Phi^{10}$$

这说明它可用作公式，不仅可用以解释帕特农神庙或君士坦丁拱门（Arch of Constantine）一类建筑的空间布局，而且也可以根据生长和

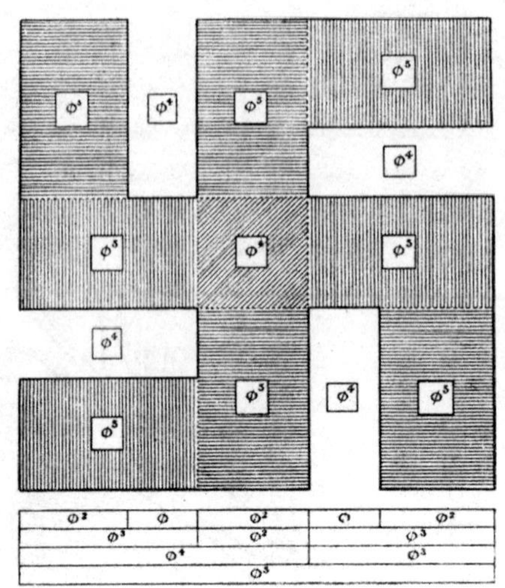

图391
卐字按Φ比例分解成矩形

能量的基本原则，用对数螺线（一般）或Φ螺线（具体）进行解释。如果这在建筑领域是可行的，为什么不可以用于其他的艺术领域，例如大幅图画的谋篇布局呢？这一点，我将在附录中讨论，目的是为了避免在总结全书的本章，由于描述过细而影响思路。然而，对于其中真正的困难，我还是要马上说明。这就是把Φ比例（主要解释生长的某些特性）和艺术家思维联系起来的困难。艺术家思维的结果表现为其图画的空间和比例具有悦目的特征。在本书中，我已经说明了自己的意见，认为这样的联系的确存在，而且实际上可加以阐述。我认为，艺术家在思维和气质上要比常人敏感，和自然界的关系也比常人密切，其观察力和领悟能力均优于常人。艺术家的创造是严格意义上的“创造”，因为他不仅模仿周围世界的美，而且为全人类“创造”出新颖的美。因此，艺术家的图画（雕塑、建筑或音乐）可以对生活加以诠释并与世界上有生命的物质相互媲美。生命物质，经过生命本质过程的雕塑，已经形成一定的形式。我认为，艺术家的创作同样从本质上（也许更微妙地）显示出生命的过程。

这不仅归功于达·芬奇等在其杰作中矢志不渝地对自然界的研究，归功于哥特描述为“突然间迸发为丰硕知识的最高层次的发明或发现”，还归功于艺术家在其艺术创造中重现了他们在自然形态的研究中所熟知的比例法则。从更深的层次上，它要归功于艺术家的具体个性、各具特征的敏感性。正如歌德指出的：是“从内部揭示其运行规律，是客观世界和主观思维的有机结合”。很多客观事实表明，“艺术并不会准确地模仿可以用眼睛看到的东西，艺术要返回到自然界，探索其形成和运行的本质原因（就笔者而言，即比例法则）。”

我认为，这说明艺术家的创作给我们带来的最本质的喜悦是显示了自然的最根本的法则。对于这样的法则，艺术家有时是做过深入的研究的，在更多情况中，艺术家的直觉欣赏这样的法则，不知不觉中在这样法则的熏陶下，形成了自己的风格和爱好。如果Φ在某些方面描述了生长的原则，也只是从一方面揭示了自然的精神，那么与深入自然的艺术家，即使没有意识到它的存在，为什么就不会把它应用于自己的创作呢？

贝尔福先生指出：“正如评论界始终努力制定布局规则一样，比例致力于奠定美的法则和确定优秀的标准，但是，对我而言，它已经不能够……成为评论家指出爱恶的原因。但其中之‘原因’充其量不过是评论家个人的爱与恶。”在这里，我必须忠告读者诸君，其中一些原因也许可以从Φ中找到。贝尔福先生也许在伦理上或知识上并不承认生物进化具有谱系。贝尔福先生把谱系描述为“偶然的副产品，进化过程中幸福的事故”，对此，我并不赞成；他把创作出艺术品的天才评论为“同样也是偶然产品”，对此，我也不赞成。不过，他指出“不同的人对不同的物品偶然感觉到美，对此，我们不必惊奇。因为，美感是在极其复杂、极其微妙的心理过程中迸发出来的”。这一点，我完全可以接受他的立场。因为，在这样复杂和微妙的心理过程中，我必须指出，其原则就包含在Φ级数中，这正是Φ级数的最基本用途之一。

贝壳或花卉的美无可抵抗地吸引着人们的注意力，这是无须争辩的事实。在前面的章节中，我已经描述了造成这种吸引力和这种美的某些可能的原因。贝壳或花卉的美在心理激起的情感来自两个方面的原因：一是生长过程中的生物虽然无意识但却始终努力适应环境造成的；一是这样的努力获得高度的成功，因而使该生物适于生存。否则，它们早就香消玉殒了。因此，用Φ级数解释的生长过程，以及它们揭示的连续比例，和人类从自然物品获得的美感具有密切的关系。

绘画精品无可抵抗地吸引着人们的注意力，这也是无须争辩的事实。这里，我可以把艺术杰作与现生的贝类或花卉作一番有意思的比较。因为，虽然低劣的图画并不会“死亡”，却当然会被忘却，因此我们没有必要加以讨论。不过，把一幅图画杰作与一粒美丽的贝壳进行比较，如果其中存在的相同性，在本质上比第十七章和第十八章中的外表相似性多得多，那么，对该图画的比例的分析一定会揭示出与用Φ级数解释自然生长过程一样的比例。我已经说明，从Φ级数这样简单的公式中获得的有趣的“变化”可以在最上乘的艺术品中找到，这正如它们可以在活体生物中找到一样。所以，如果我也能证明艺术品与生物一样，同样与Φ级数高度相关，那显然具有重要意义。如果这样，这并不意味着艺术家在创作布局中采用Φ级数比例是由于先入之见，就像鹦鹉螺并没有蓄意生长成螺旋状壳体一样。但是，在艺术创作过程中模糊地称为“天性或本能”和最根本的自然生长原则之间可能存在一种真实的联系。实际上，我斗胆提议把Φ级数作为自然物品或艺术杰作中的美的基本原因。

在本书附录的图版7中，我复制了哈尔斯[4]的《带笑容的骑士》。如果应用Φ级数方法（参见附录九），就可以明确地发现，这位炉火纯青的艺术家，以其艺术修养的直觉进行了布局，显示出与生命和生长现象密切相关的完美的比例。在鹦鹉螺和图画上都表现出稍微趋异于这个简单的公式的现象。但是，两者表现出的一致程度却是相同的。

这个理论受到许许多多明显的批判，但是我并不退却。我建议对这个理论进行深入的、更准确的调查研究。这样的调查研究本身就可以产生宝贵的成果。如果真能做到这一点，那么它的用途就更广泛了。

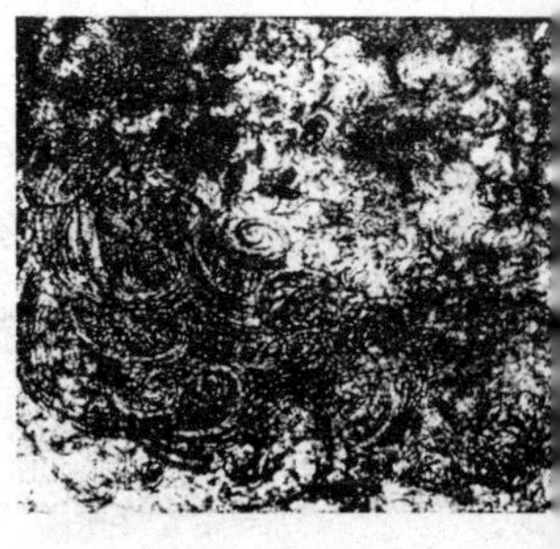

图392
云层和水体螺旋的研究，仿自达·芬奇的一幅关于大洪水的速写图

柏林弗里德里希博物馆（Kaiser Friedrich Museum）收藏的波提切利的《维纳斯》[5]。人们曾经指出，画中维纳斯从头顶到脚底的线条，以肚脐为中心，按古代的“黄金分割”法准确地分成两个成比例部分。黄金分割法也称为“中末比”或“外内比”，该方法仅用于长度，而且是分成两部分的长度。黄金分割经常发现于艺术品中，而黄金分割正是Φ级数的基础。然而，正如在附录二中说明的，本书对Φ级数比例的第一次利用是用作无限级数，其中，任意两个项的和等于其后的一个项。虽然，我们的测量单位当然可以取任何值，小可以小到毫米，大可以大到地球到太阳的距离（因为，Φ是比例，而非长度），但是，无论Φ的幂是多大，Φ的连续幂之间的比率总是相等。在哈尔斯创作的一类图画中，其中的项并不是一两个，而是包含了从Φ^1到Φ^5的各个项，于是这就产生了确证的累积效应问题。至于波提切利的维纳斯中的中末比，其项数相同，因此，在此不必详加讨论。但是，如果在其布局中发现了七个连续项，那我认为就必须详加讨论了。

如果人们相信有人物画的存在，那人们也就要相信其他杰作的存在。因此，我选择了透纳[6]的巨大画作——《尤利西斯嘲弄波吕斐摩斯》[7]进行了同样的研究（参见附录图版X），表明同样的原则在图中起作用。如果读者要进一步研究该图画，本书附录图版XI列出的Φ的比例尺度可以作为手段，从中读者自会得出自己的结论。

显然，对照图版Ⅸ的完美比例式（其中测量单位为10英寸），在日常生活中，大部分人在比例上只有轻微的差异。在附录的图版Ⅸ中，我研究了艺术家的模特儿的比例，她所显示出的差异要大一些，因为，她是活生生的美人。斯比德（Lancelot Speed）先生研究过许多菲狄亚斯时代的希腊雕塑样品，也得出同样有趣的结果。他们表现数量同等的一致性。

因此，我们已经达到一个点，可以，也非常可能做出结论说，Φ螺旋（一个新的数学概念）不仅仅是完美生长假设的最佳公式，是已经被证明的用于科学研究的亲缘关系的较好手段，而且揭示了艺术比例的基本原因，提供了一种精妙的标准，以研究不同物体的趋异和变化。在同样的思想指导下，我们也许还可以再往前进一步。

在附录中，斯库陵先生非常漂亮地说明，新的Φ级数是一种理想级数，其中所有连续相加形成的级数只是接近于，从来也不会等于对数螺线，这一点与鹦鹉螺的“努力达到”（如果允许我这样行文）却永远没有成功是相同的。如果把一粒完全重现对数螺线的鹦鹉螺放在我面前，我依然不会改变我的观点，因为如果我乐意，一台机器就可以把我加工成这样的形状。出于完全同样的理由，一张照片或一张临摹图也不会使我动心。在把鹦鹉螺与对数螺线进行比较之后，我想听到的是两者之间存在差异的结论。因为在差异之中，存在着某些我所不能制造的东西，某些现在还没有定义的东西，这就是贝壳生命的神秘性，是展现在艺术家的杰作之中的美的不朽魔力。

如果我们自己是能力无限的数学家，能够用人类尚未发明出来的极其复杂的数学公式准确地描述其特征，那么我们才能想象生命或美是“绝对数学式”的。所以，我已经强调趋异（divergence）或不一致（discrepancy），因为它迫使我们追踪至今尚未为人们注意或知道的事件的次序，而且因为它必定造成这样的事实，即自然生物的发育程度越高

（或者创作出杰作的天才的感觉越微妙），其原因则越难以解释，必须符合的法则也就越复杂。

我们有时候说到“例外”或“异常”的事物，因为这样的现象表现为遵循某些我们尚不知道的特殊法则。正如达尔文所指出的：“我所谓的自然界系指许多自然法则的集合行为和产物，而所谓的法则系指人们所确认的事件的次序（《物种起源》，第4章第一节）。”在现实中，没有什么是例外的。我们必须在任何一项科学研究中，准备发现某些现象的发生，这样的现象眼光狭窄者称之为“例外”，而实际上，这样的现象表明，它们存在某些别的原则，制约着我们所有的假设。

长期以来，人们就认识到无论什么理论都不能代表绝对真理。在本书中，“法则”显然指的是在特定环境中出现某些结果的理想状态。这样的理想状态在现实生活中根本就不存在。正如杜姆（Pierre Duhem）所指出的，只要在已经证实的、无可辩驳的前提下再加上经过证实的、无可辩驳的条件，几何学就可以得到发展。但是，如果实验不能一直揭示“法则”和事实之间存在不一致，科学就不能发展。这说明，我们总结出“法则”的过程，一直是这样一种过程：粗暴地对待自然界，把我们想研究的问题分离出来，而且尽可能消除掉自认为不该使问题复杂化的各种因素。这也就是说，一条法则只是接近于事实，因此，在每一次使用法则的时候，都必须增加一些条件或者加以修正。人们不去建立“法则”，世上就没有法则，而如果把各种法则纳入范围更宽、更基本的原则中，法则也就消失了。法则既不表达真实情况，而且法则本身也不是真实的存在。法则（正如作者在前言中说明的）是科学研究的手段，而不是科学研究的目的。法则帮助人们进行合理的分析，而合理的分析是人类思维的本质，但它们并不构成自然界的真正运行机制。正如马赫（Mach）所指出的，法则应用的结果节约了劳动，这非常相似于在十进制中以希腊字母为数字符号。在知识范畴，各种现象与某种给定公式之间的一致并不重要，因为这只是按惯例对某个领域进行了总结。重要的问题在于例外，也就是不一致，不一致导致了发现。

也许培根（Francis Bacon）会这么说：关于“统一趋势”的理论说到底不过是有名无实的“幽灵”。但是，这样的理论听起来道理十足，显然，这个理论是从两个角度（根据华而不实、错误的立论）推导出来的，其中之一是对构成思维因果关系的“认同”，其二是拘泥于“法则”而导致的知识简单化。

不过，人们经常看到，看起来可以“简单化”的现象，实际上揭示出一个崭新的、意想不到的复杂问题。这就是为什么，我要建议，对数螺线虽然可以用作最佳的贝壳生长的定义，在实际上并不可能成为最接近生机过程的公式。根据同样的方式，牛顿曾经阐释过的原则可以“简化”这样的现象，即太阳系足以使人们谈论地球和天体的运行。我们对这样的简化感到放心，这只是一种表面现象。就我所知，牛顿本人从来也不敢就自己的伟大原则提出其“原因”。我们完全可以认为，作为假设的这种简化的价值超过了其准确性可能具有的分量。不过，我们同样要有心理准备，即未来的科学成果未必全部符合事实。在庞加莱最喜欢的格言——“富有成效的行为准则（une regle d’action qui reussil）”或其他的话语中，我们对牛顿已知的现象基本没有增加什么重要的内容，即牛顿定律所确定的基础并没有解体。但人们很容易认为，即使是在本世纪，这里也需要更广阔的基础。而且我们不需要害怕科学家会不努力于提供这个基础。受着社会学家的“秩序”困扰的康德对这样的努力进行的无效的谴责很久以来就不起作用了。

比牛顿的假设还要重大的假设都受到过攻击。贝尔福先生在1914年1月于格拉斯哥（Glascow）进行的演讲中，讨论了规律性的问题。哲学界和科学界把规律性包括在普通因果关系论中，认为每一个事件都有原因或先兆，同样的原因或先兆就会产生同样的效应。贝尔福先生责问到：“事情真的这么明显吗？自然界就真的这么有规律吗？我自己就感觉到被自然界的没有规律，被出乎意料的事情搅得头昏脑涨……取得进步的希望就在于放弃那些根据普通因果关系论制定的方法上。”贝尔福先生显然在发现了例外之后马上反对法则。他实际上是被这样的例外“搅得头昏脑涨”的，因为这样的例外显然都是“出乎意料”的。但是，对我来说，法则的整个价值在于使人们能够发现例外，正像Φ螺线使我们能够发现微妙的变化。也可以这么说，现在制约着所有科学推理的普通因果关系论，本身受到我们所知的世界的制约，因此，就和其他各种法则和假设一样，容易受到例外的影响而最终增大了制约性。缺乏某种假设，我们就没有手段来研究或归类所观察到的现象。可以这样设想，即使在现在可以想象的世界以外的终极领域，人们注重的因果关系在那里也存在例外。但是，这样的例外正说明人类还要进步。我们绝对不能放弃科学可资进步的唯一方法，而且，我们还要根据理论或法则来发现例外。

正是基于这样的考虑，我们也许可以发现大自然始终拒绝准确而简单的数学公式限制的原因。因为，虽然我们的确能够限定假设，使之适应我们已知的事实，甚至有时可以使之适应才得知的新事实，但是，我们永远不能框定住规律。在自然界的所有现象为科学知识所网罗之前，自然界是没有例外的。有一句古老的谚语这么说：“知道一部分，预言一部分；部分一旦成整体，部分就被抛弃。”到了那个时候，虽然我们是“透过暗色的玻璃观察”，但可以利用现有的手段。到了那个时候，缺少的就是准确的一致性和单调的重复；到了那个时候，缺乏的就是与简单的法则相一致的表达方式，简单的法则把人类最认真的研究和行动称为，用查理·达尔文的话来说：“一把烧向好奇心的火。”因为，这样偏离隐含的意义对于法则本身来说，要比任何单纯的一致性更重要。我们必须开始认识到“例外”就像来自朦胧未知处的火花，跳跃着奔向意识空间，奔向与其有亲缘关系者，然后，突然间照亮了曾经让人走投无路的漫漫荒野。

我们不能再为天王星轨道上的“光行差”而痛惜了，因为我们高兴地发现，这些原先难以理喻的现象，实际上是一条更大的法则造成的，该法则不仅制约着天王星，而且也制约着海王星。在惠塔克（E. T. Whitaker）先生宣布难以用万有引力定律解释星际空间的现象时，有些评论家可能想象又一条“例外”被发现了。但幸运的是，才过了若干年，波茵廷（Poynting）教授等人就发现了一条新的法则，从而光的压力得到计算，从而也为惠塔克先生预测的“异常”现象给出了完整而满意的回答。贝尔福先生曾经认为，如果开普勒拥有较完善的仪器，他就绝对不可能发现太阳椭圆轨道的伟大法则[8]，这是牛顿做出不朽发现的根源[9]。贝尔福先生也许还会难以自拔地认为：“如果开普勒在没有获得现代关于这个偏差的知识条件下，就观察到了椭圆轨道的偏差，他一定早就抛弃了自己的理论。”但是，对此，我的回答是没有开普勒的研究（以及牛顿对其研究的补充），我们永远也不会有这么一个标准，从而测定出这样的偏差。因为，偏差的真正价值并不一定要抛弃理论，而在于扩大法则，因而促进知识的进步。

从大气中获得的与用化学方法获得的氧和氢在原子量上不一致，使得瑞利爵士发现了氩。无数次称重中发现了非常轻微的不一致，每一次称重都要好几个小时，其中竟然包含最有深远意义的发现。镭的发现历史，从贝克勒尔[10]到玛丽·居里，是一个这样的例外光芒闪射的历史，唯有对其真正价值毫无偏见的研究者才能发现。从此以后，“荧光”变成了“放射性”。

原子本来是不可侵犯的、无形的神圣物质，但现在人们把原子看作是带有基本粒子和电子的一个宇宙，电子比任何行星运动都恒定、始终围绕着自己的轨道运转。于是，人类的知识又取得了进步。因为，从中人们认识到没有什么例外是“偶然的”，而且在对明显的“异常”的解释中，我们很可能正在从已知的为数不多的法则，开始进行某些千载难逢的猜测，迈步走向“晨星环绕的真理”。

许多人已经研究了生长和美的原则，这样的研究激励着伟大的意大利人[11]进入最深入的研究。但是，在达·芬奇的所有现代继承者中，谁也没有像达·芬奇那样在洞察力和创造力方面留下可见的丰碑，达·芬奇从自然和艺术两个领域研究着同样的问题。

我们还没有议论到达·芬奇在15世纪末根据鸟类的翅膀所进行的飞行理论研究。除了他撰写的描述波浪、芦苇、动物和贝壳的神秘原则之外，我们所知并不多。我们还沿着达·芬奇提出的基本法则摸索前进，这样的法则早就存在，“在看到美丽的鲜花之前存在；或者甚至在动力建立之前就存在，在无数的各式各样的天使集中在一起之前就存在，或甚至在空气的高度被抬升起来之前就存在。”我们也应该像达·芬奇一样，遥望星空，“看到太空中星辰的家园，看到不期而至的星辰。它们像爵爷一样来了，没有通报，但大家为它们的到来，内心默默地充满喜悦。”

第二十章注释：

1 William Lamsay，1852—1916，英国化学家。——译注

2 七姐妹星团，即昴星团。在希腊神话中为阿特拉斯和大洋神女普勒俄涅的女儿。俄里翁，即猎户星座，在天空中随着七姐妹星团运行，因此出现俄里翁追求七姐妹的故事。——译注

3 Pheidias，公元前448—432，古希腊雕塑家。擅长神像雕塑。其作品有雅典卫城上的《雅典娜铜像》等。他领导设计完成的帕特农神庙装饰雕塑为古希腊雕塑全盛时期的代表作。其主要部分现存伦敦大英博物馆。——译注

4 Franz Halz，约1581—1666，荷兰肖像画家和风俗画家。喜画豪迈、乐观的人物形象。善于表现个性和神态。群像创作有独特成就，笔法流畅，有节奏感，色彩简朴明亮。对后来欧洲绘画技法的改进有较大启发。作品有《圣哈德里安卫队军官》、《曼陀铃演奏者》、《带笑容的骑士》及群像作品多幅。——译注

5 系指该画家的名画《维纳斯的诞生》。——译注

6 J. M. W. Turner，英国风景画家。曾任皇家美术学院院长。擅长水彩、油画。晚年探索光与色的表现效果，融合水彩画与油画技法，具有特色，对当时及以后的法国印象派绘画有很大的影响。代表作有历史风景画《战舰无畏号》、《纳尔逊之死》，风景画《雨、蒸汽、速度》和《月光下的煤港》等。——译注

7 Ulysses Deriding Polyphemus，根据希腊神话，尤利西斯亦称俄底修斯，伊塔刻岛国王，制造了特洛伊木马，毁灭了特洛伊城之后回国，途中，船队进入独目巨人波吕斐摩斯的山洞。尤利西斯用计愚弄了巨人，得以逃生。——译注

8 系指开普勒关于行星运动的三定律。这三个定律的发现为经典天文学奠定了基础，并导致了数十年后万有引力定律的发现。——译注

9 系指牛顿发现的万有引力定律。——译注

10 Antoine Henri Becquerel，1852—1908，1896年发现铀的放射性，是科学实验中认识放射性的开端。因发现自发放射性现象，于1903年和居里夫妇共获诺贝尔物理学奖。——译注

11 指达·芬奇。——译注

Appendix

· 附录

附录1　自然界和数学

正当笔者在校对《生命的曲线》的排印版的时候，一本科尔曼（Samuel Colman）著、科阿恩（Arthur Coan）编、普特南家族出版公司（Messrs. G. P. Putma's Sons）出版的《自然界的和谐统一：论自然界与比例形式的关系》的书送到了我的手中。该书封面的日期是1911年12月1日，因此这本书提供了一个很好的例子，说明两个人的思维，在相互丝毫不知对方的研究目标的情况下，会同时被吸引去研究相似的问题，而且竟然利用同样一套数据资料，得出不同的结论。1912年《田野》杂志的读者一定还记得上面登载的有关章节，其中我试图探索某些规律，这样的规律可以在自然生长中发现，可以应用在帕特农神庙、布卢瓦的开放式楼梯等艺术创作中。笔者探索这样的规律的目的是根据植物学、解剖学、贝类学及其他自然科学领域选择的大量实例来阐明我的理论。科尔曼的论著中具有大量的这类“阐明”，从鹦鹉螺到葵花、到帕特农神庙，再到兰斯主教堂（Rheims Cathedral）的连拱廊[1]。可是，材料的处理和主要结论却大相

① arcade，由柱子支撑的一系列拱卷。——译注

径庭。虽然科尔曼先生的文字和科阿恩先生的数学具有引人入胜的趣味，但我还是斗胆维护自己的理论，认定1912年在《田野》杂志上登载的，在《生命的曲线》一书中提出的理论是较合理的工作假设，对现象做出了较合理的“解释”。

科尔曼先生著作的书名说明了，而且也概括了他与我在态度上的反差。为了与科尔曼先生的《自然界的和谐统一》形成反差，我完全把自己的书名改为《自然界的几何多样性》。而且，他在使用“统一性”这个词的时候也存在含义不明的问题。有时候，他的统一性是指自然界和艺术表现出共同的特征，或同样的特点，即都遵循自然法则，这当然是正确的。而在其他时候，而且是在总体上，他坚持认为这些千变万化的现象，就比例形式而言，都呈现出遵循一条、唯一一条法则的统一性。他认为，对这一条法则的解释主要在于“中末比”即“外内比”。他认为对这条法则的偏差是可以忽略不计的，而且甚至认为，由于对帕特农神庙的测量结果并不完全与这条法则吻合，因此，该测量结果有误。本人的观点则与其相反，我认为，偏差于这条法则是经常的事情，而且也是更有意义的。因为，其中经过的计算，要比僵硬地符合该法则的测量更加合理，从而增加了我们的知识。

再者，他的著作关心的是比例形式，而我的看法是最好集中于探讨与生长相关的形式。他也许可以说是在撇开生理学探讨形态学，把形态与功能分割开来。而在我的研究中，对于正确地认识形态及其比例，功能和生长的研究同样重要。他对生命形式和艺术中美的复杂现象的解释方法是，它们均符合一个非常简单的数学表达式。而我的立场正好相反，我认为生命和美的现象总要偏差于任何一种人类至今所能建立的简单的数学表达式。

对我来说，数学是最有价值的手段，但是，正如我们本书前面章节所看到的，活的东西在本质上，和艺术杰作一样，是无论什么简单的数学公式，例如科尔曼先生选择的简单数学公式，都是不能定义的。我在本书的最后一章曾经指出，一些现象与特定的公式的吻合，在知识领域，并非重要因素。例外才是真正重要的。但是，我不能让人觉得我是以轻蔑的态度在讨论法则问题，尤其是具体讨论科尔曼先生的数学问题。实际上，没有数学表达式的引导，我们就不可能注意到偏差，正是在这方面，科尔曼先生和科阿恩先生做出了非常宝贵的努力。不过，我认为，科尔曼先生犯了一个根本的错误（这个错误贯穿全书），这就是他在头脑中预言了某些数学形式，然后说这样的数学形式存在于他所研究的自然物品中（甚至更多地存在于艺术品或建筑物中）。根据这样的事实来判断，科尔曼先生著作的最有价值的部分是科阿恩先生的附录，该附录忠实而准确地探讨了活体生物（或建筑作品）与严格的数学结果之间的实际差异。正是这些差异，从一个方面预言了生命，而在另一个方面预言了美。

数学学者的绝对诚实迫使科阿恩先生（编辑）说明（如果我可以从若干例子中挑选出一个例子来说明）科尔曼先生（作者）说帕特农神庙的斜挑檐是14度，实际上应是13度3分52秒。为了说明本书这部分的附录，我复制了科尔曼先生的若干贝类或植物等自然物品的线条图。正如读者可以看到的，他把这些物品统统纳入自己的公式，忽略了对我来说如此重要的差异或不同。

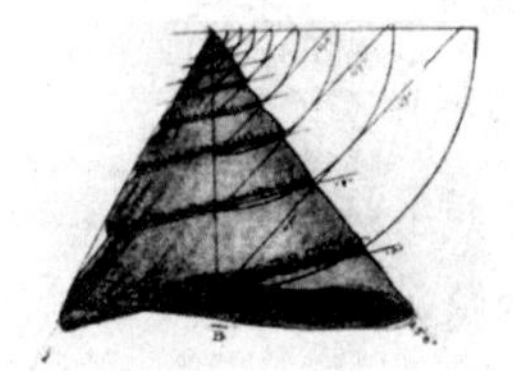

图393
Trochus maximum
大蝶螺
（科尔曼绘作）

换一句话来说，我强调认为例外比法则更为重要，因为，法则表达的是已有的知识。法则是对事件次序的记录，在条件相同的情况下，我们认为同样的事件会发生是正确的。但是，例外给我们以未来发展的希望。法则是对一组核心关系的陈述，而关系是会发生偏差的。在核心关系发生变化的时候，偏差就具有方向性，否则，偏差就形成公式的组成部分。如果，而且在我们发现并说明了某条法则，也就是在例外之中占有主导地位的次序，我们就一定会进一步发现偏差，其中的法则就是可以发现的。于是，经过一个接一个的相互作用力，进化达到的阶段越高，相互作用力越多也越复杂，偏差和法则的发现就如此往复发展。万有引力定律在这方面是好例子，绝对的好例子，尽管观察到的现象未必与万有引力定律吻合。地球和书本的相互吸引使书本和地球联系起来。地球的引力使书本往下跌落。不知出于什么原因，我的意志指导我的肌肉运动手指并让手指之间以及手指与地球和书本之间发生摩擦，书本不再向下跌落。这里发生的并不精确地吻合于万有引力定律，而是其他的力也在起作用。而如果我们像了解万有引力定律一样，了解其他的自然规律，就书本跌落而言，我们就可以说它表现出对万有引力定律的偏差。我们开始调查该偏差，发现了书本和手指之间的摩擦。从这个例子以及其他的例子，我们学到了一些关于摩擦的知识。我们把这样的知识应用于其他观察到的现象，注意到其中发生的作用并不仅仅是万有引力，而应该是万有引力和摩擦力的结合。还有其他的偏差，于是我们发现了指使手指活动的肌肉运动。我们现在把三种力，万有引力、摩擦力和肌肉运动力应用于解释现象，发现虽然其中偏差已经少了，但却并非没有偏差。在调查研究这些偏差的时候，我们发现了神经活动和人类思维，以及引起思维的刺激活动。我们最后达到一个阶段，至少是目前达到一个阶段，我们有能力发现事件的次序，从而解释法则。

如果鹦鹉螺具有形成对数螺线形的趋势——我认为它有这样的趋势，那么，正像书本在万有引力的作用下具有往下跌落的趋势一样，因为现在并没有发现形态完全相等于对数螺线形的鹦鹉螺，因此，我们可以合理地假设，其中还有其他的力在起作用，例如摩擦力或者肌肉运动力，造成

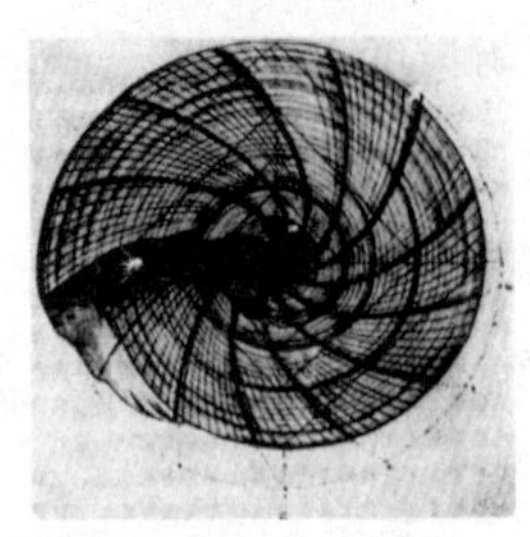

图394
大蝾螺的底部
（科尔曼绘作）

了这样的偏差。偏差促使我们进一步开展调查研究，最终有可能或者很可能发现某些其他自然界的法则，周而复始，又发现偏差，又导致知识的发展。

除了图形之外，没有什么比事实更容易让人发生误解的了。要是作者科尔曼先生能够自我克制，只是认为自然界和建筑分别按照导致结果的几何学约定在生长或起作用，那问题就变得够复杂的了。遗憾的是，作者走得远了一点。他谈到了“在结构上表达出神意统一性的物体”。科阿恩先生说多面体是最基本的元素：“在很大的尺度上显示出上帝的手。”事实上，他们两人以“设计图案”（Design）的逻辑谬论为论据，是冒了败坏自己声誉的很大风险的，这样的论据贬低了已故的佩蒂格鲁教授从他那么大量最精彩的原始研究中得出的论据的价值。兰克斯特爵士曾经指出，他认为人类科学的最大可能性就好像是代数括弧中的内容，在括弧的外面有一个系数x，代表着未知的和不可知的可能性。无论括弧以外的系数x具有什么样的特征，括弧以内的内容，是由科学来阐明的，是真实的、可相信的概念，它说明了时间和空间上的关系系统，说明了我们必须加以丰富的有限的现实，说明了已经观察到的无可辩驳的次序。在科尔曼先生和科阿恩先生的著作中，这个系数x显然是“设计图案”。贝尔福先生1914年1月在格拉斯哥发表了一个讲演，其中可能建议了同样的结论，尽管他正确地区分了“来自设计图案的论据”和“证明设计图案的论据”，可是他主要关心的还是证明设计图案的论据。他步步为营，以似乎非常逻辑的方法，获得了结论。我们所知道的物质性的宇宙，必须有一个起源，这一点谁都没有异议。它当然也要有一个结束，它要在各种各样的能量转换都停止的时候结束。在起始和结束之间，就在中间位置，人类具有了“有感情的人的感情和有思想的人的思想”，而且，他辩论说：“因此我们可以理智地做出结论，因为物质不可能产生意志和理由，所以意志和理由必须产生物质。”他继续争论说：“最活跃，从而达到较高美感层次的人感觉到，他们的感情开启了包含着比知识更伟大的直觉的某些东西。艺术精品总是透露出创作者要交流的内容……我们可否接受关于艺术品的观点，而又因为显示出自然的美而否认它？在这之前，最伟大的艺术品黯淡得无声无息了……我们必须把自然的美看成是一种符号、一种语言，就像对待琴弦和颜色一样。自然的整体价值将失去其光辉，除非我们培养起欣赏已经设计出来的自然……除非我们乐于牺牲最高发展层次的美学情感及其最伟大的例子，我们必须相信伟大的神，是他显示了这些东西。”

好了，本人对于这样的论据的立场是，贝尔福先生在括弧的外面加上x（对他而言，是伟大的神）之前，在括弧里预言的内容太少了；而科尔曼先生（或者科阿恩先生）在要求我们为他那受到未知的假设x影响的“括弧”中的已知内容，加上条件的时候，在科学上是不准确的。在考虑放在我面前的这本书的时候，对于科阿恩先生撰写的第二章，我必须采取同样的立场。作为一篇纯数学的论文，我无法加以批评，但是作为科尔曼先生论据的有机部分，第二章只能证明，一旦把数学应用于现象，如果真实的情况是这样的关系只存在于数学中时，则要承担预测现象的实际关系的重大风险。对我来说，科尔曼在其著作的若干章中，而且在其整个结论中都犯了这个错误。“统一性”、“比例”等等的确是非常宝贵的。但是，美的本质并不在于“统一”。说一棵树木的“比例”美丽是因为它具有“统一性”，是毫无意义的。因为，这时考虑的只是一棵树木，而一棵树木的所有组成部分也就是同一棵树木的枝茎干叶根。奇妙的问题是，尽管其细节完全离经叛道于数学表达式，但是，实际上，它们组成了一个活着而且和谐的生物体。影响是不可抵抗的。整体的美并不是由于树木遵循哪一个数学公式，而是在于偏差于准确性，这一点可以从每一根枝干、每一片飘落的叶子，所有的花和果实中注意到。

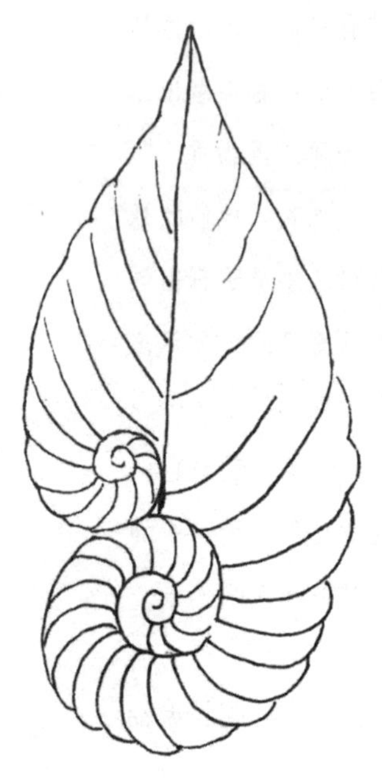

图395
秋海棠叶

同理可得，没有哪一个数学公式可以解释我们一致称之为“天才”的人类的想象创造力。乔托顺手画出的圆圈并不神奇，因为这个圆圈在数学上基本是正确的。乔托顺手画圈这个动作的奇妙，关键在于其与正常习惯的微小差异，这是乔托的最微妙的天才本领，而且说明了他个性的精妙敏感。正是由于同样的原因，葵花花盘并不是一个完美的盘，因为它只是一棵葵花的一部分。

科尔曼先生表明了可以归因于某些法则的有序比例。但是他所说的有序比例指的是最狭隘的几何关系，因此他把法则看得太重要了。“中末比”即“外内比”是已经验证过的原则，而如果用眼睛扫描某些建筑物和自然的空间布局，这种比例的确反映出有趣的关系。这就是古老的、著名的“黄金分割率”。这也是欧几里得《几何原本》的第六册第30段的内容。但是，这个原则在建筑字母表中充其量只是一个字母，在其他艺术领域更是算不了什么。科尔曼先生（我想，也许得到编辑的指导太少）不仅认为黄金分割率具有非常广阔的用途，而且希望大部分艺术如果不受黄金分割率的制约，也

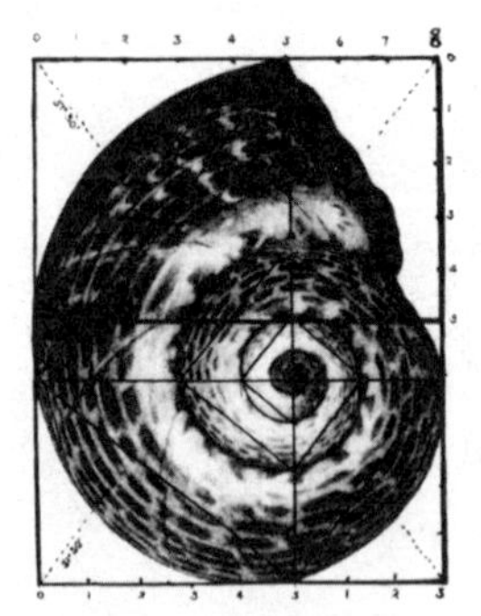

图396
Dolium perdix
鼓螺
（科尔曼绘作）

一定受着其他非常容易建立的法则的制约。为了证明自己的论据，他在建筑物和自然物品上画上了迷宫似的线条（正如文中复制图所示），但是这些线条只能说明“中末比”即“外内比”的部分内容。没有任何人否认这个关系的重要性，可是作者却花了比蔡辛（Zeising）和费希纳还大的气力来说明这个关系。不过，我们要是小看了作者对古老观察的扩展，那是失之公道的，而且人们惊奇地发现与有序的几何学的一致性越来越高。可是，在我们分析几何学时，我们发现作者所表明的内容可以用一种在“中末比”即“外内比”上含义更宽，但却用非常简单的公式来表达。这样简单的公式立刻揭示出一个道理：尽管它增强了黄金分割率的重要性，但世界上不可能存在通往艺术的康庄大道。这条法则，正如人们平常所说的，与两个量的比例有关：“第一个量指向第二个量，正像第二个量指向全体或两个量之和一样。”

斯库陵先生已经扩展了该法则并从有关两个量的某些比例扩展到无限级数。而我可以把这个问题留给他，让他去详细说明数字1.61803的神奇比例，这个数字是该关系的心脏和灵魂。不过，在转交任务的时候，我可以说明一个奇怪的事实：自然界似乎（根据自然界的活动绝对遵循这个新的Φ比例）乐于再加上最后两个项，由此来获得下一个项，而并不乐于把最后三个项、四个项，或再多的项加在一起，这是为什么呢？

斯库陵先生在说明其他内容时已经表明，1.61803（现在称为Φ）的连续幂得出阶进级数（从负数到无限正数），其中每一个级数都与其邻近的级数完全成黄金比例。可是，继续往下探讨，人们则发现数字Φ是许多非线性关系的基础。在所有的事件中，科尔曼先生所有的全等均取决于Φ的比例。这样的关系可以用简单的方法阐述，而他们具有广阔的用途。可是，通往建筑的康庄大道在什么地方呢？只根据一条简单的原则，在什么地方也找不到这样的大道。不过，即使是建立一条法则，对我们来说也是一种收益。对这样复杂的问题的研究，即使是微不足道的开端也是重要的。如果我以科尔曼先生的论文为大致的标准，根据这个粗粗的标准，我们可以发现例外，这样，它的价值要比他自己认定的价值大得多，无论是以此作为自然界还是作为艺术创作的原则。

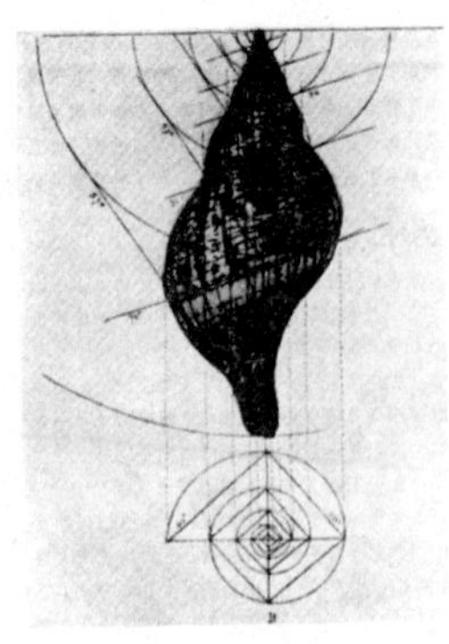

图397
Facelaria
（科尔曼绘作）

斯库陵先生怀疑（尚未进行证实），最后一章提到的Φ级数是一种形式的“经济”表达式，它表现在婴儿的包裹中，表现在贝壳的形状中和其他方面。这样一种形式的“经济”应该带来美，而这与轻松或力量或努力的“经济”带来潇洒是类似的。

查理·达尔文在描述智利的神奇的马术时指出：“高丘人[①]从来没有表现出肌肉用力的迹象”（参见《博物学家航海记》，第八章）。而斯宾塞[②]写道：“潇洒，在运动中，指的是经济地使用力量。”在溜冰时，“潇洒地转圈就是最轻松的转圈……参照溜冰，我们知道潇洒的运动可以定义为一个曲线运动……而优雅的主要特点就是连续而流畅的动作”（参见《斯宾塞散文集》第二卷）。

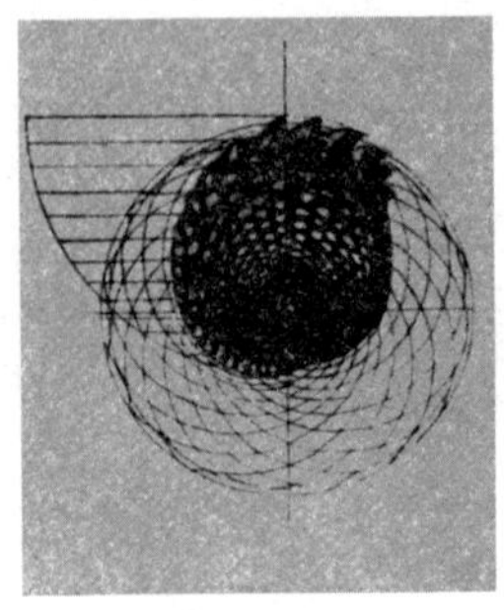

图398
Haliotis corrugata
鲍鱼
（科尔曼绘作）

斯库陵先生也告诉我，他正在制造一种仪器，以自动绘制对数螺线，其中以Φ螺线为标准，并根据相对于该标准的偏差说明了其他任何螺线的条件。凑巧的是，这个仪器也可以通过对数螺线的无限数把直线处理成圆圈。

T. A. C.

---

① Caucho，南美大草原的牧民，一般为西班牙人和印第安人混血儿。——译注
② Herbert Spencer，1820—1903，英国哲学家。——译注

附录2 《Φ 级数》

作者：斯库陵

有人要求我进一步说明Φ级数，这方面的内容于1912年12月14日在《田野》上第一次作了简要介绍。

关于Φ级数的主要兴趣在于库克先生提出了两个方面的问题向我询问。一个方面的问题是生长和美的原则与费氏数列及叶序的关系；另一个方面的问题是生长和美的原则与Φ级数的关系。关于这两个方面的关系问题发表在《田野》上，揭示了自然界和艺术品中许多螺旋结构（参见图385）的问题。

很久以来，人们就知道Φ比率，但是，只是在人们认识到Φ比率是几何级数的常见比率之后，其重要性才有所增加。Φ比率说明两个连续项之和等于下一个项。级数可以表达为：

$1, \Phi, \Phi^2, \Phi^3 \cdots\cdots \Phi^n, \Phi^{n+1}, \Phi^{n+2}$，等等

因此，$\Phi^n+\Phi^{n+1}=\Phi^{n+2}$。

两边除以 Φ^n，

则 $1+\Phi=\Phi^2$，

$$\Phi=\frac{1\pm\sqrt{5}}{2}=1.618033988750$$

$$\text{或}=0.618033988750$$

在某些情况中，运算符号可能是负号，因此Φ可能具有四个值：

+1.618等

−1.618等

+0.618等

−0.618等

我写了一篇文章，刊登在1911年1月21日出版的《每日电讯报》上，其中，我说到，“有一种非常奇怪的数字，或许是一个叫作‘佛爱’的希腊字母Φ，关于它的特点大家所知并不多，但是随着时间的推移，大家要听到不少关于这个数字的事。除了其他的特点之外，这个数字也许可以向画家、建筑师和雕塑家，以及向所有对绘画、建筑和雕塑有兴趣的人们解释清楚形式美的真正法则。这个数字是无论怎样也不可能准确地表达的，但是却可以用好多图像来表达。”

我现在要开始探讨费氏数列并把它与取值为1.618等的Φ级数进行比较。费氏数列只能由连续相加才能形成。从1开始，以1为第一个项，1为第二个项，因此得出下列数字：1，1，2，3，5，8，13等。

我们可以得到同样的相加的级数，其中第1个和第2个项为任意数，称为a和b。下面，我给出这样一种级数的一般形式，这是一种数字的例子，其中，第一个项是1，第二个项是3，因此，Φ级数为：

项	一般形式	a=1 b=3	a=Φ b=Φ^2

1……1a+0b……1+0=1……$1\Phi+0\Phi^2=\Phi$

2……0a+1b……0+3=3……$0\Phi+1\Phi^2=\Phi^2$

3……1a+1b……1+3=4……$1\Phi+1\Phi^2=\Phi^3$

4……1a+2b……1+6=7……$1\Phi+2\Phi^2=\Phi^4$

5……2a+3b……2+9=11……$2\Phi+3\Phi^2=\Phi^5$

6……3a+5b……3+15=18……$3\Phi+5\Phi^2=\Phi^6$

7……5a+8b……5+24=29……$15\Phi+8\Phi^2=\Phi^7$

Φ级数可以按上式相加而成，也可以取Φ的连续幂为任何几何级数而成。这是唯一可以形成的级数，而且在系列上具有一系列有趣的特征。

Φ的某些项的数值和以各种形式出现的费氏数列可以表示在下表中：

Φ^{-5}=0. 090170=−8+5Φ=−3+5÷Φ

Φ^{-4}=0. 145898=+5−3Φ=+3−3÷Φ

Φ^{-3}=0. 236068=−3+2Φ=−1+2÷Φ

Φ^{-2}=0. 381966=+2−Φ=+1−1÷Φ

Φ^{-1}=0. 618034=−1+Φ=0+1÷Φ

Φ^{0}=1. 000000=1=1

Φ=1. 618034=0+Φ=1+1÷Φ

Φ^{2}=2. 618034=1+Φ=2+1÷Φ

Φ^{3}=4. 236068=1+2Φ=3+2÷Φ

Φ^{4}=6. 854102=2+3Φ=5+3÷Φ

Φ^{5}=11. 090170=3+5Φ=8+5÷Φ

Φ^{6}=17. 944272=5+8Φ=13+8÷Φ

$$\Phi^7 = 29.034442 = 8 + 13\Phi = 21 + 13 \div \Phi$$

$$\Phi^8 = 46.978714 = 13 + 21\Phi = 34 + 21 \div \Phi$$

可以注意到，如果Φ的幂为奇数，与之相关的正负幂的差则为整数。若幂为偶数，则和为整数。命相加级数的第一个项为1，第二个项为3，这些整数数字组成级数1，3，4，7，11，因此：

$$\Phi^5 - \Phi^{-5} = 11.090 - 0.090 = 11$$

$$\Phi^4 + \Phi^{-4} = 6.854 + 0.146 = 7$$

相关的Φ的正负幂的和或差准确等于5的平方根乘以费氏数列，因此：

$$\Phi^5 + \Phi^{-5} = 11.180340 = 5\sqrt{5} = 5 \times 2.236068$$

$$\Phi^4 - \Phi^{-4} = 6.708204 = 3\sqrt{5} = 3 \times 2.236068$$

可以不夸张地说，费氏数列的任何一个项都可以用无数的方法表示为同一级数中其他项的相乘，这个特点也适用于其他相同的相加级数，其中包括Φ级数。其表达法是不必计算所有的中间项而获得费氏数列的任何一个项。如果把第20个项称为级数F_{20}，则可以表示为：

$$F_{20} = (F_6 \times F_{15}) + (F_5 \times F_{14}) = (8 \times 610) + (5 \times 377) = 6765$$

或 $F_{20} = (F_{11}^2 - F_9^2) = 89^2 - 34^2 = 7921 - 1156 = 6765$

一般表示为：

$$F_n = (F_d \times F_{n+1-d}) + (F_{d-1} \times F_{n-d})$$

式中F_n是费氏数列的第n项，我们可以通过上述的其他项如d项而获得其值。这个d可以是任意一个整数，可以是正的，也可以是负的，可以是偶数也可以是奇数。

在Φ级数中，任何一个项，或者在任何一个a、b、a+b型的相加级数中，可以用同样的方法求得该值。

费氏数列、Φ级数或任何其他类似的级数可以用二项系数扩展。

因此，$F_{10}=F_9+F_8$

但是，$F_9=F_8+F_7$

$F_8=F_7+F_6$

$F_{10}=F_8+2F_7\times F_6$

进而，$F_8=F_7+F_6$

$2F_7=2F_6+2F_5$

$F_6=F_5+F_4$

$F_{10}=F_7+3F_6+3F_5+F_4$

同样，

$$
\begin{aligned}
\Phi_{10} &= 1\Phi^9+1\Phi^8 \\
&= 1\Phi^8+2\Phi^7+1\Phi^6 \\
&= 1\Phi^7+3\Phi^6+3\Phi^5+1\Phi^4 \\
&= 1\Phi^6+4\Phi^6+6\Phi^4+4\Phi^3+1\Phi^2 \\
&= 1\Phi^5+5\Phi^4+10\Phi^3+10\Phi^2+5\Phi^1+1\Phi^0
\end{aligned}
$$

如此等等，以至无限。

我们在研究费氏数列的连续项之间的比率时发现了非常有趣的特征。在Φ级数中，比率始终定义为Φ，即1.618034。费氏数列和其他这样的相加级数趋向于变为以Φ为共同比率的几何级数，但从来不会那么精确。因此，我们获得下列的比率，其值或多于或少于Φ，其中的偏差表示为：

费氏数列	Φ比率	与Φ的偏差
5÷3	= 1. 666666667	=Φ+0. 048632678
8÷5	= 1. 600000000	=Φ−0. 018033989
89÷55	=1. 618181818	=Φ+0. 000147629
144÷89	=1. 617977528	=Φ−0. 000056461
4181÷2584	=1. 618034056	=Φ+0. 000000067
6765÷4181	=1. 618033963	=Φ−0. 000000026

费氏数列一个偶数项被它前面的一个奇数项所除，得出小于Φ的比率；费氏数列一个奇数项被它前面的一个偶数项所除，则得出大于Φ的比率。例如，5是费氏数列的第5个项，8是第6个项。还有，89是第11个项，4181是第19个项。

从上式看出，若n为奇数，则$F_n\sqrt{5}=\Phi^n+\Phi^{-n}$，若n为偶数，则$F_n\sqrt{5}=\Phi^n-\Phi^n$，因此，

$$\frac{F_5}{F_4}=\frac{\Phi^n+\Phi^{-5}}{\Phi^4-\Phi^{-4}}=\Phi+\frac{\Phi^{-3}+\Phi^{-5}}{F_4(\Phi^1+\Phi^{-1})}=\Phi+\left(\frac{\Phi^{-4}}{F_4}\right)$$

$$=\Phi+\frac{0.\ 145898034}{3}=\Phi+048\ 632\ 678$$

结果相等于上述与Φ的偏差值。

在一般表示式中，若n为奇数，则

$$F_{n+1}\div F_n=\Phi-\Phi^{-n}\div F_n=\Phi-1\div F_n\Phi^n$$

若n为偶数，则

$$F_{n+1}\div F_n=\Phi+\Phi^{-n}\div F_n=\Phi+1\div F_n\Phi^n$$

正如丘奇先生所指出的，在费氏数列中级数越高，也就越接近于1∶1.618等或0.618∶1等，但永远不会相等。它们始终不是太大，就是太小。

就我本人所知，以前还没有人指出，a，b，a+b等形式的每一个相加级数越来越接近于以Φ为共同比率的几何级数。

在以上的方程式中，人们会注意到，当所取的级数的项过高时，表示偏差于Φ的分子却总是不变，只是分母变大了。因此，比率趋于相等，若比率趋于相等，则为Φ级数：$F_{31} \div F_{30} = \Phi + 0.000000000000646$。

在事实上，Φ级数是一种理想数，其中所有相加的费氏数列趋于相等于Φ，但永远不相等，只是在精神上得以完全表达。

也许可以说，与费氏数列相比，在解释生长和有趣的形式比例的某些趋势时，Φ级数可以做出更清楚的解释。它和许多不同的现象相联系，并建议了我们称之为美的形式的真正原因。

若把Φ比例用于对数螺线（曾在《田野》上发表过），则尤其有助于自然界和艺术的研究，因为它们都是表面上互不相关但实际上互相关联的现象。

把一条线段用几何方法按Φ比例分成长度级数，很能说明问题。

在下图的直角三角形ABC中，线段AB为完整线段，垂线BC为线段AB的1/2，描述弧DK。以A为中心，AK为半径，描述弧KE。画EL垂直于AB。以L为中心，LE为半径，描述弧EM。以A为中心，AM为半径，描述弧MF。

然后把线段AB在DE和处分成Φ比例。

令 $AB=b=2p$；$BC=p=b$；$AC=h$

则 $h^2=b^2+p^2=4p^2=5p^2$

和 $h=p\sqrt{5}=\frac{b\sqrt{5}}{2}$

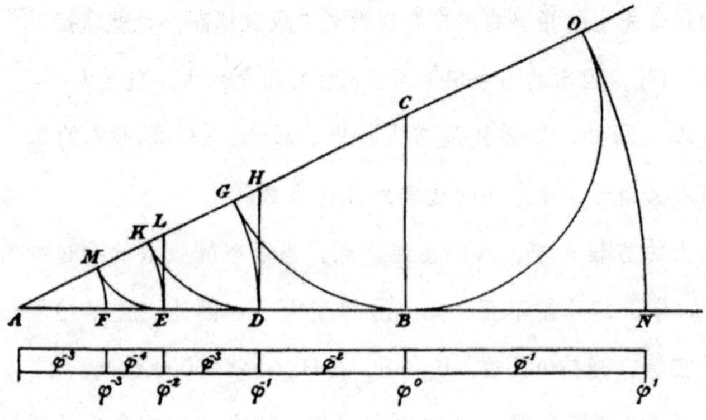

但 CG=CB−p

所以 AG=h−p=AD

和 $h=p\sqrt{5}$

所以 $h-p=p(\sqrt{5}-1)=\frac{b(\sqrt{5}-1)}{2}=b\Phi^{-1}$

因此 $AD=\Phi^{-1}AB$

线段AB在D处分成Φ比例。

三角形ACB，AHD和AIE是一样的，因此，AD在E处分成Φ比例，AE在F处分成Φ比例。

由于 $AB=\Phi^{0}=1$

$AD=\Phi^{-1}=0.618$

$AE=\Phi^{-2}=0.382$

$AF=\Phi^{-3}=0.236$

同理，线段AB可以按Φ级数增大。

因为 AO=AN=h+p

由于 $h=p\sqrt{5}$

$$h+p=p\ (\sqrt{5}+1)\ =\frac{b\ (\sqrt{5}+1)}{2}=b\Phi^1$$

因此 $AN=AB\times\Phi^1$。

把给定线段分成中末比还有其他方法，请参见《几何原本》第二册第十一部分和第六册第三十部分。

下列三角比率甚为有趣：

$$\text{Sin}18^\circ\ =\cos72^\circ\ =\frac{1}{2\Phi};$$
$$\text{Sin}54^\circ\ =\cos36^\circ\ =\frac{\Phi}{2};$$
$$\text{Sec}36^\circ\ =\text{cosec}54^\circ\ =\frac{2}{\Phi};$$
$$\text{Sec}72^\circ\ =\text{cosec}18^\circ\ =2\Phi。$$

由于 $\text{Sin}18^\circ\ =\frac{1}{2\Phi}$，则若一个十边形的边为1，弧的半径则为Φ。

由于Φ级数是一种相加级数，它使得自然数以任何数为基数的对数、高斯对数及其倒数都可以用简单的加法进行运算。

在画出图版Ⅺ的线条后，为了测量该图像，我高兴地发现它给出一条代表对数和反对数的图形。如果斜线 Φ^1 和 Φ^2 在左边为1，在线条T为1.271，在右边为1.618，则比例为：

1∶1.271∶1.618∶或 Φ^0 ∶ Φ0.4988 ∶ Φ^1

或者 $\log F_\Phi 0$ ∶0.4988∶1；或者 $\log_{10}0$ ∶0.1043∶0.2090。

由于 $\log_{10}{}^{\Phi}=0.2090$，我们得到：

线条之间	以10为基数的对数			数字		
	左边	T	右边	左边	T	右边
Φ^1和Φ^2	0. 000	0. 104	0. 209	0. 000	0. 271	0. 618
Φ^2和Φ^3	0. 209	0. 313	0. 418	0. 618	0. 057	0. 618
Φ^3和Φ^4	0. 418	0. 522	0. 627	0. 618	0. 328	4. 236
Φ^4和Φ^5	0. 627	0. 731	0. 836	4. 236	5. 385	6. 854

从上表可以发现，对数是由0. 209 0的连续相加形成的，自然数是连续相加或乘以Φ形成的。因此，垂直线和斜线在提供相关自然数的两侧给出对数和比例。

附录3　无穷级数和归类

无穷级数的理论使人们不仅可以对物质现象，而且甚至可以对思维过程进行归类和理解。无穷级数丰富了思维过程的归类理论，这个理论肯定使得人们可以分析无定型结构的关系。请允许我在这方面挑选一个例子。思想的归类会给人们带来非常特别的喜悦，这是一种肯定是人们所不知道的法则的韵律流动引起的喜悦。单个音符什么也表达不了，但是一系列音符的韵律归类则形成音乐。一个词，一页纸上就一个词，可能向读者传递一个想法，但它无法传递思想有序组合后作者要传递的音信。然而，单词的适当（我们认定可以借用适当这个词）组合就是文学。词语按照韵律适当组合就是诗歌。事实本身是一无所用的泥土，一旦烧成砖头用以盖楼，则成为宝贵的东西。我们可以孤立地、单独地打印出一些词语，相互之间并没有联系，就像下列按字母顺序排列的词语一样：

Account（账户）	Either（或）	Land（土地）	Ote（矿石）	That（那）
Also（也）	Ere（之前）	Leat（除非）	Own（自己的）	Therewith（那）

And（和）
Ask（问）
At（在）
Bear（忍受）
Bent（弯曲）
Bidding（投标）
But（但是）
Exact（准确）
Fondly（喜爱地）
Gifts（礼物）
God（上帝）
He（他）
Hide（隐藏）
Him（他）
Light（光明）
Lodged（居住）
Maker（创物主）
Man's（人的）
Me（我）
Mild（温和）
More（较多）
Patience（耐心）
Post（柱子）
Present（现在）
Prevent（防止）
Replies（回答）
Rest（剩余）
Returniag（回来）
They（他们）
Though（虽然）
To（去）
Useless（除非）
Wait（等待）
When（在时）
Which（那个）

按照上述排列，这些词语，即使再加上50个，也表达不了什么意思。但是，如果按照韵律排列，它们就变成弥尔顿（Milton）最可爱的一首十四行诗：

When I consider how my light is spent
Ere half my days in this dark world and wide
And that one talent which is death to hide
Lodged with me useless，though my soul more bent
To serve therewith my Maker and present
My true account，lest He，returning chide;
'Doth God exact day–labour，light–denied?
I fondly ask，But Patience，to prevent
That murmur，soon replies，"God doth not need
Either men's work or his own gifts. Who best
Bear his mild yoke，they serve Him best，His state
Is kingly; thousands at His bidding speed，
And post o'er land and ocean without rest;
They also serve who only stand and wait."

关于他的瞎眼

我思量，我怎么还未到生命的中途，
就已耗尽光明，走上这黑暗的、茫茫的世路，
我这完全埋没了的庸才，对我毫无用处，
虽然我的心总是想要多多服务，
想要鞠躬尽瘁地服务于我的创造主，
算清我的账，免得他要向我发怒；
“难道上帝不给光明却要计算日工吗？”
我愚蠢地一问，“忍耐”就把我的话止住，
立刻回答道：“上帝不需要人的服务，
也不要你还给他什么礼物；
谁能忍受得起痛苦，就是最好的服务；
他的国度气派堂皇，听他派遣的，不计其数，
他们奔走忙碌于海洋和大陆；
那些站立得稳，坚定不移的也是服务。”

（译注：本诗根据朱维之先生《复乐园·斗士参孙·短诗选》，上海译文出版社，1981年版）

上述表面上毫不相关的词语，结果组合成诗歌。这个现象表明正像数学家用主观的螺旋概念来解释和定义能量和生长的法则，我们也可以主观设想出一整套人类情感，在无穷的风的搅动下起伏弥散，因为“风飘到哪里就刮到哪里，既不知道风从何方来，也不知刮向何方去”，它一会儿搅动了艺术，一会儿搅动了音乐，再一会儿搅动了文学，完全随心所欲。相互间没有联系，但每一个部分最终都是终极大法则的组成部分，对此我们找不到任何例外。

M. B.

附录4 符号的起源

兰克斯特爵士客气地向我展示了一块博格诺（Bongo）地区的岩石，它与伦敦土一样都属于始新生代地层组，显示出一粒纺织螺化石的纵剖面。正如在相片（图399）中可以看到的，这是一个由双曲线分割成两分的圆，形成了两个大小一样的逗号。这种形状日本人称之为“巴”①，而中国12世纪的哲学家把它当作生成万物的符号。中国人认为，在混沌初开时代，这一个圆，中间有一个点，这个点就像是现代科学的有机细胞一样。这个点，或者说是核，分成阴和阳。这个符号代表的阴和阳所生成的活生生的宇宙竟然这么奇怪地复制在始新生代的泥块标本中。虽然人们可以把半圆顺半径各画成一个大圆，但是我禁不住认为，这个结构可能是一粒真实的贝壳剖面形成的，可以在任何时候用新的贝壳标本来复制。因为符号中的曲线不仅真的是圆的一部分，而且也是对数螺线的一部分，例如，图400的鹦鹉螺（Nautilus pompilius）就显示出这样的剖面。实际

---

① 英语为Tomoye，其形状相似于我国的八卦图。——译注

上，如果把这粒鹦鹉螺剖面的迹线叠加起来，就演化出一个自然而美丽的“巴”图符号，我想以前还没有把它们联想在一起（图版VI，图1，2和3）。

人们会注意到，“巴”的两半形成的锥形或逗号非常像印度围巾上的锥形图案（图版VI，图6和7）。但是，更重要的问题是观察，如果“巴”的两条S形曲线互为直角排列，则得到曲线形卐字。曲线形卐字在习惯性图案中现在已经变得不自然了，而且在其他形式（图版VI，图8和9）中也可以看到。如果事实如此，“幸运卐字”很可能就即与含义为“凯旋”的巴，也与古老的中国符号有一些关系，因为在1750年乾隆年间制作的一个红漆小盒上，几乎画满了小字的卐字（就像均匀排列的花纹）。无论如何，我希望强调说明，贝壳要比雷纳克先生建议的张开双翼双脚飞翔的鹳鸟（图卐VI，图11和12）更可能让人联想创造了卐字。

我们还可以扩展探讨，洛韦尔（Percival Lowell）先生在他著名的书中说，高丽人沿袭了中国人的习惯，而且也研究了中国的哲学。他们热情地接受了远东大部分哲学中起到极其重要作用的神秘符号。洛韦尔先生认为，日本人的“巴”当然也是从中国人那里沿袭来的，但是，日本人有

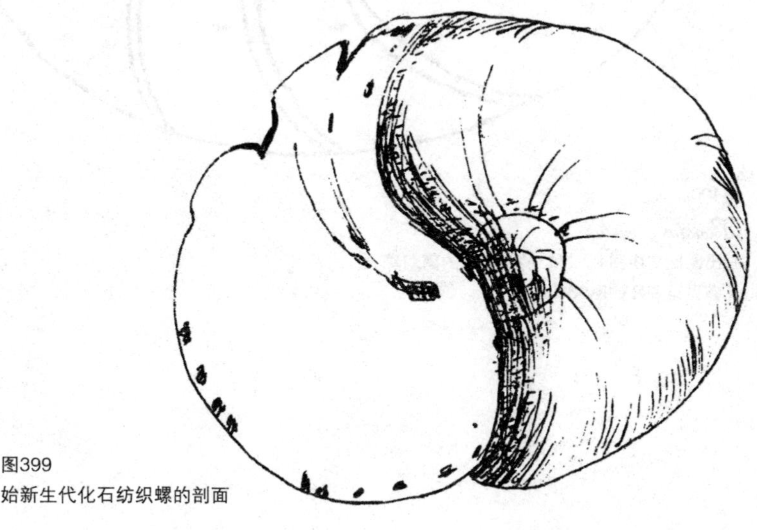

图399
始新生代化石纺织螺的剖面

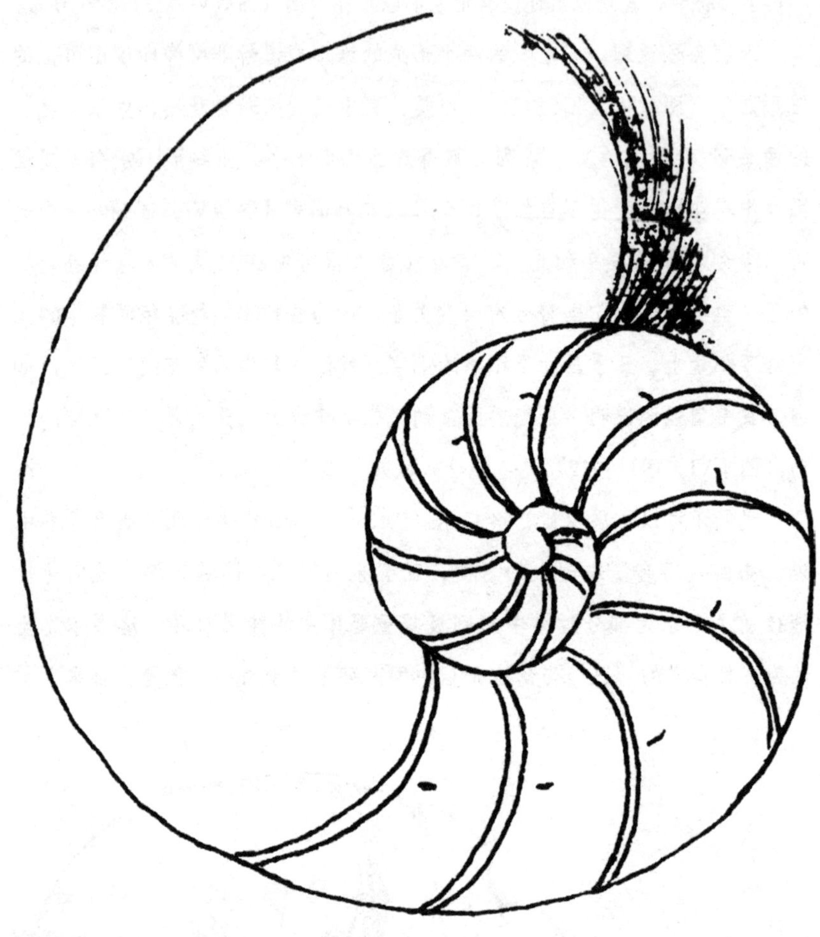

图400

Nautilus pompilius

画出图版Ⅵ中图1、2和3的线条图的鹦鹉螺

（参见第四章的图96和97）

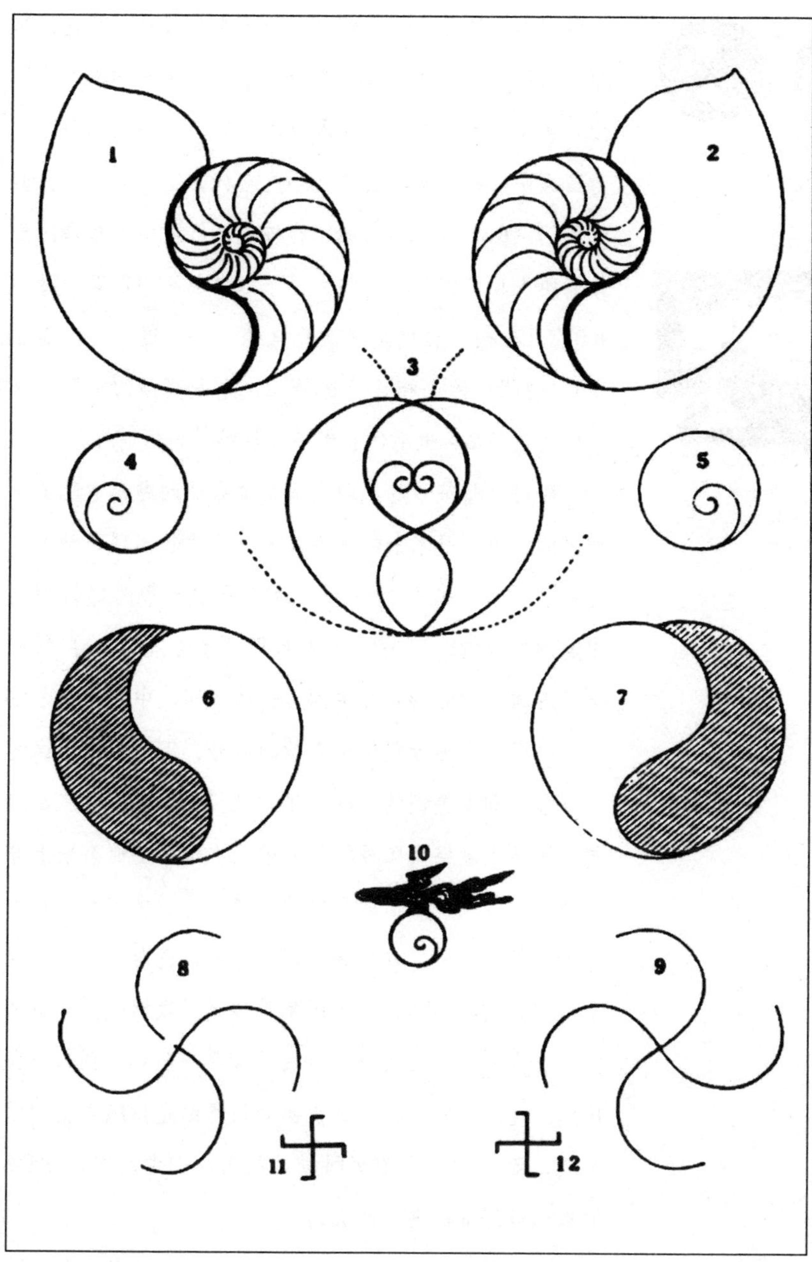

图版Ⅵ

天然贝壳衍生的线条图

图401
高丽国徽图案

图402
中美洲史前祭坛
（史密森氏学会）

时候把这个符号分成三部分，而不是二部分。可是，高丽人始终采用两块组成的符号，分别代表明和暗、阴和阳。到了成为世界上现代国家之一时，他们以这个符号为国旗中心的图案。就像在早先年代，这个符号是他们红箭门（Red Arrow Gates）的核心，红箭门系指通向全体高丽人顶礼膜拜地方的大门。本书复制的图案是从图400的贝壳剖面自然形式演化来的一个“逗号”，而在图401的圆中两个相连“逗号”，则是高丽的国徽。这个图案在1896年也用作北太平洋铁路公司的商标。

探讨这些符号的起源是非常复杂的问题，它既不是作者的，也不是本书的任务。不过，这里出现了一个有趣的与“巴”相似的符号，这是哈佛大学的建筑师在中美洲发现的。图402是洪都拉斯科潘省（Copan）祭坛上的石球。它的形状是中国古代的圆圈，中间有一个核心，表现了中国古代化生万物的符号。因此看来，这是从日本来到中美洲的，在这里就像“卐”字一样广泛流传。用活人献祭太阳神的仪式就是在这个史前祭坛上进行的，血液顺着上面的刻槽往下流淌。行文到此，我正好可以补充一点。在1720年的一个中国瓷器上，我发现了一个绿色的图案，这个图案里边是对数螺线，外边是圆，上方画上了图案化的植物（参见图版VI，图4、5和10）。这说明什么呢？是说明对数螺线是细胞生长的原则吗？而这样一个图案同样是从图版VI中的图1、2和3的鹦鹉螺的剖面叠加而成的。

T. A. C.

附录5 密齿鲨鱼和鳐鱼中的螺旋

作者：莱德克（R. Lyderker）

著名的虎鲨（Port Jackson shark，Cerstracion Philippi）以及与其最具亲缘关系的印度太平洋海区的鲨鱼是一大批已经灭绝的鲨鱼中的幸存者。这一大批鲨鱼的显著特点是在颚内侧和颚侧表面生长着结构奇特的牙齿，牙齿像地面砖一样排列奇特，组成了在自然界中所能见到最微妙的螺线形。但是，它们并没有组成完全的螺旋状，螺线效应是由于长椭圆形和砖块状的牙齿的排列方式造成的。这些牙齿，沿颚的内侧和边缘呈平行带状分布。其中的每一个带或系列均与两侧的牙齿绝然不同，直径始终保持一样，在颚的内侧的基底和颚缘外部突然不再分布。由于颚的自由边缘的牙齿磨损了（在咬碎贝类和其他海洋动物的过程中磨损），牙齿脱落了，由此形成的空间被内侧的牙齿所占用，因此，整个牙齿系列，就好像同步位移一样，逐渐推移到颚的边缘。但是，新的牙齿在颚的内侧继续从基底生长出来，由此形成的带状分布最终取代了原先脱落的牙齿。虎鲨有四条带状分布的主要牙齿（图403），其中二条（图403中的点）体积较大，且比

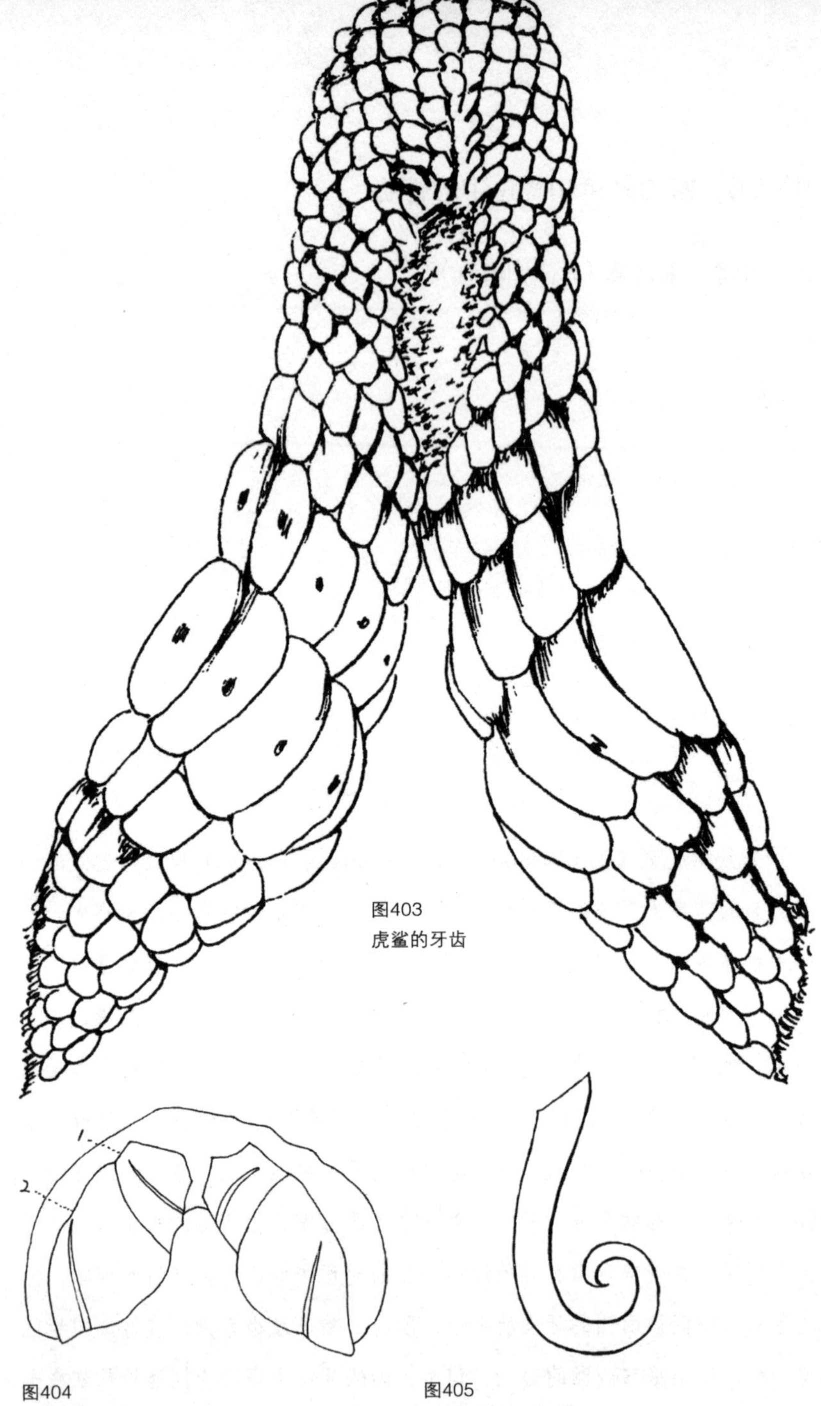

图403
虎鲨的牙齿

图404
Cochliodus
钙化的鲨鱼的侧齿板
［仿自欧文（Owen）］

图405
鲨鱼的齿板的横断面，
显示向外缘发展的螺线
［仿自史密斯—伍德华德（Smith-Woodward）］

其他牙齿显著，因此整个结构呈半孤形。在主要齿带中，在颚的内侧一般有五到六颗牙齿没有用过。

可以看到，这些齿带的螺旋是同向的，右旋的位于颚的右侧，左旋的位于颚的左侧。其中非常值得注意的是同组中所有已经脱落的牙齿都朝向同一方向。在鲨鱼中，每一个颚上的整个系列的牙齿结合进单独一对的较大型齿板（图404），形成整体，当中横切出一条斜向的脊沟（图404中的1和2），该脊沟标记出原有的同向螺线。由于这个结合，它不仅包括斜向的齿带，而且也包括它们所构成的牙齿。可以明显看出，在颚的外边缘区，它们所构成的牙齿并不会脱落。因此，齿板的外缘，虽然由于相互摩擦，厚度有所减薄，逐渐推移到颚的自由边缘，从而在其外部形成内卷状螺旋（图405）。如何制止这个内卷的自由边缘的无限生长和延伸，人们并不知道，不过这可能是由吸收检查来限制的。

根据现有的观点，人们对虎鲨牙齿的兴趣并没有衰竭。因为，如果面前摆着一副完整的颚，我们就会注意到，随着靠近前部，一颗颗牙齿逐渐缩小体积，最终呈钻石状，而不是长椭圆状，而且如果没有磨损，上面就长起尖锐的针状物。其结果是各颗小牙齿形成双系列的长椭圆带，互相交叉成直角，呈棋盘状，其中任何一个螺线系统都不比其他的显著。

特别值得说明的是，摄食贝类的尖犁头鳐和犁头鳐属的鳐鱼的整套牙齿呈现出与虎鲨完全一模一样的交叉式或交互式螺旋带，如图406所示，一套这样的螺线带——横切螺线带，与虎鲨侧齿带形成的同向螺线相似，而第二条齿带，即纵向齿带，当然肯定是异向排列的。

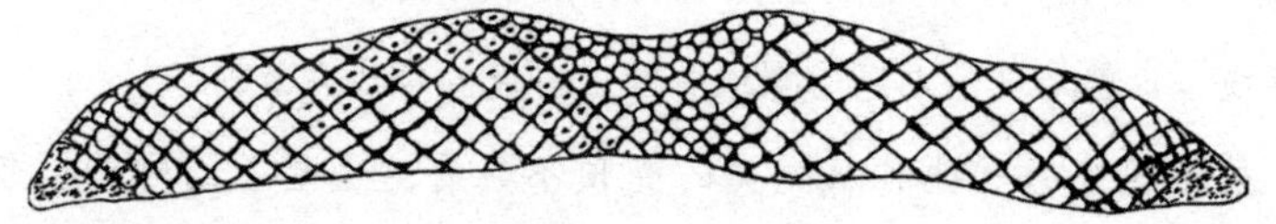

图406

Rhinobatus

鳐鱼的上齿，显示出排列成双螺线形的钻石状牙齿

附录6　双壳类中的螺旋

作者：莱德克（R. Lyderker）

大部分双壳类，比如许多种类的扇贝，左右两壳基本对称于从交合点到自由边缘的侧向表面的垂直中线。因此，在这样的“等壳”贝类中，两片壳在形成交合中心的“壳顶”或“壳点”，基本是对称的，并不形成曲线或螺线。在“非等壳”贝类中，壳体并不对称于从壳顶垂直向下画到侧向表面的自由边缘的直线，其壳顶往往向前或向后弯曲。

在绝大部分这样的“非等壳”贝类中，壳顶的曲线相对不明显，因此难以或不可能说明白这样形成的初期曲线到底是左旋还是右旋。不过，有一种非常美丽的中国小贝类，叫作同心蛤（Isocardia vulgaris）。同心蛤（图407）的壳顶形成了明显的螺线，根据其线条图，立即可以看出是异向螺线，也就是说，左壳的螺线右旋，右壳的螺线左旋。

虽然现存的其他种双壳类的壳顶不具有这么显著的螺线，但是某些已经灭绝的双壳类属动物却具有显著的螺线。图408的鳗蛤（Congeria subglobosa）的正面观或背面观是一个好例子。在维也纳盆地，这是一种典

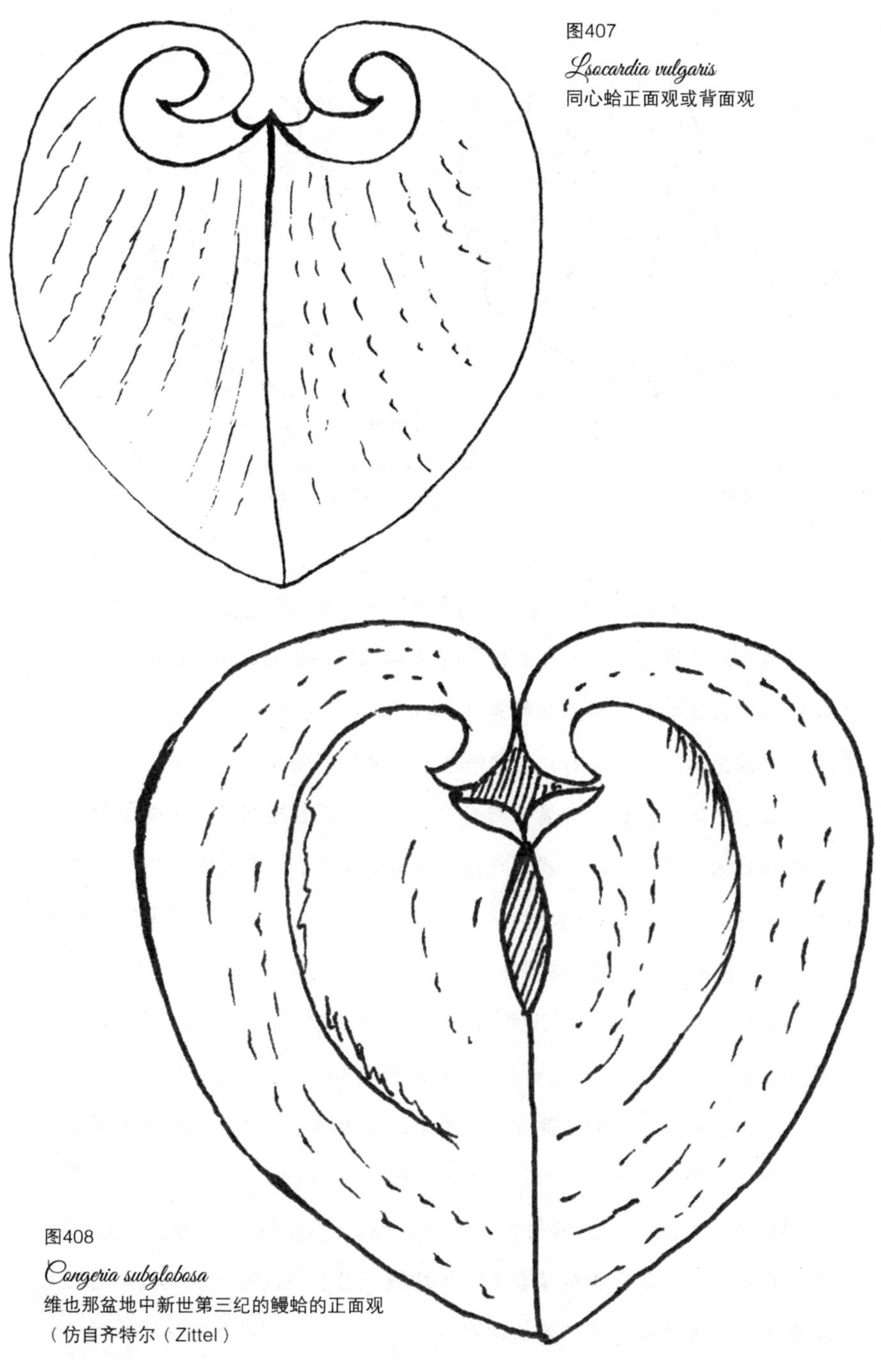

图407

Lsocardia vulgaris

同心蛤正面观或背面观

图408

Congeria subglobosa

维也那盆地中新世第三纪的鳗蛤的正面观

（仿自齐特尔（Zittel）

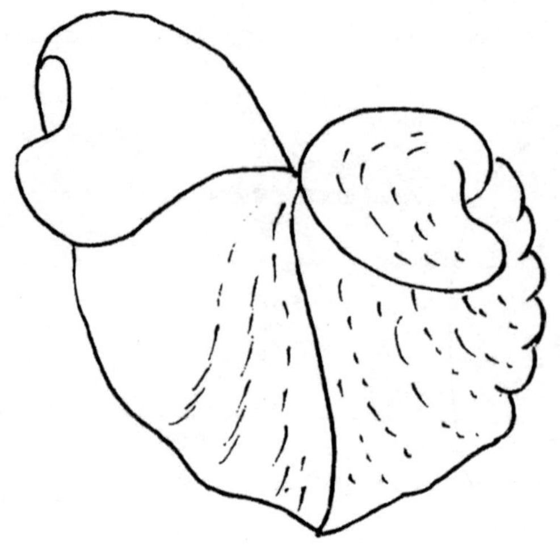

图409

Diceras arietinum

比利时双角蛤的正面观

（仿自齐特尔）

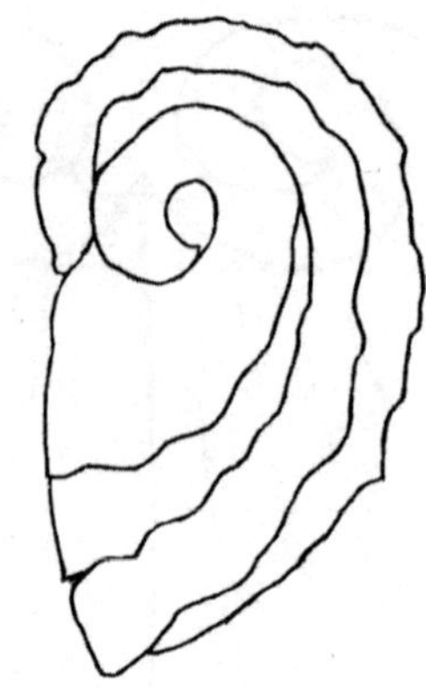

图410

Purpura planispira

平衡似紫螺顶端图

型的上中新世地层的化石贝类。鳗蛤的外形图十分清晰地显示出异向螺线。

螺线的高级发展显示在图409的双角蛤（Diceras arietinum）中，这种化石贝类来自比利时的科拉尔拉奇（Coral Rag）。在这种贝类中，人们会注意到壳顶是不对称发育的，但清晰地显示出异向螺线。

由于上述的三种贝类属于相当不同的科，而且显然没有证据证明存在同向螺线的种类，因此，我们可以合理地说在所有不等壳贝类中，异向螺线占主导地位。在有蹄哺乳类中，我们已经在前文有关山羊的章节中描述过。山羊的双角不可能异向弯曲，即相异于螺丝方向的弯曲，否则会生长入背部或相互纠缠起来。在上述的贝类中，由于把螺线往前推移，因此避免了这样的困难，而且同时使之非常紧凑于低平的螺线。

前面段落中探讨的不等壳心状贝类还值得讨论。因为，如果从螺线的角度观察一下图410中平旋似紫螺（Purpura planispira），人们可以看到，其螺线和双角蛤、同心蛤的左壳无论在形状还是螺线的右旋上都非常相似。所有左旋的腹足类的确具有右旋螺线，但它们是否与双壳类左壳相关还是一个必须有待他人回答的问题。

附录 7　特拉万科的贝类

图195示出了左旋的贝类蝾螺（Turbinella rapa），而在图200中，该贝类出现在特拉万科地区发行的邮票上，说明该贝类是印度邦国的邦徽。在来自特拉万科地区、现在就读于牛津大学的一位学习林业的印度学生帮助下，我可以对此再作说明，从而使我们对世界东方以贝类为符号方面增加一些知识。

在特拉万科地区，这种贝类图案雕刻在政府公章，并被视为邦国的邦徽，其含义是会带来繁荣昌盛。这种贝类图案也和棍子、轮子和莲花（参见第十五章）等一起用做表征性饰品，握在天神毗湿奴的四只手上。默哈拉杰邦的主神和保护神也采用同样的表征性饰品。

正如欧洲盛行一些符咒一样，繁荣昌盛也要防止“罪恶的眼睛”的觊觎，为此，特拉万科人就把一个磨光的白贝壳用黑色的绳子栓在母牛的脖子上。而在到了（著名的发展阶段的）第三个阶段时，同样的表征性物品则代表繁育。在婚礼上，用贝壳吹出的音符代表婚礼进行到高潮。出于大致相同的原因，人们把贝壳串成项链挂在脖子上，希望带来幸运。因此，根据代代相传的史前习俗，当地的贝类蝾螺（Turbinella rapa）完全可以方便地取作表征。乡下还有一种奇怪的习俗，他们把贝壳的尖端打个孔，用来给婴儿喂食牛奶，有时也用于喂食蓖麻油。在第十章探讨的基础上，这里必须注意的是蝾螺（Turbinella rapa）等左旋贝类以及特拉万科邮票上的贝壳图案是特别珍贵的，当作圣品保存在寺庙中。在世界各地，人们也发现未开化民族和史前马格德林人一样，用贝壳作装饰品。蝾螺（Turbo）和芋螺（Conus）尤为常见于加工成较大的戒指或手镯，当然贝壳饰品的贸易并非限于未开化的民族。在1911年，单单英国就进口了价值587115英镑的贝壳饰品（根据伍德华德）。在世界的某些地区，贝壳直接当作货币流通。在西非，“宝贝”依然在相当大的地域流通，而在现代美国东海岸的北美印第安人中，当作货币流通的“贝壳币”就是加工成珠形的常见种帘蛤（Venus mercenaria）。而在加利福尼亚的印第安人中，石房蛤壳（Saxidomus）和鲍鱼壳则用作交换的介质。在新英格兰[①]和所罗门群岛，贝壳和用贝壳加工成的珠子至今仍用作货币流通。

① 美国、南非和澳大利亚均有地名新英格兰。——译注

附录8　贝类的生长

在上个附录提到的对各种软体动物的研究中，最近出版了一本在篇幅和价格方面都适中的优秀著作，作者是大英博物馆自然历史分馆的伍德华德先生。从这本书中，我在图411中复制了欧文的著名的鹦鹉螺的剖面图。这个图表明，我在前文所说的最后一个螺室比其他的螺室小，而且鹦鹉螺就是因为“缺乏空间”而死亡，其原因在于居住在螺室里鹦鹉螺已经不那么强壮，无法建设起自己足够大的居住空间了，不过，我不能再让想象力占上风，就这么认为鹦鹉螺就真的住在每一个“房间”之中。这些螺室要形成墙壁只是因为鹦鹉螺个体长大了，就移出了缓慢生长的锥形贝壳管，而且在离开时在身后把该螺室封闭，不过，它还通过体管保持与各个螺室的联络。体管是一种连通的管，从最外的螺室一直连通到壳顶。鹦鹉螺家族在寒武纪时代开始出现，共有7个直壳种，分属于4个属，到了志留纪达到进化的顶峰，共有240个种，分属于20个属。在泥盆纪，直壳鹦鹉螺迅速分支化，形成了相当数量的种和属，可是到了白垩纪结束时，它们虽然为生存竭尽全力生成了各种各样有助于生存的外壳，鹦鹉螺已经一个

图411
鹦鹉螺的外壳（剖面）和软组织体
（仿自欧文）引自伍德华德的著作《软体生物的生活》

种也不剩地完全绝灭了。鹦鹉螺属第一次出现在第三纪。在现有的种类中，唯一遗留下的原壳痕迹是在第一个螺室外端的疤痕，因此我们难以认定，它是否是从原来的种，从直壳弯曲成螺旋壳而形成的。螺室中充满着氮气含量很高的气体，这使得壳体具有足够的浮力，能够快速地游动。

船蛸（Argonauta argo）在幼体孵化若干天之后才开始形成，而奇怪的是，雌性船蛸主要用做携带和保护卵子。卵子由扩展发育成蹼状的一对前“臂”抱住。在旋壳乌贼（Spirula peronii）中，壳体部分位于体内，其曲线不像鹦鹉螺那样紧密地卷曲，而是相互分离，这样在旋转游动时，要比菊石更自由。

伍德华德先生指出，壳体95%左右是以方解石形式存在的碳酸钙，其余的成分为蜗壳蛋白[①]，少量的磷酸钙和微量的含镁石灰质。壳体发生于胚胎内的壳线或壳坑，而贝类在生长过程中一层又一层增长起来的壳体是由一系列的特殊细胞在壳缘作用的结果。这样的增长普遍遗留下称为“生长线”的脊；而在生长“休息”期（即钙质不再沉积的时期），壳体上则呈现出较强烈的脊或印记。在腹足类中（如蜗牛等），壳体是由包裹着内脏的套膜分泌钙质形成的，到了成年阶段，壳体并没有像鹦鹉螺一样向前弯曲到头部或其原壳，而是在身体成长的扭曲下，往后或往腹足内弯曲。从一粒中空的简单锥形开始，壳体顺着螺环延伸成长锥形，最后生长的是“体螺环”，大部分的体螺环为左旋。

卵中形成的核或者原壳也称为“胚胎壳”。在腹足类的卵中，人们注意到一种有趣的现象，细胞分裂明显偏离出正常形式，这种偏离称为“螺旋分裂”。这个偏离以左旋形式逆向倾斜，终而形成右旋。原壳和成年壳体之间的连接普遍带有印记，证明在动物自身生长过程中出现的发育停顿。在大部分胚胎期腹足类中，都有一个厣。这是个角质层，有时受到壳

① 即软体动物贝壳有机基质的硬蛋白。——译注

体物质的强化。厣的结构与壳体本身不相同，它是贝壳的“前门”，因此，在遇到天敌时可以自行关闭。厣的内面有印记，有时呈现出美丽的螺线，这是它所黏附的肌肉的疤痕造成的。

在生物学描述中，普遍的困难是我们头脑中归属为螺线者，在实际上，往往只是逐渐添加生长的形态，在本质上并不是螺线。换一句话来说，螺线结构可以由一些水平曲线或其他线条在一定的点上重叠造成。我猜想，某些贝类的厣上的螺线就是这样形成的，因此它没有可资以归类为螺线的原始生长点。为了说明这一点，我请高尔威先生（Wyndham Payne Gallwey）为我绘制了一些模拟厣的线条图。让钟摆基本按水平曲线的形式以不同的方向在纸上摆动绘制，纸张有时不同，有时与钟摆成一定比例地转动。在许多情况下，在这样绘制出来的线条图上，水平曲线在一系列点相交形成了螺线，其形状几乎与厣上的螺线一模一样。绘制出来的螺线具有明显螺线特征的阴线，完全与原先设想的不同。当然，我不会在研究中就这么参照图412中随意绘制出来的螺线，不过，我不能不想到这样的线条图还可以用其他办法绘制出来。高尔威先生采用了这个聪明的办法，当然，绝对不是新方法。但是，我采用了这个办法，对我来说就是新方法，而且它非常漂亮地说明了某些贝类的离心生长过程。

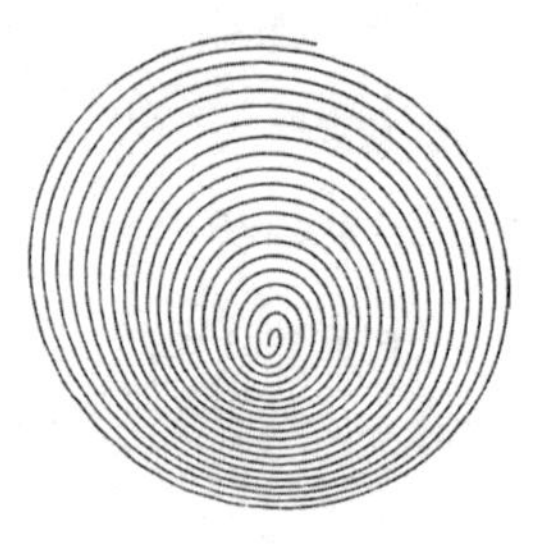
图412

图413

我希望听到科技界读者关于图414，尤其是图415的意见。在图中，原来的线条布局并不是螺线，只是模拟某些纤维或肌肉生长的有机形式。但是，这些线条在许多点的交接形成了“阴影”。阴影在形态上毫无疑问呈螺线形，有时还呈现出曲线的对数特征。我大胆地认为，许多我们称之为“螺旋”形的自然物品大部分是由同样的方式形成的。图414中的阴影是往外延伸的组织，或颜色不同的组织，它强调说明了螺旋效果，但却模糊了原先的过程。图413形成了一个非常奇怪的“阴影曲线”，与实际组成图形的线条完全不同，载满形状上非常像图版VI和图401中的“巴”。显然，如果再深入研究下去，从这些线条的交接中可以揭示一定的数学特征，很可能揭示出与生物过程非常相似的数学特征。而且，也有可能，通过精细地调节钟摆的绘画过程，揭示出加速（年轻阶段）和滞后（老年阶段）对贝壳生长过程的影响。让钟摆按逐渐缩小的曲线摆动，最后停摆，如果这样绘制出的线条可以认为是由逆反过程形成的，我们就可以看到加速生长的螺旋结构，这样的螺线结构非常具有线条特征。不过，这并不像交织不同形式的线条生成的“阴影螺旋”那样有趣。我相信，如果有合适的人采用了这个建议，一定可以获得可贵的进展。

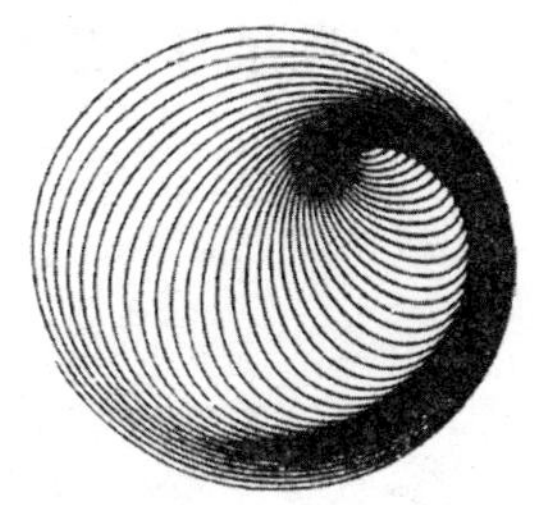

图414

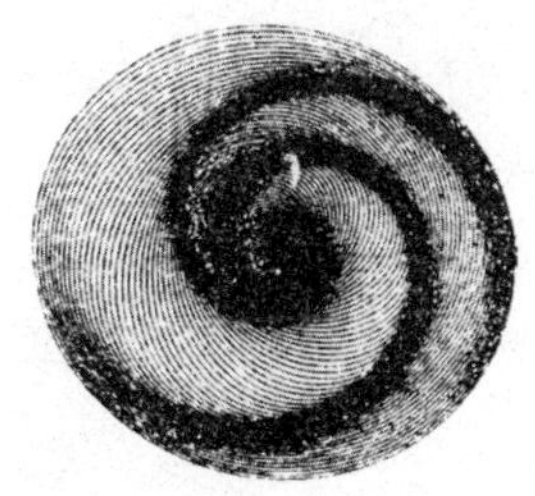

图415

附录9　艺术和建筑学中Φ级数

为了强化第二十章的论据，在这里复制大量的优秀画家或雕塑家的精品是不合适的。“读者的好意”一定会允许我在这里做简短的说明，我本人和认真真诚帮助我的人都对大部分的精品进行了研究。本书复制了人们熟悉的三幅绘画艺术大师的作品，其目的并不是为了说明偏离于一般规则的例外（最伟大的艺术精品的最高表现形式基本不会有“一般的”规则，但这里我们还是采用“例外规则”这个词），而是作为典型的例子。选择这三幅画的唯一目的是为了说明一种方法，根据这种方法提供的原则，其他许多人可以为了其他许多不同的目的进行研究。我希望再次强调历史上已经证明过的“中末比”，因为虽然这个古老的“黄金切割法”非常简单，具有非常广泛的应用，但它强调的布局问题，其中并没有考虑到偏差这个因素，而且在两个量数的比例上，它只是说明“较小的量与较大的量的比等于较大的量与它们的和的比”。不过，这个说法，形成了如今称为Φ的无限级数，其中奇妙的特点是数字1.61803得到全面应用并得到惊人的发展。在认为“黄金切割法”脱离功能，只研究形式、脱离心理，只研究形态的地方，Φ级数都说明对生长和功能的研究才能正确理解形式及其比例的本质。它表明，生长和美的原则之间的某些关系，如果能够遵循，则会对两者均有启示作用。这就是为什么寻找Φ在艺术领域的表现比较有趣，要比仅仅根据欧几里得《几何原本》第六册第十三个命题确定的线性关系来分析建筑学、雕塑或者绘画标本有趣得多。上述的线性关系太初级也太简单，难以作为自然界的法则或艺术水平准则。

为了使我的论据更容易让读者明白，而且也为了让读者可自行进行比较，我在图版Ⅺ中给出一个Φ的比例表，斯库陵先生绘制了这个图表并在前文进行过解释。如果我们看一下表上右侧的数字排列，就会看到8个分离的间隔，顶部的间隔长度是Φ^1，以下是Φ^2、Φ^3等等，一直到Φ^6。

外面的比例说明了与顶线的距离，因此，代表了各个间隔的连续相加。因此，第一个间隔从顶部到底部的距离是Φ^1，加上1得到Φ^2，把Φ^1和Φ^2相加，则得到Φ^3，如此等等，一直进行下去。

在表的左侧，同样的符号重复出现，但是它们适用的间隔比较小。这是因为Φ是比例，而不是长度。顶部间隔的长度是Φ^1单位，第二个间隔是一个单位，第六个间隔是Φ^6个单位。沿斜线从左向右运算，我得到的单位越来越大，因此在一定大小范围内，它具有普遍的用途。

符合Φ比例的长度是在任一垂线上测量的斜线或任何于该斜线平行的任何一条斜线之间的距离。这样的斜线我们可以自行画出或想象。

除了实际便利以外，探讨以什么比例绘制图表是无足轻重的。因此在画这个图表的时候，第二个间隔1或Φ^1，是1/4英寸，整个是47个部分，或者说是$11\frac{3}{4}$英寸。这个图表画在方格布上，因此可以放在任何一个我想研究的图画上，这样，看一眼就可以看出图画上有多少突出的点符合Φ比例。如果把图表绘制在玻璃上则更为方便。如果我需要测量人体比例，我可以选择1英寸为单位，这样就可以测量身高5英尺4英寸的人。

我在下表中列出各个间隔的长度单位数字，然后，把这些数字连续相加，就可以得出图表上从顶部开始的所有距离。

值得注意的是，无论测量什么系列的长度，只要它符合Φ比例，并非斜线的顶线就必须当作起点，其理由相当有趣。

可以任意取一段距离，可以是1毫米，也可以是到最远的星球的距离，定义该距离为Φ的某些幂。然后，把该距离长度分割成距离较短的无限级数，它们均符合Φ级数。因此，在图表中，则获得全长为Φ^8，去掉下一项，即Φ^7这个项，则该全长Φ^8包括7个较小的连续项，剩余的一小点则由Φ^1的重复而组成。实际上，我还可以把最后的间隔Φ^1分割成更小的Φ比例。就数字意义上说，我可以把它分割成很大的数字，而实际上，从理论上讲，这个过程可以无限进行下去。

间隔空间		连续相加	
符号	单位数字	单位数字	符号
Φ^1	1.618	1.618	Φ^1
Φ^0	1.000	2.618	Φ^2
Φ^1	1.618	4.236	Φ^3
Φ^2	2.618	6.854	Φ^4
Φ^3	4.236	11.090	Φ^5
Φ^4	6.854	17.090	Φ^6
Φ^5	11.090	29.034	Φ^7
Φ^6	17.944	46.979	Φ^8
Φ^7	29.034	76.013	Φ^9

这里还要说明一下，图389可以用作Φ的比例，因为在任意一条半径上，螺线均符合Φ比例。用一根圆钉穿透Φ螺线的中心，然后把它放在图版Ⅶ中骑士帽子的上面，转动螺线，我们就会看到圆钉垂直往下画出的线条，呈现出落在显著点的Φ比例，与图画边上的比例一致。

图版Ⅶ
哈尔斯绘制的《带笑容的骑士》
承蒙伦敦华莱士收藏馆托管委员会的允许复制

图版Ⅺ中的垂直线H符合图版Ⅶ上的比例。如果比例线条水平地画过哈尔斯图画，则可以看到它们与显著点极其吻合。在空间布局上取第一个明显的间隔，如大黑帽檐的宽度，为Φ级数的第一个幂，我们就可以发现Φ^2线条越过眼球；Φ^3位于下巴的点上，Φ^4标记出黑色的手帕的末端，它切入皱领白色间隔，整个布局位于Φ^5范围内。

只是由于偶然，同一条线条（B）几乎准确地位于Φ比例内（图版Ⅺ），这里必须用到图版Ⅷ的波提切利的《维纳斯》。在这里，我们采用线条的全长，而在《带笑容的骑士》中，我们只用到部分长度（H）。在维纳斯图上，我们照样从布局的顶线开始，从这里到右眼珠为Φ，鼻缘是Φ^2，从颈到高侧的肩是Φ^3，披在腹部上的发梢是Φ^4，肚脐是Φ^5，左大腿部的头发是Φ^6，脚的中线是Φ^7，与图版Ⅸ上的最低线条相符。人们会注意到，尽管波提切利这幅图上的人物并不是直立的，而且如果与据以画出本图的直立的模特儿（图版Ⅸ）相比较，还可以发现该图像有些拉长了，不过，这些比例还是出现了（稍微偏离于预计的比例）。在图版Ⅸ中，如果我们再次取Φ的第一个幂为从头顶到眼珠的距离，Φ^3为高耸的肩头，Φ^4为

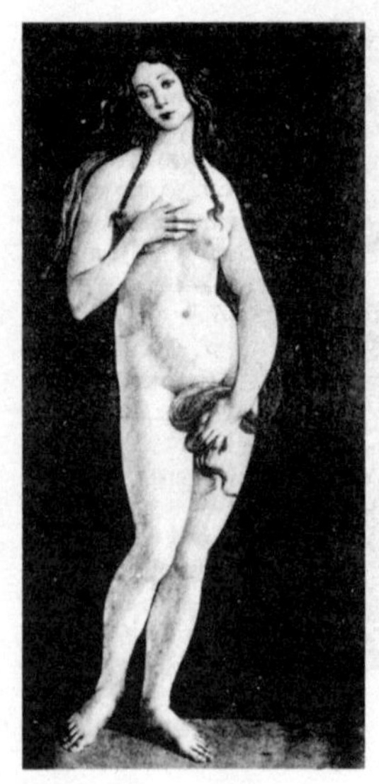

图版Ⅷ
波提切利的《维纳斯》
柏林弗里德里希博物馆收藏品

乳头，Φ^5位于肚脐之下，Φ^6为伸出来的指尖，该少女稳定地站立在Φ^7上。如果在波提切利的图画中存在艺术和美的偏离，那么在这位身材修长的瑞士少女身上就存在生命和美的偏离，她的比例可以和绝对匀称成长的男士相媲美。

必须强调指出，在其他生物身上可以发现Φ比例，在所有身材匀称的人体上也可以发现Φ比例，因此，在人体绘画中出现这种现象是很自然的，并没有什么其他的意义。不过，我认为，哈尔斯图画中间隔比例不能作这样的解释。而且对自然界中无数的地形或类似的画面出现接近于Φ比例的现象，也不能做这样的解释。因此，我把世界上布局最精细的图画作为我最后一个例子。这就是馆藏在国家艺术馆的透纳（William Turner）的精品画作《尤利西斯嘲弄波吕斐摩斯》（图版Ⅹ）。这里不必详细说明，就再次可以看到Φ的7个幂。不过，我应该指出，Φ^5位于靠近悬崖的拱形阴影后面的阳光照耀的岩石线条上，Φ^6位于中央，平衡着主桅杆，主桅杆是整个布局中最显著的部分，准确地位于Φ^7。

当然，刚刚发展起来的理论不应该马上过分地发挥。我甚至喜欢应用“接近于Φ”这句话，而不喜欢用“符合Φ”这句话。我特别请读者注意这样一个事实，这些在艺术上的“接近”不仅表现出可以在贝类或花卉等自然物品中见到“标准化”的尺度，而且同量地偏离于我们选择作为标准的简单原则。这样一种偏离的数量，我们在前文已经用事实表明，在生命的最高形式和艺术精品中同样存在。实际上，它首先是一个标准，根

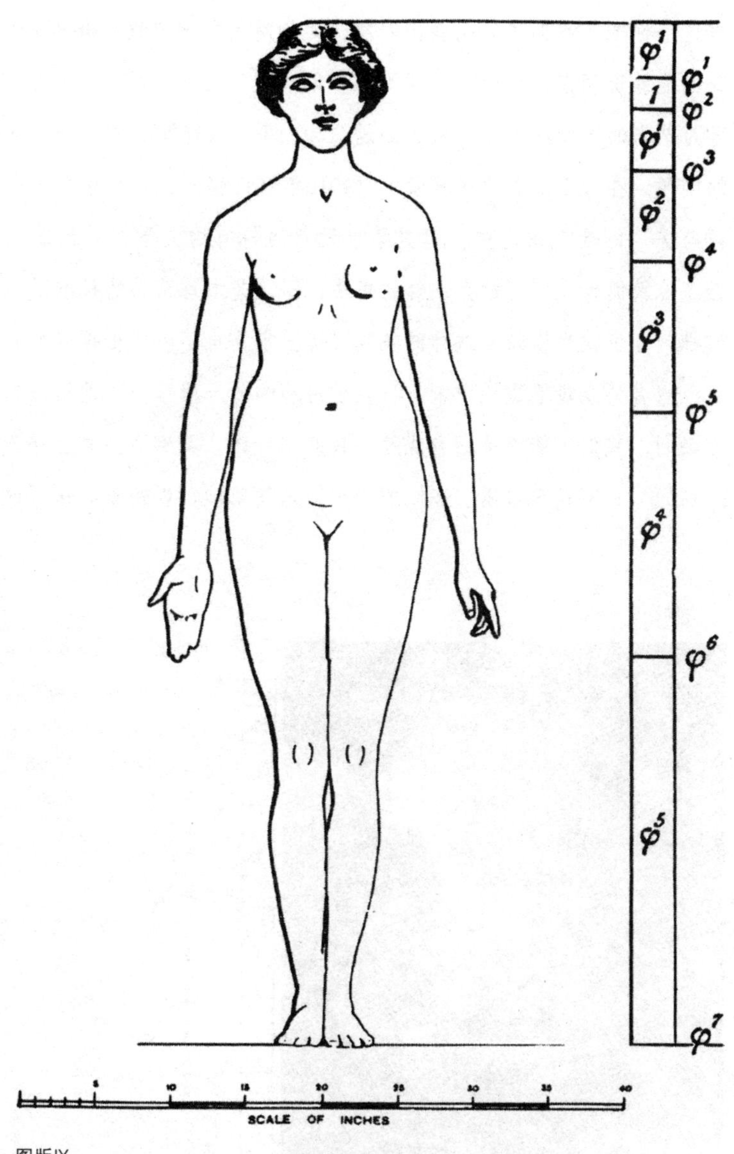

图版Ⅸ
一位艺术家的模特儿

据这个标准，我们可以衡量出偏离，即相对于本书建议的Φ的偏离。除非我们能够说明偏离于什么，否则强调偏离是没有意义的。我并不想把Φ推荐为艺术的准则。不过，我大胆地认为，Φ可以解释贝尔福先生认为无解的问题。在《罗马艺术讲演录》（1910年修订稿）中，贝尔福先生在“批评与美”的专题讲座中，以其举世无双的特有的文雅，对传统发动了攻击。他敦促世人：“放弃这样的想法，即（艺术）精品的标准既不可能通过批判分析接受模特儿这样的事实提炼出来，也不可能根据专家的一致意见，或者公众投票提炼出来。”在该讲演的另一段落中，他辩论道：“毫无疑问，我们不能将美感看成是一致的统一体，美感在品质上并不是毫无差别的，也不是可以用‘多’或‘少’来简单地加以衡量。这么说使得人

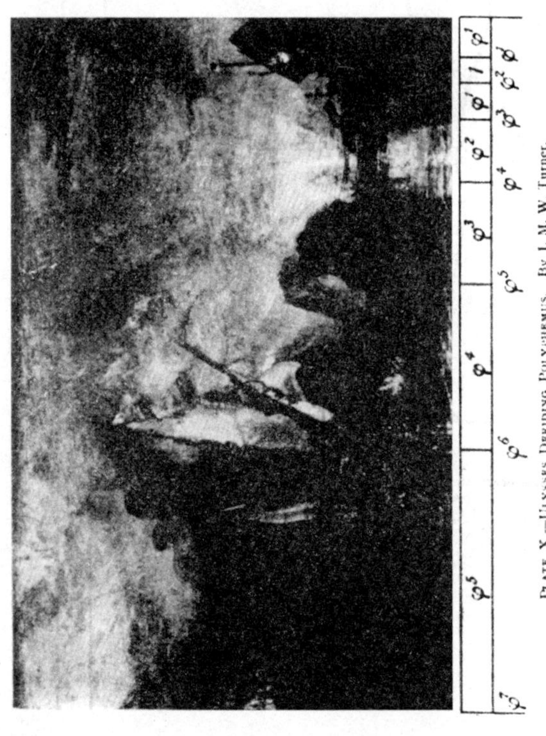

图版X
透纳绘制的《尤利西斯嘲弄波吕斐摩斯》

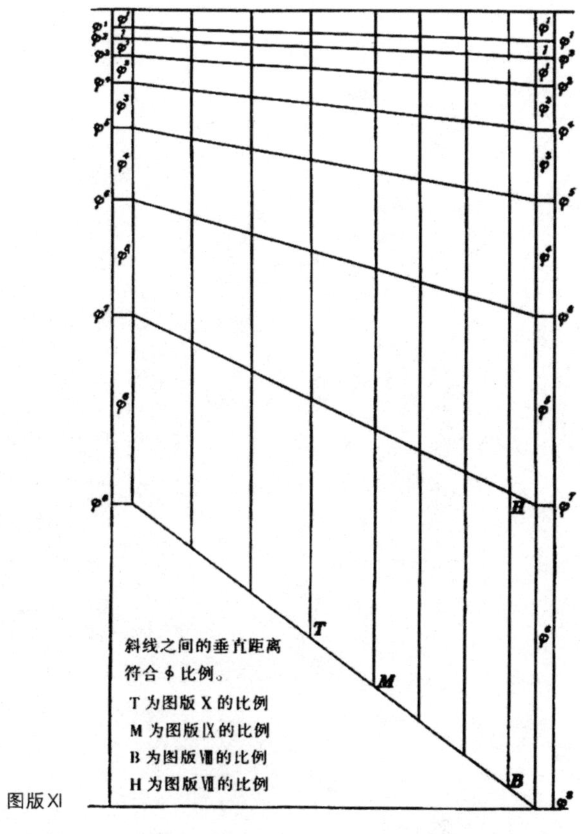

图版XI

们难以确定价值尺度，而价值比例是应该真实地反映本人的美学经验。不过，是不是真的绝对没有希望寻找到一种可以反映，至少是大致接近于人类经验的尺度？”如果这就是贝尔福先生的关键问题，那么，我应该回答他说，并非没有希望。这个“应该代表……尺度，大致接近于人类经验的尺度”，我认为，可以在正确应用Φ级数以及承认其深刻意义中找到。

译后记

1979年，当我第一次见到《生命的曲线》这本书时，首先被精美的插图，尤其是精美的海洋生物插图所吸引，然后注意到该书初版于1914年，再版于1979年，60多年仍在再版，应该可以反映其价值。详细阅读中，不禁沉浸于其中涉及的数学、植物学、动物学、天文学、建筑学、艺术诸多学科，折服于作者的真知灼见——以螺旋曲线贯穿始终，揭示出自然界和美学的本质。

翻译的过程是痛苦的过程。正如作者在前言中回答世人的困惑时所指出的：“在当今时代，怎么会有人有能力去把握那些我的探索，使之成为必须要把握的各不相关的知识分支呢？”作者有这样的感觉，译者更有这样的感觉。首先是语言风格。在20世纪初，标准的英文还是以从句套从句的风格为主，一个句子往往长得很，断开并不容易。其次是书中采用了大量的引言和外来语，其中许多还属于古英语的范畴，翻译的困难可想而知。再次是专业术语，尤其是生物名称，或者是同种异名，或者是废名，或者该生物在我国根本就没有分布，也没有相应的汉译名。不仅查不到种名，甚至连属名都查不到；不仅在各种字典里查不到，就是专业书里也查不到。在这样的痛苦过程中，难免有了放弃翻译的想法，有过一段“罢工”的过程。可是放弃又不可能，“才下眉头，又上心头”，过了一段时间，又埋头伏案，继续翻译下去。

本书属于科学美学的范畴，其中还介绍了许多科学研究的方法。

翻译过程也是一个学习过程，大量地参阅了参考书籍，对螺旋曲线在宇宙发生、生命起源、生命形态以及美学艺术诸领域的重要性加深了认识，觉得有必要总结出来，与读者共享。

1. 宇宙在螺旋中诞生演化

大爆炸宇宙起源学告诉我们，在宇宙的早期，温度极高，在100亿度以上。物质密度也相当大，整个宇宙体系达到平衡。宇宙间只有中子、质子、电子、光子和中微子等一些基本粒子形态的物质。但是，因为整个体系在不断膨胀，结果温度很快下降。当温度降到10亿度左右时，中子开始失去自由存在的条件，它要么发生衰变，要么与质子结合成重氢、氦等元素；化学元素就是在这一时期开始形成的。温度进一步下降到100万度后，早期形成化学元素的过程结束。宇宙间的物质主要是质子、电子、光子和一些比较轻的原子核。当温度下降到几千度时，辐射减退，宇宙间主要是气态物质，气体逐渐凝聚成气云、星系，开始形成我们今天看到的宇宙。宇宙中80%的星系具有旋涡结构，称为旋涡星系。旋涡星系的旋涡形状最早是罗斯在1845年观测猎犬座星系M51时发现的。旋涡星系的中心区为透镜状，周围围绕着扁平的圆盘。从隆起的核球两端延伸出若干条螺线形旋臂，叠加在星系盘上。旋臂是旋涡星系外形的主要特征，是由旋涡星系内年轻亮星、亮星云和其他天体从里向外旋卷分布成的旋涡状物质。大多数旋涡星系有两条旋臂，少数星系有三条以上的旋臂。宇宙中为什么80%的星系具有螺旋结构，螺旋结构在其中起到什么作用？天文学家希望弄清这些问题。显然，无所不在的引力起到了关键的作用，但到底它是怎样把灿烂的星系雕刻成的美妙螺旋的呢？这仍然是个谜。但是，无论如何，宇宙在螺旋中诞生的“遗传密码”一定传递给了她的子女之一地球，让地球在螺旋曲线中演替进化。

2.地球在螺旋曲线中进化

地球始终在自转和公转，转动的轨迹当然是曲线。自转时，地球上运动的物体就要受到一个附加力的作用，这个力是物理学家科里奥利首先发现的，因此叫做“科氏力”。它的大小等于物体的运动速度、地球自转的角速度与物体所在纬度的正弦这三个因子乘积的2倍；地球自转速度越快，科氏力越大；自转速度越慢，科氏力越小；地球不转，科氏力也就消失了。在北半球，它指向运动物体的右方90度，在南半球，它指向运动物体的左方90度。因此，在科氏力的作用下，北半球运动的物体要向右偏，南半球运动的物体要向左偏。如果把南北半球物体运动的方向各自画出线条，其形状与太极图的形状差不多。其间关系如何，值得人们探索。

科氏力作用与地球的两大动力系统——大气系统和海洋系统密切相关。在大气系统中，北半球的水平气旋呈逆时针旋转，南半球的水平气旋呈顺时针旋转，各自形成大型涡旋。气旋的分类方法很多，通常按气旋形成和活动的主要地区或热力结构进行分类。按地区不同，可分为温带气旋、热带气旋和极地气旋性涡旋等；按热力结构的不同，可分为冷性气旋和热低压等。温带气旋大多数属锋面气旋。热带气旋和地方性热低压属暖性低压，发生在热带洋面上强烈的气旋性涡旋，当其中心风力达到一定程度时，就称为台风或飓风，因此台风又称热带气旋。台风本身是一种反时针方向旋转的涡旋。台风形成之初，中心气压最低，温度最高，是一个暖心的圆形旋涡，其半径一般为500—1000公里。沿着圆形涡旋的半径，由外层向圆心方向，依次可分为外区、最大风速区和台风眼三个区域。台风是地球上最壮观的螺旋也是最不受欢迎的螺旋。台风的典型螺旋形可以蔓延数百公里，在科氏力的作用下，新形成的台风变成为乌云、狂风和暴雨组成的浓密螺旋，一路上旋转前进，摧枯拉朽。

海洋中，在海面风力和热盐等的作用下，海水从某海域向另一海域流动，形成首尾相接的独立环流系统或流旋。在太平洋和大西洋，各自存在一股暖流和一股寒流，它们都是环流，即太平洋的黑潮暖流、亲潮寒流和大西洋的湾流暖流和拉布拉多寒流。暖流和寒流的消长运动控制着地球的温度，暖流和寒流的回流汇合形成世界著名的渔场，如我国的舟山渔场和加拿大的纽芬兰渔场。

除了环流之外，海洋学家在20世纪50年代发现在海洋平均流场上，叠加着尺度从几十公里至几百公里的水平涡旋，称为中尺度涡。1973年，美国发射的“天空实验室”的宇航员，拍摄到了大西洋西部热带海域水流中的大涡旋，该涡旋纵横60~80公里，冷的海水从100多米深处向上涌升，带来了大量的营养物质，形成了一个很好的渔场。“天空实验室”的宇航员在其他海域，如南美西海岸、澳大利亚东部和新西兰一带，非洲东岸和夏威夷群岛等地附近海域以及印度洋西北和中南海域也拍摄到了类似的旋涡，可以说海洋里到处有旋涡存在，没有这种旋涡的海域很难找到。这些旋涡厚薄不一，旋转的方向有左有右，中心海水的温度有热有冷。但按其起源或生存方式，基本可区分为流环、流环式中尺度涡和大洋中尺度涡等3类。中尺度旋涡的旋转速度很大，并且一面旋转，一面向前移动，很像大气中的台风，具有很大的动能。有人估计，这些中尺度涡的动能，占据了整个海洋里大、中海流动能的99%以上。

海洋占地球表面积的70%以上，大气更是笼罩着整个地球，这两大系统中充满着螺旋，再加上地球的自转和公转，整个地球不是在螺旋曲线中变化吗？在螺旋曲线中演替进化的地球，也一定把这样的“遗传密码”传递给生活在地球上的生命。

3. 生命在螺旋曲线中进化

地球上约有170万种生物（Wilson，1985；Tangley，1986；Shen，1987），其中微生物约10万种，植物约30万种，动物约130万种。生物界形态各异，但小自生物分子、病毒、细胞内部结构，大到生物器官、整个个体以及动物的运动等行为，随处可以看到螺旋形态。

半个世纪前，科学家利用X射线技术，弄清了脱氧核糖核酸（DNA）的分子结构，发现它是由两条方向相反的核苷酸长链扭曲构成的螺旋结构，从而揭开了生命遗传的奥秘。之后，人们陆续发现，核糖核酸分子（RnA）、多肽、蛋白质、直链淀粉等分子也都具有螺旋结构。可见构成生命的基本物质，尤其是承担生命的大分子，普遍具有螺旋形态。

细胞是构成生物体的基本单位。细胞内的许多小“器官”，如染色体、鞭毛或纤毛中的微管、内质网、高尔基体、线粒体、核小体、伸缩泡的收集管、细胞表膜的花纹、精子的尾部等等，也都呈螺旋形排列。

许多生物体上的器官，如水螅刺细胞中的刺丝，轮虫类的轮盘（亦称担轮或纤毛盘）、软体动物中的螺类或鹦鹉贝的贝壳及内部器官、蝶蛾类的虹吸式口器、鲨鱼类肠中的螺旋瓣，许多动物的肠管、高等动物内耳迷路、牛羊头上的角以及人手指的指纹等呈现神秘的螺旋形成螺旋状绕曲。

许多植物，如蓝藻类的螺旋藻的形状、硅藻类中的圆筛藻表面的刻纹、向日葵的花盘、攀缘植物的触须、许多植物的叶序、花序以及花瓣和雄蕾的排列，松树、柏树、杉树、苏铁、木兰、桑树等的果实，菠萝的果皮、百合、洋葱、水仙花鳞茎上的鳞叶，竹笋外包的叶片等也都呈螺旋形排列。

许多动物的运动行为，如趋光鱼类围着光源巡游；蛇类的盘曲休憩；猴子以长尾缠住树枝；蜜蜂寻找蜜源时的飞舞；鸡鸭产蛋时，蛋沿着输卵管旋转下行，所以蛋内的卵黄系带呈螺旋状；原生动物纤毛虫、鞭毛虫和动物精子的运动呈螺旋式前进等。

神奇的螺旋是如何形成的，它又具有怎样的魔力？有些人们已经了解，有的至今仍是个谜。众所周知，DNA分子的双线螺旋，两条核苷酸链围绕着同一轴的旋转，依靠内侧碱基间的氢键相联系，于是四种核苷酸，即腺嘌呤（A）、鸟嘌呤（G）、胞嘧啶（C）和胸腺嘧啶（T）形成了配对偶合。双链上核苷酸序列和碱基配对记载了全部的遗传信息。DNA不仅具有自己独特的“指纹”，还能自我修补和自我复制，指导RnA的合成。古希腊数学家阿基米德在2300年前第一个发现了螺旋的能量和魔力，一方面解决了数学上长期未能解决的难题；另一方面他发现内装螺旋线的圆筒具有汲水，并使之上升的功能。如今这种称为“阿基米德升水泵”的机械已经得到广泛的实际应用。裸子植物原生木质部的螺纹管胞，导管内壁就具有这种螺旋构造，植物藉此把水分从根部输送到植株的顶端。软体动物的腹足类，以贝壳螺旋形式降低高度，从而使身体的中心稳定。鲨鱼肠内的螺旋瓣构造，一方面增加了肠内壁表面积；另一方面可以延缓食糜行进速度，因此肠内营养物质的消化吸收更加充分。蝶类蛾类钟表发条式曲卷的口器，当要吸食植物液体时就伸出拉直，不摄食时就旋转盘曲缩入头部下方，因此不至于影响飞行。

通过观察，人们发现向日葵花盘上的种子呈螺旋状排列，有时是21个顺时针、34个逆时针；有时是34个顺时针，55个逆时针。这些数字组成了一种特定的数列，即1、2、3、5、8、13、21、34、55、80……数列中每个数都是前面两个数之和，即费氏数列。植物怎么“知道”这个深奥的数列呢？科学家为此苦苦思索了几个世纪。迄今为止最好的解释是1992年由两位法国数学家伊夫・库代和斯特凡尼・杜阿迪提出来的，他们证明，费氏数列使新花朵顶端的种子数最多。

生物学家和物理学家发现，一条直线弯曲为螺旋形状，不仅压缩了空间，而且增加了硬度。于是，动物的肠管多呈螺旋式盘曲在体腔有限的空间内。

植物枝茎上的叶子，上下层之间总是呈交叉排列，互不重叠，这种螺旋状排列的叶序，使每一片叶子接受到更多的阳光，有利于光和作用的进行。

可以毫不夸张地说，无处不在的螺旋是生物机体的基本形式，是生命存在的基本形式。它包含了许多内在的合理性和外在的美，是自然选择的鬼斧神工。它也一定随着“遗传密码”传递给地球上的生物之一人类，不仅遗传在人体结构上，而且也遗传在人类的思维和美学鉴赏中。在人体内，脑回路和肠道都是螺旋状排列。

4. 美学在螺旋曲线中育化

审美是文化传统和主观意识的产物，其中包含着人性。我们说一件自然物品“美丽”，因为它“赏心悦目”，因为它的结构线条满足了眼睛感官功能和心灵思维功能的需要。几乎任何一种美的感觉无不和曲线联系在一起。因此，从高空俯视气势磅礴的九曲黄河和浩浩荡荡长江，绵延北国的万里长城，云贵高原的层峦叠嶂，无不激起美的感受，高歌出“山路十八弯、水路九连环”的激昂旋律。游览于江南庭院，盘桓于亭榭楼阁的园中之园，留连于涟漪荡漾、清风杨柳的湖畔，观赏着虬柏偃松的盆景，人们无不感受到“曲径幽深”之美，咏叹出“庭院深深深几许”的千古绝唱。漫步于乡村小径，远山近水、苍鹰盘旋；房屋错落、炊烟袅绕，人们无不感受到静谧；人体的婀娜多姿，乡村错落有致、炊烟袅绕无不具有曲线美；诗歌要回文、行文要曲笔，优美的故事一波三折、动人的歌声回肠荡气；建筑物有回廊、旋梯；装饰品有手链、脚镯；绘画艺术有西方的维纳斯，有中国的黄河万里行……

一切无不关乎曲线、关乎螺旋，就连人类的思维也是波浪式前进、螺旋式上升。

“千里姻缘一线牵”，牵连着宇宙、生物、人类的线是曲线吗？

周秋麟

2019年修订于厦门